国防科技图书出版基金

铝船腐蚀防控原理与技术

Principle and Technology of
Corrosion Prevention and
Control for Aluminum Alloy Ship

曹京宜 方志刚 著

图书在版编目(CIP)数据

铝船腐蚀防控原理与技术/曹京宜,方志刚著. —北京:国防工业出版社,2023.4
ISBN 978－7－118－12700－3

Ⅰ.①铝… Ⅱ.①曹… ②方… Ⅲ.①铝合金－船舶－防腐 Ⅳ.①U672.7

中国国家版本馆 CIP 数据核字(2023)第 021588 号

※

国防工业出版社出版发行
(北京市海淀区紫竹院南路23号　邮政编码100048)
北京虎彩文化传播有限公司印刷
新华书店经售

＊

开本 710×1000　1/16　插页 11　印张 24¾　字数 460 千字
2023 年 4 月第 1 版第 1 次印刷　印数 1—1000 册　定价 158.00 元

(本书如有印装错误,我社负责调换)

国防书店:(010)88540777　　书店传真:(010)88540776
发行业务:(010)88540717　　发行传真:(010)88540762

致 读 者

本书由中央军委装备发展部**国防科技图书出版基金**资助出版。

为了促进国防科技和武器装备发展，加强社会主义物质文明和精神文明建设，培养优秀科技人才，确保国防科技优秀图书的出版，原国防科工委于1988年初决定每年拨出专款，设立国防科技图书出版基金，成立评审委员会，扶持、审定出版国防科技优秀图书。这是一项具有深远意义的创举。

国防科技图书出版基金资助的对象是：

1. 在国防科学技术领域中，学术水平高，内容有创见，在学科上居领先地位的基础科学理论图书；在工程技术理论方面有突破的应用科学专著。

2. 学术思想新颖，内容具体、实用，对国防科技和武器装备发展具有较大推动作用的专著；密切结合国防现代化和武器装备现代化需要的高新技术内容的专著。

3. 有重要发展前景和有重大开拓使用价值，密切结合国防现代化和武器装备现代化需要的新工艺、新材料内容的专著。

4. 填补目前我国科技领域空白并具有军事应用前景的薄弱学科和边缘学科的科技图书。

国防科技图书出版基金评审委员会在中央军委装备发展部的领导下开展工作，负责掌握出版基金的使用方向，评审受理的图书选题，决定资助的图书选题和资助金额，以及决定中断或取消资助等。经评审给予资助的图书，由国防工业出版社出版发行。

国防科技和武器装备发展已经取得了举世瞩目的成就，国防科技图书承担着记载和弘扬这些成就，积累和传播科技知识的使命。开展好评审工作，使有限的基金发挥出巨大的效能，需要不断摸索、认真总结和及时改进，更需要国防科技和武器装备建设战线广大科技工作者、专家、教授，以及社会各界朋友的热情支持。

让我们携起手来，为祖国昌盛、科技腾飞、出版繁荣而共同奋斗！

国防科技图书出版基金

评审委员会

国防科技图书出版基金
2020 年度评审委员会组成人员

主 任 委 员　吴有生
副主任委员　郝　刚
秘 书 长　　郝　刚
副 秘 书 长　刘　华
委　　　员　于登云　王清贤　甘晓华　邢海鹰　巩水利
（按姓氏笔画排序）刘　宏　孙秀冬　芮筱亭　杨　伟　杨德森
　　　　　　吴宏鑫　肖志力　初军田　张良培　陆　军
　　　　　　陈小前　赵万生　赵凤起　郭志强　唐志共
　　　　　　康　锐　韩祖南　魏炳波

前 言

自1891年世界上诞生以铝合金为主要船体结构材料的小艇以来,铝船发展迅速,从早期的单体船发展到穿浪双体船、三体船、气垫船、水翼艇、地效翼艇以及各种类型的水面与水下无人航行器等。气垫船、水翼艇等都是以追求速度为设计的基本出发点,设计者更倾向于选用铝合金,它的比重只有钢铁材料的三分之一左右。而从航空母舰、驱逐舰、护卫舰到各种工作船艇,其上层建筑结构或某些关键结构采用铝合金制造,一则可以节省大量的结构重量用以装载更多的武器装备或货物、人员;二则可以使船舶的重心下移、更有利于提高船舶运动性能。对于船体结构来说,在达到同等强度和能满足船舶使用的条件下,铝合金结构的综合重量是钢结构的50%左右,同时铝合金还具有易加工、耐腐蚀、耐疲劳、无磁性等特点,在解决铝合金惰性气体焊接技术以后,近30年来铝合金颇受轻型船舶和高速快艇设计者的青睐。

腐蚀是一种自然灾害,其每年造成的损失比其他自然灾害总和还多,武器装备因腐蚀造成的损失,除统计上的经济数字外,还会增加装备"不可用"天数、降低快速反应时间,装备的腐蚀防护意义重大,是武器装备保障过程中的"头等大事"。由于铝合金表面容易形成氧化膜,在实验室的单材料和单一环境条件下,在NaCl溶液甚至在酸、碱溶液中都具有良好的耐腐蚀性,但在实际工程中特别是在海水环境中,铝合金结构会遇到比钢铁材料更为复杂的腐蚀与防护问题。铝合金对环境敏感,容易出现点蚀,铝合金船体结构甚至会出现快速腐蚀穿孔的事故;铝合金在海水中具有较负的电位,活性高,电位波动大,腐蚀防护设计难度大;不同铝合金在不同水质海水中的腐蚀特性和变化规律不尽一致,同一型船在不同海域时会发生不一样的腐蚀现象,低盐度海水中服役的铝船有可能比在高盐度海水中腐蚀速度更快。世界各国船舶系统、设备、材料的配套特别是军用舰船上武器装备的研制,以钢质船舶为主流,带来的问题是铝船的工程配套选用设计限制更多、难度更大。

近年来铝合金材料发展较快,铝船的设计、建造和使用一直处在不断探索和完善的过程中。随着我国铝船尤其是海洋环境中服役的铝合金舰艇种类、数量的增多,必须对铝船的腐蚀与防护问题加以重视。我国船舶行业通过铝船近60年的使用经验积累,已经在铝船防腐蚀设计方面取得一些共识,如:防腐蚀设计上须进行总体优化设计;海水中铝质船体须应用阴极保护系统,对排水量较小的轻型船舶和高速快艇首选高效铝阳极保护;应控制防腐蚀涂料中铁、铜等重金属含量,尽量避免选用环氧铁红防腐涂料、氧化亚铜防污涂料;在海洋大气环境尤其是海水中铝合金有较严重的接触腐蚀和缝隙腐蚀倾向,需要在结构设计上进行抑制;铝船不能和钢制栈桥及钢制的海洋浮桥或码头设备相互有电接触,不能停泊在包铜皮的船只附近或停放在正在对钢板进行打磨喷砂的施工作业现场附近等。

在当今科学快速发展的时代,上面这些经验显然不能完全满足用户对装备的高可靠、高性能、长寿命的需求,这就要求研究者们不仅从理论上能正确阐述材料失效、腐蚀防护的机理、机制与规律,而且要找到并提供能满足工程应用的防护方法、材料与工艺。国内在材料方面基础和理论方面出版的书籍较多,但是关于船舶腐蚀防护的研究成果还是与工程设计需求有差距。国内针对铝合金海洋腐蚀防护材料与工艺研究的力量、成果不多,究其原因,一是人们关注的重点尚未从陆地真正走向海洋,我国海洋强国战略实施及相关的技术研究还处于起步阶段;二是海洋是一个变化的三维立体环境,人类对海洋环境概念及变化规律的探索还不足以完全解决腐蚀研究"输入"这个大科学问题,全域海洋腐蚀问题研究难度太大;三是铝船在造船总吨位上占比不大,加之动态海水环境腐蚀防护的难度,使得研究者们更多地权衡付出与回报,铝船的腐蚀防护技术没有受到应有的重视。

本书主要目的在于,综合国内外以及作者最近20年来对铝船在海水中腐蚀与防护的基础研究、工程研制和试验验证成果,力求在腐蚀防护材料设计、工程技术理论方面有所突破。一是以试验为基础,揭示铝船腐蚀和防护材料失效的机理,较好地体现铝合金材料在实验室、实海环境中试验数据的系统性;二是以设计为目的,论述船体水线以下防腐和防污涂层材料、壳体防腐涂层材料、牺牲阳极材料、腐蚀修补工艺等铝船腐蚀控制设计所用到的防护材料与工艺最新成果;三是兼顾工程应用的可行性和可用性,介绍经过工程验证的防护材料与工艺。

全书共分为9章,由曹京宜、方志刚主笔。第1章由方志刚撰写;第2章由曹京宜、臧勃林、任群撰写;第3章由管勇、方志刚撰写;第4章由曹京宜、褚广哲、任群撰写;第5章由曹京宜、张寒露、冯亚菲撰写;第6章由曹京宜、殷文昌、赵伊撰写;第7章由方志刚、董彩常撰写;第8章由杨延格、李亮、张伟撰写;第9章由方志刚、褚广哲撰写。

本书得到了国防科技图书出版基金的资助,得到了左禹教授、张波研究员、黎理胜高级工程师以及兰玲研究员的帮助,在此一并表示感谢。本书编写目的是为铝船设计、建造、使用、维护保养和修理人员提供一本基础性书籍,如果能对从事舰船论证、新材料研制、使用保障的工程技术人员及院校师生有一定的应用和参考价值,对提高我国铝船腐蚀控制水平能起到"抛砖引玉"的作用,我们就很满足了。

  海洋装备腐蚀控制技术涉及面非常广,是一项庞大的系统工程。相对常规的钢质船舶,铝船更具有特殊性,受篇幅所限,许多技术不能一一详述。由于水平有限,书中不足之处在所难免,敬请读者批评指正。

作者

2023 年 1 月

目 录

第1章 概论 ... 1

1.1 铝及铝合金材料 ... 1
- 1.1.1 铝及铝合金的分类 ... 1
- 1.1.2 铝合金相关标准和牌号 ... 9
- 1.1.3 铝合金的基本性能特点 ... 10

1.2 铝合金在船舶上的应用 ... 12
- 1.2.1 国外船体铝合金在船舶上的研究概况 ... 12
- 1.2.2 我国铝合金在舰船上的应用现状 ... 13

1.3 铝合金舰艇常见的腐蚀类型及控制措施 ... 16
- 1.3.1 点蚀 ... 16
- 1.3.2 缝隙腐蚀 ... 17
- 1.3.3 磨蚀 ... 18
- 1.3.4 异种金属引起的接触腐蚀 ... 20
- 1.3.5 应力腐蚀与腐蚀疲劳 ... 21
- 1.3.6 其他腐蚀 ... 23

1.4 小结 ... 24

第2章 铝船材料腐蚀特性 ... 25

2.1 概述 ... 25
2.2 铝合金腐蚀试验数据基础 ... 26
- 2.2.1 国外铝合金腐蚀研究现状 ... 26
- 2.2.2 国内相关研究现状 ... 28
- 2.2.3 船用铝合金配套试验数据 ... 31

2.3 5083铝合金及相关材料腐蚀试验 ... 35

2.3.1　试验方法及内容 ·· 37
　　　2.3.2　海水全浸腐蚀 ·· 39
　　　2.3.3　盐雾腐蚀 ·· 45
　　　2.3.4　材料的电化学性能 ·· 48
　　　2.3.5　电偶腐蚀性能 ·· 50
　　　2.3.6　5083铝合金及其焊缝的应力腐蚀性能 ····································· 53
　　　2.3.7　5083铝合金及其焊缝金相组织 ··· 56
　　　2.3.8　钢-铝复合材料金相组织 ··· 58
　　　2.3.9　分析与讨论 ·· 60

第3章　5083铝合金实海环境腐蚀行为 ·· 63
　3.1　实海暴露试验 ·· 63
　　　3.1.1　全浸区实海暴露试验 ·· 63
　　　3.1.2　大气区实海暴露试验 ·· 67
　　　3.1.3　干湿交替实海暴露试验 ·· 70
　　　3.1.4　涂层去除后基体腐蚀状况 ·· 71
　　　3.1.5　实海暴露3年形貌及分析 ·· 72
　　　3.1.6　试验结果 ·· 72
　3.2　实验室加速模拟腐蚀试验 ·· 73
　　　3.2.1　裸露铝合金试样 ·· 73
　　　3.2.2　完好涂层试样 ·· 74
　　　3.2.3　涂层损伤试样 ·· 75
　　　3.2.4　干湿交替环境下铝合金点蚀发生发展过程 ···························· 76
　　　3.2.5　分析与讨论 ·· 79
　3.3　5083铝合金在不同海域海水中的腐蚀行为 ·································· 79
　　　3.3.1　腐蚀电化学行为 ·· 79
　　　3.3.2　5083铝合金腐蚀行为与其微观组织的作用关系 ····················· 84
　　　3.3.3　腐蚀机理分析 ·· 88
　3.4　海水环境因素变化对5083铝合金腐蚀的影响机制 ······················ 89
　　　3.4.1　不同海域海水环境因素分析 ·· 90
　　　3.4.2　海水环境中典型阴离子对5083铝合金腐蚀
　　　　　　性能影响 ·· 92
　　　3.4.3　分析与讨论 ·· 102

3.5 不同电解液中 5083 铝合金表面腐蚀形貌及成分 …………… 102
 3.5.1 不同 Cl^- – HCO_3^- 浓度 5083 铝合金表面腐蚀
   形貌分析 ……………………………………………… 103
 3.5.2 不同电解液条件下 5083 铝合金表面腐蚀成分
   分析 …………………………………………………… 106
 3.5.3 5083 铝合金高分辨 XPS 分析 ……………………… 108
 3.5.4 分析与讨论 …………………………………………… 110
3.6 5083 铝合金表面微区腐蚀电位分析及腐蚀过程 …………… 110
 3.6.1 5083 铝合金表面微区腐蚀电位分析 ……………… 110
 3.6.2 5083 铝合金表面微区腐蚀过程 …………………… 114
 3.6.3 分析与讨论 …………………………………………… 116
3.7 小结 ………………………………………………………………… 116

第4章 有机涂层下铝合金材料腐蚀规律 …………………………………… 118

4.1 涂层性能研究的分析测试方法 ………………………………… 118
 4.1.1 几种典型分析方法 …………………………………… 118
 4.1.2 试验方法 ……………………………………………… 121
4.2 铝合金在典型防腐蚀涂层体系保护下的腐蚀失效行为 …… 122
 4.2.1 铝合金/聚氨酯涂层体系在 3.5% NaCl 溶液浸泡
   作用下的腐蚀失效行为 ……………………………… 122
 4.2.2 铝合金/氯化橡胶涂层体系在 3.5% NaCl 溶液浸泡
   作用下的腐蚀失效行为 ……………………………… 127
 4.2.3 铝合金/丙烯酸船壳漆体系在浸泡－紫外光联合
   作用下的腐蚀失效行为 ……………………………… 132
 4.2.4 涂层腐蚀行为小结 …………………………………… 137
4.3 防污涂料中铜离子浓度对 5083 铝合金耐腐蚀性能的影响 … 138
 4.3.1 3.5% NaCl 溶液中铜离子浓度对 5083 铝合金耐腐蚀
   性能的影响 …………………………………………… 138
 4.3.2 对典型防污涂层的 Cu^{2+} 渗出率的测试 …………… 139
4.4 防污涂层对 5083 铝合金的腐蚀行为影响 …………………… 140
 4.4.1 不同配套体系对基材 5083 铝合金点蚀敏感性的
   影响 …………………………………………………… 140
 4.4.2 不同防污面漆对 5083 铝合金耐腐蚀性能影响 …… 142

4.4.3　不同防污剂类型对5083铝合金耐腐蚀性能影响对比⋯⋯⋯⋯⋯⋯⋯⋯⋯⋯⋯⋯⋯⋯⋯⋯⋯⋯⋯⋯⋯⋯ 149
　　　4.4.4　人工十字破损涂层浸泡后涂层表面形貌⋯⋯⋯⋯⋯⋯ 156
　　　4.4.5　10种防污涂层体系的电化学防护性能比较 ⋯⋯⋯⋯⋯ 158
　　　4.4.6　含铜与不含铜的防污涂层体系对基体的保护性能比较⋯⋯⋯⋯⋯⋯⋯⋯⋯⋯⋯⋯⋯⋯⋯⋯⋯⋯⋯⋯⋯⋯⋯ 167
　　　4.4.7　电化学测试结论⋯⋯⋯⋯⋯⋯⋯⋯⋯⋯⋯⋯⋯⋯⋯⋯ 170
　　　4.4.8　综合评价⋯⋯⋯⋯⋯⋯⋯⋯⋯⋯⋯⋯⋯⋯⋯⋯⋯⋯⋯ 171

第5章　铝合金专用高耐腐蚀性涂层及其耐腐蚀机理⋯⋯⋯⋯⋯⋯⋯⋯ 173

　5.1　概述⋯⋯⋯⋯⋯⋯⋯⋯⋯⋯⋯⋯⋯⋯⋯⋯⋯⋯⋯⋯⋯⋯⋯⋯⋯ 173
　　　5.1.1　铝合金富镁防腐蚀涂层技术发展⋯⋯⋯⋯⋯⋯⋯⋯⋯ 173
　　　5.1.2　试验方法⋯⋯⋯⋯⋯⋯⋯⋯⋯⋯⋯⋯⋯⋯⋯⋯⋯⋯⋯ 174
　5.2　镁铝复合涂层优化及其防护机理⋯⋯⋯⋯⋯⋯⋯⋯⋯⋯⋯⋯⋯ 176
　　　5.2.1　镁铝复合涂层中镁粉与铝粉相对含量的确定⋯⋯⋯⋯ 176
　　　5.2.2　镁铝复合涂层耐腐蚀机理⋯⋯⋯⋯⋯⋯⋯⋯⋯⋯⋯⋯ 181
　　　5.2.3　三聚磷酸铝对镁铝复合涂层性能的影响⋯⋯⋯⋯⋯⋯ 187
　　　5.2.4　分析与讨论⋯⋯⋯⋯⋯⋯⋯⋯⋯⋯⋯⋯⋯⋯⋯⋯⋯⋯ 188
　5.3　镁粉的磷酸化表面处理及其对富镁涂层性能的影响⋯⋯⋯⋯⋯ 188
　　　5.3.1　镁粉表面磷酸化处理过程⋯⋯⋯⋯⋯⋯⋯⋯⋯⋯⋯⋯ 188
　　　5.3.2　镁粉磷酸化处理条件的优选⋯⋯⋯⋯⋯⋯⋯⋯⋯⋯⋯ 189
　　　5.3.3　镁粉磷酸化处理对富镁涂层耐腐蚀性的影响⋯⋯⋯⋯ 193
　　　5.3.4　镁粉磷酸化处理提高富镁涂层耐腐蚀性的机理研究⋯⋯⋯⋯⋯⋯⋯⋯⋯⋯⋯⋯⋯⋯⋯⋯⋯⋯⋯⋯⋯⋯⋯ 196
　　　5.3.5　分析与讨论⋯⋯⋯⋯⋯⋯⋯⋯⋯⋯⋯⋯⋯⋯⋯⋯⋯⋯ 201
　5.4　铝合金表面硅烷预处理对镁铝复合涂层保护性能的影响 ⋯ 201
　　　5.4.1　铝合金表面的硅烷预处理及表征⋯⋯⋯⋯⋯⋯⋯⋯⋯ 201
　　　5.4.2　铝合金表面硅烷预处理对富镁涂层性能的影响⋯⋯⋯ 204
　　　5.4.3　分析与讨论⋯⋯⋯⋯⋯⋯⋯⋯⋯⋯⋯⋯⋯⋯⋯⋯⋯⋯ 208
　5.5　复合涂料中偶联剂的添加对涂层性能的影响⋯⋯⋯⋯⋯⋯⋯⋯ 209
　　　5.5.1　镁铝涂料中偶联剂添加量对涂层耐腐蚀性影响⋯⋯⋯ 209
　　　5.5.2　添加偶联剂对涂层耐腐蚀性的影响机理研究⋯⋯⋯⋯ 213
　　　5.5.3　分析与讨论⋯⋯⋯⋯⋯⋯⋯⋯⋯⋯⋯⋯⋯⋯⋯⋯⋯⋯ 216

5.6 性能检测与总结 ·· 216
　5.6.1 富镁铝涂料及涂层的性能检测 ······················ 216
　5.6.2 分析与讨论 ··· 218

第6章 铝船耐冲刷防污涂层设计及试验 ·········· 220

6.1 概述 ··· 220
　6.1.1 海洋生物对船舶的危害 ································ 220
　6.1.2 防污涂料的发展 ··· 221
　6.1.3 船舶防污涂料的防污机理 ···························· 223
　6.1.4 防污涂层的性能评价 ··································· 223
　6.1.5 防污涂料的国内外研究现状 ························· 224
6.2 10种铝合金防污涂料性能筛选试验 ··················· 227
　6.2.1 试验材料 ··· 227
　6.2.2 试验方案 ··· 228
　6.2.3 研究结果 ··· 230
　6.2.4 相关分析及要求 ··· 232
6.3 耐冲刷防污专用涂层改进研制 ·························· 233
　6.3.1 研究方案 ··· 233
　6.3.2 制备与试验方法 ··· 235
6.4 配方优化与讨论 ·· 237
　6.4.1 含硫氰酸亚铜丙烯酸锌防污涂料 ··················· 237
　6.4.2 丙烯酸硅烷基防污涂料 ································ 244
　6.4.3 无铜自抛光防污涂料 ··································· 247
　6.4.4 溶剂的选择及其影响因素 ···························· 252
　6.4.5 不溶性成膜物质的选择及其影响因素 ············· 254
　6.4.6 防污涂料中主要组分对漆膜力学性能的影响 ··· 255
　6.4.7 配方固化 ··· 258
6.5 测试与试验 ·· 258
　6.5.1 有害金属含量 ··· 258
　6.5.2 微观形态分析 ··· 259
　6.5.3 实船试验 ··· 261
6.6 小结 ··· 262

第7章 铝合金牺牲阳极材料设计 263

7.1 概述 263
7.1.1 牺牲阳极材料要求 263
7.1.2 牺牲阳极材料种类 264
7.1.3 铝船牺牲阳极特殊要求 266
7.1.4 牺牲阳极材料国内外发展现状 266
7.1.5 铝合金牺牲阳极的活化机理 271
7.1.6 铝合金牺牲阳极影响因素 273
7.1.7 牺牲阳极的性能指标表征 275

7.2 现役铝合金牺牲阳极电化学特性 276
7.2.1 试验材料与方法 276
7.2.2 现役阳极产物分析 277
7.2.3 阳极工作电位 279
7.2.4 阳极电流效率 282
7.2.5 阳极腐蚀形貌 282
7.2.6 再活化性能 284
7.2.7 分析与讨论 287

7.3 铝合金牺牲阳极材料设计 287
7.3.1 试样的制备 288
7.3.2 冶炼工艺 288
7.3.3 试验项目及方法 289
7.3.4 电化学性能测试 291
7.3.5 室内模拟海水干湿交替试验 298
7.3.6 实海性能测试 301
7.3.7 试验结论 303

第8章 铝合金微弧氧化及实船应用 305

8.1 概述 305
8.2 微弧氧化陶瓷膜的制备及性能研究 307
8.2.1 试验方法 307
8.2.2 响应曲面法的试验设计 307
8.2.3 试验结果分析 309
8.2.4 高性能船用微弧氧化膜的结构及性能 314

8.3 强电流脉冲电子束对微弧氧化性能的提升 ················· 315
  8.3.1 试验方法 ··· 315
  8.3.2 强电流脉冲电子束对微弧氧化膜显微结构的
     影响 ··· 316
  8.3.3 强电流脉冲电子束对微弧氧化膜性能的影响 ······ 318
8.4 微弧氧化技术的实船应用 ····································· 320
  8.4.1 工业用微弧氧化设备 ······································ 320
  8.4.2 微弧氧化大型构件 ··· 322
  8.4.3 典型工件实船应用举例 ··································· 323
8.5 分析与讨论 ·· 327

第9章 船体腐蚀损伤修补材料及工艺 ························· 328

9.1 概述 ··· 328
  9.1.1 铝质船体腐蚀 ··· 328
  9.1.2 铝质船体腐蚀的修复 ······································ 329
9.2 腐蚀损伤胶接修补材料 ·· 330
  9.2.1 胶黏剂的研制 ··· 330
  9.2.2 胶接修复工艺 ··· 331
  9.2.3 胶接修复后5083铝合金的耐腐蚀性能 ··············· 332
  9.2.4 胶黏剂的优化 ··· 333
  9.2.5 胶接修复的防腐蚀效果评价 ····························· 334
  9.2.6 胶接修复面积的影响 ······································ 335
9.3 焊接修补工艺 ·· 335
  9.3.1 焊接用材料及设备 ··· 335
  9.3.2 焊接试验过程 ··· 336
9.4 试验与验证 ·· 338
  9.4.1 铝合金5083胶接修复综合性能表征 ·················· 338
  9.4.2 铝合金焊接修复综合性能表征 ························· 355
9.5 应用与小结 ·· 356
  9.5.1 两种修补技术的实际应用 ································ 356
  9.5.2 船用5083铝合金胶黏剂使用工艺 ····················· 358
  9.5.3 铝合金焊接修复工艺 ······································ 359
  9.5.4 分析与讨论 ··· 359

参考文献 ··· 361

CONTENTS

1 Introduction ··· 1

  1.1 Aluminum and aluminum alloy materials ·································· 1

    1.1.1 Classifications of aluminum and aluminum alloys ················· 1

    1.1.2 Relevant standards and designations of aluminum alloys ··········· 9

    1.1.3 Basic property characteristics of aluminum alloys ················ 10

  1.2 Application of aluminum alloys on ships ································ 12

    1.2.1 Foreign research overview of hull aluminum alloy application in ships ·· 12

    1.2.2 Application status of vessel aluminum alloy in China ············ 13

  1.3 Common corrosion types and control measures of aluminum alloy vessel ··· 16

    1.3.1 Pitting corrosion ··· 16

    1.3.2 Crevice corrosion ··· 17

    1.3.3 Abrasion ··· 18

    1.3.4 Contact corrosion induced by dissimilar metals ···················· 20

    1.3.5 Stress corrosion and corrosion fatigue ································ 21

    1.3.6 Other types of corrosion ··· 23

  1.4 Summary ··· 24

2 Materials corrosion characteristics of aluminum ships ···················· 25

  2.1 Overview ··· 25

  2.2 Corrosion test data basis of aluminum alloy ····························· 26

    2.2.1 Research status of aluminum alloy corrosion abroad ·············· 26

    2.2.2 Relative research status in China ······································ 28

    2.2.3 Supporting test data of marine aluminum alloy ···················· 31

2.3 Corrosion test of 5083 aluminum alloy and relative materials …… 35
    2.3.1 Test method and content …… 37
    2.3.2 Seawater immersion corrosion …… 39
    2.3.3 Salt – spray corrosion …… 45
    2.3.4 Electrochemical performance of material …… 48
    2.3.5 Galvanic corrosion performance …… 50
    2.3.6 Stress corrosion performance of 5083 aluminum alloy and its weld …… 53
    2.3.7 Metallographic microstructures of 5083 aluminum alloy and its weld …… 56
    2.3.8 Metallographic microstructures of steel – aluminum composite …… 58
    2.3.9 Analysis and discussion …… 60

3 Corrosion behavior of 5083 aluminum alloy in marine environment …… 63

3.1 Seawater exposure test …… 63
    3.1.1 Seawater exposure test in full immersion zone …… 63
    3.1.2 Seawater exposure test in atmospheric zone …… 67
    3.1.3 Seawater exposure test in alternated dry and wet environment …… 70
    3.1.4 Corrosion status of substrate after coating removal …… 71
    3.1.5 Morphology and analysis after seawater exposure for 3 years …… 72
    3.1.6 Test results …… 72

3.2 Accelerated simulating corrosion test in laboratory …… 73
    3.2.1 Bare samples of aluminum alloy …… 73
    3.2.2 Intact coating sample …… 74
    3.2.3 Damaged coating sample …… 75
    3.2.4 Pitting corrosion formation and propagation of aluminum alloy in alternated dry and wet environment …… 76
    3.2.5 Analysis and discussion …… 79

3.3 Sea corrosion behaviors of 5083 aluminum alloy in different sea areas …… 79
    3.3.1 Corrosion electrochemical behavior …… 79
    3.3.2 Corrosion behavior of 5083 aluminum alloy and its relationship

    between corrosion and microstructure 84
  3. 3. 3 Corrosion mechanism analysis 88
 3. 4 Influence mechanism of changes in seawater environmental factors on corrosion of 5083 aluminum alloy 89
  3. 4. 1 Analysis of seawater environmental factors in different sea areas 90
  3. 4. 2 Effect of typical anions on the corrosion performance of 5083 aluminum alloy in seawater environment 92
  3. 4. 3 Analysis and discussion 102
 3. 5 Surface corrosion morphology and composition of 5083 aluminum alloy in different electrolytes 102
  3. 5. 1 Analysis of surface corrosion morphology of 5083 aluminum alloy with different $Cl^- - HCO_3^-$ concentrations 103
  3. 5. 2 Analysis of surface corrosion composition of 5083 aluminum alloy in different electrolyte environments 106
  3. 5. 3 XPS separated electron spectroscopy analysis of 5083 aluminum alloy 108
  3. 5. 4 Analysis and discussion 110
 3. 6 Corrosion potential analysis and corrosion process of surface micro zone of 5083 aluminum alloy 110
  3. 6. 1 Corrosion potential analysis of surface micro zone of 5083 aluminum alloy 110
  3. 6. 2 Corrosion process of surface micro zone of 5083 aluminum alloy 114
  3. 6. 3 Analysis and discussion 116
 3. 7 Summary of the chapter 116

4 Corrosion law of aluminum alloy materials under organic coating protection 118
 4. 1 Analysis and testing methods of coating performance investigation 118
  4. 1. 1 Several kinds of typical analysis methods 118

  4.1.2 Experimental method ·· 121
4.2 Corrosion failure behavior of aluminum alloy under protection of typical corrosion resistance coating system ························ 122
  4.2.1 Corrosion failure behavior of aluminum alloy/polyurethane coating system under the immersion of 3.5% sodium chloride solution ··· 122
  4.2.2 Corrosion failure of aluminum alloy/chlorinated rubber coating system under the immersion of 3.5% sodium chloride solution ·········· 127
  4.2.3 Corrosion failure behavior of aluminum alloy/acrylic marine paint system under the combination environment of immersion and ultraviolet light ·· 132
  4.2.4 Summary of coating corrosion behavior ······························ 137
4.3 Effect of copper ion concentration in antifouling coating on corrosion resistance of 5083 aluminum alloy ······························ 138
  4.3.1 Effect of copper ion concentration in 3.5% sodium chloride solution on the corrosion resistance of 5083 aluminum alloy ··· 138
  4.3.2 Testing on exudation rate of copper ion for typical antifouling coating ·· 139
4.4 Effect of antifouling coating on corrosion behavior of 5083 aluminum alloy ·· 140
  4.4.1 Effect of different supporting systems on pitting sensitivity of 5083 aluminum alloy substrate ·· 140
  4.4.2 Effect of different antifouling finishes on corrosion resistance performance of 5083 aluminum alloy ······························ 142
  4.4.3 Comparison between different antifouling agent types of their effects on corrosion resistance performance of 5083 aluminum alloy ··· 149
  4.4.4 Surface morphology of coating with artificial cross damaged after immersion ·· 156
  4.4.5 Comparison of electrochemical protection performance among ten kinds of antifouling coating systems ···························· 158
  4.4.6 Comparison of protection performance of antifouling coating systems with and without copper addition on the substrate ······ 167
  4.4.7 Electrochemical testing conclusion ··································· 170

  4.4.8 Comprehensive evaluation 171

5 High corrosion resistance coating special for aluminum alloy and its corrosion resistance mechanism 173

 5.1 Overview 173

  5.1.1 Technical development of aluminum alloy corrosion resistance magnesium rich coating 173

  5.1.2 Experimental method 174

 5.2 Optimization of magnesium aluminum composite coating and its protection mechanism 176

  5.2.1 Relative content determination of magnesium powder and magnesium powder in magnesium aluminum composite coating 176

  5.2.2 Corrosion resistance mechanism of magnesium aluminum composite coating 181

  5.2.3 Effect of aluminum triphosphate on the performance of magnesium aluminum composite coating 187

  5.2.4 Analysis and discussion 188

 5.3 Phosphorylated surface treatment of magnesium powder and its effect on the performance of magnesium rich coating 188

  5.3.1 Phosphorylated surface treatment process of magnesium powder 188

  5.3.2 Optimization selection of magnesium powder phosphorylated treatment condition 189

  5.3.3 Effect of magnesium powder phosphorylated treatment on the corrosion resistance of magnesium rich coating 193

  5.3.4 Mechanism research of magnesium powder phosphorylated treatment for improving of corrosion resistance of magnesium rich coating 196

  5.3.5 Summary 201

 5.4 Effect of silane pretreatment of aluminum alloy surface on the protective performance of magnesium aluminum composite coating 201

  5.4.1 Silane pretreatment of aluminum alloy surface and its characterization 201

      5.4.2 Effect of silane pretreatment of aluminum alloy surface on the performance of magnesium rich coating ... 204

      5.4.3 Analysis and discussion ... 208

  5.5 Effect of coupling agent addition in composite coating on coating performance ... 209

      5.5.1 Effect of coupling agent addition in magnesium aluminum coating on corrosion resistance of coating ... 209

      5.5.2 Mechanism research of the effect of coupling agent addition on the corrosion resistance of coating ... 213

      5.5.3 Analysis and discussion ... 216

  5.6 Performance testing and summary ... 216

      5.6.1 Performance testing of magnesium aluminum rich paints and coatings ... 216

      5.6.2 Analysis and discussion ... 218

6 Design and test of coatings with erosion resistance and antifouling performance for aluminum ship ... 220

  6.1 Overview ... 220

      6.1.1 Harm of marine organisms to ships ... 220

      6.1.2 Development of antifouling coatings ... 221

      6.1.3 Antifouling mechanism of marine antifouling coatings ... 223

      6.1.4 Performance evaluation of antifouling coatings ... 223

      6.1.5 Research status of antifouling coatings at home and abroad ... 224

  6.2 Performance screening test for ten kinds of antifouling coatings of aluminum alloys ... 227

      6.2.1 Experimental material ... 227

      6.2.2 Test scheme ... 228

      6.2.3 Research result ... 230

      6.2.4 Relevant analysis and requirement ... 232

  6.3 Improved development of special coating with erosion resistance and antifouling performance ... 233

      6.3.1 Research scheme ... 233

		6.3.2	Preparation and test methods	235

6.4 Formulation optimization and discussion 237
  6.4.1 Antifouling coating containing cuprous thiocyanate zinc acrylate 237
  6.4.2 Acrylic silicone alkyl antifouling coating 244
  6.4.3 Copper – free self – polishing antifouling coating 247
  6.4.4 Selection of solvent and the influencing factors 252
  6.4.5 Selection of insoluble film – forming substances and the influencing factors 254
  6.4.6 Effect of main components in antifouling coatings on mechanical properties of paint films 255
  6.4.7 Formulation determination 258

6.5 Testing and experiment 258
  6.5.1 Harmful metal content 258
  6.5.2 Microscopic morphology analysis 259
  6.5.3 Test on ship 261

6.6 Summary 262

7 Sacrificial anode material design of aluminum alloy 263

7.1 Overview 263
  7.1.1 Material requirements for sacrificial anode 263
  7.1.2 Material types for sacrificial anode 264
  7.1.3 Special requirements for sacrificial anode of aluminum hull ship 266
  7.1.4 Development status of sacrificial anode materials at home and abroad 266
  7.1.5 Activation mechanism of aluminum alloy sacrificial anode 271
  7.1.6 Influencing factors of aluminum alloy sacrificial anode 273
  7.1.7 Performance index characterization of sacrificial anode 275

7.2 Electrochemical characteristics of aluminum alloy sacrificial anode in servicing 276
  7.2.1 Test material and method 276

	7.2.2	Product analysis of anode in servicing	277
	7.2.3	Anode working potential	279
	7.2.4	Anode current efficiency	282
	7.2.5	Anode corrosion morphology	282
	7.2.6	Reactivation performance	284
	7.2.7	Analysis and discussion	287
7.3	Material design for aluminum alloy sacrificial anode		287
	7.3.1	Sample fabrication	288
	7.3.2	Smelting process	288
	7.3.3	Test item and method	289
	7.3.4	Electrochemical performance testing	291
	7.3.5	Seawater alternated dry and wet test with laboratory simulation	298
	7.3.6	Performance testing in seawater environment	301
	7.3.7	Test conclusion	303

8 Micro-arc oxidation and application in ship of aluminum alloy   305

8.1 Overview   305
8.2 Fabrication and performance research of micro-arc oxidation ceramic film   307
    8.2.1 Experiment method   307
    8.2.2 Test design for response surface method   307
    8.2.3 Experiment result analysis   309
    8.2.4 Structure and performance of marine micro-arc oxidation film with high-performance   314
8.3 Effect of high current pulsed electron beam on performance improvement of micro-arc oxidation   315
    8.3.1 Experimental method   315
    8.3.2 Effect of high current pulsed electron beam on microstructure of micro-arc oxidation coatings   316
    8.3.3 Effect of high current pulsed electron beam on properties of micro-arc oxidation coatings   318

  8.4 Application in ship of micro – arc oxidation technique ········· 320
    8.4.1 Industrial equipment of micro – arc oxidation ············ 320
    8.4.2 Large component of micro – arc oxidation ················ 322
    8.4.3 Example of application in ship of typical workpiece ······ 323
  8.5 Analysis and discussion ·· 327

9 Materials and process for hull corrosion damage repairing ········ 328

  9.1 Overview ·· 328
    9.1.1 Aluminum hull corrosion ····································· 328
    9.1.2 Repair of aluminum hull after corrosion ·················· 329
  9.2 Adhesive repair material for corrosion damage ················ 330
    9.2.1 Development of adhesive ··································· 330
    9.2.2 Bonding repair technology ·································· 331
    9.2.3 Corrosion resistant performance of 5083 aluminum alloy after bonding repair ·· 332
    9.2.4 Optimization of adhesive ··································· 333
    9.2.5 Corrosion resistant effect evaluation of bonding repair ···· 334
    9.2.6 Effect of bonding repair area ······························ 335
  9.3 Welding repair technology ·· 335
    9.3.1 Welding material and equipment ·························· 335
    9.3.2 Welding test process ·· 336
  9.4 Test and verification ··· 338
    9.4.1 Comprehensive performance characterization of 5083 aluminum alloy after bonding repair ····································· 338
    9.4.2 Comprehensive performance characterization of aluminum alloy after welding repair ··· 355
  9.5 Application and summary ··· 356
    9.5.1 Practical applications of the two repair technologies ······ 356
    9.5.2 Application process of marine 5083 aluminum alloy adhesive ·· 358
    9.5.3 Aluminum alloy welding repair process ··················· 359
    9.5.4 Analysis and discussion ····································· 359
  References ··· 361

第 1 章

概 论

铝元素在地壳上存量丰富,铝合金在船舶装备上应用广泛。铝合金应用在船舶上应解决好材料耐腐蚀性问题,船用铝合金以 Al-Mg 系合金(5000 系合金)和 Al-Mg-Si 系合金(6000 系合金)为主。铝船的腐蚀形式主要有点蚀、缝隙腐蚀以及磨蚀等,在设计上还需要特别关注异种金属连接带来的电偶腐蚀,以及高强铝合金受结构应力影响而产生的应力腐蚀开裂问题。

1.1 铝及铝合金材料

铝在地壳中的含量仅次于氧和硅,是含量最广泛的元素之一,其矿藏储量约占地壳构成物质的 8% 以上,铝在自然界中多以氧化物、氢氧化物和含氧的铝硅酸盐存在,极少发现铝的自然金属。

近几十年来,由于铝的冶炼方法与工艺的不断改进,尤其是铝材生产基础问题的突破,铝工业的发展速度惊人。1905 年全世界铝的产量只有几千吨,1980 年全世界铝的产量达到 1650 万 t,1990 年达到 2000 万 t。从 20 世纪 90 年代至今,世界上铝产量和消费量均以年均 5% 的速度增长,2004 年世界铝产量(包括原铝和再生铝)达到 2983 万 t,2010 年突破 4000 万 t。2018 年我国铝合金产能达到 1235 万 t,产能增速约为 3%,主要受环保以及房地产市场政策等的影响,产量自 2009 年的 245 万 t 稳步增长至 2018 年的约 800 万 t。铝合金是工业领域应用最广泛的一类有色金属结构材料,在航空、航天、船舶、汽车、机械制造及化学工业中已大量应用,是使用量仅次于钢的金属材料。

1.1.1 铝及铝合金的分类

铝及铝合金种类繁多。按生产工艺的不同,铝合金可分为铸造铝合金和变形铝合金两大类;按性能和用途不同变形铝合金可分为纯铝、防锈铝、硬铝、超硬铝、锻铝、特殊铝几类。国际上有据可查的变形铝合金牌号已接近400个。按热处理特点不同,变形铝合金可分为不可热处理强化的和可热处理强化的两大类。另外,铝基复合材料是近些年发展起来的一种新型材料,有很好的发展潜力。

纯铝因强度低,不能制作承受载荷的零件。在铝中加入适量的铜、镁、硅、锰、锌等合金元素后,可得到具有较高强度的铝合金。若再经过冷加工硬化或热处理,还可进一步提高其强度。

铝合金按生产工艺可分为变形铝合金及铸造铝合金两大类。铝合金有多种分类方法,主要的分类与牌号表示方法如图1.1所示。

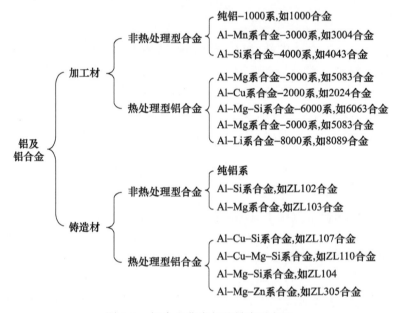

图1.1 铝合金分类与牌号表示方法

变形铝合金又分可热处理强化的铝合金与不可热处理强化的铝合金。可热处理强化的铝合金中有时效强化相,通过一定热处理可得到其过渡相或完全的脱溶相,对基体产生强化作用。在实际使用中变形铝合金基本上是按照其性能特点来分类的,分为防锈铝、硬铝、锻铝、超硬铝等。硬铝、超硬铝中有较多的时效强化相,对提高强度有好处,但是增强了显微腐蚀电池的作用,所以耐腐蚀性很差。船舶上使用防锈铝合金较多,防锈铝都是不可热处理强化的变形铝合金。

变形铝合金的牌号中,前面为两个字母,后面为数字。第一个字母为L代表铝,第二个为代表性能所用文字的汉语拼音首写字母。如LF是防锈铝,LY是硬铝,LC是超硬铝等,见表1.1。

表1.1 铝合金类别及其代号对照

合金类别	纯铝	防锈铝	硬铝	超硬铝	锻铝	特殊铝
合金代号	L	LF	LY	LC	LD	LT

铸造铝合金按主加合金元素分为 Al-Si、Al-Cu、Al-Mg、Al-Zn 等四个大系列。其牌号表示方法为两个字母+三个数字。两字母均为 ZL，三个数字的第一个数字代表合金系列：1、2、3、4 依次代表 Al-Si、Al-Cu、Al-Mg、Al-Zn 四个系列。最常用的是铸造 Al-Si 合金。铝合金 ZL101，就是最常用的 Al-Si 合金，铸造性能很好，但耐腐蚀性比用途最为广泛的防锈 5083 铝合金差。

1）防锈铝合金（Al-Mg 和 Al-Mn 系）

由于锰的作用，Al-Mn 合金比纯铝有更高的耐腐蚀性和强度，并具有良好的可焊性和塑性，但切削加工性较差。Al-Mg 合金比纯铝比重小，强度比 Al-Mn 合金还高，并有相当好的耐腐蚀性。防锈铝的时效硬化效果极弱，属于不可热处理强化的铝合金，只能用冷变形强化，但会使塑性显著下降。

防锈铝合金具有优异的耐腐蚀性，其强度比纯铝高，塑性好，能加工成为各种型材，它包括 Al-Mg 和 Al-Mn 两个系列。当合金中含有杂质铁时，会出现针状化合物 $FeAl_6$，可显著降低其塑性和耐腐蚀性，但当同时含有适量硅时，则可与铁形成危害性较小的 T 相。所以控制杂质铁的含量及其与硅的配比，对这类合金来说很重要。此外，为了细化晶粒，可以加入少量的钛。

（1）Al-Mn 合金（3000 系列）。Al-Mn 系合金是不可热处理强化的铝合金，有很好的成形性，以薄板状使用较多。我国的老牌号中 Al-Mn 合金只有一个，即 LF21（3A21），新牌号有 6 个。

锰在铝中的最大固溶度为 1.82%（658.7℃），室温时降至 0.05%。尽管固溶度随温度的变化较大，但时效硬化效果不大，无实用意义。当含锰量高于 1.6% 时，生成大量的脆性片状化合物 $MnAl_6$，使合金在变形时开裂，所以实际使用的 Al-Mn 合金含锰含量为 1.0%~1.6%。铝中加入适量的锰（LF21）并做退火处理后，在单相固熔体上有斜方结构的金属间化合物 $MnAl_6$ 析出，阻止了晶粒长大，起到了细化晶粒的作用。化合物 $MnAl_6$ 的电位与基体α相基本相同，不像一般金属间化合物具有较负电位，不会形成电化学腐蚀中的强阴极，使合金保持了较高的耐腐蚀性。并且纯铝中添加锰以后，会使一部分 $FeAl_6$ 转变成 $(FeMn)Al_6$，当这种针状的 $FeAl_6$ 转变成片状的 $(FeMn)Al_6$ 以后，构成了一个更弱的阴极相，也不易破坏表面的氧化膜。因此添加少量铜有利于将点蚀变为全面腐蚀。

尽管 3A21（LF21）为两相（α+$MnAl_6$）合金，但其耐腐蚀性很好，在大气中和工业纯铝相近，在海水中与纯铝相同，在稀盐酸溶液中的耐腐蚀性则比纯铝还好，但次于 Al-Mg 合金退火状态。而其强度高于纯铝，达到 170MPa，塑性仍很好，焊接性能也很好。在铝船上常用于舱室内壁等内装结构。

需要注意的是，3A21(LF21)合金铸造时偏析严重，如果变形量不足，加工的产品退火时会产生粗大晶粒，致使半成品在深冲或弯曲时表面粗糙或出现裂纹。

(2) Al-Mg合金(5000系列)。Al-Mg系合金(5000系合金)中镁在铝中固溶度较大，最大固溶度为17.4%(449℃)，室温时降至1.4%。两者可形成化合物β相Mg_5Al_8。从固溶曲线来看，Al-Mg合金是可以热处理强化的合金，但由于镁在铝中的扩散速度很慢，在室温下镁在铝中的溶解度可达3%～5%，在实际生产条件下难以析出。因此，镁含量小于5%的合金，在生产条件下均为单相固溶体组织，在热处理时效过程中基本没有强化效果，所以把它归为不可热处理强化的合金。当镁含量大于5%时，才有一定的强化作用。但镁含量过高时，合金中的β相增多，强度、硬度虽提高，但塑性明显下降，压力加工性变坏，焊接性能也变坏。

常用的Al-Mg合金中的镁含量约为0.8%～7.5%，如5A02(LF2)、5A03(LF3)及5A05(LF5)，通常都是在退火或冷作硬化状态以下使用。冷加工硬化成为Al-Mg合金强化的主要途径。由于冷加工使合金产生较大的内应力，冷加工后一般还要进行稳定化处理，消除合金的内应力。稳定化处理是一种低温(150～300℃)退火处理，有别于高温(300～420℃)软化退火。

在Al-Mg合金中，退火工艺对腐蚀性能影响很大。Al-Mg合金有点蚀、晶间腐蚀、应力腐蚀和剥蚀倾向。这些腐蚀特性与合金成分、冷加工量和热处理工艺等因素有关。一般来说，在单相过饱和固溶体的状态下以点蚀为主。随着镁含量增大，点蚀倾向加重，电位朝负向移动且达到稳定电位需要的时间更长。在酸性介质中失重增大，但在碱性介质中失重减少。

镁含量在3.5%以下时，如5052和5154合金，在任何热处理状态或冷加工状态均无应力腐蚀开裂的倾向；当镁含量为3.5%～5.0%，冷加工状态下有应力腐蚀开裂敏感性，如LF4合金；当镁含量在5%以上时，合金在退火状态下也会有应力腐蚀的敏感性。对于高镁铝合金，即便在低温下放置也有应力腐蚀开裂的倾向。例如LF12合金单相状态冲压杯状物在室温大气中放置一个月便有可能自行开裂。

Al-Mg合金经不同时间的等温退火处理后都有一个应力腐蚀破裂时间最短的敏感退火时间。镁含量越高，敏感性越大，也就是出现破裂时间最短的退火时间缩短。从不同时间的等温退火的工艺研究中可知，应力腐蚀开裂敏感性最大的退火时间比硬度达到最大的退火时间要短一些。因为应力腐蚀敏感性大小的组织特点是由晶界的特性决定的，析出质点在晶界呈连续状、应力腐蚀敏感性最大；而合金的硬度则由晶粒内部析出程度决定，当晶内开始弥散析出时硬度最高。

高镁合金在时效状态下的应力腐蚀敏感性较大。为了改善它的性能，可以采用固溶处理的方法，使其形成单相状态。高镁合金在400℃以上固溶处理时，即可达到完全固溶。固溶温度再提高，敏感性又增大。

在Al-Mg合金中，应力腐蚀、剥蚀和晶间腐蚀具有很好的一致性，晶间腐蚀严重的材料，应力腐蚀和剥蚀敏感性都增大。为了改善加工性，Al-Mg合金中常加少量的锰(0.2%~0.8%)及钛，使含镁相沉淀均匀，以细化组织；加入0.5%~0.8%的硅以改善其焊接性；还可以加入锆以细化β相；加入铍可防止氧化，使β相分布均匀，改善表面质量，简化热处理工艺。Al-Mg合金添加少量铬、锰、锆等元素，可提高合金的强度。此外，铬、锰、锆对改善合金抗应力腐蚀的效果明显。铁、铜及锌是这类合金的有害杂质，可显著降低其耐腐蚀性及工艺性能，应尽可能地减少其含量。

Al-Mg合金比重小，属于中强可焊合金，产品有板、薄板、管、线、棒和异形材，具有良好的电化学抛光性能和耐腐蚀性能，是铝合金中除纯铝外耐腐蚀性能最好的合金。在防锈铝合金中，虽然在酸性和碱性介质中比Al-Mn系合金差，但是与其他铝合金相比具有良好的耐海水腐蚀性能，在海水和大气中的耐腐蚀性与纯铝相当，再加上Al-Mg系合金的强度高于Al-Mn系合金，因此Al-Mg系合金是目前用于造船最多的铝合金。在国外常用的牌号有5083、5086、5456、5383以及5059，广泛用于游艇和船舶壳体。

2) 硬铝

硬铝是Al-Cu-Mg系合金。其中铜和镁的主要作用是在时效过程中形成强化相$CuAl_2$(θ相)和$CuMgAl_2$(S相)。S相是硬铝中主要强化相，它在较高温度下不易聚集，可以提高硬铝的耐热性。硬铝中的铜、镁量多时，强度、硬度高，耐热性好(可在150℃以下工作)，但塑性低，韧性差。

(1) 低合金硬铝。例如LY1、LY3等，镁、铜含量较低，塑性好，强度低。采用固溶处理和自然时效提高强度和硬度，时效速度较慢。主要用于制作铆钉，常称铆钉硬铝。

(2) 标准硬铝。例如LY11等，合金元素含量中等，强度和塑性属中等水平。退火后变形加工性能良好，时效后切削加工性能也较好。主要用于轧材、锻材、冲压件和螺旋桨叶片及大型铆钉等重要零件。

(3) 高合金硬铝。例如LY12等，合金元素含量较多，强度和硬度较高，塑性及变形加工性能较差。用于制作航空模锻件和重要的销、轴等零件。LY11、LY12可用来制造快艇的外板，以及受高载荷但要求轻的船体构件，如上层建筑等，但其可焊性很差。LY12的焊接接头塑性几乎为零，所以在生产上常采用铆接工艺。另外硬铝在海水中的耐腐蚀性很差。这是因为合金中含有较高的铜，而含铜固溶体和化合物的电极电位比晶粒边界高，会促进晶间的腐蚀，所以需要防护的硬铝材料的外部,都要包一层高纯度铝,制成包铝硬铝材料。

硬铝属于时效强化性合金,是为了提高铝合金的强度在 Al – Cu 二元合金的基础上发展起来的,其常用主要合金元素为铜及镁,还可以有少量锰、铬、锆等,在新标准中为 2000 系列。典型的化学成分:2.5% ~ 6.0% Cu,0.4% ~ 2.8% Mg,0.4% ~ 1.0% Mn,(Fe + Si)不超过 1.0%。硬铝合金产品有管、板、棒、型、线。板材有很好的冲压性、焊接性和耐腐蚀性。

Al – Cu – Mg 合金是人们熟悉的杜拉铝合金,是使用既早又广的合金。当铜、镁两者共同加入铝时,其复合作用远大于两者之和,所出现的各种中间相的数量都随温度的下降而显著增加,时效强化效果明显,是可进行热处理强化的变形铝合金中应用最广的一组合金。其特点是具有一定的强度,耐热性好,可在一定的高温下使用,在船舶中主要用来制造铆钉、螺栓等紧固件。

Al – Cu – Mn 合金属耐热铝合金,如 2A16(LY16)、2A17(LYl7),室温强度约为 400MPa,略低于 LY12 合金。但在 225 ~ 250℃下的性能却比 LY12 合金高,为 160 ~ 180MPa。所以该合金常用作 250 ~ 300℃下工作的构件。

硬铝的高强度主要来自时效强化。正确的淬火和时效工艺,对强化极为重要。硬铝允许的加热温度范围很窄,例如,2A11(LY11)为 495 ~ 510℃,2A12(LY12)为 495 ~ 505℃,必须严格控制。

加热淬火后,可进行自然时效,经 4 ~ 7d 后,即可得到最高的强度和硬度。为缩短时间,可进行人工时效,例如,在 150℃时效,0.5d 即可达到强度的最高值。温度越高,所需时效时间越短,但可能达到的强度和硬度越低。

值得强调的是,在铝合金中,含铜铝合金的晶间腐蚀敏感性最大,晶间腐蚀几乎无法避免,只能在合理的工艺条件下,减轻合金的晶间腐蚀倾向。为此,常在其外面包一层纯铝,作为保护层。

3)超硬铝

为满足日益发展的对铝合金强度的要求,研制出了更高强度的硬铝,通称超硬铝,是变形铝合金中强度最高的。其特点是在一般硬铝的基础上,再加入锌、铬等合金元素及其他微量元素,利用多种元素的复合作用来进行强化,以获得高强度,制成了高强 7000 系列超硬铝合金。

这类合金是室温强度最高的铝合金。其时效强化除依靠硬铝中所具有的 θ 和 S 相外,还有强化效果很好的 η 相($MgZn_2$)和 T 相($Al_2Mg_3Zn_3$)。这类合金经固溶处理和时效后,其强度 σ_b 可达 680MN/m^2,比强度已相当于超高强度钢(一般是指 σ_b > 1400MN/m^2 的钢),故名超硬铝。超硬铝的缺点是耐海水腐蚀性很差。

超硬铝的牌号用"铝""超"两字的汉语拼音首字母"L、C"和顺序号表示。常用的有 LC4、LC6 等。超硬铝主要用于飞机上受力较大的构件,某些鱼雷的外壳也是用超硬铝制造的。

超硬铝的强度与断裂韧性均优于硬铝,但耐疲劳性能差,耐热性也低于硬铝。在适当的热处理条件下,7005、7039能得到中等的强度(300~450MPa),7A31能得到更高的强度(500MPa)。

铬、锰、锆都是Al-Zn-Mg-Cu合金常用的微量添加剂,这些元素都强烈提高合金的再结晶温度,阻碍再结晶过程的进行。过去较多地用铬和锰来提高抗应力腐蚀性能,但铬和锰使Al-Zn-Mg-Cu合金的淬透性变坏,近年来趋向于用锆来代替铬。

添加钛、锆,不仅能细化晶粒,还可以提高可焊性,焊缝在焊接过程中产生的软化,经自然时效可以得到恢复,很适宜于焊后不便进行热处理的焊接构件,所以一般又称为中强或高强可焊合金。

超硬铝Al-Zn-Mg-Cu合金的腐蚀特性是应力腐蚀开裂敏感性较大,同时还有晶间腐蚀和剥蚀倾向,不过晶间腐蚀的敏感性不如Al-Cu-Mg合金,而剥蚀倾向也比Al-Zn-Mg合金要小。Al-Zn-Mg-Cu合金的另一个腐蚀特征是在加工过程中,主要是管、棒、型材在空气立式淬火炉淬火过程中容易产生点蚀,其点蚀特征为"白斑黑心"。

超硬铝的耐腐蚀性较硬铝更差,应力腐蚀开裂敏感性很大,尤其是在淬火态下。因此很长时间该系合金在工业上未能得到应用,只是近年来才开始研制和试用,合金牌号仍然很少。Al-Zn-Mg-Cu合金的应力腐蚀性能取决于锌和镁的含量。无论是增加锌含量还是增加镁含量,或增加锌、镁的总含量都加大合金的应力腐蚀敏感性,锌的影响比镁的影响更强烈。当Zn+Mg=8.5%,Zn/Mg=2.7~3.0时,抗应力腐蚀性能最佳。

超硬铝也采用包覆的方法来防护,但不是用纯铝,而是用Al-Zn合金来包覆,因为纯铝与超硬铝之间的电位差很大,不能起保护作用。

在铝船上超硬铝主要用于船舶的上层建筑结构。

4) 锻铝

顾名思义,锻铝用来制作锻件,除要求高强度外,还要有良好的高温塑性。典型锻铝有Al-Mg-Si-Cu系或Al-Cu-Mg-Ni-Fe系合金。Al-Mg-Si-Cu系合金元素品种多、含量少,其强化相主要是Mg_2Si,力学性能与硬铝相近,热塑性好,耐腐蚀性较高,适于锻造,故名锻铝。

锻铝牌号用"铝""锻"两字的汉语拼音首字母"L、D"和顺序号表示。常用的有LD5、LD7、LD10等。锻铝常采用固溶处理和人工时效进行强化。锻铝主要用作航空、造船及仪表工业中形状复杂、要求具有较高强度的锻件,如船用高速柴油机的活塞即用LD7制造。

这类合金是由 Al-Mg-Si 合金系(6000 系列)发展起来的。Al-Mg-Si 合金没有三元化合物,镁与硅可形成化合物 Mg_2Si,与 Al 组成为二元共晶系。如果能保证 Mg/Si = 1.73,则所有镁、硅均处于 Mg_2Si 相之中,就能避免固溶体中过剩镁或过剩硅的不利影响。当 Mg/Si > 1.73 时,镁过剩,过剩的镁能显著降低 Mg_2Si 在铝中的溶解度,合金强化效果降低,但能改善合金的耐腐蚀性能和氧化着色性能。当 Mg/Si < 1.73 时,硅过剩,过剩的硅能提高力学性能,但会降低合金的耐腐蚀性能和氧化着色性能。为了获得较好的强化效果,兼顾耐腐蚀性和表面装饰性能,Mg/Si 宜控制在 1.3~1.5。当合金中含 0.4%~0.8% Mg(0.7%~1.3% Mg_2Si)时具有良好的性能。

Al-Mg-Si 系合金是可热处理强化变形铝合金中耐腐蚀性最好的合金,同时具有良好的韧性和锻造性能,中等强度(约为 300MPa),以及具有较好的加工性能。Al-Mg-Si 系合金的腐蚀特性是没有晶间腐蚀倾向和应力腐蚀倾向,也没有剥蚀倾向,主要腐蚀形式是点蚀。加入锰和铬可以中和铁的有害作用,添加铜和锌可以提高合金的强度,又不降低耐腐蚀性。

Al-Mg-Si 系铝合金有很好的综合性能,应用面相当宽。其中 6063(LD31)合金挤压型材常用于铝船上层建筑。由于阳极氧化处理外观光亮,也用于各种装饰件。6061(LD30)合金由于强度较高、可焊性和耐腐蚀性较好等原因,其管、棒、型材常作为铝船上层建筑结构件。6005 合金用于强度要求大于 6063 合金的结构件。

实际应用的锻铝主要是 Al-Mg-Si-Cu 合金。这是保持 Al-Mg-Si 合金中镁、硅含量基本不变,加入铜所形成的合金。当铜含量增加到大于 3% 以上时,合金就是典型的锻铝合金。

Al-Cu-Mg-Fe-Ni 合金是在 Al-Cu-Mg 合金的基础上加入铁和镍发展起来的。具有高强、耐热的特点,适用于 150~250℃ 工作的各种耐热零件,是典型的耐热锻铝合金。

5) 铸造铝合金

铸造铝合金是为生产铸件的铝合金,铸件不需要压力加工,有的经过机械加工、表面处理,有的仅经过清理就可装机使用。铸造铝合金分为 Al-Si 系列、Al-Cu 系列、Al-Mg 系列和 Al-Zn 系列。

应该指出的是,铸造铝合金与变形铝合金并非是截然分开的,有的铝合金既可用于铸造,又可用于压力加工。如铝硅合金,一般作铸造合金用,但也可加工成薄板、带和线材;变形铝合金也有用来浇铸成铸件的。

铸造铝合金用"铸""铝"两字的汉语拼音首字母"Z、L"和三位数字表示。第一位数字表示合金的类别,1 表示铝硅系,2 表示铝铜系,3 表示铝镁系,4 表示铝锌系,第二、三位数字表示合金的顺序号,序号不同化学成分也不同。例如 ZL102 表示 2 号铝硅系铸造合金。

铸造合金要求有良好的铸造性能,为此铸造铝合金应以共晶成分附近的合金为最好。铝硅合金的共晶成分为 11.7% Si,故常用的铝硅合金(如 ZL102)的含硅量为 10%~13%。为提高铝硅合金的强度,可加入镁和铜以形成 Mg_2Si、$CuAl_2$ 及 $CuMgAl_2$ 等强化相,这样的合金在变质处理后还可进行固溶处理和时效以提高强度。例如 ZL104 经热处理强化后 σ_b 达到 $240MN/m^2$,不仅耐腐蚀且有较好的铸造性、焊接性和耐热性。这种铝硅合金常用作强度要求较高的零件,如气缸盖等。其中 ZL108、ZL109 等是我国目前常用的铝合金活塞材料,在各种内燃机发动机上应用甚广。

1.1.2　铝合金相关标准和牌号

我国在 1996 年颁布了三个密切相关的标准,即 GB/T 16474—1996《变形铝及铝合金牌号表示方法》、GB/T 3190—1996《变形铝及铝合金化学成分》和 GB/T 16475《变形铝及铝合金状态代号》。新标准改变了老标准的牌号表示方法,直接按照国际组织的命名原则,其牌号由四位数字(或有一位字母)表示。这样我国变形铝及铝合金的牌号,与国际上大多数国家通用的方法基本一致。目前,新老牌号都在使用。

我国标准 GB/T 3190—1996《变形铝及铝合金化学成分》按主要合金成分将铝合金分成 9 大系列。到目前已经有 100 多个化学成分的牌号。1 系列为纯铝;2 系列为铝铜合金;3 系列为铝锰合金;4 系列为铝硅合金;5 系列为铝镁合金;6 系列为铝镁硅合金;7 系列为铝锌合金;8 系列为含其他元素的铝合金;9 系列目前尚未使用。表 1.2 所列是一些常用铝合金的新老牌号对照。

表 1.2　常用变形铝合金的新老牌号对照表

新牌号	老牌号	类别	主要名义成分
1050	LB2	纯铝	Al 99.5%
1100	L5-1	纯铝	Al 99.0%
2A01	LY1	硬铝	Cu 2.6%, Mg 0.35%
2A11	LY11	硬铝	Cu 4.3%, Mg 0.60%, Mn 0.60%
2A12	LY12	硬铝	Cu 4.4%, Mg 1.50%, Mn 0.60%
2A16	LY16	硬铝	Cu 6.5%, Mg 0.05%, Mn 0.60%, Zn 0.1%
2A17	LY17	硬铝	Cu 6.5%, Mg 0.35%, Mn 0.60%, Zn 0.1%
3A21	LF21	防锈铝	Mn 1.3%
4A01	LT1	特殊铝	Si 5.2%

续表

新牌号	老牌号	类别	主要名义成分
5A01	LF15	防锈铝	Mg 6.5%、Mn 0.5%、Cr 0.15%、Zr 0.15%
5A02	LF2	防锈铝	Mg 2.5%、Mn 0.3%
5A03	LF3	防锈铝	Mg 3.5%、Mn 0.5%、Si 0.6%
5A05	LF5	防锈铝	Mg 5.0%、Mn 0.5%
5083	LF4	防锈铝	Mg 4.5%、Mn 0.7%、Cr 0.15%
5A12	LF12	防锈铝	Mg 9.0%、Mn 0.6%、Ti 0.1%
6A02	LD2	锻铝	Mg 0.7%、Si 0.9%、Cu 0.4%、Mn 0.2%
6061	LD30	锻铝	Mg 1.0%、Si 0.6%、Cu 0.3%、Cr 0.2%
6063	LD31	锻铝	Mg 0.6%、Si 0.4%
7A03	LC3	超硬铝	Zn 6.4%、Cu 2.1%、Mg 1.4%
7A04	LC4	超硬铝	Zn 6.0%、Cu 1.7%、Mg 2.3%、Cr 0.2%、Mn 0.4%
7A09	LC9	超硬铝	Zn 5.6%、Cu 1.6%、Mg 2.5%、Cr 0.2%
8090	LT98	特殊铝	Li 2.5%、Cu 1.3%、Mg 1.0%、Zr 0.1%

挪威船级社是一个权威、独立的基金组织,其认证(DNV)在世界上有广泛的影响,用于海洋环境 5000 系列有 9 种牌号铝合金:NV-5052、NV-5059、NV-5083、NV-5086、NV-5154A、NV-5383、NV-5454、NV-5456、NV-5754;6000 系列有 5 种牌号铝合金:NV-6005A、NV-6060、NV-6061、NV-6063、NV-6082。

1.1.3 铝合金的基本性能特点

铝合金的基本性能如下:

1) 物理性能

(1) 密度低。铝合金的密度约为 $2.7g/cm^3$。在金属结构材料中是密度仅高于镁的第二位轻的金属。它的密度只是铁或铜的约 1/3。可制造轻金属结构,有"会飞的金属"之称。

(2) 导电导热好。铝的导电性和导热性仅次于银、金和铜。假设铜的相对导电率为 100,则铝是 84,而铁只有 16。若按照等质量金属导电能力计算,铝是铜的两倍。

铝对电磁几乎没有影响,可以用铝材制作各种要求无磁性的电气装置。

2) 力学性能

纯铝的强度并不高,但通过合金化和热处理容易使之强化,制造高强度铝合金,其比强度可以与合金钢媲美。当温度高于 300℃ 时,纯铝发生严重蠕变,强度很低,见表 1.3。

铝及其合金延展性好。退火状态下纯铝的室温延伸率可达 30%。随着合金化或冷加工延伸率下降。

表 1.3 常用 5000 系铝合金主要元素与力学性能

牌号	5005	5050	5052	5456	5056	5083
Si(质量分数)/%	0.3	0.4	0.25	0.25	0.3	0.4
Fe(质量分数)/%	0.7	0.7	0.4	0.4	0.4	0.4
Cu(质量分数)/%	0.2	0.2	0.1	0.1	0.1	0.1
Mn(质量分数)/%	0.2	0.1	0.1	0.5~1.0	0.05~0.2	0.4~1.0
Mg(质量分数)/%	0.5~1.1	1.1~1.8	2.2~2.8	4.7~5.5	4.5~5.6	4.0~4.9
Zn(质量分数)/%	0.25	0.25	0.1	0.1	0.1	0.25
Cr(质量分数)/%	0.1	0.1	0.15~0.35	0.05~0.2	0.05~0.2	0.05~0.25
0.2% 屈服强度/MPa	40	55	90	160	150	145
抗拉强度/MPa	125	145	195	310	290	290
延伸率(50mm 以内)/%	30	24	25	10	35	22

3)工艺性能

铝合金工艺性能特点很多。

(1)延展性好。易加工,能轧成薄板和箔,拉成管材和细丝,挤成各种型材,锻造或铸造成各种零件,可高速进行车、铣、镗、刨等机械加工。

(2)可焊接。铝合金可用钨极惰性气体保护焊(TIG)或熔化极惰性气体保护焊(MIG)焊接,焊接后力学性能高,耐腐蚀性好,外观美,满足结构材料的要求。高硅、高镁的铝合金焊接性能较差。

(3)易表面处理。纯铝强度不高,冷加工强化能使强度提高一倍以上,当然塑性则相应变低。可以通过添加各种元素合金化使其变成铝合金,将其强度提高,塑性下降不大。有的铝合金还可通过热处理进一步强化,其比强度可与优质合金钢媲美。铝阳极氧化工艺相当成熟,操作简便,已经广泛应用。铝阳极氧化膜硬度高、耐磨、耐腐蚀、绝缘性好、并可着色,能显著改变和提高铝合金的外观和使用性能。通过化学预处理,铝合金表面还可以进行电镀、电泳、喷涂等,进一步提高铝的装饰和保护效果。

(4)易回收。铝的熔融温度较低,碎屑废料容易再生。回收率很高,回收的能耗只有冶炼的 3%。

(5)切削性较好。高强度铝合金的切削性优良,当然越纯的铝切削性越差。

1.2　铝合金在船舶上的应用

1.2.1　国外船体铝合金在船舶上的研究概况

1891年瑞士用铝材建造了第一艘小船,经过百余年的研究和发展,铝合金在船舶上的应用越来越广泛,并成为造船工业很有发展前景的材料。20世纪40年代开发出可焊、耐腐蚀的 Al – Mg 系合金;20世纪60年代,美国对高镁铝合金采用H116和H117状态,解决了其剥落腐蚀、晶间腐蚀和应力腐蚀等问题,这是20世纪60年代船用铝合金开发取得的重大进步。随后,由于需要屈服强度更高的材料,在造船中又广泛应用了耐海水腐蚀性能良好的 Al – Mg – Si 系合金。

铝合金由于具有比重小、比强度、比模量高,耐腐蚀性能好,易加工成型,焊接性能好等优点,在舰船领域得到了广泛的应用,铝质船舶也从铆接、铆焊结构发展到全焊结构。舰船用铝合金与航空用铝合金及其他结构用铝合金比较,有其自身的特点,尤其是具有优良的耐腐蚀性和良好的可焊性,在美国、日本、苏联、英国等许多国家已成为海军舰船的主要结构材料之一。铝合金主要用于快艇、高速船、军辅船、航空母舰升降装置、大型水面舰船上层建筑、鱼雷壳体等。海洋环境中各种铝合金装备见图1.2。

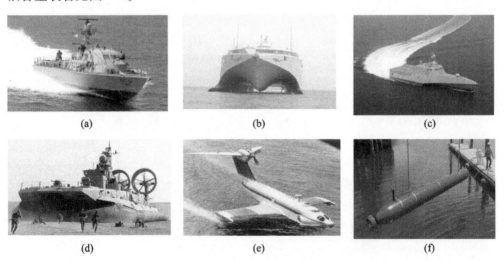

图1.2　海洋环境中各种铝合金装备

(a)常规单体快艇;(b)双体穿浪船;(c)三体濒海战斗舰;(d)气垫船;(e)地效应艇;(f)无人潜航器。

目前国外在船舶上应用的铝合金主要有以下几个系列:Al – Mg 系、Al – Mg – Si 系和 Al – Zn – Mg 系,其中以 Al – Mg 系合金在舰船上应用最广泛。Al – Mg 系合金是一种具有中等强度、优良的耐腐蚀性和可焊性的非热处理强化合金,因而在船舶上得到了最广泛的应用。在较长的一段时间内,船舶用耐腐蚀铝合金主要在 Al – Mg 系和 Al – Mg – Si 系中选择。

近些年俄罗斯中央结构材料研究院研制成新型非热处理强化的耐腐蚀可焊含钪(Sc) Al – Mg 系合金是目前强度水平最高的耐腐蚀可焊船用铝合金。主要用于速度和承载有特殊要求的构件(如地效翼船等)。Al – Zn – Mg 合金在自然时效状态下具有一定的应力腐蚀和剥落腐蚀敏感性,所以该系合金在船舶中只能用于铆接船体结构和焊后可热处理的承载构件(如鱼雷、水雷壳体等),在造船中应用很少。铝合金由于具有良好的挤压性能,世界各国在舰船上广泛使用了铝合金整体壁板。目前整体壁板一般用 Al – Mg 合金制造。

20 世纪 70—80 年代,船舶结构的合理化和轻量化越来越受到重视,大型船舶的上层结构和舾装件大量使用铝合金。1981 年美国波音公司船舶系统建造了 6 艘铝船体水翼导弹巡逻艇(PUM5),艇长 40m,宽 8.6m,采用 5456 铝合金焊接结构。

近年来,钪成为备受重视的一种新型铝合金微量添加元素。据报道,研究含钪铝合金最早、最深入的国家是苏联和现在的俄罗斯。美国、日本、德国和加拿大也开展了含钪铝合金的研究,取得了一定的成果。美国海军在 21 世纪初开展的高强度耐腐蚀铝合金材料的研究就是加入钪元素,钪可抑制再结晶和细化晶粒,从而提高铝合金的耐腐蚀性能,同时也提高其抗疲劳性,减少焊接时的热裂缝,提高室温和高温强度,研制的含钪 7000 系合金的强度与 7075 合金的相当,而其耐腐蚀性类似于 5456 合金,并且是可焊的,以取代目前舰船结构使用的较低强度铝合金(如 5456 铝合金等)。钪在铝合金中主要起细化铸态组织的作用,与铝基体共格 Al_3Sc 粒子的沉淀强化作用,弥散分布的 Al_3Sc 质点位错钉扎能有效地抑制合金再结晶的作用。在最近的一些国外耐腐蚀铝合金专利中可以看到,已开发出耐晶间腐蚀的铸造铝合金和抗应力腐蚀的变形铝合金。

20 世纪 70 年代以后,俄罗斯科学院巴依科夫冶金研究院和全俄轻合金研究院相继对钪在铝合金中的存在形式和作用机制进行了系统的研究,开发了 Al – Mg – Sc、Al – Zn – Mg – Sc、Al – Zn – Mg – Cu – Sc 等 5 个系列 17 个牌号的 Al – Sc 合金,产品主要瞄准航天、航空、舰船的焊接荷重结构件以及碱性腐蚀介质环境用铝合管材、铁路油罐、高速列车关键结构件等。

1.2.2 我国铝合金在舰船上的应用现状

自 20 世纪 80 年代以来,为方便造船,发展强度介于防锈铝与硬铝之间、耐腐蚀可焊的铝合金一直是造船用变形铝合金的研究热点,美国已开发了一系列中强耐腐蚀可焊铝合金并用于制造艇体。如美国 5456 合金,其强度($\sigma_{0.2}$)可高达

$230\sim280\text{MN/m}^2$,我国近些年来发展的多种中强耐腐蚀可焊铝合金,如2103合金(仿美5456,Al-Mg系,含镁4.7%~5.5%)的σ_s可达到230MN/m^2,已用其制造了黑龙江上航行的全焊接巡逻艇和气垫登陆艇。此外还有2010合金(Al-Mg系,σ_s为250MN/m^2)、919合金(Al-Zn-Mg系,σ_s为340MN/m^2)和4201合金(Al-Mg系,含镁7.2%~8.0%)等。1985年曾用919合金建造了气垫船(铆接)、喷水推进艇及工程兵用舟桥;1988年用2101合金制造了一艘水翼艇,进入21世纪以后,建造的民用快艇多数为5083铝合金制造。以上合金仍在继续进行研究改进,2017年开始,国内对5083铝合金国产化质量稳定性进行新一轮改进提高。在俄制1561高强铝合金成分基础上添加铒等微量元素,形成具有自主知识产权的新合金,并逐步得到应用。

我国在20世纪80年代初,洛阳船用材料研究所研制出新型铸造铝合金ZL115,为Al-Si-Mg-Zn系,是在Al-Si-Mg-Cu系铸造铝合金ZL105基础上发展起来的。该合金既有良好的铸造工艺性能,流动性好、热裂和疏松倾向小;又具有足够的强度和耐腐蚀性。ZL115合金已列入船标和国标中,改进型的优质合金ZL115A也已列入船标中,并在专用产品中得到应用。

20世纪90年代以来,我国西南铝业集团公司、中南大学等单位的一些研究者对低镁低硅的$Al-Mg_2-Si_3$合金进行研究,表明此类合金具有很好的耐腐蚀性和综合性能。耐腐蚀铝合金在船舶中的应用日趋增加,尤其对船体结构减重、提高航行速度和耐海水腐蚀能力、减少能耗等方面有重要作用。耐腐蚀铸造铝合金从高镁的Al_2Mg系合金(ZL301、ZL305)发展到Al_2Mg_2Si系的中硅低镁铝合金(ZL115),再发展到低镁低硅铝合金($Al_2Mg_2Si_3$);耐腐蚀变形铝合金从Al_2Mg系(5000系)合金、Al_2Mg_2Si系(6000系)合金发展到添加微量钪元素的Al_2Mg、$Al_2Mg_2Zn_2Sc$系合金。

进入到21世纪,为了拓宽实际使用,船用铝合金以发展耐腐蚀铝合金为主。对耐腐蚀铸造铝合金易产生氧化、疏松和偏析等问题,开展了改进铸造工艺、探索加入新的附加元素以提高其铸造工艺性能和力学性能、耐腐蚀性能等方面的工作;对耐腐蚀变形铝合金来说,进行了添加多种微量元素的研究工作,以提高抗疲劳强度、焊接性能。今后船用铝合金的发展方向将是通过添加诸如钪、锰、铬、锆、钛等微量元素、控制加工及热处理工艺,保证合金具有较高耐腐蚀性能的同时生产工艺简单可行。

总体来说,我国船舶材料研究水平和能力与国外先进水平相差不大,但材料的工程化应用水平相差很多,我国舰船用铝合金的牌号、品种、规格未能全面发展起来。船用铝合金型材已实现国产自主化保障,但是船体板材的自主化保障程度令人担忧。据了解,自从中国船级社1994年版《海上高速船建造入级规范》生效以来,至2020年,我国用来制造高速船主船体(包括军用快艇和高速客船)的铝合金板材多数依赖国外进口,尤以5083铝合金居多。

现在,铝材在造船业上应用越来越广泛,小至舢板、汽艇,大到万吨巨轮,从民用到军用,从高速气垫船到深水潜艇,从渔船到海洋采矿船都在采用性能良好的铝合金材料作为船壳体、上层结构、各种设施、管路以至用具。表1.4、表1.5列出了全铝船和铝合金上部结构船的种类及典型牌号铝合金在船舶上的应用情况。

表1.4 铝合金在全铝船和铝合金上部结构船的种类

分类	船舶名称
运输船	客船(定期航线船、游艇、远洋客轮、游览船)、货船(LNG船、油船、邮船、冷藏船、集装箱船、散装货船)、渡船、驳船
港务船	巡视船、渔业管理船、海关艇、检疫船、港监艇、消防船、助航工作船(灯标船、航标船)
渔船	舢板、网类渔船、钓类渔船、渔业调查船、渔业加工船、捕鲸船
工程船	布设船(布缆船)、起重船、救捞船
海洋开发船	海洋研究船、海洋探测船、海洋采矿船、科学考察船
军用船舶	航空母舰、鱼雷快艇、巡逻艇、深水潜艇、水翼导弹巡逻艇
高速船艇	水翼艇、气垫船、飞翼艇、滑行艇
其他	帆船、赛艇等

表1.5 典型牌号铝合金在船舶上的应用情况

用途	合金	产品类型
船侧、船底外板	5083、5086、5456、5052	板、型材,罐
龙骨	5083	板
肋骨	5083	型材、板材
肋板、隔壁	5083、6061	板
发动机台座	5083	板
甲板	5052 5083 5086 5456 5454	板、型材
操舵室	5083、6061、5052	板、型材
舷墙	5083	板、型材
烟筒	5083、5052	板
舷窗	5052 5083 6063 AC7A	型材、铸件
舷梯	5052、5083、6063、6061	型材
桅杆	5052、5083、6063、6061	管、棒、型材
海上船容器的结构材料	6063、6061、7003	型材
海上船容器的顶板和侧板	3003、3004、5052	板
发动机及其他船舶部件	AC4A、AC4C、AC4CH、AC8A	铸件

1.3 铝合金舰艇常见的腐蚀类型及控制措施

当铝合金用于船舶上时,无论在哪个部位,均或多或少与海水接触,或受到海水飞沫和海洋大气的侵蚀而受到一定程度的腐蚀。铝合金的腐蚀是一个复杂的过程,既受环境影响,又与合金的性质有关。属于环境的因素有温度、湿度、运行状态、搅拌、压力、腐蚀介质和杂散电流等,属于合金性质的因素有成分、组织均匀性、应力分布等。另外,铝合金与大多数金属接触会发生电偶腐蚀。铝及其合金的局部腐蚀形式有点蚀、晶间腐蚀、剥蚀和应力腐蚀开裂等。此外在电解电容器的高纯铝箔中,还有泡沫状腐蚀和隧道腐蚀。船用铝合金的腐蚀按腐蚀破坏形式分为6种类型:点蚀、缝隙腐蚀、磨蚀、电偶腐蚀、腐蚀疲劳和晶间腐蚀。

1.3.1 点蚀

点蚀是铝及铝合金在海洋大气和海水环境中最常出现的腐蚀形态之一。铝是可钝化金属,局部钝化膜的破裂就会引发点蚀。在大气、淡水、海水和其他一些中性和近中性水溶液中都会发生点蚀。一般说来,铝合金在大气中产生点蚀的情况并不严重,而在水中产生的点蚀却较严重,甚至导致穿孔。氯离子对钝化膜有破坏作用,所以铝及铝合金在海洋环境中易发生点蚀。图1.3(a)为铝船上的船体外板点蚀。铝合金点蚀成长示意图见图1.3(b)。实验表明,引起铝及铝合金点蚀的水质条件是:水中必须含有能抑制全面腐蚀的离子,如SO_4^{2-}、SiO_4^{2-}或PO_4^{3-}等;水中必须含有能破坏局部钝态的离子,如Cl^-等;水中必须含有能促进阴极反应的氧化剂。

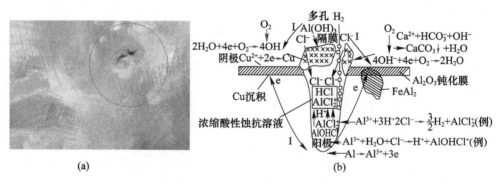

图1.3 铝合金点蚀
(a)船舶上的船体外板点蚀;(b)铝合金点蚀成长示意图。

大多数情况下,铝合金的点蚀主要是在较正电位条件下由侵蚀性离子对表面钝化膜的破坏而引起的,当然这主要是指介质的 pH 值在中性范围内,海水 pH 值也是这个范围。近期国外研究表明,防锈铝在较高 pH 值的碱性范围内也会发生腐蚀和点蚀,因为原来铝合金表面存在的钝化膜在碱性条件下也会局部首先破坏,并引发破坏处快速腐蚀。铝合金艇的阴极保护电位范围不合理的话,既会造成电位过正引起局部钝化膜的破裂,也会出现电位过负引起的局部碱化,造成局部钝化膜的溶解及该处铝基体的快速碱性腐蚀,尤其在局部涂层优先透水的情况下,更易发生。

为防止铝和铝合金的点蚀,应从环境与材料、保护等多方面来考虑。例如,从环境条件来讲,尽可能地控制氧化剂,去除溶解氧、氧化性离子或水中的 Cl^-;提高水温以减少溶解氧,或使水流动以减少局部浓差和利于再钝化,都能减缓点蚀。水中含铜离子是铝发生点蚀的原因之一,为此,必须尽量去除水中铜离子。从材料角度来看,高纯铝一般难产生点蚀,含铜的铝合金耐点蚀性能最差,Al-Mn 系或 Al-Mg 系合金耐点蚀性能最佳。铝合金点蚀只有在一定的电位(临界点蚀电位)下才可能发生,每种合金有其特定的点蚀电位,因此可以通过阴极保护,控制电位来防止铝合金的点蚀。

1.3.2 缝隙腐蚀

金属部件在介质中,由于金属与金属或金属与非金属之间形成很窄的缝隙,使缝隙内介质处于滞流状态,引起缝内金属加速腐蚀,这种局部腐蚀称为缝隙腐蚀。

缝隙腐蚀的发生发展过程:

(1)初期:金属构件缝隙处很容易渗入介质,一旦进入溶液,就形成了氧浓差电池。缝外富氧,易使表面保持钝态或是氧可以消耗大量的电子,故而缝外电位较缝内正,相对缝内成为阴极;缝内缺氧,该处钝化膜没有氧维持,易破坏而发生活化,且缝内富 Cl^- 和 H^+,难于再钝化,故而相对缝外为阳极,两个区域就形成了氧浓差腐蚀电池,引起缝内腐蚀加速进行,见图 1.4(a)。

(2)后期:缝隙活化,形成闭塞状蚀孔,也是一种闭塞电池,故而,其后期的扩展过程就与孔蚀类似,见图 1.4(b)。

工程上许多金属结构都是由许多部件连接而成的,连接的方式有铆、焊、螺钉等,在连接部位有可能出现缝隙,这就为缝隙腐蚀创造了先决条件,见图 1.4(c)。可见,缝隙腐蚀与点蚀差别在于其形成过程不完全一样:前者是介质的电化学不均匀性引起的;而后者则是由材料的钝态或保护层的局部破坏引起的。当缝隙的尺寸很小时,也可形成点蚀。在实际中,缝隙腐蚀比点蚀更容易发生,存在也更为普遍。缝隙腐蚀可发生在所有金属与合金上,特别容易发生在靠钝化而耐腐蚀的金属及合金上。

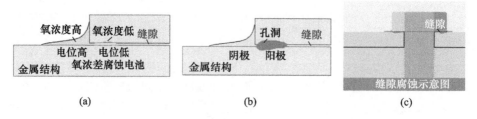

图1.4　金属结构常见缝隙腐蚀
(a)缝隙腐蚀初期过程示意图；(b)缝隙腐蚀的扩展过程；(c)常见螺母下的缝隙腐蚀。

船体吃水线以下结构或装置的缝隙，是造成腐蚀的突破口，发生缝隙腐蚀的前提是可以使液体流入缝隙，存在可以维持的少量静滞溶液。缝隙腐蚀时，缝外金属基本不腐蚀，而向纵深处形成和发展，破坏性极大。缝隙宽度大于一定程度时铝合金缝隙腐蚀速度显著下降，并不再有大的变化，处于稳定状态。早期铝船采取铆接方式，海水浸入铝板接缝，造成缝隙腐蚀，腐蚀产物体积膨胀而使铆钉接缝松弛，产生严重的缝隙腐蚀，腐蚀产物的膨胀力使外板变形，铆钉脱落，结构损坏。

1.3.3　磨蚀

金属表面有介质高速流动，则在流体的机械作用与电化学腐蚀的共同作用下发生的腐蚀被称为磨蚀。磨蚀大体有三种腐蚀形式：湍流腐蚀、冲刷腐蚀（简称冲蚀）和空泡腐蚀，这是在舰艇上发生的比较普遍的腐蚀类型。

（1）湍流腐蚀：按质点在流体中的运动状态，流体的流动可分为层流和湍流（也叫紊流）。在管道中，当流速高于某临界值，或管路突然拐弯、截面突然变化的地方，或管壁上有沉积物、障碍物等都会引发湍流。遭到湍流腐蚀的表面，常呈现深谷或马蹄形的凹槽。流体的流动对金属管路表面有剪切的机械作用，湍流习惯在表面固定位置形成旋涡，对局部表面的剪切作用增强，而使该部位的表面膜（多为氧化膜）遭到破坏，使膜的破坏区与未破坏区形成电偶电池，破坏区是阳极，未破坏区是阴极，进而在电化学作用及湍流的机械作用的共同作用下，膜破裂区的腐蚀加速发展而形成马蹄形蚀坑。

（2）冲刷腐蚀：一般直行的管道内，如未发生湍流腐蚀，则其腐蚀一般较均匀且缓慢。但是管道的弯管部位或突然拐弯的部位，管壁会受到流体一定角度的冲击而发生较快的腐蚀，甚至快速穿孔。当流体中有固体颗粒或气泡时，这种腐蚀还会加剧。这种由高速流体或含颗粒、气泡的高速流体直接不断地冲击金属表面所造成的腐蚀叫冲击腐蚀，也叫冲刷腐蚀。冲刷腐蚀同样会造成局部保护膜的破坏，而使保护膜的破坏区与未破坏区之间形成电偶电池，这样既有机械作用，也有电化学作用,腐蚀速度很快。一般说来,相对速度越高,流体中悬浮的固体颗粒越多、越硬,则冲刷腐蚀速度越快。图1.5所示为湍流腐蚀形成原因示意图,图1.6所示为弯管部位的冲刷腐蚀示意图。

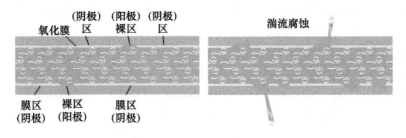

图1.5　湍流腐蚀形成原因示意图

(3) 空泡腐蚀:流体与金属构件进行高速相对运动时,如果不同区域出现压力急剧变化时,会出现大量的气泡产生与破灭,一般在低压区,当压力低于水的蒸汽压时,会产生大量的气泡,当这些气泡运动到高压区时,又会被压灭,在气泡破灭瞬间,会产生极高的压强和射流,如果气泡正好在金属表面破灭,则会对金属表面产生微小区域的损伤。大量气泡反复产生与破灭,就会对金属表面产生严重破坏,形成像蜂窝状孔洞,这种腐蚀叫空泡腐蚀,有时也叫穴蚀、气蚀或腐蚀空化,见图1.7。在电解质溶液中,表面破坏区与未破坏区之间也同样会有电化学作用产生,从而加剧这种腐蚀破坏。

图1.6　弯管部位的冲刷腐蚀示意图

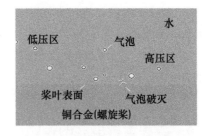

图1.7　空泡腐蚀示意图及螺旋桨桨叶表面的蜂窝状空泡腐蚀形貌

同样是流体作用下的腐蚀,舰艇的螺旋桨的腐蚀则大多为空泡腐蚀与冲刷腐蚀。海水管路的腐蚀则大多为冲刷腐蚀与湍流腐蚀,也有空泡腐蚀。

舰艇上易发生流动海水造成的腐蚀部位及构件有:海水管路弯头、管路变径部位;冷却器传热管;喷水流道;螺旋桨;舵板;舰艇的艉部船体,尤其是高速艇的艉部;海水泵等。

抑制或减少流体造成的腐蚀措施主要有:

（1）选材：首先考虑耐腐蚀性。例如，在冲刷腐蚀的条件下，酸性的矿山水对于钢的腐蚀速度随着钢中含铬量的增加而线性地下降，当含铬量达到3%以后，便不发生腐蚀。在锅炉的进水管道中，低铬结构钢抗冲刷腐蚀的能力高于碳钢。又如，在海水冲刷腐蚀条件下，含30% Ni – 3% Cr的铸铁基本上没有腐蚀，而一般铸铁则迅速遭到破坏。

其次考虑耐磨性。软的金属材料在冲刷腐蚀条件下，易于因磨损而加速破坏。一般是在保证及改善耐腐蚀性的前提下，提高强度和硬度来提高其耐流动海水腐蚀的性能。例如，用白铜可通过铁的固溶强化来提高硬度，白铜中的铁量从0.05%提高到0.5%的70Cu – 30Ni合金，抗海水冲刷腐蚀的能力有明显的提高。

舰艇上在高速流动海水中工作的部件主要是海水管路、冷却器的传热管及螺旋桨等。海水管路材料中以钛合金的耐流动海水腐蚀性能最优越，其次是含有钼的高强度的双相不锈钢、316不锈钢，它们都比传统的铜合金材料要好。铜合金材料按耐腐蚀性从优到劣的排序为：白铜 > 锡青铜 > 铝黄铜 > 锡黄铜（海军黄铜） > 紫铜。

耐空泡腐蚀性能较好的常用螺旋桨材料有高锰铝青铜和镍铝青铜。某些沉淀硬化不锈钢具有相当好的耐空泡腐蚀性能。

（2）介质：添加缓蚀剂、过滤悬浮固体颗粒、降低操作温度，都可降低冲刷腐蚀速度。例如在柴油机的冷却水中添加防穴蚀缓蚀剂，就可以有效地防止缸套的穴蚀。

（3）设计：降低流速、减小湍流、加厚易损部位和使它们易于拆换补修，都是设计应考虑的问题。例如，在输送流体容量一定的条件下，增加管径可降低流速。管道引入容器时，加上引管可减小湍流。加大弯管的曲率半径，减小流体的冲击角度，也可大大减缓冲蚀。

（4）其他：堆焊耐腐蚀的硬质金属，采用牺牲阳极，均可降低冲刷腐蚀速度。

1.3.4 异种金属引起的接触腐蚀

铝船构件中发生异种金属接触腐蚀的情况有以下几种：
（1）铝合金与铜的接触；
（2）铝合金与钢的接触；
（3）钢材的切屑和腐蚀产物与铝合金的接触；
（4）水密填料和涂漆中含有的铅、铜等与铝合金的接触；
（5）其他金属与铝合金的接触等。

在铝合金船体上安装铜海底阀门处，腐蚀特别严重；安装在舷部的排烟管出口处的钢法兰与铝板接触处，由于两种金属半浸在水中，加上排烟管的温度很高，该处铝板腐蚀比较严重,开孔的边缘经常因为腐蚀导致开裂或穿孔。另外,甲板上铝合金舾装件与钢质支架接触、5083 合金板与铸铁舵轮传动箱接触、铝合金铸造舵轮轴穴与铜轴承接触,以及 5083 铝合金挤压型材与铸铁构件接触时,铝合金均会不同程度地被腐蚀。

铝合金与木材的连接也经常会产生腐蚀。在船舶上铝合金与扩舷木、木甲板、木制内装件接触时,接触面常存在缝隙,产生缝隙腐蚀。此外,含有 20% 以上水或海水含有铜、铅等微量元素,木材含有的有机酸等也同样腐蚀铝材。

1.3.5　应力腐蚀与腐蚀疲劳

1)应力腐蚀

应力腐蚀(stress corrosion cracking,SCC)也叫应力腐蚀破裂,是指金属或合金在腐蚀介质和拉应力的协同作用下引起的破裂现象。常见应力腐蚀的机理是:零件或构件在应力和腐蚀介质作用下,表面的氧化膜被腐蚀或局部发生微小塑变滑移而受到破坏,破坏的表面(活化)和未破坏的表面分别形成阳极和阴极,阳极处的金属成为离子而被溶解,产生电流流向阴极,见图 1.8(a)。由于阳极面积比阴极的小得多,阳极的电流密度很大,进一步腐蚀深处的表面。加上拉应力的作用,破坏处逐渐形成裂纹,裂纹随时间逐渐扩展直到断裂。这种裂纹不仅可以沿着金属晶粒边界发展,而且还能穿过晶粒发展。另外,从电化学角度来看,裂纹前端与周围表面的阳极 - 阴极组合也是一种闭塞电池。

由于裂纹向金属内部发展,使金属或合金结构的强度大大降低,严重时能使金属设备突然损坏。如果该设备是在高压条件下工作,将引起严重的爆炸事故。微裂纹一旦形成,其扩展速度很快,且在破坏前没有明显的预兆,所以,应力腐蚀是所有腐蚀类型中破坏性和危害性最大的一种。铝船典型应力腐蚀开裂发生在舷侧和甲板等结构部位,见图 1.8(b)、图 1.8(c)。

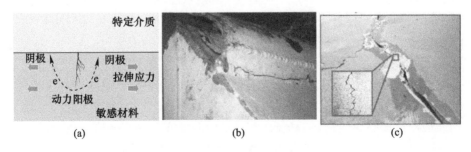

图 1.8　铝船结构应力腐蚀开裂
(a)应力腐蚀开裂示意;(b)铝船舷侧腐蚀开裂;(c)铝船甲板腐蚀开裂。

应力腐蚀有如下几个特征:

必须有应力,特别是拉应力分量的存在。拉伸应力越大,则断裂所需的时间越短。断裂所需应力一般都低于材料的屈服强度。

腐蚀介质是特定的,金属材料也是特定的,即只有某些金属与特定介质的组合,才会发生应力腐蚀破裂。

断裂速度约为 $10^{-3} \sim 10^{-1}$ cm/h 数量级的范围内,远大于没有应力时的腐蚀速度,又远小于单纯的力学因素引起的断裂速度,断口一般为脆性断裂。

从电化学角度而言,应力腐蚀破裂还发生在一定的电位范围内。一般发生在活化－钝化的过渡区电位范围,即在钝化膜不完整的电位范围。

2) 腐蚀疲劳

金属的疲劳是指金属材料在周期性(循环)或非周期性(随机)交变应力作用下发生破坏的现象。而金属腐蚀疲劳还有腐蚀介质对金属的作用,也就是说它是金属在交变应力和腐蚀介质共同作用下的一种破坏形式。它的本质是电化学腐蚀过程和力学过程的相互作用,这种相互作用远远超过交变应力和腐蚀介质单独作用的数学加和。因此,这是一种更为严重的破坏形式,它造成的金属破裂,多为龟裂现象发展。

在工程中经常出现腐蚀疲劳现象,如船体结构受到海浪冲击的弯曲腐蚀疲劳;飞机构件、汽车弹簧受到的拉压腐蚀疲劳等。现代工程结构件的形状比以往更为复杂,受力和介质等条件也十分苛刻,构件往往因腐蚀疲劳造成严重的断裂事故。

一般认为,应力腐蚀是在三个特定条件下发生(特定介质、特定材料和拉应力),而任何材料在交变应力作用下都可能发生腐蚀疲劳。应力腐蚀是在静拉伸(如恒载荷、恒应变)或单调动载拉伸条件下进行研究,而腐蚀疲劳则是在非单调动载条件下进行研究。

应力腐蚀破裂有一个临界应力强度因子值,低于该值,应力腐蚀就不会发生,但腐蚀疲劳的破裂照样产生,它不存在临界极限强度因子。在腐蚀环境中循环次数增加,断裂总会发生。而且腐蚀疲劳也没有特定介质的限制,这是它与应力腐蚀的机理不同所致。

腐蚀疲劳与纯机械疲劳也有区别。对于纯机械疲劳来说,除某些有色金属(如铝、镁)外,大都有明确的疲劳极限,即在一定的临界循环应力值以上才产生疲劳破裂,而腐蚀疲劳没有明显的疲劳极限,而且发生腐蚀疲劳的交变应力值显著低于该材料的疲劳极限。发生腐蚀疲劳的构件表面易见到短而粗的裂纹群,而纯机械疲劳破坏多是沿一个或有限几个疲劳源发展,断面也少。但是一般所说的机械疲劳多少也会受到腐蚀环境的腐蚀作用。实际当中,舰艇上发生的疲劳断裂较常见,而典型的腐蚀疲劳则不多见。

3)晶间腐蚀与铝合金敏化

5000 系 Al-Mg 合金在绝大多数环境中具有优异的耐腐蚀性,这是通过钝化氧化膜的形成来实现的。然而在一定条件下,5000 系铝镁合金仍有多种腐蚀和断裂方式,除点蚀、应力腐蚀等外,还有晶间腐蚀(intergranular corrosion,IGC)。沿着金属晶界发生腐蚀的局部破坏现象,称为晶界腐蚀。晶界是金属中各种溶质元素偏析或金属化合物沉淀析出的有利区域,若材料的晶界趋于溶解速度远大于晶粒本体,则将发生晶界腐蚀。

镁含量大于 3% 的 Al-Mg 合金通常处于 SSSS 状态,镁元素优先向晶界扩散,以半连续的方式形成 β 相(Al_3Mg_2)沉淀。这一过程在室温下相当缓慢,但在高温下却明显加速,随着时间的推移,不稳定的 SSSS 状态一定会向 β 相沉淀转变。微观结构的变化会使 Al-Mg 合金同时受到 SCC 和 IGC 的影响,这一过程被称为铝合金敏化。

对铝合金 β 相沉淀的研究表明,过饱和镁(溶质原子)首先从基体中分离出来,扩散到晶界和分散相等择优位置。在 175℃ 时效 100h 后,晶界镁与基体镁的比例为 2.5:1;而在 227℃ 时效后,在(110)平面表面发现 3.1:1 的比例。这些镁偏析现象可以用平衡或非平衡机制来解释。平衡机制表明:镁向晶界偏析,降低了体系的总自由能,达到热力学平衡;另外,非平衡机制表明:合金在淬火等快速温度变化过程中,晶粒内部和晶界之间可能形成空位梯度导致镁在晶界富集。

随着镁的偏析,其他相的形核和长大进一步降低了 Al-Mg 合金的储能。在不同的热暴露温度下可能发生不同的反应。当时效温度低于 50℃ 时,镁偏析首先导致敏化,开始时产生只有一个或两个原子平面沿(100)方向伸长的非常薄的镁团簇板;在进一步热暴露后,中间 β′相在晶界处沉淀并转变为 β 相;当温度高于 250℃,将会直接生成 β 相。

晶界 β 相析出使 Al-Mg 合金易受 IGC/SCC 的影响,这一过程称为敏化作用,5000 系 Al-Mg 合金就有敏化倾向。在美国海军"提康德罗加"(CG-47)巡洋舰的使用寿命期间,在甲板上观察到 5456-H116 结构开裂。经过分析,裂纹是因为循环载荷引起的高局部应力腐蚀(SCC)和晶间腐蚀(IGC)联合作用。

1.3.6 其他腐蚀

1)结构不合理造成的腐蚀

船体结构设计不合理,就会出现一些死角、缝隙、凹槽等,当其中积存和浓缩腐蚀介质时,会引起腐蚀,如有一种铝合金水翼艇,安装于舷侧的支撑箱呈"皿"字形,外面用防护罩盖住后,两端就成为死角而积存海水,死角部位的舷侧外板被严重腐蚀。铆钉排列不当也会引起腐蚀,如铝合金艇舷边角铝上铆钉间距过大,产生翘边而使海水进入夹层内,造成腐蚀。

2) 建造过程产生的腐蚀

建造过程产生的腐蚀最典型的就是杂散电流腐蚀。铝合金船停靠在码头上,为了节省船上的电能,借用钢缆和钢船坞导电,就有部分杂散电流经水传导到船体,船体成为阳极而遭受严重腐蚀。此外,在船舶上进行电焊施工或电器漏电,也会产生杂散电流,造成腐蚀。腐蚀的速度与电流密度成比例,电流密度小时可发生点腐蚀,电流密度大时可产生破坏性腐蚀。

船体除了上述一些腐蚀外,由于船体涂漆和氧化膜脱落、海洋生物污损、船体擦伤、各种工具与甲板接触、结构件的应力分布不均等,均会引起不同程度的腐蚀。

1.4 小　　结

总之,海洋环境中铝船腐蚀形式多样,控制腐蚀的措施在种类上数十年来尚没有发生根本性变化,如提升材料耐腐蚀性、阴极保护、涂层防护、表面处理等。提升材料耐腐蚀性属于"先天"动作,有兴趣的作者可以查找相关文献以获取相关知识。阴极保护又分为外加电流阴极保护和牺牲阳极阴极保护,外加电流阴极保护对于铝船主要涉及电极、电流优化设计问题,本书主要阐述如何针对铝船发展牺牲阳极材料问题。在海洋环境中的装备涂层防护又涉及腐蚀防护和防海洋生物附着,这两方面问题在本书相应章节进行论述。正如前面所述,铝合金结构靠自身在空气中生成的很薄的一层氧化膜是很难抵御海水和海洋大气腐蚀的,防腐蚀涂层是必需的措施,由于涂装的需要,那层自然生成的氧化膜就要被打磨"处理"掉,某种程度上降低了铝合金的耐腐蚀性,为了弥补这个不可避免的"过错",有些重要结构必须在涂装之前利用人工方法生成氧化膜。微弧氧化是最近几年发展起来的最有效的工程方法之一。

第 2 章

铝船材料腐蚀特性

铝船在服役过程中面临苛刻的腐蚀环境。在穿浪双体船、气垫船等船型设计制造过程中,结构材料以铝合金为主,在配套设备和结构设计中,材料体系组成比较复杂。铝船各部分根据功能和要求的不同,采用不同的铝合金作为壳体、螺旋桨、骨架和铆钉材料,船用设备至今还很难形成独立的铝合金设备配套材料体系。即使设计者力求尝试着全部使用铝合金材料,在铝船的设计和建造过程中,结构钢、铜合金、钛合金、不锈钢作为设备配套材料也是大量存在的。对船体、系统和设备的材料组成、腐蚀环境、腐蚀特性开展研究是控制腐蚀的前提、基础。

2.1 概　　述

在穿浪双体船、气垫船等船型设计制造过程中,结构材料以铝合金为主,壳体材料为铝镁耐腐蚀铝合金,5083 铝合金是常规材料;也有用俄制 1561 铝合金的,上层建筑或设备骨架则采用 6061 铝合金作为支撑材料,推进风机的螺旋桨采用强度较高的 LY12 铝合金材料,轴采用 45 钢等材料。5083 对应国产铝合金的牌号为 LF4,为保证结构有足够的强度和搭接配合严密,穿浪双体船、气垫船的结构既有焊接结构,也有铆接结构,采用铆接方式进行连接,铆钉材质为铝合金 LY10。为增强结构铝合金的耐腐蚀性和表面硬度,在垫升风机蜗壳、螺旋桨等材料表面进行微弧氧化处理(MAO)或铬酸盐钝化处理;处理过程为避免 45 钢轴体对微弧氧化工艺的影响,一般在 45 钢表面进行热喷涂处理。此外由于结构设计需要,许多部位不可避免地存在钢结构和铝合金结构之间的连接,如气垫船履带钢质支撑与铝合金船体结构之间、钢质常规船型船体与铝合金上层建筑之间等,采用复合接头材料是现代舰船比较常见的手段,主要为钢－5083 铝合金复合材料。

海洋环境中应用的结构铝合金,面临腐蚀性很强的海水介质的直接腐蚀,其耐腐蚀性完全取决于钝化膜的完好程度与破裂后的自修复能力,海水中的 Cl^- 对钝化膜的破坏作用尤其强烈,造成铝合金在海水中的钝态不稳定,在海水中主要的腐蚀形式为局部腐蚀,具体又分为点蚀、缝隙腐蚀、晶间腐蚀、剥落腐蚀,以及腐蚀和局部应力共同作用引起的腐蚀疲劳。其中在海洋大气环境和飞溅区主要以点蚀和缝隙腐蚀为主。船舶结构、系统、设备由多种材料组成,不同材料之间存在电位差异会造成复杂的电偶腐蚀,尤其是 LY12 与 45 钢之间电位差较大会对前者造成加速腐蚀;有的结构采取了表面处理措施,如垫升风机蜗壳和螺旋桨表面进行了微弧氧化处理增强了耐腐蚀性,但氧化表面可能存在不均匀性和一定的孔隙,风机工作过程中由于砂石等的撞击造成表面涂层的局部破坏,涂层表面与破坏处的基体之间可能会存在电位差,造成破损处的加速腐蚀。采用的复合接头材料为有一定电位差的两种金属爆炸复合而成,可以满足强度、异种材料焊接和一定的耐腐蚀性要求,但钢铝复合材料的端面暴露在腐蚀介质中仍会发生电偶腐蚀,须予以研究和防护。

在停泊状态下主要遭受海洋大气腐蚀,盐分含量很高的潮湿海洋大气在结构表面形成很薄的海水液膜,铆接的搭接处很难保证完全水密,海洋大气也会进入结构内部,使各种材料遭受大气腐蚀,这种潮湿海洋大气形成的液膜由于含有高浓度的侵蚀性 Cl^- 和充分的氧,对依赖表面氧化膜提高耐腐蚀性的铝合金具有强腐蚀性,缝隙处和结构内积聚的海水则很容易导致铝合金的缝隙腐蚀;在航行状态当铝合金结构距离海面或砂石地面较近时,会使飞溅的砂石或海水吸入到垫升风机等设备中,高速吸入的砂石会对螺旋桨、蜗壳、船体表面造成机械性的损伤,吸入的海水在材料表面和缝隙中积聚,对风机材料造成腐蚀;气垫船升高到一定高度后,主要是潮湿的海洋大气高速吸入风机,由于振动、高速气流冲刷等苛刻的环境因素,会使铝合金风机产生腐蚀疲劳。

2.2　铝合金腐蚀试验数据基础

2.2.1　国外铝合金腐蚀研究现状

M. 舒马赫在《海水腐蚀手册》一书中对铝合金在海洋环境中的腐蚀有如下叙述:某些铝合金在海水中使用时具有优良的抗蚀性,在海水中得到应用的铝合金有 1100、1180、3003、5050、5466、5083、5086 和 6061 等。铝合金在海水中有形成点蚀的倾向,这种局部破坏因 Cl^- 的存在而大大加速。点蚀常与诸如晶界之类的冶金因素有关。预计当海水中的氧含量增高时,合金的腐蚀速度应该较低,虽然在实践中可能会因其他因素的影响而掩盖这种作用。如莱因哈特已经指出的那样,在太平洋的试验中影响点蚀行为的是氧含量而不是海水的深度。他发现在三个不同氧含量下,几种铝镁合金(5000系)的点蚀以氧含量最低时最深。在暴露的第一年左右,点蚀速度最高,此后就减慢很多。就某些铝合金而言,点蚀并非严重问题,至少在充分充气的表层水是如此。格鲁弗等人发现,通过测量铝合金在海水中的电极电位便能确定它们对点蚀的相对敏感性。电极电位较正的合金比电极电位较负的合金对点蚀和缝隙腐蚀更敏感。

铝合金的点蚀数据是较难进行比较的,因为同样的几块样板的点蚀行为差异甚大,一旦产生一个蚀坑,它便可很快地加深,此后过程可减慢或停止。但是,从长期暴露的各种合金的点蚀行为和从某一给定合金经各种热处理的不同状态合金的点蚀行为能够看出某些趋向。

铝合金相当常见的一种腐蚀形式是缝隙腐蚀。虽然所有合金实际上都易于产生此类腐蚀,但仍有一些差异。通常,一种合金对点蚀较为敏感就表明它也势必易于产生缝隙腐蚀,反之亦然。因为没有标准的缝隙,腐蚀量很大程度上取决于缝隙的集合形状以及阳极(缝隙下)与阴极(缝隙外面积)之比。

铝与其他金属组成电偶对其腐蚀有所影响,铝与铜基合金接触,使其腐蚀速度大大加快。但与铝之间电绝缘的铜合金,也能促进铝的点蚀。这是由于铜离子迁移至铝结构表面沉积出金属铜而形成局部电化学电池的缘故。因此,铜合金结构在海水中不管是否与铝组成电偶,都决不应与铝组合在一起使用。组成电偶可能也有好处,与铝合金组成电偶的铝阳极或锌阳极会减轻铝合金的点蚀和全面腐蚀。另一种控制腐蚀的方法是用一种牺牲金属包覆在有腐蚀敏感性的合金外面。只要包覆层未消耗掉,里面的金属就会受到保护。

在接触海水的设备中得到应用的5000系合金有5052、5083、5086、5154、5456。同一般的铝合金一样,5000系合金也有点蚀倾向。莱因哈特测得的浅海和深海海洋中的腐蚀数据归纳在表2.1中。由此可见,在各种海水深度下测得的腐蚀速率均为2mil/a或更低,而最深蚀坑的平均深度可达50mil(1mil = 0.0254mm)。

表2.1 美国典型 Al – Mg 合金的平均腐蚀速率和平均点蚀深度

暴露时间/d	深度/ft[①]	平均腐蚀速率/(mil/a)		平均点蚀深度/mil	
		海水	沉积物	海水	沉积物
181	5	1.1		5.0	
366	5	0.6			
197	2340	0.9	0.8	17.4	22.8
402	2370	0.6	0.6	32.4	13.5
123	5654	0.8	1.9	11.8	36.5

续表

暴露时间/d	深度/ft①	平均腐蚀速率/(mil/a)		平均点蚀深度/mil	
		海水	沉积物	海水	沉积物
403	6780	1.9	0.7	50.0	31.6
751	5640	1.6	2.7	48.6	29.7
1064	5300	1.0	1.4	46.2	47.8

① 1ft = 0.3048m。

и.я. 鲍戈拉德等著的《海船的腐蚀与防护》一书中指出,由于铝合金的比重轻,故在造船中广泛使用。在造船中最普遍使用的是 Al-Mg 和 Al-Zn-Mg 系铝合金,铝合金与船舶结构制造中所应用的其他金属和合金相比,在海水中具有最负的电位。铝合金的稳定电位随其化学成分的不同,在 -0.695 ~ -0.540V 的范围内波动,相对于 Al-Mg 系合金,Al-Zn-Mg 系铝合金具有较负的电位,见表2.2。在海水中铝合金和大多数其他金属和合金一样,具有很强的阴极极化和微弱的阳极极化特性,Al-Zn-Mg 系合金的极化性比 Al-Mg 系合金小一些,Al-Mg 系合金在海水中的一般耐腐蚀性比 Al-Zn-Mg 系合金高。

表2.2 俄制铝合金在静止人造海水中的稳定电位值

合金系	合金牌号	电位/V
Al-Mg	Амг61	-0.542
	Амг5	-0.550
	45Мг2	-0.590
	АЛ13	-0.545
Al-Zn-Mg	В28-4	-0.650
	К48-1	-0.625
	ВЛ15	-0.625
	АцМг515	-0.695

S.C. 德克斯特在《海洋工程材料手册》一书中对铝合金材料亦有较详尽的描述。3000 和 6000 系列铝合金经常在海洋中应用,尤以中强度 6061 铝合金应用特别普遍。5000 系列是铝合金中耐腐蚀能力最好的合金,在游艇和船舶壳体方面已得到最广泛的应用。如果能容许有轻微的点蚀,5000 系列合金可以不加防护在海水中使用几个月。

2.2.2 国内相关研究现状

国内对耐腐蚀船用铝合金的特性研究不是非常系统。一般认为,5083 在天然海水中电极电位为 -0.87V(甘汞电极参比标准), -1.0 ~ 0.9V(银/氯化银电极参比标准);腐蚀类型有点蚀(离散深度)、边缘和缝隙腐蚀;H113调质处理易对晶间腐蚀敏感;当浸没在海水中时,如果让它与钢、不锈钢、铜合金、镍合金或钛有电接触,将会出现严重的电化学腐蚀;在充分充氧的表层水域,点蚀和缝隙腐蚀两者的平均穿透速度为0.025~0.075mm/a;在深海水区,由于pH值和溶解含量更低,据报道穿透速度高达4mm/a,尤其在焊接状态下;所有这些类型腐蚀的速度随时间降低;船舶上层建筑物以及要求可焊接性,具有良好抗腐蚀性中强度合金的场合。对于浸没式应用,要有某种形式的防腐蚀措施;船用铝合金要求异形棒、薄板、中厚板、挤压板、宽幅板、结构型材等供应型式;要求有较好的加工性,可焊接性。

王曰义等在《海洋工程材料在海水中的腐蚀行为比较》一文中指出,对不同种类的金属而言,材料的耐腐蚀性与腐蚀电位序没有相关性。但对同一类合金而言,则具有一定的相关性。铝合金和含锡青铜随电位变负,耐腐蚀性提高;黄铜和铝青铜随电位变负,耐腐蚀性降低。

胡津等在《铝基复合材料的腐蚀行为》一文中对铝基复合材料的特性进行了描述。铝基复合材料是近些年发展起来的一种新型材料,它具有比强度高、比模量高、耐高温及热膨胀系数小等优良性能,是当今金属基复合材料研究领域的热点之一。目前该种复合材料已经在航空航天、汽车、体育器材等方面得到了广泛的应用。作为一种新型材料,耐腐蚀性能的好坏是评价其是否具有使用价值的重要因素之一,随着铝基复合材料的不断发展,该种材料的应用势必面临更加复杂苛刻的使用环境,对其腐蚀性能方面的要求也必将更加迫切,对金属基复合材料腐蚀性能的研究已逐渐引起人们的重视。在21世纪初,日本将腐蚀性能的研究列为未来10年金属基复合材料研究的重要方向之一,美国学者对金属基复合材料腐蚀性能的研究也开展得异常活跃。

徐增华等在《金属耐腐蚀材料》一文中描述Al-Mn系合金:铝中加入少量的锰,使其强度高于纯铝,塑性很好,焊接性能也很好,退火处理后,在单相固熔体上有斜方结构的金属化合物$MnAl_6$析出,使合金保持了较高的抗腐蚀性,并且阻止了晶粒长大,起到了细化晶粒的作用。镁在铝中固溶度较大,形成的合金牌号较多,镁含量一般在2%~9%范围内,合金具有良好的加工塑性和可焊性,合金强度也随镁含量而增加。Al-Mn合金中的主要金属间化合物为$MnAl_6$,它的电位基本和纯铝相当,并且纯铝中添加锰以后,会使一部分$FeAl_3$转变成$(FeMn)Al_6$,当这种针状的$FeAl_3$转变成片状的$(FeMn)Al_6$以后,构成了一个较弱的阴极相,也不易破坏表面的氧化膜,这些因素都改善了合金的耐腐蚀性能。Al-Mg合金属防锈铝合金,其耐腐蚀性能好、强度高、比重小(2.55),电抛光性能好,多用于民用及造船工业。如Al-Mg铸造合金常用作制造承受冲击、振动载荷和耐海水、大气腐蚀、外形简单的重要零件和接头等。

黄桂桥在《金属在海水中的腐蚀电位研究》一文中指出,根据铝合金在海水中的腐蚀电位数据和 $E-t$ 曲线的形状,可以把铝合金分成3类:①初始电位较正,电位随时间的变化变化较小,电位稳定时间较短,稳定电位较正。这一类铝合金有 LY12CZ、LC4CS。②初始电位较负,电位随时间变正,电位稳定时间较长,稳定电位较负。这一类铝合金是 180YS、LF6M、LF3M、LF21M、LF2Y2 等5种防锈铝。③初始电位、稳定时间、稳定电位在前两类之间。这一类铝合金包括 L4M、LD2CS。

对铝合金来说,加入合金元素主要是为了增强铝的强度。通常加入的元素有镁、锰、铜、锌、硅等。镁、锌使铝的腐蚀电位负移,铜使铝合金的腐蚀电位正移。镁、锰能提高铝的耐腐蚀性,锌的影响较小,硅对铝的耐腐蚀性有较小的损害,铜则大大恶化铝合金的耐腐蚀性。对铝合金的腐蚀电位及耐腐蚀性影响最大的是铜元素的含量。通常,防锈铝的铜含量最高限量为0.1%;而锻铝、硬铝和超硬铝的铜含量都较高。因此,一般来说,初始电位、稳定电位较负的铝合金耐腐蚀性较好;初始电位、稳定电位较正的铝合金耐腐蚀性较差。

黄桂桥等对国内铝合金进行了实海挂片试验。在《铝合金在海洋环境中的腐蚀研究(Ⅰ)——海水潮汐区16年暴露试验总结》一文的研究中观察发现,污损海生物对铝合金的腐蚀有明显影响。铝合金表面腐蚀较深的点蚀都发生在牡蛎的间隙或边缘处,这是污损生物引起的缝隙腐蚀。在无海生物污损的表面点蚀较轻,但点蚀密度比有牡蛎污损处大。防锈铝有较好的耐缝隙腐蚀性能。耐点蚀性能较好的铝合金,其耐缝隙腐蚀性能也较好。不同牌号的铝合金在潮汐区的点蚀、缝隙腐蚀有较大的差别,但它们的腐蚀率相差不大。平均腐蚀率意味着均匀减薄,而铝合金因点蚀、缝隙腐蚀等局部腐蚀而遭受破坏。因此,铝合金在潮汐区的耐腐蚀性应该以点蚀、缝隙腐蚀数据来评价。镁、锰能提高铝在海水潮汐区的耐腐蚀性,硅明显降低铝的耐腐蚀性,铜严重损害铝的耐腐蚀性。防锈铝的耐腐蚀性好于纯铝。在海水潮汐区,防锈铝是耐腐蚀性最好的铝合金。研究表明,防锈铝 LF2Y2、LF6M(BL)、F21M、180YS 在海水潮汐区有好的耐腐蚀性;工业纯铝 L4M、锻铝 LD2CS 的耐腐蚀性较差;硬铝 LY11CZ(BL)、LY12CZ(BL) 和超硬铝 LC4CS(BL) 的包铝层起着牺牲阳极作用,使基体受到保护。

朱相荣等在《Al 合金海水腐蚀与环境因素的灰关联分析》一文中,应用灰关联分析法解析海水环境因素与海水腐蚀性,找出了影响 Al 合金在海水中平均腐蚀深度的主要因素,分别为溶氧量、pH 值、盐度、海生物附着面积和海水流速。

翁端等在《铝在海水中蚀孔生长的特点》一文中指出,铝及其合金是海洋工程中常用材料之一。铝在海水中全面腐蚀率极小,为 $0.03\sim0.05\text{mm/a}$,孔蚀是其主要破坏形式。铝设备在海水中的使用寿命取决于耐孔蚀性能。研究蚀孔生长过程中孔内介质 pH 变化的结果表明,在开始溶解时,孔内的 pH 是上升的;随孔逐渐加深,闭塞区形成并发生酸化,pH 逐渐下降,最低达到 2 左右,且实验中观察到时间越长,孔内的气泡逸出越少,即氢离子的消耗减少,也加剧了酸化。经一定时间后将孔内溶液抽出,分析 Cl^- 浓度为 0.53mol/L 的溶液中,随着孔的生长,孔内的 Cl^- 浓缩很厉害。在某个时间里有个最大值。孔发展到一定程度后,由于生长速度减慢,浓差效应会使 Cl^- 反向扩散,孔内的 Cl^- 浓度降低。

2.2.3 船用铝合金配套试验数据

以某穿浪双体船型号为背景,主体材料为船体 5083 铝合金,配套材料有型材 6061T2 铝合金、管系材料 LF15 铝合金、B10、双相不锈钢、1Cr18Ni9Ti、镍铝青铜 QNiAl、20 碳钢、TA2 钛。材料均以目前舰船中应用的牌号为准。在实验室内,用青岛天然洁净海水对 9 种材料的试样全浸测量,每天测量一次,连续测量一个月。用于静态腐蚀电位和电偶测量的试样规格为 75mm×30mm×3mm、30mm×15mm×3mm,动态电位和电偶测量的试样规格为 φ11.3mm×3mm,冲刷实验试样规格为 32mm×30mm×3mm,极化曲线测量试样规格为 φ11.3mm×3mm。各材料的密度见表 2.3,各铝合金实验材料成分见表 2.4,电位起始值和稳定值见表 2.5。

表 2.3 铝船用配套材料密度

材料	基材 5083	20 碳钢	HDR 双相不锈钢	镍铝青铜 QNiAl	B10 铜镍合金	1Cr18Ni9Ti 不锈钢	LF15 铝合金	6061 铝合金	TA2 钛合金
密度/(g/cm³)	2.65	7.85	7.8	8.9	8.9	8.0	2.65	2.65	4.50

表 2.4 船舶结构常用铝合金材料成分

牌号	化学成分(质量分数)/% (不大于,注明余量和范围值者除外)												对应旧牌号
	Si	Fe	Cu	Mn	Mg	Cr	Ni	Zn	其他元素	Ti	Zr	其他 单个	其他 合计	Al	
5083	0.40	0.40	0.10	0.40~1.0	4.0~4.9	0.05~0.25	—	0.25	—	0.15	—	0.05	0.15	余量	LF4
5A01	Si+Fe:0.40		0.10	0.30~0.7	6.0~7.0	0.10~0.2	—	0.25	—	0.15	0.10~0.20	0.05	0.15	余量	LF15
6061	0.40~0.8	0.7	0.15~0.4	0.15	0.8~1.2	0.04~0.35	—	0.25	—	0.15	—	0.05	0.15	余量	LD30

注:表中铝含量为最低限为铝含量(质量分数)大于或等于 99.90%。但小于 99.90% 时,应由计算确定,即由 100.00% 减去所有含量不小于 0.010% 的元素总和的差值而得,求和前各元素数值要表示到 0.0×%;求和后将"总和"修约到 0.0×%。

表 2.5 电位起始值和稳定值

序号	材料	平行样号	起始电位/V	稳定电位/V	试验时间/d
1	5083	1	-0.751	-0.732	32
		2	-0.749	-0.736	32
		3	-0.745	-0.737	32
2	6061	1	-0.673	-0.715	22
		2	-0.674	-0.713	22
3	LF15	1	-0.767	-0.750	22
		2	-0.767	-0.753	22
4	HDR 双相钢	1	-0.266	-0.011	35
		2	-0.269	-0.064	35
		3	-0.278	0.086	35
5	1Cr18Ni9Ti	1	-0.346	-0.027	35
		2	-0.308	-0.161	35
		3	-0.011	-0.142	35
6	20 碳钢	1	-0.593	-0.769	35
		2	-0.579	-0.770	35
		3	-0.578	-0.769	35
7	Q_{NiAl}	1	-0.383	-0.244	35
		2	-0.386	-0.276	35
		3	-0.417	-0.281	35
8	B10(国产)	1	-0.337	-0.116	32
		2	-0.311	-0.108	32
		3	-0.189	-0.107	32
9	TA2	1	-0.184	0.131	11
		2	-0.189	0.121	11

注：合金尺寸为 75mm×30mm×7mm(5083)；50mm×33mm×2.2mm(6061)；50mm×32mm×5.2mm(LF15)；75mm×30mm×3mm(其他)。

从表 2.5 中可以看出,5083、LF15、6061 三种铝合金材料的电位经 5~10d 后,均稳定在 -800~-700mV 内,变动范围较小,为 20~70mV。铝合金材料的表面状态稳定,电化学性能较接近。

HDR、1Cr18Ni9Ti 两种不锈钢材料下水后,电位迅速增大,但随后有波动现象,最后的电位稳定在一定范围内,均比电位初值正得多,HDR 为 0V,1Cr18Ni9Ti 为 -0.110V 左右,其中 HDR 的规律性相对较好。这些特点取决于不锈钢在海水

第 2 章　铝船材料腐蚀特性

中生成的钝化膜表面状态变化的特点。钛合金 TA2 的电位最高,达到 0.126V,实验结束时,钛合金的电位仍处于增长状态,可以预见,其最终电位应稳定在更高值。

铜合金类的电位稳定时间较短、重现性好,B10 的曲线呈明显的台阶状,说明其表面可生成稳定致密的钝化膜。

根据表 2.5 天然静态海水中各材料的腐蚀电偶序由高到低排列如下:
TA2(0.126V)→HDR(0.004V)→1Cr18Ni9Ti,B10(−0.110V)→QNiAl(−0.267V)→6061(−0.714V)→5083(−0.735V)→LF15(−0.752V)→20 碳钢(−0.769V),←括号内为稳定电位平均值。

根据表 2.6 中各材料的腐蚀速率,由小到大排列如下:HDR(0.0010)→QNiAl(0.0054)→1Cr18Ni9Ti(0.0064)→B10(0.0128)→5083(0.0347)→LF15(0.0470)→6061(0.0690)→20 碳钢(0.0821),括号内为平均腐蚀速率(mm/a)。

表 2.6　材料的自然腐蚀失重速率

序号	材料	平行样号	实验时间/d	失重速率/(mg/m²·d)	平均值/(mg/m²·d)	腐蚀速率/(mm/a)	平均值/(mm/a)	腐蚀形貌
1	5083	1	32	116.21	256.67	0.016	0.0347	较均匀分布细小白色絮状产物
		2	32	259.11		0.034		
		3	32	394.68		0.054		
2	6061	1	22	453.80	498.30	0.063	0.0690	白色絮状产物聚成团状
		2	22	542.79		0.075		
3	LF15	1	22	344.30	343.74	0.047	0.0470	同 5083,产物较少
		2	22	343.18		0.047		
4	HDR	1	35	41.21	21.53	0.0019	0.0010	无明显腐蚀
		2	35	3.90		0.0002		
		3	35	19.49		0.0009		
5	1Cr18Ni9Ti	1	35	82.99	140.35	0.0038	0.0064	无明显腐蚀
		2	35	133.11		0.0061		
		3	35	204.96		0.0094		
6	20 碳钢	1	35	1757.17	1764.78	0.0817	0.0821	红色疏松锈层堆积
		2	35	1804.51		0.0839		
		3	35	1732.66		0.0806		
7	QNiAl	1	35	113.06	113.06	0.0054	0.0054	生成氧化层,失去原有光泽
		2	35	61.82		0.0029		
		3	35	164.30		0.0078		

续表

序号	材料	平行样号	实验时间/d	失重速率/(mg/m²·d)	平均值/(mg/m²·d)	腐蚀速率/(mm/a)	平均值/(mm/a)	腐蚀形貌
8	B10	1	32	298.49	313.72	0.0122	0.0128	生成氧化层，失去原有光泽
		2	32	329.56		0.0135		
		3	32	313.11		0.0128		

注：合金尺寸为 75mm×30mm×7mm(5083)；50mm×33mm×2.2mm(6061)；50mm×32mm×5.2mm(LF15)；75mm×30mm×3mm(其他)。

比较上面的腐蚀速率大小序列和电偶序，发现除 QNiAl、6061 略有不同外，其他排列基本一致，即上述材料的耐腐蚀性和其在海水中的电位值在一定范围内有正相关的特点。铝合金材料的耐腐蚀性能接近，B10 比铝合金的耐腐蚀性好，而两种不锈钢材料的腐蚀率比其他材料要低一个数量级。20 碳钢的耐腐蚀性最差。钛合金在试验时间内没有可测量的腐蚀失重，耐腐蚀性最好。

中国船舶集团工艺研究所对国产 5E61 铝合金板材、型材、FSW 整体壁板研制及考核验证。国产 5E61 铝合金添加了铒(Er)元素作为合金强化微量元素，有效提高了材料强度。铒(Er)元素作为微合金化稀土元素，可与铝形成纳米级的 Al_3Er 粒子，该粒子为 L12 结构的稳定析出相，能够钉扎位错和亚晶界，有效抑制再结晶晶粒长大，从而提高铝合金的强度和再结晶温度。由于高盐高湿的海上服役条件较为苛刻，对船用铝合金耐腐蚀性能提出了较高要求，其耐腐蚀性能的好坏将直接影响其应用。通过合金成分设计以及生产工艺优化调整，获得了具有良好耐晶间腐蚀和剥落腐蚀性能的材料，耐腐蚀性能数据及形貌具体如表 2.7 和图 2.1 所示。

表 2.7 国产 5E61 耐晶间腐蚀和耐剥落腐蚀性能

板材规格		晶间腐蚀速率/(mg/cm²)	剥落腐蚀
4mm 板材		4.90	PB/PB
10mm 板材		4.02	PB/PA
20mm 板材		4.07	PA/PA
工型材		1.75	PB/PB
管材		2.03	PB/PB
FSW 拼接整体壁板（底板规格 3mm）	母材	3.91	PB/PB
	FSW 焊缝	1.82	PB/N

续表

板材规格		晶间腐蚀速率/(mg/cm²)	剥落腐蚀
FSW 拼接整体壁板（底板规格4mm）	母材	5.38	PB/PA
	FSW 焊缝	1.88	PB/PA
FSW 拼接整体壁板（底板规格6mm）	母材	6.93	PA/PA
	FSW 焊缝	2.97	PA/PA

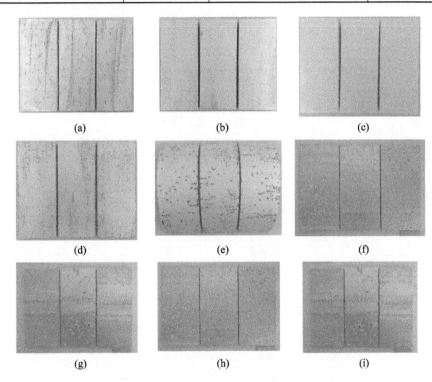

图2.1 国产5E61铝合金剥落腐蚀后试样表面
(a)4mm板材剥落腐蚀后；(b)10mm板材剥落腐蚀后；(c)20mm板材剥落腐蚀后；
(d)工型材剥落腐蚀后；(e)管材剥落腐蚀后；(f)3mmFSW整体壁板底板剥落腐蚀后；
(g)3mmFSW整体壁板FSW焊缝剥落腐蚀后；(h)3mm整体壁板底板剥落腐蚀后；
(i)4mmFSW整体壁板FSW焊缝剥落腐蚀后。

2.3 5083铝合金及相关材料腐蚀试验

为了更进一步掌握铝船船体结构材料及其配套材料特性,有必要系统地开展材料腐蚀特性试验。针对铝船的结构材料,包括5083铝合金(包括5083基材及微弧氧化5083)、6061铝合金、LY11铝合金(包括LY11基材、带包铝层LY11、微弧氧化LY11)、LY10铆钉、钢－铝复合材料。对于5083铝合金材料由于在使用中存在焊接结构,为确保耐腐蚀性和可靠性,对其应力腐蚀性能、焊缝电化学不均匀性及其金相组织进行了研究。

各种试验材料除微弧氧化处理的试样表面状态为原始状态外,均为机加工方法制备。不同材料的具体试验内容及规格等见表2.8和焊缝试样尺寸规格见图2.2。

表2.8　铝合金试样规格

材料	试验内容	状态	规格	说明
5083	自然腐蚀	裸板	75mm×150mm×3mm	
		微弧氧化处理	75mm×150mm×3mm	
	盐雾加速	裸板	75mm×150mm×3mm	
		微弧氧化处理	75mm×150mm×3mm	
	电化学测试	裸板	75mm×150mm×3mm	
		微弧氧化处理	75mm×150mm×3mm	
	电偶腐蚀	裸板	75mm×150mm×3mm	与LY10、6061偶合
		微弧氧化处理	75mm×150mm×3mm	与LY10偶合
	应力腐蚀	裸板	见图2.2	与焊缝对比
		焊缝(裸板)	见图2.2	与裸板对比
	电化学成像	微弧氧化	75mm×150mm×3mm	SKP/SVP
	焊缝性能	裸板焊接	75mm×150mm×3mm	包括金相、微观形貌、电化学成像,焊缝位置见图
		裸板+微弧氧化	75mm×150mm×3mm	
		微弧+微弧氧化	75mm×150mm×3mm	
6061	自然腐蚀	裸板	75mm×150mm×3mm	
	盐雾加速	裸板	75mm×150mm×3mm	
	电化学测试	裸板	75mm×150mm×3mm	
	电偶腐蚀	裸板	75mm×150mm×3mm	与5083偶合
LY11	自然腐蚀	裸板(含包铝)	75mm×150mm×3mm	
		微弧氧化处理	75mm×150mm×3mm	
	盐雾加速	裸板(含包铝)	75mm×150mm×3mm	
		微弧氧化处理	75mm×150mm×3mm	
	电化学测试	裸板	75mm×150mm×3mm	
		微弧氧化处理	75mm×150mm×3mm	
	电化学成像	微弧氧化处理	75mm×150mm×3mm	

续表

材料	试验内容	状态	规格	说明
LY10	自然腐蚀	铆钉实物		
	盐雾加速	铆钉实物		
	电化学测试	铆钉实物		
	电偶腐蚀	铆钉实物		与5083偶合
钢-5083复合材料	金相分析	爆炸复合	75mm×150mm×18mm	18mm指复合后的厚度
	电化学成像	爆炸复合	75mm×150mm×18mm	

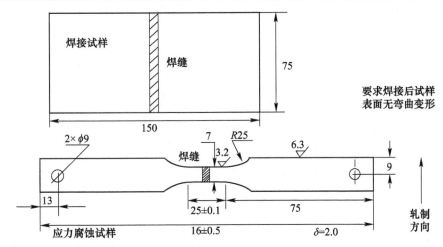

图2.2 焊缝样品及应力腐蚀试样尺寸规格(mm)

2.3.1 试验方法及内容

1) 材料的自然腐蚀研究

针对系统采用的各种材料,包括5083铝合金、6061铝合金、LY11铝合金(包括裸板、微弧氧化处理表面)、LY10铝合金以及复合材料,进行海洋环境下的自然腐蚀研究。采用全浸腐蚀方法,试验介质为天然海水,试验周期30d,研究以上材料在海水中的自然腐蚀电位及在海水中的变化、腐蚀速度以及腐蚀形态,确定其在海水中的电偶序。

2) 盐雾加速试验

盐雾加速试验可以模拟严酷的海洋大气腐蚀环境,可用于快速评价以上各种结构材料以及表面膜在海洋大气环境中的耐腐蚀性。盐雾试验介质采用5% NaCl溶液,试验温度35℃,试验周期720h。实验设备为VSC/KWT1000盐雾试验箱。

3) 材料的腐蚀性能的电化学方法评价

通过直流极化技术测量各种材料在海水中的阴、阳极极化曲线,研究和评价其腐蚀和电化学性能，确定材料搭配使用中的电偶腐蚀可能性。试验介质采用天然海水，实验设备为 SOLARTRON1287 电化学测试系统。

5083 焊缝和热影响区电化学测试试样采用线切割方法从焊件上获得，结合金相观察确定焊缝和热影响区的范围，试样用环氧树脂封装，试验面积为 1cm²，焊接材料采用 5183 焊丝，根据线径确定试验长度使试验面积为 1cm²。其余试验材料均采用片状试样，在平板式标准电解池上进行测试，试验面积为 1cm²。微弧氧化样品采用原始表面，裸材采用机加工表面。采用饱和甘汞电极为参比电极，辅助电极为铂片。试样在海水中浸泡 30min 并检测腐蚀电位，然后从阴极方向向阳极方向进行极化，极化范围为 $-0.6 \sim 0.8\text{V}(E_{\text{corr}})$。

4）电偶腐蚀试验

船体结构不同组成材料间存在电位的差异，且使用中面积差异较大，如 5083 壳体与 LY10 铆钉间有很大的面积比，使用中可能发生电偶腐蚀。根据材料及结构特点，主要针对 5083 铝合金壳体与 LY10 铆钉、5083 铝合金壳体与 6061 骨架进行电偶腐蚀研究。试验在天然海水中进行，参考实际使用时材料间的面积比进行电偶腐蚀试验，对电偶腐蚀速度、腐蚀电位、电偶腐蚀电流、腐蚀形貌进行研究，试验周期 30d。通过电偶腐蚀试验，结合在海水中的电偶序、极化曲线评价材料电偶腐蚀程度以及材料配套的可行性。

5）铝合金及其焊缝应力腐蚀性能

（1）试样的制备。焊接试样的制备在大连 4810 厂进行。采用单面焊双面成型的焊接工艺，焊丝材料为线径 1.2mm 的 ER5183 铝合金，焊接前的 5083 试片将焊接面机加工形成与垂直方向成 60°的斜面。采用的焊接设备为美国米勒电气设备公司生产的 Miller invision 456P DC inverter AC Welder，焊接时采用氩气保护，焊接电压 20V，电流 126~144A。

（2）应力腐蚀试验。采用与应力腐蚀同批次的试样进行力学性能测试，获得其抗拉强度 σ_b、屈服极限 $\sigma_{0.2}$、延伸率 δ 等力学指标，用于应力腐蚀试验的试验参数。参考 GJB 1742 附录 B 的阳极电流 SCC 法，采用 YF6 六联 SCC 试验机对 5083 铝合金基体与焊接材料进行 SCC 试验。试验介质为青岛天然海水，试验温度 (35 ± 1)℃，外加应力为 $0.95\sigma_{0.2}$，在试样上通电流密度为 3mA/cm² 的阳极电流。

6）金相组织研究

（1）5083 铝合金及其焊缝。5083 铝合金及其焊缝金相组织试验参照《变形铝及铝合金制品组织检验方法 第 1 部分：显微组织检验方法》（GB/T 3246.1—2012）进行。试验设备为 NEOPHOT1 金相显微镜和 NEOPHOT21 金相显微镜，浸蚀剂为 3mL HCl + 2mL HF + 5mL HNO₃ + 190mL H₂O。

（2）钢-铝复合材料。钢-铝复合材料金相组织试验参照《金属显微组织检验方法》(GB/T 13298—2015)进行。试验设备为 NEOPHOT21 金相显微镜;腐蚀剂为 4% 硝酸酒精和氢氟酸(2mL)+盐酸(3mL)+硝酸(5mL)+水(190mL)。

2.3.2 海水全浸腐蚀

在青岛天然海水中对以上材料进行了为期 30d 的全浸腐蚀,测量了腐蚀电位随时间变化趋势,以及材料在海水中的腐蚀速度。

1) 腐蚀电位

腐蚀电位是腐蚀电化学的最基本参数之一,铝合金的腐蚀电位测定对研究其腐蚀行为有重要的意义。Groover 等人研究发现,通过测量铝合金在海水中的腐蚀电位便能确定它们对点蚀的相对敏感性。对铝合金的腐蚀电位数据研究发现铝合金的耐腐蚀性与其腐蚀电位有较好的对应关系。初始电位较正的铝合金比初始电位较负的铝合金对点蚀、缝隙腐蚀更敏感。

图 2.3 ~ 图 2.7 所示分别为 5083、LY11、6061、LY10、钢 – 铝复合材料及其不同表面状态在海水中的腐蚀电位随时间变化曲线,图 2.8 所示是各种试验材料在海水中腐蚀电位曲线的对比。

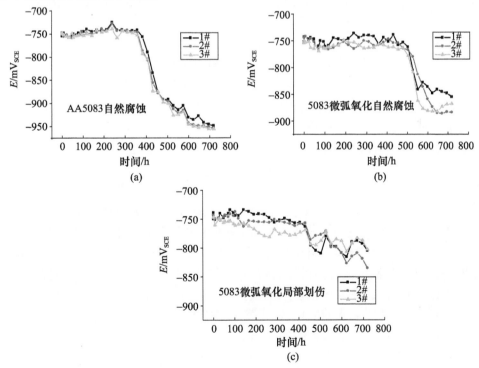

图 2.3　5083 铝合金海水中自然腐蚀电位随时间变化曲线
(a)打磨后自然状态;(b)微弧氧化处理;(c)微弧氧化膜局部划伤。

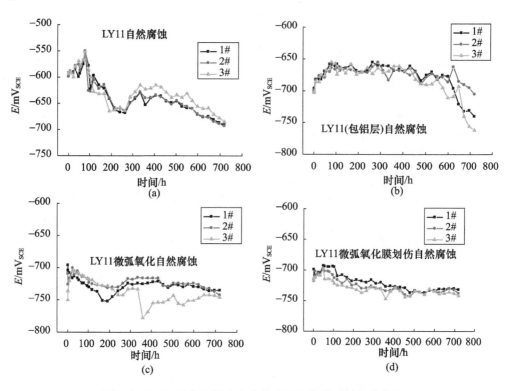

图 2.4 LY11 铝合金海水中自然腐蚀电位随时间变化曲线
(a)LY11 铝合金；(b)带包铝层；(c)微弧氧化处理；(d)微弧氧化划伤。

从图 2.3 可以看出,5083 在海水中初期 400h 内电位稳定在约 $-750\mathrm{mV}$,表明初期在海水中表面状态相对稳定形成良好致密的腐蚀产物膜,随后表面发生腐蚀电位负移至 $-950\mathrm{mV}$。微弧氧化后在腐蚀初期电位基本与 5083 接近,但由于表面良好膜层的保护,其稳定时间在 500h,随海水逐渐渗透进入氧化膜中并对基体造成腐蚀,其电位也发生负移,但微弧氧化膜的保护作用使其后期的稳定电位为 $-867\mathrm{mV}$,较 5083 正;微弧氧化膜局部破损的 5083 在海水中初期的腐蚀电位与 5083 和微弧氧化膜完好电位基本一致,由于氧化膜的破坏其电位基本上呈连续变负的趋势。电位变化趋势表明 5083 铝合金在海水中可以形成具有一定防护作用的腐蚀产物膜,其稳定性较差;微弧氧化可以提高铝合金在海水中的耐腐蚀性,由于氧化膜具有一定的孔隙率以及局部破损,海水进入氧化膜内或破坏暴露基体会发生腐蚀。根据微弧氧化的原理,氧化膜的组成为 Al_2O_3,相对自然环境中腐蚀形成的氧化物膜很稳定且对基体的保护作用显著。

这里给船舶设计者一个警示,当船体材料为 5083 铝合金,并且采取牺牲阳极阴极保护设计时,其牺牲阳极材料如果在 $-750\sim-950\mathrm{mV}$,则有可能与船体电位发生逆转,起不到牺牲阳极作用。

第 2 章　铝船材料腐蚀特性

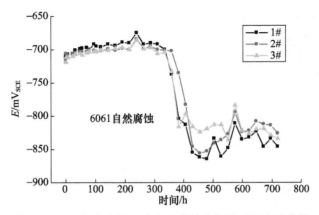

图 2.5　6061 铝合金海水中自然腐蚀电位随时间变化曲线

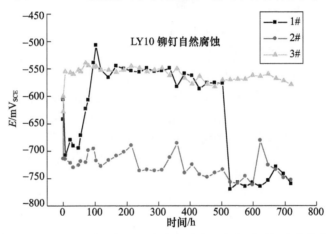

图 2.6　LY10 铝合金铆钉海水中自然腐蚀电位随时间变化曲线

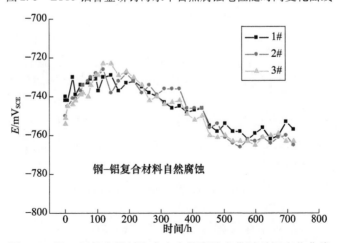

图 2.7　钢－铝复合材料海水中自然腐蚀电位随时间变化曲线

41

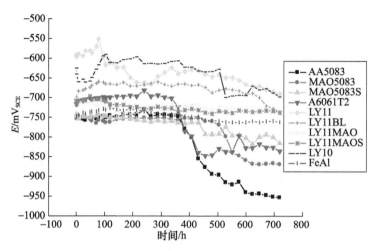

图2.8　气垫船材料的海水腐蚀电位曲线对比
MAO—微弧氧化；S—氧化表面划伤；BL—包铝；Fe-Al—钢-铝复合材料。

在图2.4中，LY11在海水中的腐蚀电位持续变负，表明在海水中处于持续的腐蚀状态，难以形成稳定保护作用的腐蚀产物膜；有包铝层的LY11由于包铝的保护作用其腐蚀电位较LY11为负，从电位变化趋势看表面处于腐蚀状态。微弧氧化的LY11在海水中的腐蚀电位比较稳定，有轻微的变负趋势；局部氧化膜破损样品的腐蚀电位与膜完好时相比电位接近，变负的趋势相对较明显。微弧氧化膜可以显著提高基体的耐海水腐蚀性能，由于具有孔隙和局部破损基体仍会发生一定的腐蚀。腐蚀试验研究表明，包铝层可大大提高铝合金在海水中的耐腐蚀性，使其具有较好的性能。

6061合金在海水中的腐蚀电位随时间变化规律与5083相似，其初始电位和稳定电位相对5083分别为正50mV、正120mV左右，见图2.5。

在图2.6中，LY10铆钉在几种铝合金中的电位相对较正，但样品间腐蚀电位的差异较大，表明变形加工会产生腐蚀行为的差异，具有较明显的局部腐蚀。

钢-铝复合材料的腐蚀电位为钢和铝合金在海水中电偶腐蚀的混合电位，见图2.7。

从图2.8中，按各材料在海水中稳定腐蚀电位由正到负依次为：LY10→LY11→LY11包铝→LY11微弧氧化→钢-铝复合材料→6061→5083微弧氧化→5083。

2）海水全浸腐蚀形貌

图2.9～图2.13所示为几种铝合金在海水全浸腐蚀试验中的腐蚀形貌。5083铝合金在海水中的耐腐蚀性较好，基本未发生明显的局部腐蚀；微弧氧化使其耐腐蚀性提高，但在局部破损后耐腐蚀性明显降低，微弧氧化是否适合在全浸海水中使用还有待工程进一步考核验证。

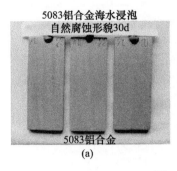 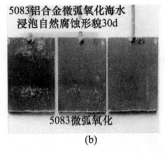 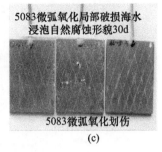

图 2.9　5083 铝合金海水全浸腐蚀形貌

(a)5083 铝合金；(b)5083 微弧氧化；(c)5083 微弧氧化局部破损。

图 2.10　6061 铝合金海水全浸腐蚀形貌　　图 2.11　LY10 铆钉海水全浸腐蚀形貌　　图 2.12　钢-铝复合材料海水全浸腐蚀形貌

试验材料在天然海水中腐蚀 30d 形貌如下。

(1) 5083 铝合金。表面为灰白色，金属光泽淡，均匀覆盖一层较薄的透明状细小颗粒形成的腐蚀产物膜，沿横向轧制方向有褐色细小条纹，干燥后光下观察表面有彩色膜。

(2) 5083 微弧氧化。表面有较少白色细小颗粒状产物，局部侧边有白色产物堆；膜表面基本完好。

(3) 5083 微弧氧化局部破坏。少量的白色细小颗粒状产物，有几处白色产物堆，划痕处有白锈，略有金属光泽；原未破坏膜表面基本完好。

(4) 6061 铝合金。表面呈灰色，局部为灰白色斑块，表面均匀布满较薄的透明状细小颗粒形成的产物膜，边棱部有白色产物堆积。干燥后表面在光下观察有淡的彩色膜。

(5) LY11(带包铝)。竖条状的灰白腐蚀斑不均匀覆盖于灰色基体上，表面较均匀布满白色小颗粒状腐蚀产物。

(6) LY11。灰色表面均匀覆盖细小密集的腐蚀产物颗粒，其上不均匀分布有大小不等的白色产物堆，在边沿部较明显，其下为暗灰色铝合金基体。

(7) LY11 微弧氧化。表面有较多的白色颗粒状腐蚀产物附着，白色产物下的

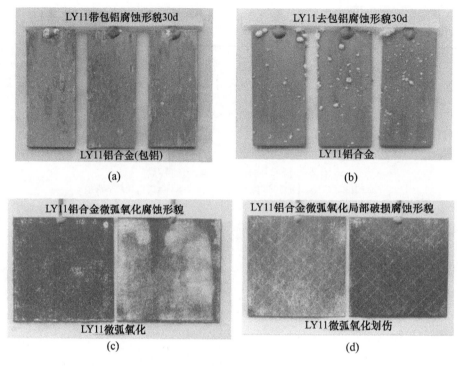

图 2.13　LY11 铝合金海水全浸腐蚀形貌
(a)LY11 带包铝；(b)LY11 去包铝；
(c)LY11 铝合金微弧氧化；(d)LY11 铝合金微弧氧化局部破损。

氧化表面颜色变浅。

(8) LY11 微弧氧化局部破坏。相对微弧氧化表面完好的样品白色颗粒状腐蚀产物较多,划伤露出包铝基体处失去金属光泽,划痕较深露出 LY11 基体处有黑色点状腐蚀。

(9) LY10 铆钉。大部分铆钉表面较完好,略有金属光泽,边沿和涂封边缘有白色产物堆积。

(10) 钢–铝复合材料。铝合金表面呈灰白色,有灰色条纹和斑点沿轧制方向分布,与钢复合界面附近有白色产物堆积;钢表面有众多细小的红棕色产物颗粒,上表面有较厚的棕色产物,下表面为灰色。

3) 腐蚀率

表 2.9 所列为试验材料海水全浸腐蚀试验的腐蚀率数据。

以上铝合金等材料在海水中进行了 30d 自然腐蚀试验,各材料在海水中的腐蚀形貌及腐蚀率结果表明:5083 的耐腐蚀性最好,其腐蚀形态未发现明显的局部腐蚀,基本为均匀腐蚀,微弧氧化处理后 5083 铝合金的耐腐蚀性得到较大的提高,由于微弧氧化膜存在一定的孔隙和缺陷,仍有一定的腐蚀发生,微弧氧化表面局部破损后基体未出现明显的局部腐蚀。

6061 铝合金的腐蚀形态基本表现为均匀腐蚀,耐腐蚀性相对较好。

LY11 铝合金在海水中的腐蚀主要表现为局部腐蚀,表面包铝后腐蚀相对减轻,但仍具有较严重的局部腐蚀倾向;表面进行微弧氧化处理后,耐腐蚀性有所提高,仍有较多的腐蚀产物,氧化膜划伤后腐蚀加重,露出 LY11 基体处有显著的局部腐蚀。

LY10 铆钉在海水中的腐蚀主要在发生变形的边缘部分,有局部腐蚀。

钢-铝复合材料在海水中钢和铝部分均有轻微腐蚀,爆炸复合结合面沿铝合金一侧的腐蚀相对较明显,铝作为阳极受一定的电偶腐蚀。

表 2.9 船用铝合金材料海水全浸腐蚀试验的腐蚀率数据

材料	腐蚀速度/ (g/m² · d)	腐蚀率/ (mm/a)	备注
AA5083	0.0346	0.0047	
5083 微弧氧化	0.0084	0.0012	三个试样的腐蚀率分别为 0.0003mm/a、0.0041mm/a、0.0010mm/a
5083 微弧氧化划伤	0.0099	0.0014	三个试样的腐蚀率分别为 0.0016mm/a、0.0012mm/a、0.0013mm/a
6061	0.0419	0.0057	
LY11	0.2529	0.0332	
LY11 包铝	0.1397	0.0183	
LY10 铆钉	0.0966	0.0127	
钢-铝复合材料	0.1700	0.0230	按 Al 密度计算腐蚀率

2.3.3 盐雾腐蚀

各参试材料在盐雾腐蚀 40d 后的腐蚀形貌见图 2.14~图 2.18。

(1) 5083 铝合金。表面光滑呈灰白色,夹杂灰色斑痕和白色点状物,水洗白色产物可除去,表面无金属光泽,除一试样边部有一个点蚀坑外,无局部腐蚀。

(2) 5083 微弧氧化。氧化表面保持完好,基本同试验前,有少量白色产物沿盐水流下方向附着,容易清除,产物下的表面膜颜色变浅。

(3) 5083 微弧氧化局部破坏。表面膜层上覆盖一层灰白色,局部有少量白色产物,易洗去;膜划伤露出基体处呈白色失去金属光泽。试样水洗后与试验前相比氧化膜颜色变浅。

(4) 6061 铝合金。表面为暗灰色,少量不均匀白色粉末状产物;水洗后呈暗均匀暗灰色表面,无金属光泽,一试样表面形成一个 $1mm^2$ 大小的蚀坑和小点蚀坑。

(5) LY11(带包铝)。包铝层呈银灰色夹杂灰白色斑块和棕色流痕,略有金属光泽,四周无包铝层处露出黑褐色腐蚀基体,较多白色腐蚀产物附着其上,水洗可去。试样表面有包铝层腐蚀破损后,基体腐蚀处有红棕色产物。

(6) LY11。基体表面呈灰黑色,其上较均匀布满白色粉末状产物和较多的黄豆大小的红棕色腐蚀斑点,水洗后白色产物减少,红棕色产物斑点仍分布在表面上,干燥后红棕色斑点变为蓝绿色小点。

(7) LY11 微弧氧化。表面有沿水流方向流下的不均匀白色腐蚀产物痕迹,水洗易除去,露出微弧氧化表面较完好,原白色产物附着处颜色变浅。

(8) LY11 微弧氧化局部破坏。表面有较多的白色产物附着,膜层划伤露出包铝层基体处失去金属光泽,有白色产物,露出 LY11 基体处变为灰黑色和红棕色。

(9) LY10 铆钉。表面为灰黑色,失去金属光泽,不均匀覆盖较多白色产物。

(10) 钢-铝复合材料。钢侧表面大量棕红色铁锈,并有黑色的空心管状腐蚀凸起,铝合金侧表面有一厚层白色的腐蚀产物,接近复合表面处较多,在下表面结合处有白色产物堆积。铝-铝复合界面呈波纹状缝隙向内深入腐蚀,钢-铝复合界面也有较深的腐蚀缝隙。

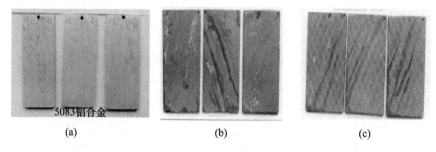

图 2.14　5083 铝合金盐雾腐蚀 40d 形貌
(a) 5083 铝合金;(b) 5083 微弧氧化;(c) 5083 微弧氧化局部损伤。

图 2.15　6061 铝合金盐雾腐蚀 40d 形貌

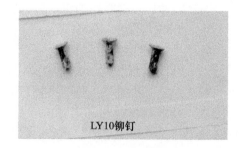

图 2.16　LY10 铝合金铆钉盐雾腐蚀 40d 形貌

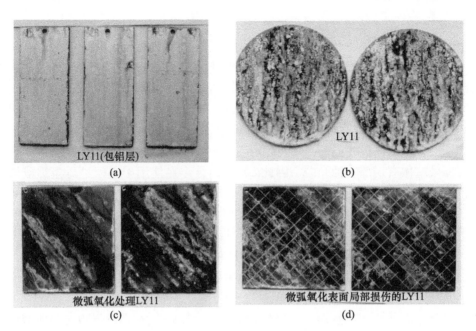

图 2.17　LY11 铝合金盐雾腐蚀 40d 形貌
(a)带包铝；(b)去包铝；(c)微弧氧化；(d)微弧氧化局部损伤。

图 2.18　钢-铝复合材料盐雾腐蚀 40d 形貌
(a)钢复合层；(b)复合层界面；(c)除去腐蚀产物后。

从盐雾腐蚀形貌看,5083 铝合金在盐雾(海洋大气)腐蚀环境中具有较好的耐腐蚀能力,表面微弧氧化后耐腐蚀性有提高,氧化膜的孔隙使腐蚀介质到达基体并使其产生腐蚀,氧化膜破损处基体有腐蚀;6061 在盐雾环境中的耐腐蚀性一般;LY11 本身不耐盐雾腐蚀,表面有包铝层对基体有保护作用,微弧氧化处理对其耐海洋大气腐蚀有显著提高;LY10 在盐雾腐蚀环境中发生显著腐蚀;钢-铝复合材料在盐雾腐蚀条件下由于局部的电偶腐蚀作用,其结合面的铝侧发生严重的腐蚀并沿爆炸复合面深入,钢表面也有显著的腐蚀,因此对钢-铝复合材料在海洋大气环境中使用时必须采取防护措施隔绝腐蚀介质,这点在工程应用中需要特别关注。

(1) 以上各种材料进行了周期为40d的盐雾加速腐蚀试验,结果表明5083铝合金较耐中性盐雾腐蚀,没有发生明显的局部腐蚀,表面微弧氧化后耐盐雾腐蚀性能得到显著提高,局部氧化膜划伤基体未出现局部腐蚀,结果表明5083铝合金及其微弧氧化膜适合在海洋大气中使用。

(2) LY11铝合金在中性盐雾中全面和局部腐蚀严重,包铝的LY11由于包铝层的保护耐腐蚀性有很大改善,但包铝层破损处仍有较严重腐蚀发生;采用微弧氧化处理后表面耐腐蚀性显著提高,试验周期内未发生严重或局部腐蚀,氧化膜破损后破损处基体有局部腐蚀倾向。因此LY11铝合金在使用中必须进行包铝或微弧氧化等防护措施。

(3) 6061铝合金在盐雾腐蚀环境中相对海水全浸腐蚀较明显,并有点蚀的倾向。

(4) LY10铆钉在盐雾环境中发生较显著的腐蚀。

(5) 钢-铝复合材料在盐雾腐蚀环境中腐蚀很严重,铝合金复合层表面有明显的腐蚀,钢复合层表面也发生显著的腐蚀,最严重的腐蚀发生在爆炸结合面,腐蚀沿发生铝合金结合面的塑性变形区和结合面向内深入腐蚀,这是由强烈的塑性变形和熔化组织存在不均匀性,且作为复合材料中的阳极遭受加速腐蚀造成。因此钢-铝复合材料在盐雾腐蚀环境中必须采取防护措施防止结合面和复合层材料的腐蚀。

2.3.4 材料的电化学性能

图2.19~图2.23所示为不同种类材料不同状态的铝合金材料在天然海水中的极化曲线。其中5083焊缝及热影响区为从焊接材料上按不同区域采用线切割技术得到样品,经环氧腻子封装后制作成工作电极;5083焊接采用工业生产用规格为$\phi 1.2mm$的5183焊丝,通过取一定长度(即特定表面积)的焊丝并将其用环氧腻子封装制备工作电极;LY10直接采用实际采用的铆钉,将铆钉用环氧腻子封装只

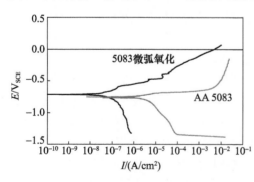

图2.19 AA5083铝合金与微弧氧化5083铝合金的极化曲线

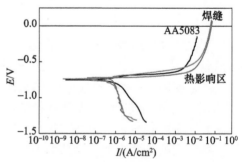

图2.20 5083基体与焊缝和热影响区部分极化曲线的对比

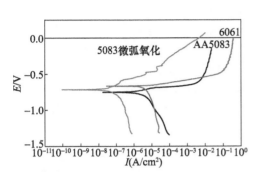

图 2.21 AA5083 铝合金(壳体)与 6061 铝合金(支架)的极化曲线

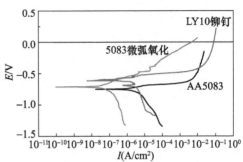

图 2.22 5083、5083 微弧氧化与 LY10 铆钉极化曲线对比

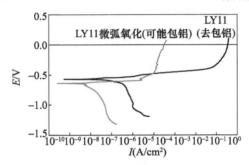

图 2.23 LY11 螺旋桨材料与微弧氧化 LY11 的极化曲线

露出铆钉头部表面作为工作电极;其余材料均直接采用原始状态的微弧氧化表面或机加工表面作为工作电极。

极化曲线的测量在室温海水中进行,极化曲线测量前在海水中浸泡 30min 并监测其腐蚀电位变化趋势,待电位相对稳定后开始极化,极化方向为从阴极向阳极方向,极化范围为相对开路电位 $-0.6 \sim 0.8 V_{SCE}$,扫描速度为 0.1667mV/s。

从图 2.19~图 2.23 可以看出,铝合金在海水中阳极极化率很小,因而腐蚀速度相对较高;从阴极极化率对比看出,焊接组织及热影响区的阴极极化率均高于基体,相对容易发生氧的去极化。5083 微弧氧化的阴阳极极化率均提高,对提高其耐腐蚀性有益。

5083 铝合金在海水中腐蚀的阴极过程主要受氧去极化控制,微弧氧化后 5083 铝合金的阴阳极极化率均增大,腐蚀电流降低约 2 个数量级,微弧氧化与基体间的电位差约 40mV,微弧氧化表面破损后基体相对氧化表面会呈微弱阳极性。

5083 基体与焊缝、热影响区极化曲线对比表明三者的阳极极化行为相似,阴极行为方面焊缝和热影响区的阴极极化率高于基体,析氢电位升高。焊缝金属和热影响区与基体材料间的电位差约 20mV,焊缝相对基体呈弱阴极性,有利于焊接组织的耐腐蚀性和防止焊缝和母材间的电偶腐蚀。

6061、5083 及其微弧氧化极化曲线对比表明，6061 相对 5083 铝合金及微弧氧化 5083 腐蚀电位分别为正 100mV 和正 50mV 左右，与两者偶合时 6061 应作为阴极受到保护，有利于防止面积相对较小的支架材料的腐蚀。

极化曲线对比表明，LY10 腐蚀电位比 5083 及微弧氧化 5083 正 140mV 以上，偶合时作为阴极受保护，作为铆钉使用时与 5083 结构材料构成小阴极大阳极，对结构防腐是合理的。

LY11 铝合金与微弧氧化 LY11 极化曲线对比表明两者的阴阳极极化行为相似，微弧氧化使 LY11 的腐蚀电流降低约 1 个数量级，阳极的极限扩散电流降低 3 个数量级，微弧氧化处理对提高 LY11 铝合金的耐腐蚀性是显著和必要的。从腐蚀电位值看，微弧氧化样品表面可能有包铝层存在，因此从两者极化曲线难以判断基体与微弧氧化表面间的电偶极性。

分析 5083 基材及焊接组织、其他试验材料的极化曲线，其阴极极化率 B_c、阳极极化率 B_a，腐蚀电位 E_{corr}、开路电位 E_{oc} 分别见表 2.10。

表 2.10 极化曲线电化学参数

材料		$B_c/(V/dec)$	$B_a/(V/dec)$	E_{corr}/V_{SCE}	E_{oc}/V_{SCE}
5083	5083 基体	-0.390	0.018	-0.752	-0.744
	5183 焊丝	-0.806	0.021	-0.804	-0.868
	焊缝	-0.836	0.035	-0.738	-0.713
	热影响区	-0.732	0.021	-0.726	-0.728
	5083 微弧氧化	-0.714	0.085	-0.713	-0.728
6061		-0.760	0.038	-0.664	-0.713
LY11 去包铝		-0.736	0.040	-0.564	-0.592
LY11 微弧氧化		-0.434	0.012	-0.637	-0.722
LY10 铆钉		-0.786	0.022	-0.608	-0.574

2.3.5 电偶腐蚀性能

1）电偶电位、电流 - 时间曲线

图 2.24 ~ 图 2.31 所示为不同的腐蚀偶对在海水中发生电偶腐蚀时的偶合电位、偶合电流随时间变化规律。5083（微弧氧化）与 6061 偶合时电偶电流在初期较大，5083 作为电偶的阳极，失电子受到加速腐蚀；随后迅速降低，在 400h 左右电流达到最小值，两组面积比为 1∶1 的试样甚至出现了反向电流，即电偶的阴、阳极发生逆转，6061 作为阳极遭到加速腐蚀，但 100h 左右后又恢复为 5083（微弧氧化）为阳极、6061 为阴极；而在 5∶1 面积比试验过程 5083 始终作为电偶阳极，表明两者由于开路电位比较接近，当电偶面积接近时可能会发生电偶极性的逆转。与 LY10 电偶电位变

化规律看,由于面积比相差较大,与5083和微弧氧化本身的变化规律相近,随铆钉面积增大3倍稳定电位变正100,表明LY10对5083的电偶腐蚀影响较明显。

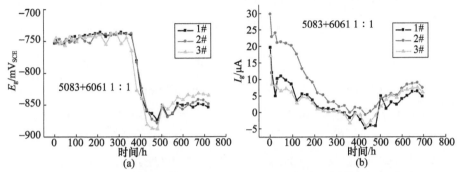

图 2.24　5083 与 6061 铝合金以 1∶1 面积比偶合时电偶腐蚀电位、电流
(a)电偶电位 – 时间曲线;(b)电偶电流 – 时间曲线。

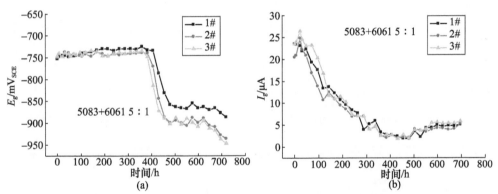

图 2.25　5083 与 6061 铝合金以 5∶1 面积比偶合时电偶腐蚀电位、电流
(a)电偶电位 – 时间曲线;(b)电偶电流 – 时间曲线。

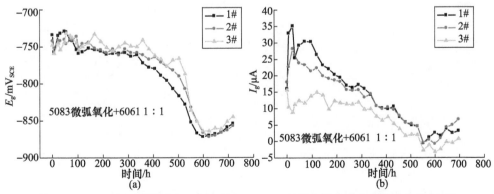

图 2.26　5083 微弧氧化与 6061 铝合金以 1∶1 面积比偶合时电偶腐蚀电位、电流
(a)电偶电位 – 时间曲线;(b)电偶电流 – 时间曲线。

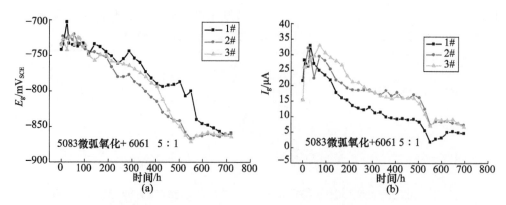

图 2.27　5083 微弧氧化与 6061 铝合金以 5∶1 面积比偶合时电偶腐蚀电位、电流
(a) 电偶电位－时间曲线；(b) 电偶电流－时间曲线。

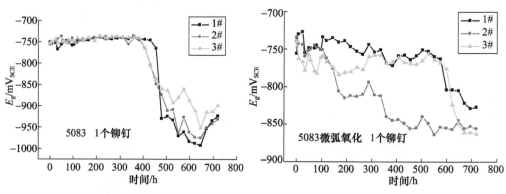

图 2.28　5083 与 1 个 LY10 铝合金铆钉偶合时电偶腐蚀电位

图 2.29　5083 微弧氧化与 1 个 LY10 铝合金铆钉偶合时电偶腐蚀电位

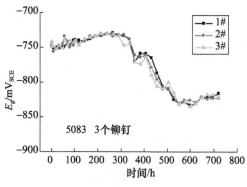
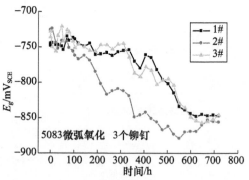

图 2.30　5083 与 3 个 LY10 铝合金铆钉偶合时电偶腐蚀电位

图 2.31　5083 微弧氧化与 3 个 LY10 铝合金铆钉偶合时电偶腐蚀电位

表 2.11 所列为电偶腐蚀试验的偶合电位和偶合电流统计值。表中电流值符号为正表示 5083 失去电子受到加速腐蚀,与其偶合材料的电子受到保护,电流为负值时相反。

表 2.11 电偶腐蚀试验偶合电位、偶合电流结果

电偶组合	面积比	$E_g/\text{mV}_{\text{SCE}}$		$I_g/\mu\text{A}$		说明
		初始	稳定	初始	稳定	
5083:6061	1:1	−750	−845	15.0	6.75	5083 表面积为 50cm^2
	5:1	−744	−901	23.0	4.92	
5083 微弧氧化:6061	1:1	−743	−863	21.1	2.83	5083 微弧氧化表面积为 45cm^2
	5:1	−729	−860	26.5	6.83	
5083:LY10 铆钉	1 个铆钉	−751	−930	—	—	5083 表面积为 50cm^2
	3 个铆钉	−747	−821	—	—	
5083 微弧氧化:LY10 铆钉	1 个铆钉	−752	−844	—	—	5083 微弧氧化表面积为 45cm^2
	3 个铆钉	−740	−852	—	—	

2) 电偶腐蚀速度

5083 及微弧氧化 5083 与 6061 铝合金、铆钉以不同面积比偶合时偶对金属的腐蚀率数据如表 2.12 所列。其中 5083(微弧氧化)的面积为 75mm×30mm×5mm,与其偶合的 6061 面积为 1,与铆钉偶合时分别连接 1 个和 3 个铆钉两种面积比。表 2.12 中"/"左边为 5083(微弧氧化)腐蚀率,右边为与之偶合的材料腐蚀率。

从腐蚀率结果看,5083 的腐蚀率较自然腐蚀均有增加,表明在电偶腐蚀中其作为阳极被加速腐蚀。从 6061 的腐蚀率看,在 1:1 面积比时比自然腐蚀率低被保护,但 5:1 时腐蚀率反而比自然腐蚀率略高,这与电偶电流变化规律相矛盾,可能与铝合金在海水中的局部腐蚀行为有关,对其规律应予以进一步深入研究。铆钉在电偶腐蚀中腐蚀率均低于自然腐蚀率,作为阴极受到保护。

表 2.12 5083 铝合金与 6061、LY10 电偶腐蚀率数据   单位:mm/a

偶合材料	6061		LY10	
	1:1	5:1	1 个	3 个
5083	0.0065/0.0037	0.0071/0.0070	0.0049/0.0039	0.0149/0.0096
5083 微弧氧化	−0.0142/0.0035	−0.0154/0.0075	−0.0023/0.0071	−0.0161/0.0071

2.3.6 5083 铝合金及其焊缝的应力腐蚀性能

对 5083 基体材料和微弧氧化材料进行了焊接制样。焊接过程表明,由于微弧氧化表面的电阻很高,绝缘电阻大于 100MΩ,焊接时必须将氧化表面除去,否则难

以进行焊接,焊接后的微弧氧化表面破坏处应进行防护处理以防止局部腐蚀。

基体材料和焊接试样按要求尺寸制备力学性能测试和应力腐蚀试样,焊接材料形貌见图2.32、图2.33。

图2.32　5083铝合金焊接焊缝

图2.33　5083微弧氧化后焊接焊缝

根据参考力学指标和实际测量结果,对应力腐蚀的5083铝合金基体材料和焊接材料采用的$\sigma_{0.2}$值分别为:5083基体240MPa,焊接材料185MPa。

1) 应力腐蚀性能

采用YF6六联SCC试验机对5083铝合金基体与焊接材料进行了应力腐蚀试验。试验介质为青岛天然海水,试验温度(35±1)℃,外加应力为$0.95\sigma_{0.2}$,在试样上通电流密度为3mA/cm²的阳极电流。5083铝合金及其焊接材料的应力腐蚀试验结果见表2.13。

表2.13　5083铝合金及其焊缝的应力腐蚀试验结果

试样	尺寸/mm		$0.95\sigma_{0.2}$ /N	阳极电流 /mA	阳极寿命 /min	备注
	b	c				
5083-1#	7.02	1.86	2977	33.2	1020	每个试样断裂部位都与试样宽度的最窄处对应
5083-2#	7.09	1.87	3023	32.6	1145	
5083-3#	7.05	1.90	3054	32.6	1515	
5083-4#	7.20	1.90	3119	33.4	1155	
焊5083-1#	6.99	1.95	2396	33.1	1526	断于焊缝交界区
焊5083-2#	7.05	1.91	2367	33.1	0	刚浸入海水加载时即拉断,断于焊缝
焊5083-3#	7.08	1.91	2377	33.4	0	同上,断口处有孔洞
焊5083-4#	7.20	2417	33.9	33.9	960	断于交界偏焊缝处

2) 应力腐蚀形貌

图2.34、图2.35所示分别为5083铝合金基体和焊缝的应力腐蚀试验试样拉

断后的形貌。图 2.34 表明基体材料的断裂部位均在试样宽度的最窄处,断裂是机械性的,试样在海水中通电加速腐蚀溶解而全面减薄后,断于截面最小部位,表明其没有应力腐蚀敏感性。图 2.35 显示 4 个焊接试样有一个断于焊缝的交界处,一个断于焊缝靠近交界处,结合应力断裂的时间看其焊缝没有应力腐蚀敏感性;另有两个试样在刚浸入腐蚀介质尚未遭受腐蚀、施加应力不足时即断裂于焊缝,且其断裂处有明显的缺陷,表明其存在焊接质量问题。同时从焊接试样的腐蚀形貌看,焊缝部位相对基体未发生显著腐蚀,表明焊缝相对基体的耐腐蚀性提高。

图 2.34 基体材料应力腐蚀拉断后形貌
(a)试样;(b)1#样品(10×);(c)2#样品(10×);(d)3#样品(10×);(e)4#样品(10×)。

图 2.35 焊接材料应力腐蚀拉断后形貌
(a)焊接试样拉断后的宏观形貌;(b)1#样品(10×);(c)2#样品(10×);
(d)3#样品(10×);(e)4#样品(10×)。

3)试验结果

(1)退火状态的 5083 铝合金,一般应力腐蚀问题不明显。

(2)基体材料的寿命大于标准的 300min,在海水中不存在应力腐蚀倾向,从试样断裂部位位于试样的最窄处表明试样的断裂是机械性的,即试样在腐蚀溶解而全面减薄后,仍断于截面最小部位。而当存在应力腐蚀敏感性时,其断裂部位应是合金内部组织敏感的部位,而不一定是最窄处。

(3) 有应力腐蚀数据的两个焊接试样寿命大于 300min 的要求,断裂部位在交界区,表明其不存在应力腐蚀倾向。另两个焊接试样在刚浸入海水施加应力不足 $0.95\sigma_{0.2}$ 时即拉断,且断于有缺陷的焊缝,表明该试样存在焊接的质量问题。

2.3.7 5083 铝合金及其焊缝金相组织

分别对 1#、2#两个 5083 铝合金焊接试样和 3# 5083 铝合金基体试样进行焊接组织和基体组织分析。

1) 低倍组织

两个焊接试样低倍组织,在焊缝和热影响区上未发现裂纹、未焊透、未熔合和固体夹杂,有肉眼可见的细小的气孔,见图 2.36 和图 2.37。

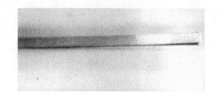

图 2.36　1#焊接试样的低倍组织(2.3×)　　图 2.37　2#焊接试样的低倍组织(2.3×)

2) 金相组织

(1) 1# 5083 铝合金焊接试样金相组织如下。

焊缝组织:在 α(Al) 基体上分布着化合物相的质点,其分布无方向性,见图 2.38(a)。

熔合线(局部熔化区):左侧为焊缝,右侧为热影响区,见图 2.38(b)。

热影响区组织(完全再结晶区):在 α(Al) 基体上分布着化合物相的质点,其颗粒比焊缝大,见图 2.38(c)。

近基体的热影响区(不完全再结晶区):化合物破碎后沿压延方向排列,在 α(Al) 基体上分布着大量的化合物相的质点,可看到明显的变形纤维状组织,见图 2.38(d)。

基体组织(非热影响区):化合物破碎后沿压延方向排列,在 α(Al) 基体上分布着大量的化合物相的质点,可看到明显的变形纤维状组织,见图 2.38(e)、图 2.38(f)。

(2) 2#5083 铝合金焊接试样金相组织如下。

焊缝组织:在 α(Al) 基体上分布着化合物的质点,其分布无方向性,见图 2.39(a)。

熔合线(局部熔化区):左边焊缝,右边热影响区,见图 2.39(b)。

热影响区组织(完全再结晶区):在 α(Al) 基体上分布着化合物相的质点,其颗粒比焊缝大,见图 2.39(c)。

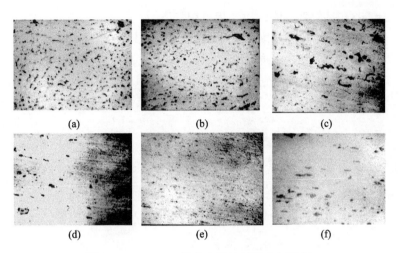

图 2.38　1# 5083 铝合金焊接试样金相组织

(a)焊缝组织(500×); (b)熔合线(500×); (c)热影响区组织(500×);
(d)热基区(500×); (e)基体组织(100×); (f)基体组织(500×)。

近基体的热影响区(不完全再结晶区):化合物破碎后沿压延方向排列,在 α(Al)基体上分布着大量的化合物相的质点,可看到明显的变形纤维状组织,见图 2.39(d)。

基体组织(非热影响区):化合物破碎后沿压延方向排列,在 α(Al)基体上分布着大量的化合物相的质点,可看到明显的变形纤维状组织,见图 2.39(e)、图 2.39(f)。

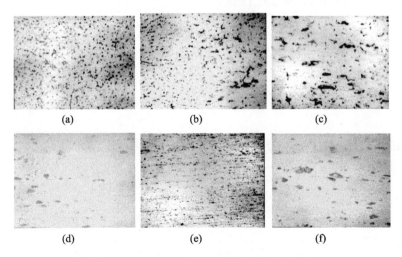

图 2.39　2# 5083 铝合金焊接试样金相组织

(a)焊缝组织(500×); (b)熔合线(500×); (c)热影响区组织(500×);
(d)热基区(500×); (e)基体组织(100×); (f)基体组织(500×)。

(3) 3#5083铝合金基体试样金相组织如下。

基体组织:化合物破碎后沿压延方向排列,在α(Al)基体上分布着大量的化合物相的质点,可看到明显的变形纤维状组织,见图2.40。

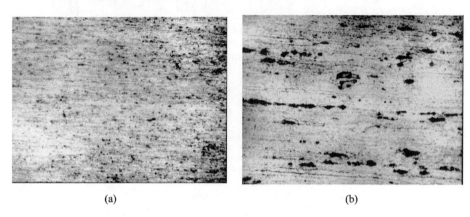

(a)　　　　　　　　　　　　(b)

图2.40　3#5083铝合金基体试样金相组织

(a)100×;(b)500×。

从焊接组织和基体组织的金相分析看,焊接组织和基体组织均正常。焊缝组织的化合物颗粒相对热影响区和基体细小、致密分布均匀,有利于耐腐蚀性提高。

2.3.8　钢-铝复合材料金相组织

1) 界面波形观察

界面波形呈准正弦波,宏观形貌见图2.41。波长 λ、波高 h 的测量结果见表2.14。

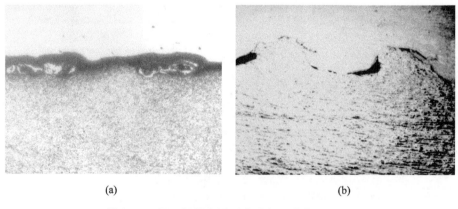

(a)　　　　　　　　　　　　(b)

图2.41　钢-铝复合界面波形宏观形貌(20×)

表 2.14　复合材料截面波形的波长 λ、波高 h　　　　　单位:mm

界面	参数	1	2	3	4	5	平均
钢－铝	λ	0.29	0.25	0.24	0.18	0.21	0.23
	h	0.04	0.05	0.04	0.05	0.04	0.04
	h/λ	1/7.3	1/5.0	1/6.0	1/3.6	1/5.3	1/5.8
铝－铝	λ	0.71	0.75	0.58	0.53	0.63	0.64
	h	0.15	0.18	0.15	0.16	0.17	0.16
	h/λ	1/4.7	1/4.2	1/3.9	1/3.3	1/3.7	1/4.0

2) 界面形貌观察

（1）裂纹观察。在钢－铝界面和铝－铝界面上均未发现裂纹。

（2）界面金属互熔现象。在钢－铝界面未发现互熔现象,铝－铝界面上有互熔现象。

（3）金属块飞入现象。在钢－铝界面和铝－铝界面上均未发现金属块飞入现象。

（4）漩涡区比较。铝－铝界面的漩涡比钢－铝的漩涡大,在漩涡上存在微裂纹、疏松和气孔。

（5）波峰和波谷金相组织。

钢的波峰组织:呈纤维状的铁素体珠光体,见图 2.42。

中间铝波峰组织(钢侧):在 α 铝上分布着点状化合物。

中间铝波峰组织(铝侧):在 α 铝上分布着点状化合物。

表层波峰组织:在 α 铝上分布着点状化合物。其化合物相比中间铝层大。

表层波谷组织:波谷有呈变形的纤维状组织。

从金相组织看,钢－铝复合材料的界面组织、波形、漩涡等都正常,达到了冶金结合要求。

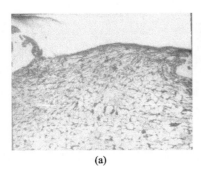
(a)

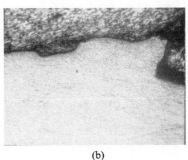
(b)

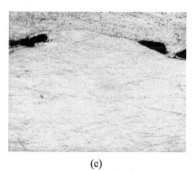
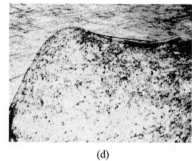

图 2.42 钢 - 铝复合接头波峰组织(100 ×)
(a)钢的波峰组织;(b)中间铝波峰组织(钢侧);(c)中间铝波峰组织(铝侧);(d)表层铝波峰组织。

2.3.9 分析与讨论

铝船由多种材料组成,5083 铝合金是主要结构材料。除主船体外,气垫船还采用 6061 铝合金为支架材料,LY11 铝合金螺旋桨、LY10 铆钉;由于需要与钢质结构进行连接,设计上还采用了钢 - 铝复合材料对钢结构、铝结构进行焊接;在实际服役的海洋环境中,需要增强结构材料的耐腐蚀性,对 5083 和 LY11 铝合金采用了微弧氧化处理来提高耐腐蚀性。采用海水自然腐蚀、盐雾腐蚀、电化学极化曲线研究、电化学成像、电偶腐蚀以及焊接材料应力腐蚀等试验方法,对以上材料在海洋环境中的腐蚀电化学性能进行了研究,得到以下结论:

(1) 海水全浸腐蚀试验确定材料稳定腐蚀电位由正到负依次为:LY10→LY11→LY11 包铝→LY11 微弧氧化→钢 - 铝复合材料→6061→5083 微弧氧化→5083。

5083 在海水中具有耐腐蚀性最好,6061 的耐腐蚀性相对较好,两者在海水中基本为均匀腐蚀;LY11 和 LY10 在海水中具有局部腐蚀。微弧氧化处理可明显提高铝合金在海水中的耐腐蚀性,特别是 LY11 合金,表面包铝有利于提高 LY11 耐海水腐蚀性。

钢 - 铝复合材料在海水中钢和铝部分均有轻微腐蚀,爆炸复合结合面沿铝合金一侧的腐蚀相对较明显,铝复合层受到电偶腐蚀。

(2) 5083 铝合金在全浸海水中电位变化较大,从初始的 -750mV 到稳定的 -950mV,中间有 200mV 的跨度。5083 铝合金作为船体材料并且采取牺牲阳极阴极保护设计时,其牺牲阳极材料如果在 -950 ~ -750mV,则有可能与船体电位发生逆转,起不到牺牲阳极作用。用于保护 5083 铝合金的牺牲阳极其保护电位应比 -950mV 更负,否则会发生电位逆转,阴极保护系统起不到保护作用。

(3) 盐雾加速腐蚀试验结果表明:5083 铝合金耐中性盐雾腐蚀,6061 铝合金在盐雾腐蚀环境中相对海水全浸腐蚀较明显,在海洋大气中也可以使用。LY10铆钉在盐雾环境中发生较显著的腐蚀,LY11铝合金在中性盐雾中全面和局部腐蚀严重,包铝的LY11耐腐蚀性有很大改善。微弧氧化后显著提高铝合金的耐盐雾腐蚀性能,LY11铝合金在海洋环境中使用必须进行包铝或微弧氧化等防护措施。

钢-铝复合材料在盐雾腐蚀环境中由于强烈的塑性变形和熔化组织存在不均匀性,铝作为复合材料中的阳极遭受加速腐蚀,爆炸结合面沿铝合金结合面的塑性变形区和结合面向内深入腐蚀,钢-铝复合材料在盐雾腐蚀环境中必须采取防护措施防止结合面和复层材料的腐蚀。

(4) 电化学极化曲线测量研究结果表明:

① 5083铝合金在海水中腐蚀的阴极过程主要受氧去极化控制,微弧氧化后5083铝合金的阴阳极极化率均增大,腐蚀电流降低约2个数量级,微弧氧化表面破损后基体相对氧化表面会呈微弱阳极性。

② 5083基体与焊缝、热影响区极化曲线对比表明三者的阳极极化行为相似,焊缝金属和热影响区相对基体呈弱阴极性,有利于焊接组织的耐腐蚀性和防止焊缝和母材间的电偶腐蚀。

③ 6061与5083铝合金及微弧氧化5083偶合时6061应作为阴极受到保护,有利于防止面积相对较小的支架材料的腐蚀。

④ LY10与5083及微弧氧化偶合时作为阴极受保护,作为铆钉使用时与5083结构材料构成小阴极大阳极,对结构防腐是合理的。

⑤ 微弧氧化使LY11的腐蚀电流降低约1个数量级,阳极的极限扩散电流降低3个数量级,微弧氧化处理对提高LY11铝合金的耐腐蚀性是显著和必要的。

(5) 电偶腐蚀表明5083(微弧氧化)与6061间5083作为电偶的阳极,稳定电偶电流较低,由于两者的腐蚀电位相近,电偶面积接近时会短时发生电偶极性的逆转。与LY10电偶腐蚀,铆钉作为阴极受到保护,LY10对5083的电偶腐蚀影响较明显。

(6) 5083(微弧氧化)铝合金进行了焊接制样,微弧氧化试样由于表面的高绝缘电阻,焊接前必须将氧化表面除去,否则无法进行焊接,焊接后的微弧氧化表面破坏处应进行防护处理以防止局部腐蚀。

(7) 5083及焊接材料应力腐蚀试验表明:退火状态的5083铝合金,一般没有应力腐蚀问题;基体材料的寿命大于标准的300min,在海水中不存在应力腐蚀倾向;有应力腐蚀数据的两个焊接试样寿命大于300min的要求,不存在应力腐蚀倾向。

（8）5083及其焊接组织金相分析表明：焊接组织和基体组织均正常，焊缝组织的化合物颗粒相对热影响区和基体细小、致密分布均匀，有利于焊接组织的耐腐蚀性提高。

（9）钢-铝复合材料的界面组织、波形、漩涡等都正常，达到了冶金的结合。5083焊缝、钢-铝复合材料的腐蚀不均匀性、表面缺陷以及局部腐蚀的倾向。

第 3 章

5083铝合金实海环境腐蚀行为

5083 铝合金是船体结构应用最广泛的材料。实船服役使用过程中,5083 主船体外表面在我国北海、东海、南海表现出不一样的腐蚀规律。本章通过 5083 铝合金材料在不同海域进行的实海暴露试验、实验室加速模拟试验,研究了不同海域海水中的腐蚀行为、海水环境变化对铝合金材料腐蚀的影响、不同电解液中 5083 铝合金表面腐蚀形貌和腐蚀规律。

3.1 实海暴露试验

3.1.1 全浸区实海暴露试验

1. 裸露铝合金试样

全浸区裸露铝合金试样随时间变化的形貌见图 3.1。

如图 3.1 所示,经过 1 年的实海暴露试验,宁德站全浸区裸露铝合金试样在第一次取样时,试样表面被大量的藤壶覆盖,并在藤壶生长的缝隙处出现较为严重的点蚀;而舟山站和青岛站并未发现藤壶覆盖,并且舟山站的试样表面出现了轻微的腐蚀情况;青岛站试样表面覆盖了一层薄薄的泥沙,并未发现腐蚀现象。在后续的取样过程中,可以发现宁德站试样的腐蚀发生了进一步的扩展;舟山站的试样在第一次取样后点蚀不再继续扩展,并且在试样表面出现了黏附性的泥沙,阻碍了腐蚀的进一步发生;青岛站试样由于表面泥沙膜的存在,一直未发现腐蚀情况。由现阶段试验结果可知,5083 铝合金在宁德站海水中的腐蚀是最为严重的,舟山站的腐蚀较轻,青岛站并未发现明显腐蚀。除此之外,宁德站海域中的藤壶等海生物的附着可引起裸露铝合金的缝隙腐蚀,从而进一步加剧铝合金的腐蚀。而青岛站与舟山站在裸露铝合金试样表面形成的黏附性泥沙层,会阻碍腐蚀的发生。三个站点不同时期裸露铝合金试样的最大点蚀深度数据及点蚀发展趋势如表 3.1 和图 3.2 所示。

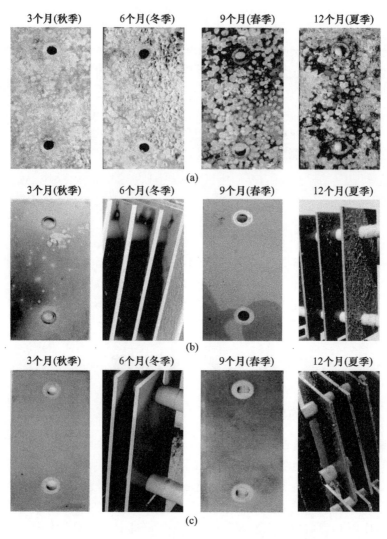

图 3.1 全浸区裸露铝合金试样随时间变化的形貌
(a) 宁德；(b) 舟山；(c) 青岛。

表 3.1 不同时期全浸区裸露铝合金试样的最大点蚀深度数据

站点	取样次数	最大点蚀深度/mm
宁德	1	0.125
	2	0.312
	3	0.634
	4	0.867

续表

站点	取样次数	最大点蚀深度/mm
舟山	1	0.057
	2	0.094
	3	0.183
	4	0.279
青岛	1	0.036
	2	0.062
	3	0.127
	4	0.235

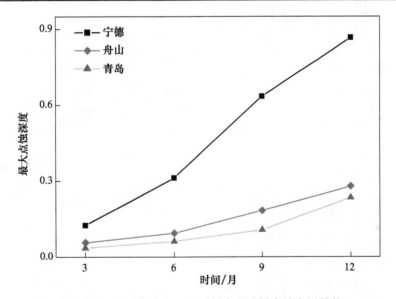

图 3.2 不同时期全浸区裸露铝合金试样点蚀发展趋势

2. 完好涂层试样

图 3.3 所示为三个站点全浸区的完好涂层试样经过 1 年实海暴露后的表面形貌差别。可以看出在第一次取样时，宁德站的样品上有藤壶的附着，并且对防污涂层造成了一定程度的破坏，而舟山站与青岛站的试样表面未发生明显变化。通过 1 年的试验可以得知，宁德站海域中的藤壶是导致全浸区涂层破坏的一个重要原因，藤壶在已失去防污作用的涂层表面的持续生长，会引发涂层应力的增加并导致涂层剥落，1 年后防污涂层已部分脱落而露出中间连接涂层。舟山站和青岛站海水中泥沙含量较高，在试样表面附着了一层黏附性的泥沙，清洗掉表面泥沙后并未发现全浸区涂层明显损坏迹象。

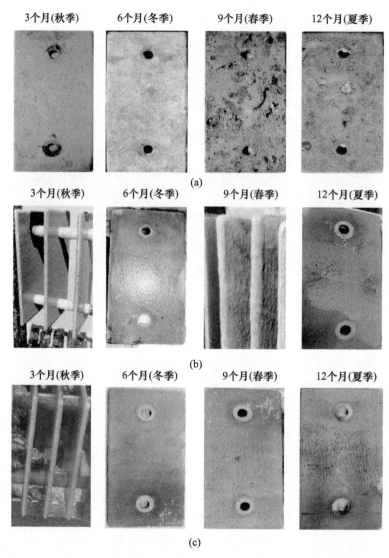

图 3.3 全浸区完好涂层试样随时间变化的形貌
(a)宁德;(b)舟山;(c)青岛。

3. 损伤涂层试样

由图 3.4 可以看出,划伤涂层试样在三个站点经历 1 年试验后的形貌变化。宁德站全浸区涂层损伤处极易生长藤壶,并且在夏、秋两季最为严重,从而可进一步加剧涂层破损并引发涂层下腐蚀。而舟山站和青岛站全浸区试样清洗掉表面泥沙后并未发现涂层破损处的基体出现腐蚀迹象。

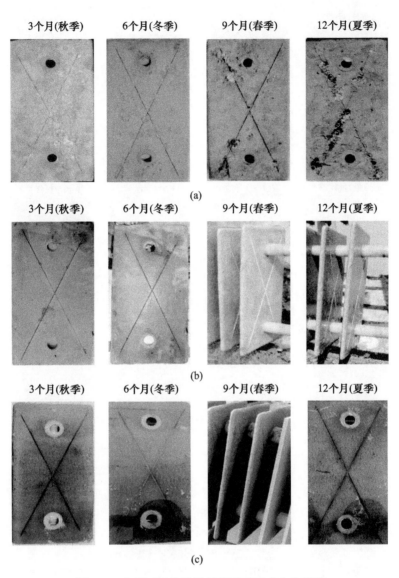

图 3.4　全浸区损伤涂层试样随时间变化的形貌
(a)宁德；(b)舟山；(c)青岛。

3.1.2　大气区实海暴露试验

图 3.5 所示为大气区裸露铝合金试样随时间变化的形貌,图 3.6 所示为大气区完好涂层试样随时间变化的形貌,图 3.7 所示为大气区损伤涂层试样随时间变化的形貌。

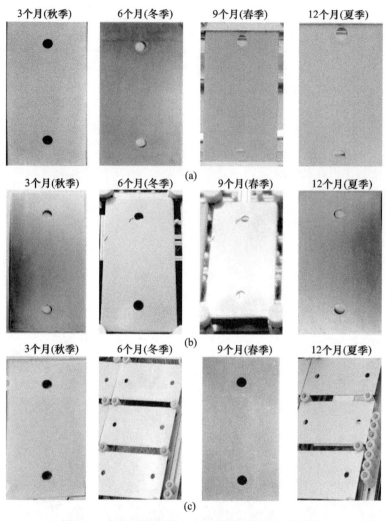

图 3.5　大气区裸露铝合金试样随时间变化的形貌
(a)宁德；(b)舟山；(c)青岛。

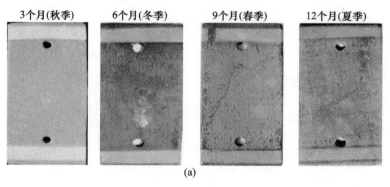

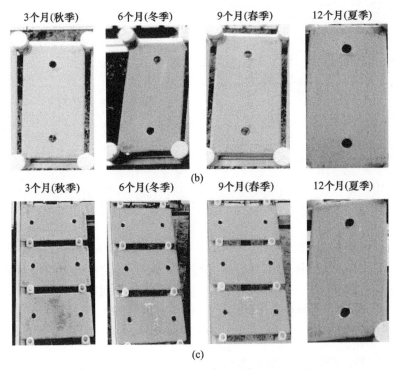

图 3.6 大气区完好涂层试样随时间变化的形貌
(a)宁德;(b)舟山;(c)青岛。

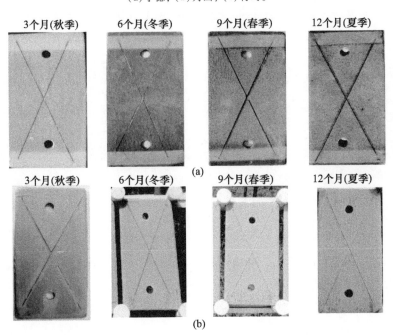

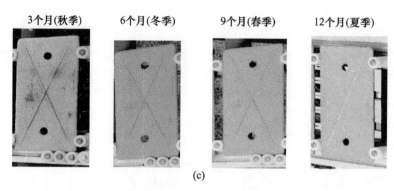

(c)

图 3.7 大气区损伤涂层试样随时间变化的形貌

(a)宁德；(b)舟山；(c)青岛。

由上述大气区三种试样的试验结果可知,经过 1 年的海洋大气暴露试验后,三个站点的裸露铝合金试样均未发现明显腐蚀发生;完好涂层试样和划伤涂层试样除了涂层颜色发生变化以外,并未发现明显的涂层破损情况。初步表明不同海域的海洋大气环境对于 5083 铝合金腐蚀影响并不显著,即海洋大气环境差异并不是导致宁德海域某船铝合金船体外板严重腐蚀的主要原因。

3.1.3　干湿交替实海暴露试验

图 3.8 所示为干湿交替区裸露铝合金试样随时间变化的形貌,图 3.9 所示为干湿交替区完好涂层试样随时间变化的形貌,图 3.10 所示为干湿交替区涂层损伤试样随时间变化的形貌。

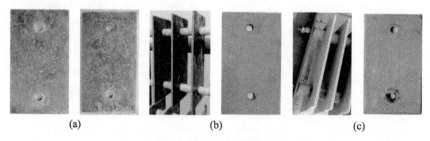

图 3.8　干湿交替区裸露铝合金试样随时间变化的形貌

（每个海区左为 6 个月,右为 12 个月形貌）

(a)宁德；(b)舟山；(c)青岛。

由干湿交替区三种样品腐蚀试验图看出,与全浸区三种试样腐蚀状况差异类似,宁德站裸露铝板试样经两个干湿交替循环后,表面已大面积长满藤壶并在藤壶缝隙处出现严重点蚀。第 1 个循环完好涂层试样在边角处也出现了涂层鼓泡和防

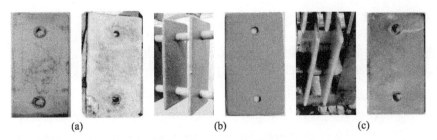

图 3.9　干湿交替区完好涂层试样随时间变化的形貌(每个海区左为 6 个月,右为 12 个月)
(a)宁德；(b)舟山；(c)青岛。

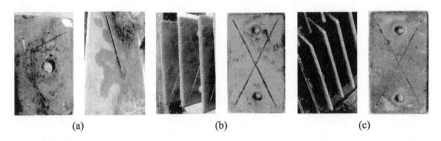

图 3.10　干湿交替区涂层损伤试样随时间变化的形貌(每个海区左为 6 个月,右为 12 个月)
(a)宁德；(b)舟山；(c)青岛。

污涂层剥落现象,第 2 个循环更为严重。损伤涂层试样在第 1 个循环后出现损伤处和边角处涂层鼓泡、剥落,第 2 个循环由于海草的生长加剧了涂层损伤处的涂层剥落,使 X 形划伤处涂层完全剥离铝合金基体。舟山站的裸露铝合金试样表面附着了一层泥沙和海藻,并未发现明显腐蚀；完好涂层未发生明显变化；划伤涂层试样在第 2 个循环后出现涂层鼓起现象。青岛站的裸露铝合金试样未发生明显腐蚀现象；完好涂层和划伤涂层试样未出现涂层破损现象。

3.1.4　涂层去除后基体腐蚀状况

宁德站、舟山站和青岛站涂层试样经 1 年实海暴露试验后,取出试样并去除涂层观察铝合金基体腐蚀状况,三个站点的三种完好涂层试样在涂层去除后均未发现基体发生腐蚀。而宁德站和舟山站的损伤涂层试样在全浸区和干湿交替环境下由于海水已沿涂层破损处逐步向涂层下扩散导致基体出现了腐蚀。其中,宁德站在 3 个月实海暴露试验后的涂层破损区域即出现了较大面积腐蚀,以后发展更为迅速；舟山站是在 6 个月后干湿交替循环后出现基体腐蚀,而青岛站目前仍未发现基体腐蚀,由此表明宁德和舟山海域海水对于 5083 铝合金的较强腐蚀性。

3.1.5 实海暴露3年形貌及分析

对于裸露铝合金试样,经过3年的试验,三个站点大气区的完好涂层和划伤涂层试验均未出现明显破坏,并且试样在涂层去除后均未发现基体发生腐蚀。而三个站点大气区的基体裸片均出现腐蚀点,宁德站的腐蚀程度高于舟山站和青岛站,并且青岛站的腐蚀程度最轻。在全浸区的试样中,宁德站的完好涂层试样由于藤壶的存在,导致了明显的涂层破损,但在去除涂层后并未发现基体的腐蚀现象;舟山站和青岛站的完好涂层并未发生明显的变化,且基体无腐蚀发生;三个站点的基体裸片均发生腐蚀,并且宁德站的腐蚀程度最为严重,青岛站的腐蚀最轻;三个站点的划伤涂层试验均出现了涂层与基体剥离的现象,并且宁德站最为严重,宁德站的划伤涂层试样的涂层与基体完全剥离,在取样过程中涂层已完全脱落,并且其基体腐蚀情况最为严重,舟山站和青岛站的划伤涂层试样在去除涂层后,也发现明显的腐蚀现象,其中青岛站的腐蚀程度略轻于舟山站;在干湿交替区中,涂层试样的结果与全浸区的结果类似,完好涂层下的基体并未发现腐蚀现象;基体裸片的腐蚀严重程度为:宁德最强,青岛最轻;三个站点的划伤涂层试样均出现涂层剥离现象,且基体腐蚀情况为:宁德最强,青岛最轻。由此可知:宁德和舟山海域的海水对于5083铝合金具有较强腐蚀性。基体裸片在三个站点全浸区浸泡3年后的最大点蚀深度统计数据如表3.2所列。

表3.2　5083铝合金裸露基体试样全浸区浸泡3年后最大点蚀深度

站点	最大点蚀深度/mm
宁德	1.475
舟山	0.479
青岛	0.364

3.1.6 试验结果

通过上述实海暴露试验结果可以得出:

(1) 5083铝合金在全浸区的腐蚀敏感性按照宁德、舟山、青岛海域依次降低,并且宁德站海水的腐蚀性要明显高于后两者。单一海洋大气环境差异并不是导致宁德海域某船铝合金船体外板严重腐蚀的主要原因。

(2) 铝船在台风季节防台上排和下水服役的干湿交替循环,使涂层处于应力交变状态,上排过程中的长期大气暴晒不仅会导致防污涂层失效,而且使整个涂层体系处于压应力状态。下水服役后涂层便处于拉应力状态,并且极易生长海生物,从而进一步加剧了涂层的应力交变,易于引发涂层鼓泡、起皮和脱落等失效现象。

（3）宁德海域海水中藤壶和海草等海生物生长茂盛，裸露铝合金和涂层损伤处表面更有利于海生物的生长，可进一步加剧涂层的内应力，并引起缝隙腐蚀，从而导致涂层快速失效和涂层下基体的点蚀。

3.2 实验室加速模拟腐蚀试验

以宁德、舟山、青岛三个试验站点各季度海水为腐蚀介质，在实验室开展了裸露铝合金、完好涂层和损伤涂层三种试样的周期浸润干湿交替加速模拟腐蚀试验，旨在研究无海生物附着条件下，单纯海水差异和干湿交替环境对5083铝合金腐蚀和涂层损伤状况的影响过程及机制。

3.2.1 裸露铝合金试样

对于裸露铝合金试样在宁德、舟山、青岛三个试验站点进行了多个季节的实验室加速模拟试验。秋季海水周期浸润试验结果见图3.11。

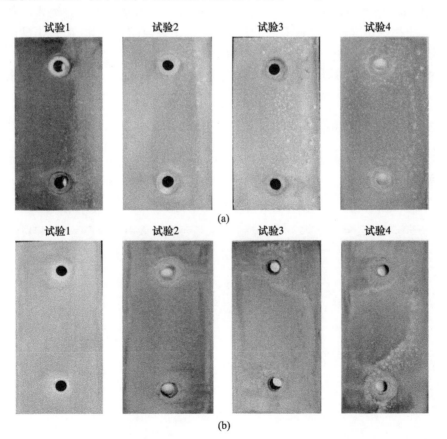

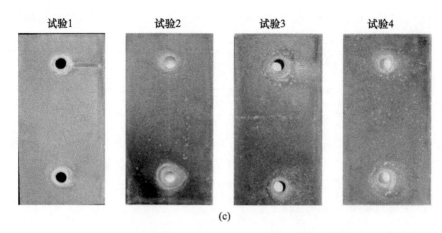

图3.11 在秋季海水中周期浸润条件下裸露铝合金试样形貌
(a)宁德；(b)舟山；(c)青岛。

从裸露铝合金周期浸润加速腐蚀试验的腐蚀形貌来看，与实海暴露试验一致，宁德站海水对于5083铝合金的腐蚀性明显要高于舟山站和青岛站海水。在四个季度中，宁德站试样在第一次取样(22.5d)时均出现密集点蚀坑，而舟山站和青岛站仅是零散分布点蚀坑。并且随着时间的延长，试样的点蚀坑逐渐扩展。另外，宁德站和舟山站秋、夏季海水的腐蚀性要高于冬、春两季，而青岛除了春季海水腐蚀性较弱以外，其余三季变化不明显。

3.2.2 完好涂层试样

对于完好涂层铝合金试样在宁德、舟山、青岛三个试验站点进行了多个季节的实验室加速模拟试验。冬季海水周期浸润试验结果见图3.12。

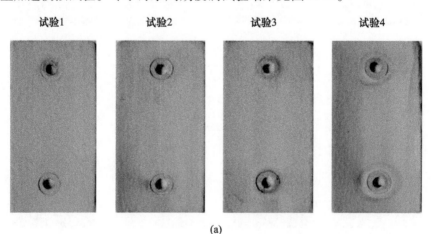

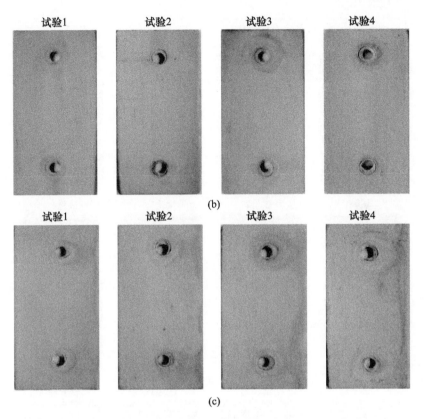

图 3.12 在冬季海水中周期浸润条件下完好涂层试样形貌
(a) 宁德；(b) 舟山；(c) 青岛。

经过为期 1 年的周期浸润加速模拟腐蚀试验后，三个站点的完好涂层均未出现涂层损坏现象，涂层去除后也未发现铝合金基体的点蚀，表明在上述周期浸润腐蚀环境的涂层完好情况下是不会发生铝合金基体点蚀的，与实海暴露试验结果一致。

3.2.3 涂层损伤试样

对于涂层损伤铝合金试样在宁德、舟山、青岛三个试验站点进行了多个季节的实验室加速模拟试验，夏季海水周期浸润试验结果见图 3.13。

上述损伤涂层试样的周期浸润加速模拟腐蚀试验结果表明，宁德站海水对于 5083 铝合金的强腐蚀性是导致损伤涂层在干湿交替环境下的失效速率加快的重要原因。由于涂层下基体腐蚀速率较快，腐蚀产物的积聚导致涂层与基体逐渐剥离直至完全脱离基体。而舟山站和青岛站上述状况要明显好于宁德站，青岛站的相比舟山站则更好，与实海暴露试验结果一致。

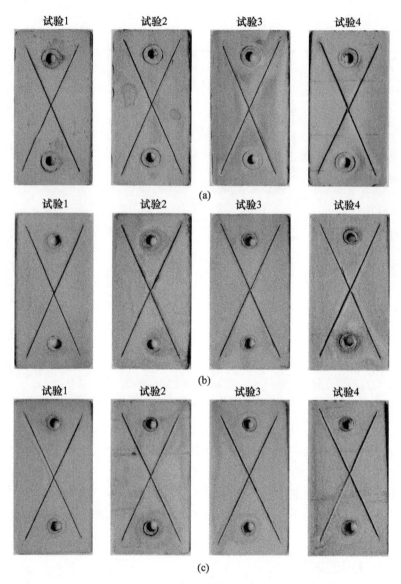

图 3.13 夏季海水周期浸润条件下损伤涂层试样形貌
(a)宁德；(b)舟山；(c)青岛。

3.2.4 干湿交替环境下铝合金点蚀发生发展过程

1. 裸露铝合金

表 3.3、表 3.4 和图 3.14 对在周期浸润加速模拟腐蚀试验过程中，三个站点秋、夏两季海水中裸露 5083 铝合金点蚀的发生发展趋势进行了对比。

表 3.3 5083 铝合金在秋季海水中的周期浸润加速模拟腐蚀试验点蚀数据统计

站点	取样次数	平均点蚀率/(万个/m²)	最大点蚀深度/mm
宁德	1	21	0.095
	2	27	0.271
	3	34	0.527
	4	46	0.818
舟山	1	20	0.027
	2	25	0.132
	3	31	0.184
	4	42	0.357
青岛	1	18	0.021
	2	23	0.053
	3	29	0.089
	4	34	0.178

表 3.4 5083 铝合金在夏季海水中的周期浸润加速模拟腐蚀试验点蚀数据统计

站点	取样次数	平均点蚀率/(万个/m²)	最大点蚀深度/mm
宁德	1	26.5	0.103
	2	31.9	0.314
	3	39.5	0.612
	4	47.5	0.895
舟山	1	21.7	0.032
	2	25.9	0.154
	3	36.9	0.203
	4	43.5	0.372
青岛	1	19.7	0.022
	2	24.0	0.058
	3	30.7	0.091
	4	34.3	0.187

图 3.14 所示为上述点蚀发展趋势图。可以看出，5083 铝合金在以宁德站海水为腐蚀介质的干湿交替环境下的点蚀发生发展速率最快。以平均点蚀率为考察对象时，三个站点差别并不显著，然而以最大点蚀深度为考察对象时，宁德站每个季度试样均要远高于其他两个站点，平均是舟山站的 2 倍以及青岛站的 3 倍。这表明，5083 铝合金在宁德站干湿交替环境下的点蚀发生速率与其他两个站点差别并

不显著,但之后的扩展速率却远高于另外两个,从而表明了其点蚀机制存在显著差异。

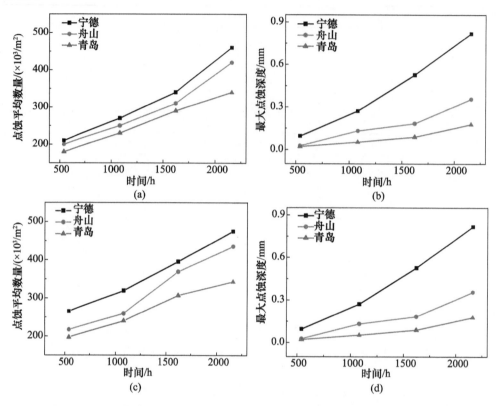

图 3.14 5083 铝合金在秋、夏两季海水周期浸润加速模拟腐蚀试验中点蚀发展
(a)秋季平均点蚀率;(b)秋季最大点蚀深度;(c)夏季平均点蚀率;(d)夏季最大点蚀深度。

2. 涂装试样

将以秋、夏两季不同站点海水为腐蚀介质所进行的周期浸润加速模拟腐蚀试验后的完好涂层及损伤涂层试样使用脱漆剂去除涂层后,观察涂层下 5083 铝合金基体点蚀发生发展状况,从试验结果可以看出,完好涂层经分别为 3 个月的秋、夏两季海水为腐蚀介质的干湿交替加速模拟腐蚀试验后均未出现涂层下的点蚀,表明完好涂层对基体具有良好的防护作用。对于划伤涂层试样,与实海暴露试验结论一致,宁德海水中的损伤涂层试样基体点蚀最为严重。在两季海水中,宁德站试样在第 1 次试验后就发生了涂层下的大面积点蚀,以后发展更为迅速;而舟山站是在第 2 次取样时才发现出现涂层下点蚀;青岛站 3 个月试验后均未出现损伤涂层下的点蚀,基本是在第三次取样时出现涂层下的点蚀。

由此可见,宁德站海水对于 5083 铝合金点蚀敏感性的增强,会进一步加剧涂层下的点蚀发生和扩展速率。

3.2.5 分析与讨论

综上所述,5083 铝合金及不同状况涂层试样在以宁德、舟山和青岛三个站点不同季节海水为腐蚀介质的干湿交替环境下的点蚀行为与实海暴露试验结果存在一致性,均表明:

(1) 5083 铝合金在宁德站海水中的点蚀发生发展速率最快,其中点蚀扩展速率宁德站是舟山站的约 2 倍,是青岛站的约 3 倍,其点蚀机制存在显著差别。

(2) 涂层完好时,在上述干湿交替环境下均不存在 5083 铝合金基体的腐蚀。

(3) 宁德站海水较快的点蚀扩展速率导致损伤涂层失效速率更快。

3.3　5083 铝合金在不同海域海水中的腐蚀行为

3.3.1　腐蚀电化学行为

以各站点不同季度海水为腐蚀介质,采用动电位极化、循环极化和电化学阻抗谱技术在实验室开展了一系列腐蚀电化学测试。

1. 动电位极化曲线

由图 3.15 和图 3.16 可以得出,动电位极化曲线描述的 5083 铝合金在不同站点、不同季度海水中的自腐蚀电位 E_{corr} 高低情况,其对比结果如下:

第 1 季度:宁德站最高,青岛站次之,舟山站最低。

第 2 季度:青岛站和舟山站基本相同,并且高于宁德站。

第 3 季度:舟山站和宁德站基本相同,并且低于青岛站。

第 4 季度:青岛站最高,舟山站次之,宁德站最低。

根据上述对比结果,5083 铝合金在第 2、3 和 4 季度的宁德站海水中的热力学稳定性较差,在青岛站海水中的热力学稳定性较强。由此可知,不同站点、不同季度海水中自腐蚀电位变化存在一定的规律性,但变化趋势并不显著。

动电位极化曲线描述的 5083 铝合金在不同站点、不同季度海水中的自腐蚀电位 I_{corr} 大小情况,其对比结果如下。

第 1 季度:舟山站最高,青岛站次之,宁德站最低。

第 2 季度:青岛站和舟山站基本相同,并且略高于舟山站。

第 3 季度:舟山站和宁德站基本相同,并且低于青岛站。

第 4 季度:青岛站最高,舟山站次之,宁德站最低。

根据对比结果,5083 铝合金在第 3、4 季度的青岛站海水中腐蚀动力较强,而宁德站全年海水的腐蚀动力较弱。然而,不同站点、不同季度海水中自腐蚀电流均在

10^{-6} A/cm² 这个数量级区间,差异并不显著。

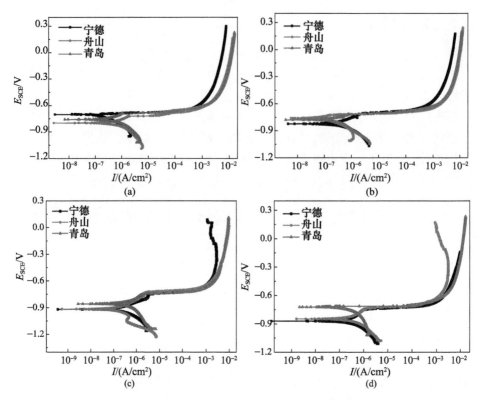

图 3.15 5083 铝合金在不同季度海水中的动电位极化曲线(见彩插)
(a)春季;(b)夏季;(c)秋季;(d)冬季。

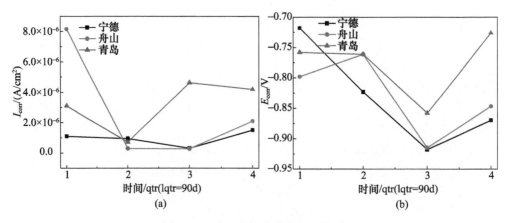

图 3.16 动电位极化曲线拟合结果
(a)腐蚀电流;(b)腐蚀电位。

综上所述,以动电位极化曲线描述的 5083 铝合金在不同站点、不同季度海水中腐蚀电化学规律不明显,未形成一致性。

2. 循环极化曲线

5083 铝合金在不同季度海水中的循环极化曲线如图 3.17 所示,可以得到在各站点不同季度海水中 5083 铝合金的保护电位 E_p、击破电位 E_b 和 $E_b - E_p$ 值,见图 3.18。$E > E_b$ 时,必然产生孔蚀,已有的蚀孔将继续扩展长大;$E_b > E > E_p$ 时,有孔蚀存在,不会形成新的蚀孔,但原有的蚀孔将继续扩展长大;$E < E_p$ 时,没有孔蚀,不会形成新的蚀孔,原有的蚀孔完全再钝化而不发展。$E_b - E_p$ 用来评价铝合金在不同站点不同季度海水中的耐点蚀性能,$E_b - E_p$ 值越大,耐点蚀性能越差。因此,可依据图 3.18 将三个站点不同季度海水对 5083 铝合金的腐蚀性强弱进行对比,其对比结果如下:

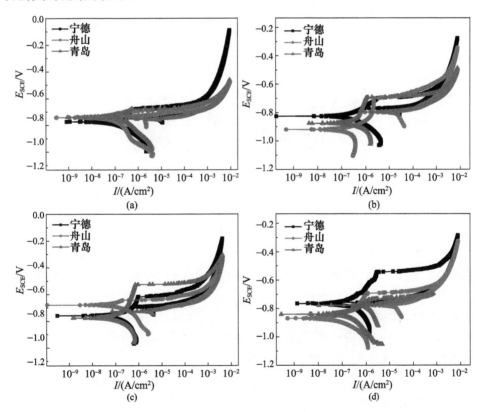

图 3.17 5083 铝合金在不同季度海水中的循环极化曲线(见彩插)
(a)春季;(b)夏季;(c)秋季;(d)冬季。

第 1 季度:宁德站最强,青岛站次之,舟山站最弱,但 $E_b - E_p$ 值相差不大。
第 2 季度:舟山站最强,青岛站次之,宁德站最弱。

第3季度：青岛站最强，宁德站次之，舟山站最弱。
第4季度：宁德站最强，舟山站次之，青岛站最弱。

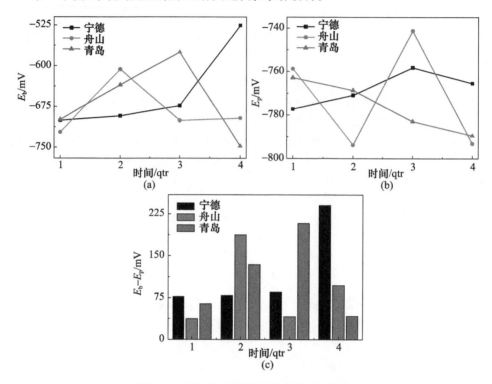

图3.18　循环极化曲线拟合结果（见彩插）

由此可知，第1、4季度宁德站海水对5083铝合金的腐蚀性最强，第2季度舟山站海水的腐蚀性最强，第3季度青岛站海水的腐蚀性最强。这一结果与动电位极化曲线类似，以循环极化曲线描述的5083铝合金在不同站点、不同季度海水中腐蚀电化学规律不明显，未形成一致性。

3. 电化学阻抗谱

对图3.19进行分析计算可以得出5083铝合金在不同站点、不同季度海水中的电荷转移电阻大小对比情况，如图3.20所示。

由图3.20可以得出，三个站点不同季度海水对5083铝合金腐蚀性强弱对比情况，其结果如下：

第1季度：宁德站最强，青岛站次之，舟山站最弱。
第2季度：宁德站最强，舟山站次之，青岛站最弱。
第3季度：宁德站最强，青岛站次之，舟山站最弱。
第4季度：青岛站最强，舟山站次之，宁德站最弱。

第3章 5083铝合金实海环境腐蚀行为

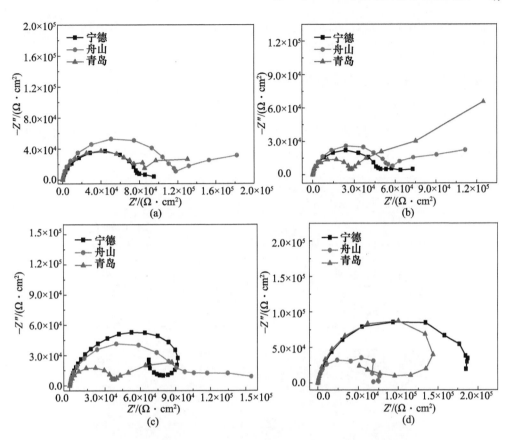

图3.19 5083铝合金在不同季度海水中的电化学阻抗谱
(a)春季；(b)夏季；(c)秋季；(d)冬季。

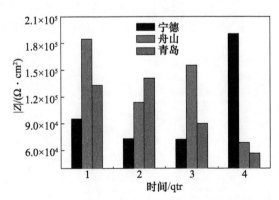

图3.20 5083铝合金在不同季度海水中的电荷转移电阻对比图(见彩插)

根据对比结果,第1、2、3季度的宁德站海水5083铝合金的腐蚀性最强。这一结果与前两者的测试结果类似,以电化学阻抗谱描述的5083铝合金在不同站点、不同季度海水中腐蚀电化学行为同样没有明显的规律可循。综合上述3种电化学测试结果发现,第2、3季度的宁德站海水存在对5083铝合金腐蚀性较强的现象。

3.3.2　5083铝合金腐蚀行为与其微观组织的作用关系

1. SEM和EDX分析

使用XL-30FEG扫描电子显微镜(PHILIPS)对在不同站点的秋季海水中浸泡一周后的5083铝合金试样进行SEM和EDS分析,结果如图3.21、图3.22所示。

图3.21　5083铝合金在秋季海水中浸泡一周后的SEM观察
(a),(b)宁德;(c),(d)舟山;(e),(f)青岛。

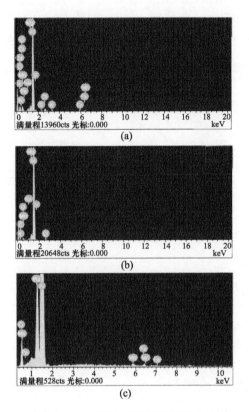

图 3.22 局部区域 EDS 面扫描分析
(a)宁德;(b)舟山;(c)青岛。

由图 3.21 所示的 SEM 形貌分析可以看出,在宁德站海水中,5083 铝合金在 Al_6MnFe 相或 Mg_2Si 相表面生成腐蚀产物覆盖膜,而舟山站和青岛站则无明显腐蚀产物覆盖。Yasakau 等人发现 Mg_2Si 相在 3% NaCl 溶液中电位比基体负。因此,在铝合金中 Mg_2Si 相一般作为阳极,优先发生阳极溶解。Mg 的活性较强,从而导致 Mg_2Si 中 Mg 优先选择性溶解。在腐蚀过程中随着 Mg 的溶解导致惰性的 Si 的富集,并且形成的氢氧化物($Mg(OH)_2$ 和 $SiO_2 \cdot nH_2O$)沉积在蚀坑周围作为扩散壁垒阻碍腐蚀的进一步形成。同时,Mg 溶解生成的 MgO 沉淀层覆盖在 Mg_2Si 相表面。MgO 能够稳定存在于碱性介质中,但是当 pH 值低于 8.5 时,MgO 溶解生成 Mg^{2+},并促使 Mg_2Si 相中 Mg 的再次溶解。在电化学反应过程中,随着 Mg 的不断溶解,Mg_2Si 相由阳极转变为阴极,局部的碱性环境会阻止 Mg_2Si 相中 Mg 的进一步溶解。Al_6MnFe 相本体电位比 α-Al 本体电位正,会充当阴极角色,加速基体腐蚀。由于宁德站试样的 Al_6MnFe 相上有难溶性腐蚀产物的覆盖,致使其与基体电位差增大,进一步加速基体的腐蚀。对不同站点试样表面腐蚀产物经 EDS 元素分析(见

图 3.22),可得元素含量如表 3.5 所列,可知一个最为显著的特点是宁德站腐蚀产物中 C 含量最高,舟山站和青岛站依次降低,初步判断该现象与碳酸盐膜的生成有关。

表 3.5 试样各元素含量

元素	含量					
	宁德		舟山		青岛	
	质量百分比/%	原子百分比/%	质量百分比/%	原子百分比/%	质量百分比/%	原子百分比/%
CK	35.42	50.04	18.42	31.31	9.82	19.29
NK	7.31	8.52				
OK	17.70	18.25	13.29	15.95	3.74	5.22
NaK	1.33	0.95	1.01	0.89		
MgK	1.83	1.24	3.55	2.99	4.35	4.23
AlK	31.04	18.99	50.81	45.01	80.95	70.79
SiK	0.89	0.52	1.40	1.02		
SK	0.25	0.13				
ClK	1.43	0.57	1.08	0.52		
KK	0.15	0.07	0.15	0.08		
CaK	0.12	0.05				
CrK	0.22	0.07				
MnK	0.44	0.13	0.28	0.10	0.71	0.31
FeK	0.85	0.25			0.42	0.18
总量	100%					

2. 原位跟踪金相观察

对在不同站点秋季海水中浸泡不同时期的 5083 铝合金试样进行原位跟踪金相观察,如图 3.23 和图 3.24 所示。

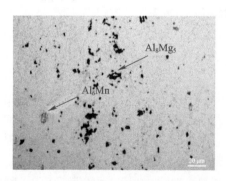

图 3.23 5083 铝合金腐蚀前原始金相照片

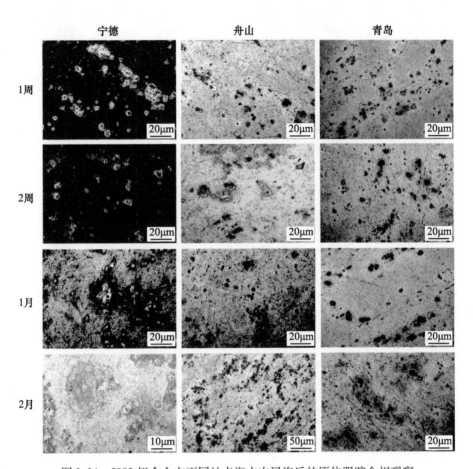

图 3.24　5083 铝合金在不同站点海水中浸泡后的原位跟踪金相观察

由 5083 铝合金在三站海水中浸泡的腐蚀图可以看出,宁德海域海水浸泡的试样表面生成一层腐蚀产物盐膜,该现象在试样浸泡 1 周后就非常显著。浸泡 1 月后试样表面及 Al_6MnFe 相已大部分被腐蚀产物覆盖,浸泡 2 月后基体已经发生大面积严重腐蚀,并且 Al_6MnFe 相周围腐蚀比较严重。相比而言,在试样浸泡两个月后,舟山站和青岛站试样表面并未形成大面积的腐蚀产物膜,并且其腐蚀程度远小于宁德站的试样。由此看出,5083 铝合金在宁德站海水中的腐蚀机制与舟山站和青岛站存在着很大差异。推测这种现象是由天然海水中的离子浓度差异造成的异常结果。

3. 腐蚀产物 XRD 分析

对经过 3 个月(秋季海水)周期浸润加速模拟腐蚀试验后的不同站点裸露铝合金试样刮取表面积聚盐,进行 XRD 物相分析,结果如图 3.25 所示。

由图 3.25 可以看出,5083 铝合金在宁德站海水中的腐蚀产物是以 $MgCO_3$、

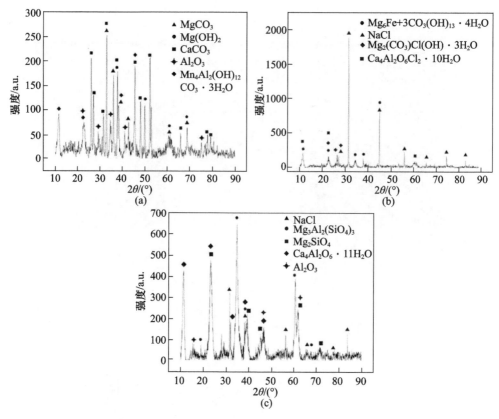

图 3.25 5083 铝合金在不同站点海水中的腐蚀产物 XRD 分析
(a)宁德;(b)舟山;(c)青岛。

$CaCO_3$、$Mg(OH)_2$ 为主的复盐,并无氯化物腐蚀产物,这表明该站海水可导致 Al_8Mg_5 相优先腐蚀并生成难溶性的碳酸盐和氢氧化物腐蚀产物覆盖其上。而舟山站试样腐蚀产物中碳酸盐和氢氧化物逐渐减少,易溶性的氯化物腐蚀产物开始出现,青岛站则无碳酸盐和氢氧化物出现,而是以 NaCl、硅酸盐和氧化物形式出现,表明 5083 铝合金在青岛站海水中不易发生点蚀。

3.3.3 腐蚀机理分析

综合上述分析,5083 铝合金在不同海域海水中的宏观腐蚀行为差异是由材料的微观组织的电化学腐蚀行为决定的,这是其在不同海域腐蚀规律差异的内在原因。

作为阳极相的 Al_8Mg_5 β 相在宁德和舟山海域海水中会优先腐蚀,并在表面生成一层难溶性碳酸盐和氢氧化物腐蚀产物盐膜,导致该相钝化且电位升高,当电位

高于 α-Al 本体相时,就会转变为阴极相。这时,Al_8Mg_5 β 相对于 α 相基体的牺牲阳极保护作用消失,由此导致基体点蚀扩展速率加快。上述腐蚀机制在宁德站海水中表现最为显著。

而 5083 铝合金在青岛站海水中的腐蚀行为,一方面,由于含有大量泥沙(硅酸盐和氧化物)覆盖,在基体表面形成疏松保护膜而延缓铝合金基体腐蚀;另一方面,青岛站海水中作为阳极相的 Al_8Mg_5 β 相在长时间内不会发生上述相间电位逆转现象,属于 5000 系铝合金在海水中的正常腐蚀行为。

这种微区电化学腐蚀机制的显著差异,正是导致我国东海海域 5083 铝合金艇体外板严重点蚀的直接原因。同时,该机制使通过宏观电化学方法判断铝合金点蚀发展速率成为误区。根据如图 3.26 所示的开路电位变化趋势可知,虽然在腐蚀电流相似情况下 5083 铝合金在宁德站海水中腐蚀电位最正,然而其耐腐蚀性却最差。这是由于 β 相的钝化使铝合金基体宏观电位变正,然而由于这种微区电位的逆转却导致了 α-Al 相点蚀敏感性的大幅提升,从总体而言仍对铝合金的点蚀起到了促进作用。

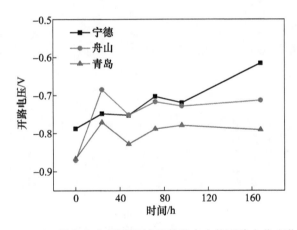

图 3.26　5083 铝合金在不同海域秋季海水中的开路电位变化趋势

通过上述腐蚀机制分析还可以得知,5083 铝合金在东海海域海水中的相间电位逆转与海水环境因素存在直接关系,该差异可能就是导致铝合金"海水电解质效应"的本质所在,也是导致 5083 铝合金在不同海域海水中腐蚀规律差异的外在原因。

3.4　海水环境因素变化对 5083 铝合金腐蚀的影响机制

如前所述,海水环境因素变化是导致东海海域尤其是宁德站海水中 5083 铝合金点蚀异常加速的外在原因。对不同海域、不同时期的海水进行了水质取样分析,对除海生物之外的 10 种海洋环境因素在不同时期的变化趋势进行了跟踪观察。

3.4.1 不同海域海水环境因素分析

对不同海域、不同时期海水的环境因素分析数据如图 3.27 和表 3.6 所示。

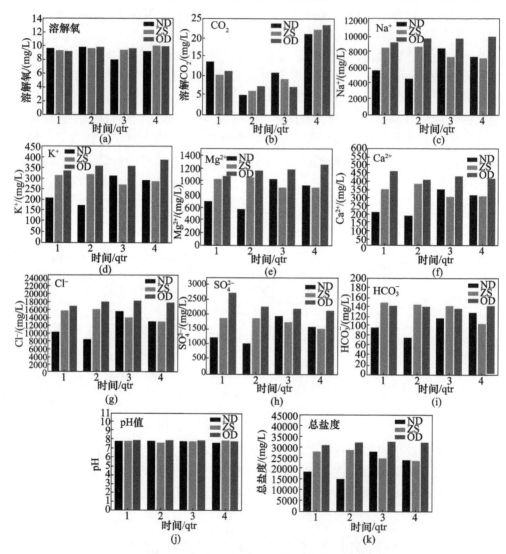

图 3.27　各海域海水环境因素变化趋势图(见彩插)
(a)溶解氧;(b)CO_2;(c)Na^+;(d)K^+;(e)Mg^{2+};(f)Ca^{2+};
(g)Cl^-;(h)SO_4^{2-};(i)HCO_3^-;(j)pH 值;(k)总盐度。

表 3.6 海水环境因素分析数据

		$Na^+/$ (mg/L)	$K^+/$ (mg/L)	$Mg^{2+}/$ (mg/L)	$Ca^{2+}/$ (mg/L)	$Cl^-/$ (mg/L)	$SO_4^{2-}/$ (mg/L)	$HCO_3^-/$ (mg/L)	$CO_3^{2-}/$ (mg/L)	溶解氧/ (mg/L)	$CO_2/$ (mg/L)
宁德	2月	3585.00	133.90	460.20	150.30	6369.26	766.48	70.52	0.00	9.01	6.10
	5月	4641.00	172.10	586.20	188.30	8431.13	1019.61	76.93	0.00	9.78	4.90
	7月	6595.00	244.50	835.70	295.10	12493.16	1466.96	102.57	0.00	8.71	6.10
	8月	8282.00	311.40	1042.00	349.80	15708.00	1952.00	118.92	0.00	8.09	10.80
	9月	7434.00	278.40	922.60	335.80	14307.00	1802.00	115.46	0.00	9.43	13.50
	10月	7322.00	290.00	947.10	314.70	13166.00	1587.00	129.54	0.00	9.18	20.97
	11月	6066.00	231.60	763.20	248.40	11393.00	1146.00	107.01	0.00	9.66	17.10
	12月	5633.00	208.40	693.70	207.70	10396.00	1242.00	98.56	0.00	9.61	13.60
舟山	1月	8332.00	311.70	1051.00	353.40	15875.64	1858.60	150.65	0.00	9.39	10.40
	4月	8534.00	316.90	1074.00	384.30	16437.96	1902.80	147.45	0.00	9.73	6.10
	7月	7286.00	270.10	918.00	310.40	14204.00	1731.00	144.24	0.00	9.50	9.20
	10月	7133.00	286.00	902.60	310.40	13165.00	1537.00	107.01	0.00	10.00	22.02
青岛	1月	9196.00	335.10	1115.00	467.00	17010.00	2710.00	144.24	0.00	9.19	11.30
	4月	9519.00	353.60	1189.00	410.40	18414.00	2263.82	141.04	0.00	9.80	7.30
	7月	9532.00	356.80	1194.00	431.20	18633.28	2196.79	137.83	0.00	9.63	7.30
	10月	9832.00	387.00	1272.00	417.90	18154.00	2128.00	140.80	0.00	9.92	23.24

通过对宁德、舟山、青岛海域海水环境因素变化的跟踪考察数据分析可知,在图 3.27 所示的 11 种海水环境因素中,三个站点海水的溶解氧浓度基本在 9~10mg/L 的范围内,只有宁德站的秋季海水的溶解氧浓度为 8~9mg/L;三个站点海水的 pH 值变化范围在 7.7~8.1,总体而言溶解氧浓度和 pH 值全年差别均不大。

对于 Cl^- 含量而言,只有在秋季,宁德站海水略高于同期的舟山站海水,其余三季都是均为最低,青岛站海水则为最高;对于 HCO_3^- 含量而言,只有在冬季,宁德站海水略高于同期的舟山站,其余三季均为最低,而舟山站与青岛站海水全年相差不大;对于 SO_4^{2-} 含量而言,宁德站只有秋、冬两季海水略高于同期的舟山站,其余两季均为最低,青岛站海水最高;对于溶解 CO_2 含量而言,宁德站海水在春、秋两季高于同期的舟山站和青岛站海水,而其余两季则是青岛站海水含量较高。

在另外除总盐度外的 4 种环境因素中,宁德站海水除秋、冬两季略高于舟山站外,其各含量普遍最低。而青岛站全年各因素含量则均最高。

纵观各站点海水的总盐度变化趋势可以看出,宁德站只有在秋季,海水的总盐度相对较高,其余三季均处于较低值。其中夏季最低,仅为1.5%左右。舟山站海水的总盐度高于宁德站而低于青岛站。宁德站和舟山站海水的一个共性是,全年内总盐度均不超过3%。青岛站海水的总盐度是三个站点中最高的,全年均在3%以上。

而前述5083铝合金在上述海域的腐蚀程度与环境因素的变化趋势恰恰相反,即盐度越低的海水中5083铝合金腐蚀反而越严重,这正是5系铝合金海水电解质效应的直接体现。

3.4.2 海水环境中典型阴离子对5083铝合金腐蚀性能影响

1. 主要影响因素分析

由以上研究结论可知,5083铝合金在上述三个海域海水中的腐蚀机制差异的主要内在原因是含镁第二相的腐蚀行为差异,其腐蚀产物分为两类:第一类是难溶性碳酸盐和氢氧化物,以东海海域的宁德和舟山为代表;第二类是易溶性的氯化物,以北海海域的青岛站为代表,其中舟山海域海水又带有两者的过渡性质。这说明,上述10种环境因素中对5083铝合金腐蚀影响权重因子最高的应当是Cl^-和HCO_3^-,其次是SO_4^{2-}。

为验证上述三种主要因素对5083铝合金腐蚀的影响机制,采用多因素分析法对该机制进行了初步探讨。试验过程中,设定pH值为7.9(三种海域海水pH值均值),温度为室温,以表3.6各因素变化范围为基准,配置8种各因素含量不同排列组合的腐蚀介质(如表3.7所列)。然后,测定5083铝合金在这8种腐蚀介质中的点蚀击破电位E_b变化趋势,如图3.28所示。

表3.7 腐蚀介质中各因素含量

	各因素含量/(mg/L)		
	Cl^-	HCO_3^-	SO_4^{2-}
1	5000	50	1000
2	5000	50	5000
3	5000	300	1000
4	5000	300	5000
5	30000	50	1000
6	30000	50	5000
7	30000	300	1000
8	30000	300	5000

图3.28表明,当Cl^-含量最高而另外两者含量最低时E_b值最正,反之最负,这充分证明Cl^-与HCO_3^-和SO_4^{2-}对于铝合金的活化/钝化存在竞争关系,Cl^-显然起

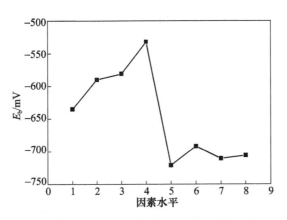

图 3.28 5083 铝合金在不同腐蚀介质中的点蚀击破电位变化趋势

到活化作用而另两者起到钝化作用,并且 HCO_3^- 含量变化对铝合金的钝化作用更为显著。

由此可见,5000 系铝合金的海水电解质效应正是由于 Cl^- 与 HCO_3^- 此消彼长的关系导致的。同时,对于铝合金中不同相的钝化作用也存在差异,即优先与含镁相反应而生成难溶碳酸盐,并且导致微区 pH 值降低而进一步引发 Ca^{2+} 等的沉积以及氢氧化物的生成。这时,随着海水中 HCO_3^- 含量的降低,Cl^- 对于 $\alpha - Al$ 基体的活化作用提升,从而引发铝合金基体点蚀的快速发展,这也正是东海海域 5083 铝合金严重点蚀的外在原因。

对此,我们取宁德、舟山、青岛三个海域一年中 4 个月份的实海海水进行离子浓度分析,分析结果如表 3.8 所列。

表 3.8 宁德、舟山、青岛海域海水环境因素 单位:mg/L

海域	离子类型	1	4	7	10
宁德	Cl^-	6369	8431	12493	13166
	HCO_3^-	70.52	76.93	102.57	129.54
	SO_4^{2-}	766.48	1019.61	1466.96	1587.00
舟山	Cl^-	15876	16438	14204	13165
	HCO_3^-	150.65	147.45	144.24	107.01
	SO_4^{2-}	1858.60	1902.80	1731.00	1537.00
青岛	Cl^-	17010	18414	18633	18154
	HCO_3^-	144.24	141.04	137.83	140.80
	SO_4^{2-}	2710.00	2263.82	2196.79	2128.00

依据实际测量值,将三种典型阴离子的浓度变化范围扩展为 Cl^-:5000~

20000mg/L、HCO_3^-:50~200mg/L,SO_4^{2-}:500~3000mg/L,并取浓度范围大小极值确定三种典型阴离子多因素交互作用析因分析试验取值。取分析纯 NaCl、$NaHCO_3$、Na_2SO_4 分别配制不同离子浓度的电解液进行腐蚀电化学测试(表3.9)。

表3.9 因子水平设计表

因素	最大浓度/(mg/L)	最小浓度/(mg/L)
Cl^-	20000	5000
HCO_3^-	200	50
SO_4^{2-}	3000	500

2. 动电位极化测试

为研究5083铝合金在三种典型阴离子交互作用下的腐蚀电化学特性,测试5083铝合金在8种不同浓度电解液中的动电位极化曲线,并拟合出自腐蚀电位 E_{corr}、自腐蚀电流 I_{corr} 以及击破电位 E_b,每种电解液做两次试验,极化曲线测试结果如图3.29所示,拟合结果如表3.10所列。极化曲线图的阳极支都呈现出一种活化－钝化－击穿的模式。

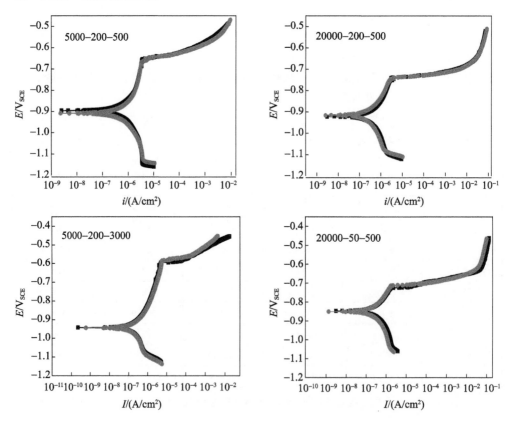

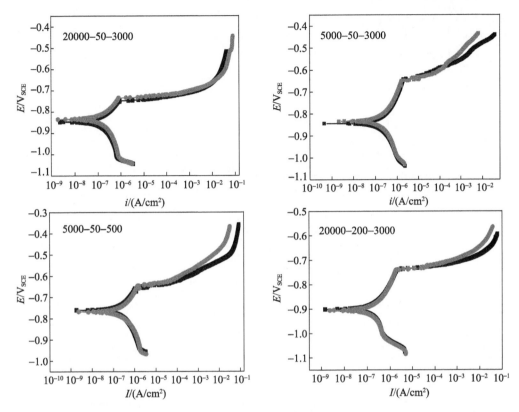

图 3.29 5083 铝合金在不同浓度 Cl^-、HCO_3^- - SO_4^{2-}（mg/L）条件下的极化曲线（见彩插）

表 3.10 动电位极化曲线拟合结果

Cl^-	HCO_3^-	SO_4^{2-}	E_{corr}/mV		I_{corr}（μA/cm²）		E_b/mV	
5000	50	500	-761	-769	0.728	0.887	-644	-646
5000	50	3000	-844	-834	0.575	0.604	-640	-648
5000	200	500	-896	-908	6.36	5.69	-655	-652
5000	200	3000	-942	-945	0.650	0.718	-595	-585
20000	50	500	-846	-851	2.61	3.29	-725	-714
20000	50	3000	-847	-835	0.635	0.605	-748	-735
20000	200	500	-922	-916	1.35	1.73	-738	-744
20000	200	3000	-902	-906	1.09	0.984	-740	-741

3. 因子效应分析

根据析因设计方法的因子效应分析过程计算得出因子 A、AB 以及 ABC 交互作用效应值。交互作用以 AB 为例，表示在 A 因子高、低浓度水平上的 B 浓度效应之差(等价于在 B 因子高、低浓度水平上的 A 浓度效应值之差)。本书中 A 表示 Cl^- 效应，B 表示 HCO_3^- 效应，C 表示 SO_4^{2-} 效应，其余表示对应因子两两交互或三因子交互作用效应，如表 3.11 所列。

表 3.11 各因子及其交互作用效应值

	A	B	C	AB	AC	BC	ABC
E_{corr}	−15.8	−93.8	23.3	27.0	34.5	10.0	−6.3
I_{corr}	−0.490	1.080	−2.098	−1.576	0.682	−0.824	1.738
E_b	−102.5	6.3	10.8	−16.5	−21.5	21.3	−16.5

根据显著性分析过程，计算得出因子效应方差结果如表 3.12、表 3.13 和表 3.14 所列。

表 3.12 腐蚀电位因子效应方差分析表

方差来源	平方和	自由度	均方	F	P
因子 A	992	1	992	29.51	<0.001
因子 B	35156	1	35156	1045.54	<0.001
因子 C	2162	1	2162	64.30	<0.001
交互作用 AB	2916	1	2916	86.72	<0.001
交互作用 AC	4761	1	4761	141.59	<0.001
交互作用 BC	400	1	400	11.90	<0.01
交互作用 ABC	156	1	156	4.65	<0.1
误差 E	269	8	33.625		
总和 T	46813	15			

表 3.13 腐蚀电流因子效应方差分析表

方差来源	平方和	自由度	均方	F	P
因子 A	0.959	1	0.959	13.97	<0.01
因子 B	4.663	1	4.663	67.92	<0.001
因子 C	17.606	1	17.606	256.42	<0.001
交互作用 AB	9.938	1	9.938	144.74	<0.001
交互作用 AC	1.858	1	1.858	27.06	<0.001
交互作用 BC	2.716	1	2.716	39.56	<0.001
交互作用 ABC	12.076	1	12.076	175.87	<0.001
误差 E	0.55	8	0.069		
总和 T	50.37	15			

表 3.14　击破电位因子效应方差分析表

方差来源	平方和	自由度	均方	F	P
因子 A	42025	1	42025	1334	<0.001
因子 B	156	1	156	4.96	<0.1
因子 C	462	1	462	14.67	<0.01
交互作用 AB	1089	1	1089	34.57	<0.001
交互作用 AC	1849	1	1849	58.70	<0.001
交互作用 BC	1806	1	1806	57.34	<0.001
交互作用 ABC	400	1	400	12.70	<0.01
误差 E	252	8	31.5		
总和 T	48040	15			

根据显著性分析过程，计算得出自腐蚀电位、自腐蚀电流和击破电位因子效应方差分析结果并引入 P 作为检验标准，$P\{F > F_\alpha [1, n^3(n-1)]\} = \alpha$，其中 α 为检验水平，为使数据区分具有明显显著性，取检验水平 $\alpha = 0.01$，经查询 F 检验表可知 $F_{0.01}(1,8) = 11.25$，当 $F > 11.25$、$P < 0.01$ 时表示因子效应影响显著，当 $F < 11.25$，$P > 0.01$ 时表示因子效应影响不显著。其中，因子效应图中正数表示该因子为正影响，即使自腐蚀电位和击破电位正移、自腐蚀电流增大，反之则为负影响。因子效应和显著性分析结果如图 3.30 ~ 图 3.32 所示。

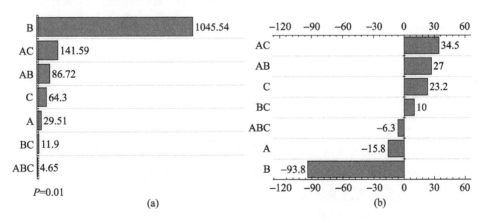

图 3.30　自腐蚀电位因子效应及显著性分析结果
(a)显著性结果；(b)因子效应值。

如图 3.30 所示，对自腐蚀电位影响最为显著的 5 种因子依次为：B(单一 HCO_3^-，负向)、AC(Cl^- 与 SO_4^{2-} 交互，正向)、AB(Cl^- 与 HCO_3^- 交互，正向)、C(单一 SO_4^{2-}，正向)、A(单一 Cl^-，负向)，其余因素及交互作用为不显著。当 Cl^- 和 SO_4^{2-}

维持在低浓度时,随着 HCO_3^- 浓度的增加,自腐蚀电位显著负移。当 Cl^- 与 HCO_3^- 交互作用时,自腐蚀电位正移。当 SO_4^{2-} 与 Cl^- 交互作用时,自腐蚀电位正移,表明 SO_4^{2-} 对于铝合金腐蚀具有一定抑制作用。

如图 3.31 所示,对自腐蚀电流影响最为显著的 6 种因子依次为:C(单一 SO_4^{2-},负向)、ABC(Cl^-、HCO_3^-、SO_4^{2-} 交互,正向)、AB(Cl^-、HCO_3^- 交互,负向)、B(单一 HCO_3^-,正向)、BC(HCO_3^-、SO_4^{2-} 交互,负向)、AC(Cl^- 与 SO_4^{2-} 交互,正向),其余因素及交互作用为不显著。在 Cl^- 与 HCO_3^- 都为低水平时,SO_4^{2-} 能显著降低自腐蚀电流密度,即减缓腐蚀速率,然而当三者交互作用时,自腐蚀电流将增大,SO_4^{2-} 对铝合金腐蚀抑制作用不再体现。Cl^-、HCO_3^- 交互作用时,可显著降低铝合金自腐蚀电流密度。当 Cl^- 和 SO_4^{2-} 维持在低浓度时,随着 HCO_3^- 浓度的增加,自腐蚀电流显著增大。

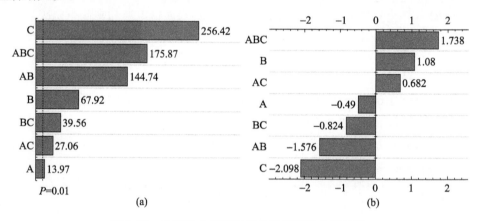

图 3.31 自腐蚀电流因子效应及显著性分析结果
(a)显著性结果;(b)因子效应值。

如图 3.32 所示,对击破电位影响最为显著的 4 种因子依次为:A(单一 Cl^-,负向)、AC(Cl^- 与 SO_4^{2-} 交互,负向)、BC(HCO_3^-、SO_4^{2-} 交互,正向)、AB(Cl^-、HCO_3^- 交互,负向),其余因素及其交互作用不显著。随着 Cl^- 浓度的升高,击破电位显著负移,钝化膜更易被击破使基体遭受点腐蚀。但是当有 HCO_3^- 或 SO_4^{2-} 存在时,反而会降低 5083 铝合金的点蚀敏感性。

5083 铝合金在 3% NaCl 中性溶液中的 E_{corr} 为 -800mV 左右,E_p 为 -720mV。与本书结果相比自腐蚀电位偏正,击破电位也偏正,与 Dexter 研究结果类似,HCO_3^- 的增加会导致自腐蚀电位负移。当 HCO_3^- 浓度高、Cl^- 浓度低时,自腐蚀电位显著负移,自腐蚀电流增大,但当 Cl^- 与 HCO_3^- 交互作用时,可使自腐蚀电位正移,自腐蚀电流减弱。由此可见,Cl^- 与 HCO_3^- 交互作用下铝合金的腐蚀机制尚需进一

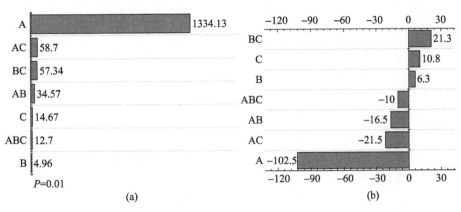

图 3.32 击破电位因子效应及显著性分析结果

(a)显著性结果;(b)因子效应值。

步研究。

4. 电化学阻抗谱

宁德海域海水盐度较低,其中 Cl^- 浓度在 $5000 \sim 15000 mg/L$,HCO_3^{-1} 浓度在 $50 \sim 180 mg/L$。因此,为进一步研究 Cl^- 与 HCO_3^- 交互作用下 5083 铝合金腐蚀的影响机制,尤其是 Cl^- 浓度较低时的影响机制,采用电化学阻抗谱测试 Cl^- 浓度分别在 $5000 mg/L$ 以及 $15000 mg/L$,HCO_3^- 浓度在 $50 \sim 180 mg/L$ 时铝合金的腐蚀行为。

图 3.33 所示是 5083 铝合金在不同电解质溶液条件下的电化学阻抗谱 Bode 图。Bode 图中明显存在两个时间常数,高频区时间常数意味着合金表面形成了一层氧化层,且相位角峰较宽,表明氧化膜耐腐蚀性能较好。低频区时间常数表明存在着局部腐蚀过程。

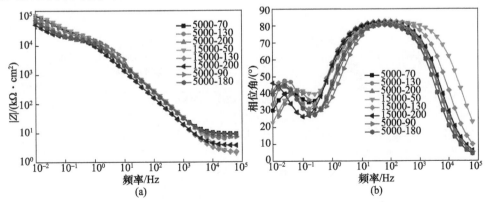

图 3.33 5083 铝合金在不同电解质条件下的 Bode 图,顺序为 $Cl^- - HCO_3^-$ (mg/L)

(a)频率-阻值图;(b)频率-相位角图。

Nyquist 图如图 3.34 所示,根据 Nyquist 图拟合的等效电路如图 3.35 所示,拟合结果见表 3.15。图 3.35 中 R_s 为溶液电阻,Q_f 和 Q_{dl} 分别表示考虑电极表面弥散效应后的氧化层电容以及双电层电容,R_f 表示氧化膜电阻,R_{ct} 表示电荷转移电阻。从表 3.15 中可以看出,Q_f 和 Q_{dl} 整体趋向于增加,可能是由于随着离子浓度增加,电极表面产生的腐蚀产物(即腐蚀面积)增多。Q_f 的增加意味着氧化层厚度减小,而 Q_{dl} 的增加意味着点蚀敏感性增加。氧化层电阻 R_f 与电流线分布有关。高频时电流主要从氧化层穿过,低频时电流难以从氧化层穿过,只能从氧化层破裂处穿过,因而改变了电流线的分布。通过对比得出 Cl^- 浓度对 R_f 影响不大。而 Cl^- 浓度不变时,R_f 随 HCO_3^- 浓度增加而减小,表明氧化膜电阻减小,点蚀敏感性增加。HCO_3^- 浓度不变时,Cl^- 在低浓度时的电荷转移电阻 R_{ct} 小于高浓度时的 R_{ct},表明 Cl^- 浓度低时腐蚀速率更快。而对比上文极化曲线测试结果,在存在 SO_4^{2-} 条件下 Cl^- 浓度为 20000mg/L 时击破电位比 Cl^- 浓度为 5000mg/L 时更负,可能是由于三种阴离子交互作用以及 Cl^- 浓度在超过 15000mg/L 以后对点蚀敏感性影响更大。因此,5083 铝合金在不存在 SO_4^{2-} 条件下的低盐度海水环境下更容易发生点腐蚀。总体来说各组分 R_{ct} 都大于 R_f,表明腐蚀的速度由电荷转移过程控制,腐蚀性离子可以较轻易地从氧化层的破损处穿过,与基体金属接触,然后发生氧化还原反应。

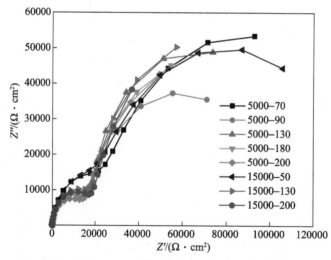

图 3.34　5083 铝合金在不同电解质条件下的 Nyquist 图,顺序为 $Cl^- - HCO_3^-$ (mg/L)

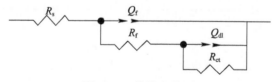

图 3.35　等效电路图

表 3.15　等效电路拟合结果

因素浓度(Cl^-－HCO_3^-)/(mg/L)	R_s/(Ω·cm²)	Q_f/(μF/cm²)	R_f/(kΩ/cm²)	Q_{dl}/(μF/cm²)	R_{ct}/(kΩ/cm²)
5000－50	4.873	9.15	32.94	64.36	104.48
5000－70	9.300	9.44	29.70	75.48	123.18
5000－90	7.184	9.35	20.17	104.34	80.72
5000－130	6.092	10.07	21.30	140.37	93.75
5000－180	8.728	10.60	18.80	157.46	105.21
5000－200	7.153	10.49	16.20	142.63	121.44
15000－50	1.683	9.08	29.38	51.46	111.14
15000－130	2.222	10.01	22.25	111.09	106.03
15000－200	3.705	10.25	20.68	166.10	138.94

图 3.36 所示为 Cl^- 浓度保持 5000mg/L 时,不同 HCO_3^- 浓度下的 R_{ct} 对比图。从图中可以看出,随 HCO_3^- 浓度增加,R_{ct} 呈现出增大→减小→再增大的趋势,在 90mg/L 浓度时达到最小值,此时 5083 铝合金耐腐蚀性能最差,后耐腐蚀性能随着 HCO_3^- 离子浓度升高而提升。可能是由于基体表面金属间化合物的存在,使得金属表面与 Cl^- 以及 HCO_3^- 作用下生成不同的氧化产物,氧化层的不均匀使得蚀坑增多,点蚀加剧。而随着 HCO_3^- 离子浓度的进一步增加,腐蚀产物增多,覆盖在蚀坑表面,使得点蚀发生概率减小。考察宁德海域四月到七月海水离子浓度,可以发现,Cl^- 浓度较低,HCO_3^- 浓度在 90mg/L 左右,而其他海域 Cl^- 以及 HCO_3^- 浓度均较高。因此,5083 铝合金在宁德海域海水环境下容易发生点腐蚀。

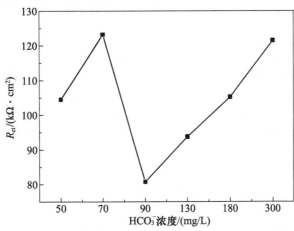

图 3.36　Cl^- 为 5000mg/L 时不同 HCO_3^- 浓度的 R_{ct} 对比图

3.4.3 分析与讨论

主要研究了5083铝合金在不同浓度Cl^-、HCO_3^-以及SO_4^{2-}交互作用下,尤其是Cl^-和HCO_3^-交互作用对5083铝合金电化学性能的影响。研究结果表明:

(1) 海水环境中的三种典型阴离子中,HCO_3^-浓度的增大会使5083铝合金自腐蚀电位负移,是5083铝合金电解质效应的最主要影响因素。同时,Cl^-浓度增大会使击破电位负移。SO_4^{2-}能降低自腐蚀电流密度,但当三种离子交互作用时,SO_4^{2-}抑制腐蚀的作用不明显。

(2) 模拟海水中缺少HCO_3^-会导致测出的5083铝合金自腐蚀电位偏正。HCO_3^-与Cl^-浓度效应对5083铝合金耐腐蚀性能的交互作用存在一定浓度影响范围。

(3) 在没有加入SO_4^{2-}条件下,Cl^-与HCO_3^-交互作用时,在Cl^-浓度一定的情况下,随着HCO_3^-浓度的增加,5083铝合金耐腐蚀性呈现出上升→下降→再上升的趋势,HCO_3^-浓度在90mg/L时耐腐蚀性能最佳;在HCO_3^-浓度一定的情况下,Cl^-浓度较低时5083铝合金耐腐蚀性比Cl^-浓度较高时变差,此即海水环境因素对铝镁系合金电解质效应的主要影响方式。

(4) 宁德海域海水Cl^-浓度较低,HCO_3^-浓度可达到90mg/L左右,由此使5083铝合金在该海域点蚀加速。

3.5 不同电解液中5083铝合金表面腐蚀形貌及成分

为提高铝合金的强度,通常通过一定的方式(如时效热处理)有意识地在合金中引入第二相(时效析出相),通过添加Mg元素而形成固溶强化以及加工硬化来提高Al-Mg合金的力学性能,同时,铝合金中不可避免地存在一些杂质,从而形成杂质相。这些第二相的存在,将对铝合金局部腐蚀行为产生重大影响。作为时效强化型铝合金,热处理机制将影响其点蚀、晶间腐蚀及剥蚀敏感性与形貌。纳米量级的析出相可以阻止位错及晶界的迁移,从而提高合金的再结晶温度,有效地阻止晶粒的长大,从而细化晶粒,并保证组织在热加工及热处理后保持未再结晶或部分再结晶状态,使强度提高的同时具有良好的抗应力腐蚀性能。复杂的第二相粒子在阳极氧化过程中引发明显的附加效应,这些金属间化合物影响氧化膜的结构以及抗腐蚀性能,而这些附加效应取决于第二相粒子的成分、形貌、尺寸以及体积分数。

因此,从材料与环境交互作用角度深入了解金属间化合物的微观腐蚀行为,有助于认识铝合金在特定海域海水环境中发生异常腐蚀的材料自身特性,且由上一章实验所得到的结果可以将实验范围进一步缩小，Cl^- 的浓度为 5000mg/L 及 15000mg/L 不变，可以将 HCO_3^- 浓度设定为 70mg/L、90mg/L、130mg/L，研究 Cl^- 与 HCO_3^- 交互作用对 5083 铝合金腐蚀行为的影响。

3.5.1 不同 Cl^- – HCO_3^- 浓度 5083 铝合金表面腐蚀形貌分析

图 3.37 所示为 5083 铝合金经 0.5% 氢氟酸蚀刻 15s 后的 SEM 照片。对图中 4 个具有代表性的金属间化合物进行能谱分析，结果见表 3.16。Al_3Mg_2 是脆性化合物，会严重降低合金的力学性能和耐腐蚀性能，通过热处理使 β 相完全溶入基体，以获得固溶强化效果。β 相(Al_3Mg_2)是 5083 铝合金的一种主要强化相，其在氢氟酸蚀刻时作为阳极而发生阳极溶解。张平等认为退火制度不同时，β 相在晶界的分布方式发生改变，将导致合金局部腐蚀(如剥蚀)敏感性发生变化。β 相主要引起晶间腐蚀和应力腐蚀敏感性增强。β 相经退火后倾向于在晶界处析出，经氢氟酸蚀刻后 β 相溶解留下孔洞，晶粒尺寸为亚微米级。经 EDS 成分分析图中尺寸在 5～30μm 的亮白色相为富铁相(Al – Mn – Fe 相)。铁是工业铝中最常见的杂质，铁在熔融铝中有极强的溶解性，因此铝合金中不可避免地会产生一些富铁杂质，并对合金的局部腐蚀产生显著影响。在铸造铝合金板材中，铁作为一种杂质与基体中的缺陷结合并使其扩张。富铁相颗粒的形成与形貌取决于铁元素含量、合金成分以及冷却速度。尺寸在 10～20μm 的黑色块状相为 Mg_2Si 相，Mg_2Si 相较软，在抛光过程中可能产生剥落、氧化以及成分改变。Yasakau 等人发现 Mg_2Si 相在 3% NaCl 溶液中电位比基体负。因此，在铝合金中 Mg_2Si 相一般作为阳极，优先发生阳极溶解。Mg 的活性较强，从而导致 Mg_2Si 中 Mg 优先选择性溶解。在腐蚀过程中随着 Mg 的溶解导致惰性的 Si 的富集，并且形成的氢氧化物($Mg(OH)_2$ 和 $SiO_2 \cdot nH_2O$)沉积在蚀坑周围作为扩散壁垒阻碍腐蚀的进一步形成。E. Linardi 等人发现 Mg 溶解生成的 MgO 沉淀层覆盖在 Mg_2Si 相表面。MgO 能够稳定存在于碱性介质中，但是当 pH 值低于 8.5 时，MgO 溶解生成 Mg^{2+} 离子，并促使 Mg_2Si 相中 Mg 的再次溶解。在电化学反应过程中，随着 Mg 的不断溶解，Mg_2Si 相由阳极转变为阴极，局部的碱性环境会阻止 Mg_2Si 相中 Mg 的进一步溶解。Si 会在逐渐增厚的氧化膜下富集，当积累到一定程度时 Si 与周围铝基体一起逐渐被氧化。因此气孔的生长在富硅颗粒处终止。Al 开始进行阳极氧化时产生的多孔的 Al_2O_3 堵塞了含 Si 粒子。当进一步进行阳极氧化时，合金与氧化膜界面逐渐减小，出现新生成的含 Si 颗粒。然而环绕在含 Si 粒子周围的 Al 基体溶解得更快，在单个粒子之间留下浅坑。随后含 Si 粒子周围的 Al_2O_3 迅速被阳极氧化膜中部分阳极氧化后的含 Si 颗粒蚕食。

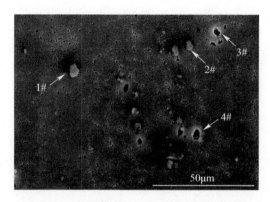

图 3.37 经 0.5% 氢氟酸蚀刻 15s 后的 5083 铝合金表面 SEM 图

表 3.16 能谱分析结果　　　　　　　　　　　　单位:%

元素	1#	2#	3#	4#
Al	77.24	80.78	83.78	87.66
Mg	2.55	1.12	6.51	4.85
Fe	10.44	9.93	—	—
Mn	9.77	8.17	—	—
Si	—	—	9.70	7.49

图 3.38 所示为 5083 铝合金在不同浓度 Cl^- – HCO_3^-(mg/L)电解液中浸泡 48h 后的 SEM 照片。从图中可以看出,在 Cl^- 浓度较低时[(图 3.38(a)~图 3.38(c)]比 Cl^- 浓度较高时[(图 3.38(d)~图 3.38(f)]合金相及相周围基体的腐蚀情况要严重。与前文电化学分析一致。Cl^- 浓度为 5000mg/L 时 HCO_3^- 浓度在 90mg/L 时腐蚀情况最严重,70mg/L 及 130mg/L 时次之,Cl^- 浓度为 15000mg/L 时不同 HCO_3^- 浓度之间腐蚀严重性差异较小。经电解液浸泡 48h 后的 5083 铝合金表面均出现一定程度的腐蚀情况,在阳极氧化过程中,合金表面形貌发生改变,大部分金属间化合物趋向于溶解,形成较完整的阳极氧化膜,其主要缺陷集中于金属间化合物溶解后形成的浅坑处,普遍认为点蚀优先发生于阳极氧化膜与基体之间的界面处。β 相溶解后形成的蚀坑直径较小,约为 1μm,远小于实际 5083 铝合金板所形成的肉眼可见的蚀孔(约 30~50μm),因此可以认为 β 相的溶解不是 5083 铝合金船体外板形成大面积严重点蚀的原因。环绕在富铁相周围的 Al 基体发生溶解,形成点蚀坑。点蚀坑尺寸在 15~35μm,与实际船体发生点蚀产生的蚀坑尺寸相近。图 3.38(b)所示富铁相周围 Al 基体溶解最为严重,可见 HCO_3^- 浓度为 90mg/L 时合金耐腐蚀性最差。而 Cl^- 浓度的高低对富铁相周围 Al 基体溶解没有较大影响。

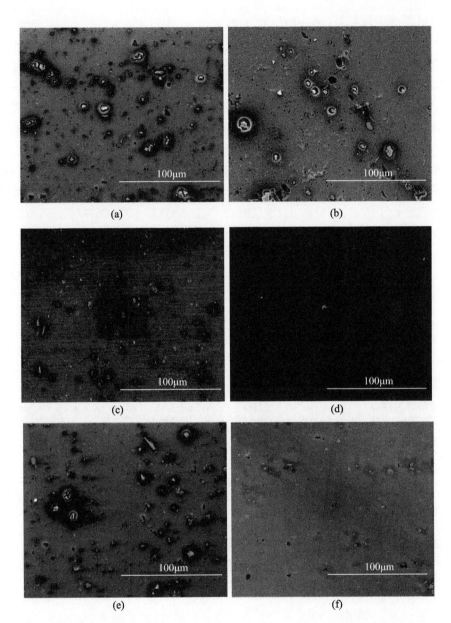

图 3.38　5083 铝合金在不同浓度 $Cl^- - HCO_3^-$（mg/L）条件下浸泡 48h 后的 SEM 图
(a)5000-70；(b)5000-90；(c)5000-130；(d)15000-70；(e)15000-90；(f)15000-130。

图 3.39 所示为 5083 铝合金在 5000mg/L Cl^- 及 90mg/L HCO_3^- 溶液中浸泡 48h（图 3.39(a)）及 240h（图 3.39(b)）的富铁相及富铁相部分剥落的 SEM 图。5083 铝合金经长期浸泡后(240h)，富铁相逐渐剥落形成直径约 13μm 的蚀孔，蚀孔内外

电解液流动性存在差异,蚀孔内电解液难以流动,形成相对闭塞的腐蚀环境,因而蚀孔内外氧浓度存在差异,形成氧浓差电池,蚀孔内部为缺氧区,阳极溶解速度增大,蚀孔外为富氧区,阳极溶解过程比较困难。O_2阴极还原产物为OH^-,这使得靠近金属表面溶液层的 pH 值升高。金属阳极溶解反应的直接产物是金属离子,这一方面使得靠近金属表面溶液层中金属离子的浓度升高;另一方面由于金属离子的水解,且溶液中存在 HCO_3^- 的水解,使溶液层的 pH 值降低。在阳极电流密度和阴极电流密度不平衡的情况下,缺氧的阳极区由于阳极电流密度远大于阴极电流密度而使得靠近它的溶液层从弱碱性溶液变为酸性溶液。蚀孔形成后,随着 pH 值降低还伴随着阴离子富集。蚀孔内的金属表面处于活跃态,电位较负;而蚀孔外的金属表面处于钝态,电位较正,于是孔内和孔外构成一个活态 - 钝态微电偶腐蚀电池,电池具有大阴极 - 小阳极的面积比结构,阳极电流密度很大,蚀孔加深很快。对于合金表面具体的成分变化,还需要对合金表面成分进行分析。

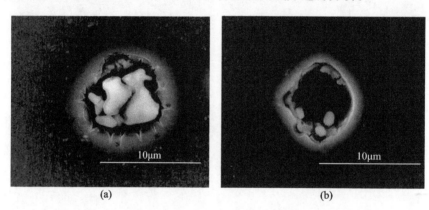

图 3.39 5083 铝合金在 5000mg/L Cl^- 及 90mg/L HCO_3^-
溶液中浸泡 48h(a) 及 240h(b) 的 SEM 图

3.5.2 不同电解液条件下 5083 铝合金表面腐蚀成分分析

下面对 5083 铝合金元素价态及含量进行分析。铝合金表面氧化膜的成分对腐蚀行为有重要的影响。X 射线光电子能谱(XPS)可以对材料表面化学相的元素进行定性和定量分析。图 3.40 所示是 5083 铝合金分别在 70mg/L、90mg/L、130mg/L HCO_3^-(Cl^- 浓度为 5000mg/L)浸泡 48h 以及未腐蚀的表面 XPS 概谱,将 70mg/L、90mg/L、130mg/L HCO_3^-(Cl^- 浓度为 5000mg/L)溶液分别定义为 1#、2#、3#溶液(下同)。从图中可以看出,由于样品存放和测试过程中不可避免地吸收空气中 CO_2 以至于出现 C 1s 谱峰,其他谱峰均为 5083 铝合金表面组成元素,没有杂峰出现。腐蚀及未腐蚀的 5083 铝合金样品表面所获得的 Mg2p 谱峰强度均较低。

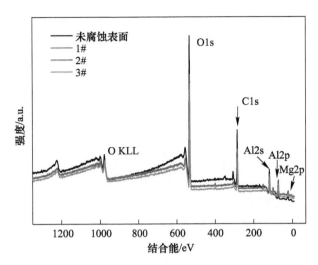

图 3.40 5083 铝合金在 1#、2#、3#电解液中浸泡 48h 以及未腐蚀的 XPS(见彩插)

表 3.17 所示是 5083 铝合金表面元素含量分析,从表中可以看出 HCO_3^- 浓度在 90mg/L 时 Al、Mg 元素含量有大幅度减小,同时 O 元素含量有较大幅度增加,表明基体发生较严重腐蚀,合金中 Al、Mg 发生溶解氧化,Mg 优先发生溶解,基体 Al 也发生一定程度溶解。图 3.41 所示是 5083 铝合金表面 O/Al 原子比随 HCO_3^- 浓度变化趋势图,HCO_3^- 浓度在 90mg/L 时,O/Al 比为 2.25,超过 Al_2O_3 中 O/Al 比的化学计量值(1.5)。这种 O/Al 比与 Al 的氧化物中含有大量 OH^- 一致,这种氧化物在室温下极易与任意水溶液发生反应。HCO_3^- 使得合金表面产生局部碱性环境,Al_2O_3 分子与 OH^- 离子团或与水分子结合生成 AlOOH,钝化膜发生活性溶解,腐蚀敏感性增强。而在 HCO_3^- 浓度低于 90mg/L 时 Al_2O_3 只能与少量 OH^- 离子团或与水分子结合,而在 HCO_3^- 浓度高于 90mg/L 时使得合金表面局部发生钝化,减缓腐蚀速率。

表 3.17 5083 铝合金分别在 1#、2#、3#电解液中浸泡 48h 以及未腐蚀的表面元素含量分析

试样	C/%	O/%	Al/%	Mg/%	C/Al 原子比	O/Al 原子比
未腐蚀表面	36.18	36.57	22.09	5.16	1.64	1.66
1#	33.15	39.34	22.09	5.13	1.50	1.78
2#	35.59	43.16	19.20	1.42	1.85	2.25
3#	32.86	41.55	21.20	4.05	1.55	1.96

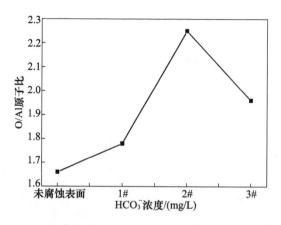

图 3.41　5083 铝合金表面 O/Al 原子比随 HCO_3^- 浓度变化趋势图

3.5.3　5083 铝合金高分辨 XPS 分析

图 3.42 所示是 5083 铝合金在 1#、2#、3#溶液中浸泡 48h 以及未腐蚀的 Al 元素高分辨电子能谱及其 Gaussian/Lorentzian 曲线拟合图谱。未腐蚀试样(图 3.42(a))存在金属 Al 和 Al_2O_3 两个轨道峰,其中 Al 峰位于 75.23eV, Al_2O_3 峰位于 73.04eV。经过电解质溶液腐蚀后 Al_2O_3 与 H_2O 结合生成 AlOOH,因而图谱中出现 AlOOH 峰(图 3.42(b)~图 3.42(d)), AlOOH 峰位于 73.8eV。三个轨道峰重叠在一起,根据各峰面积比估算出 Al∶Al_2O_3 = 1∶4.15(图 3.42(a)),Al∶Al_2O_3∶AlOOH = 1∶2.05∶1.44(图 3.42(b)),Al∶Al_2O_3∶AlOOH = 1∶2.12∶1.32(图 3.42(c)),Al∶Al_2O_3∶AlOOH = 1∶0.76∶0.66(图 3.42(d))。可见 HCO_3^- 浓度为 90mg/L 时 Al_2O_3 与 AlOOH 钝化层活化溶解,基体 Al 裸露出来,基体失去钝化层保护,使基体容易遭受电解质溶液腐蚀。HCO_3^- 浓度为 70mg/L 以及 130mg/L 时表面成分差别不大,还需进一步测试表征。

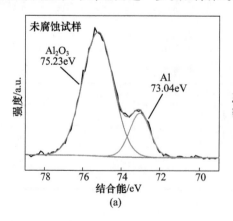
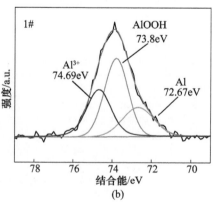

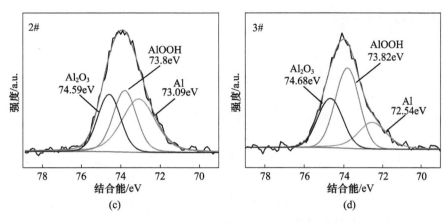

图 3.42　5083 铝合金在 1#、2#、3#电解液中浸泡 48h
以及未腐蚀的 Al 高分辨能谱图(见彩插)

图 3.43 所示是 5083 铝合金在 90mg/L HCO_3^- 以及 130mg/L HCO_3^-(5000mg/L Cl^-)溶液中浸泡 48h 的 O 元素高分辨电子能谱及其 Gaussian/Lorentzian 曲线拟合图谱。图 3.43(a)所示为 5083 铝合金在 90mg/L HCO_3^- 溶液中浸泡 48h 的 O1s 的高分辨电子能谱图;图 3.43(b)所示为 5083 铝合金在 130mg/L CO_3^- 溶液中浸泡 48h 后的 O1s 高分辨电子能谱图。根据各峰面积比估算出 OH^-：—OOH：O^{2-} = 1∶1.64∶3.47(图 3.43(a));OH^-：—OOH：O^{2-} = 1∶1.65∶4.35(图 3.43(b))。可见随着 HCO_3^- 浓度的升高,Al_2O_3 的相对含量增加,表明合金表面钝化层增多增厚,较完整的钝化层能够给基体提供更好的保护作用,此时 5083 铝合金腐蚀速率较慢,与前文所得结论相一致。

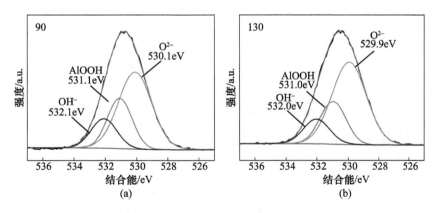

图 3.43　5083 铝合金在 90mg/L HCO_3^- 以及 130mg/L HCO_3^-(5000mg/L Cl^-)
溶液中浸泡 48h 的 O 元素高分辨能谱图(见彩插)

3.5.4 分析与讨论

(1) 5083 铝合金表面合金相主要有 β 相(Al_3Mg_2)、Mg_2Si 以及富铁相(Al-Mn-Fe)等相。β 相直径为亚微米级,主要沿晶界处分布,化学性质活泼,在腐蚀介质中会快速发生溶解,形成直径约 $1\mu m$ 的小蚀孔,孔径远小于实际 5083 铝合金板所形成的肉眼可见的蚀坑。β 相的溶解不是 5083 铝合金船体外板形成大面积严重点蚀的原因。Mg_2Si 相较为稳定,在 SEM 观察中没有发生明显变化。

(2) 富铁相在 5083 铝合金分布较为广泛,尺寸在 $5\sim30\mu m$,经电解液浸泡后富铁相周围基体发生溶解,当 HCO_3^- 浓度较低时,基体腐蚀情况比 HCO_3^- 浓度较高时严重。长期浸泡后富铁相会从基体脱落,脱落后形成的蚀坑尺寸与实际 5083 铝合金板所形成的肉眼可见的蚀坑尺寸接近。

(3) 未腐蚀的 5083 铝合金表面为 Al_2O_3 覆盖,经电解液侵蚀以后合金表面生成 AlOOH,当 HCO_3^- 浓度较低时,合金表面钝化膜发生活性溶解,导致基体裸露,腐蚀敏感性增强;当 HCO_3^- 浓度较高时,Al_2O_3 钝化膜增多增厚,腐蚀速率降低。

3.6 5083 铝合金表面微区腐蚀电位分析及腐蚀过程

通过前述工作可以得知 5083 铝合金在低盐度海水中点蚀敏感性更强,HCO_3^- 浓度为 90mg/L 时耐点蚀性最差。当电解液中存在 HCO_3^- 且 HCO_3^- 浓度较低时,富铁相周围 Al 基体溶解严重,而在 HCO_3^- 浓度进一步升高时,基体表面腐蚀速度放缓。然而合金相与基体的微观电化学信息尚不得知,5083 铝合金中存在不同的相和杂质,这些性质不同的杂质和第二相与基体接触,形成腐蚀微电偶,微电偶作用对 5083 铝合金的腐蚀行为有极大的影响。在电偶腐蚀中,影响电偶腐蚀最重要的因素是电位差,电位差越大腐蚀倾向越大。和宏观电偶腐蚀相同,铝合金中两种相的自腐蚀电位相差越大,其电位低的相作为阳极越容易被腐蚀,而电位高的相作为阴极易受到保护。所以,我们从合金表面微观电化学信息入手,结合上文实验结果,提出腐蚀发生的化学方程式及腐蚀过程的模型。

3.6.1 5083 铝合金表面微区腐蚀电位分析

图 3.44 所示为未腐蚀的 5083 铝合金 SKPFM 图,图 3.44(a) 所示为表面形貌图,图中亮白色块状相为 Al-Mn-Fe 相,长度约 $15\mu m$;图 3.44(b) 所示为表面电势图,图中 Ⅰ 区域及 Ⅱ 区域为富铁相电势,其线电势差如图 3.44(c) 及图 3.44(d)。各相与基体电势差可用如下公式表示。

$$\Delta V_x^y = V_x^y - V_m$$

式中：V_x^y 为富铁相电位；x 为 1～5#溶液，其中 4#、5#溶液分别表示青岛海域海水以及厦门海域海水，0 表示未腐蚀试样；y 为富铁相或 β 相电位，分别用 Fe 以及 β 表示；V_m 为基体相电位。

由图 3.44(c) 可知 Ⅰ 区域 $\Delta V_0^{Fe} = 324\text{mV}$，由图 3.44(d) 可知 Ⅱ 区域长度较小的 Al-Mn-Fe 相(约 2.5μm) $\Delta V_0^{Fe} = 761\text{mV}$。相与基体电位差与相的成分及大小有关。在冶金过程中杂质 Fe 倾向于发生团聚，因而 5083 铝合金中富铁相绝大多数尺寸较大，且分布较广。由于 Al-Mn-Fe 相比基体电位高，因此在腐蚀介质中 Al-Mn-Fe 相作为活性阴极中心，使得相周围的基体作为阳极发生阳极氧化。

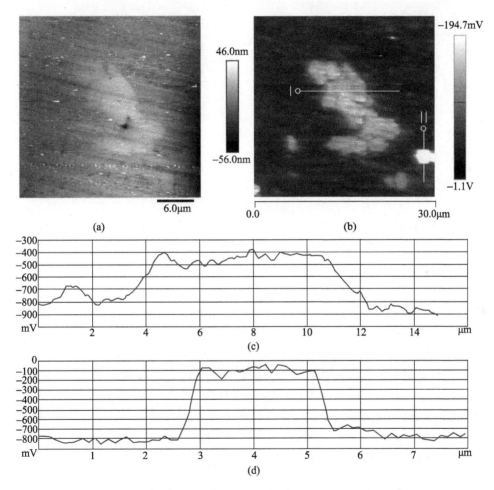

图 3.44　未腐蚀的 5083 铝合金 SKPFM 图
(a)形貌图；(b)电势图；(c)、(d)电势图中对应的线段 Ⅰ、线段 Ⅱ 的线电势图。

图 3.45 所示为 5083 铝合金在 1#溶液中浸泡 2h 后的 SKPFM 图，图 3.45(a)

所示为表面形貌图,图中亮白色块状相为 Al-Mn-Fe 相,长度约 12μm;图 3.45(b)所示为表面电势图,图中区域为富铁相电势,其线电势差如图 3.45(c)所示。由图 3.45(c)可知图 3.45(b)中 $\Delta V_0^{Fe} = 239mV$。相比于未腐蚀试样(ΔV_0^{Fe}),相与基体电位差有所下降,表明在电解液作用下基体及相间已经发生脱合金溶解,导致相间电位差下降,而富铁相电位仍比基体电位高,腐蚀微电偶仍存在,如果置于电解液中会发生进一步溶解腐蚀。

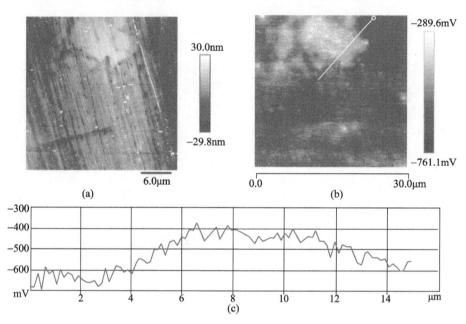

图 3.45 5083 铝合金在 1#溶液中浸泡 2h 后的 SKPFM 图
(a)形貌图;(b)电势图;(c)电势图中对应线段的线电势图。

图 3.46 所示为 5083 铝合金在 3#溶液中浸泡 2h 后的 SKPFM 图,图 3.46(a)所示为表面形貌图,图中亮白色块状相为 Al-Mn-Fe 相,长度约 9μm;图 3.46(b)所示为表面电势图,图中区域为富铁相电势,其线电势差如图 3.46(c)。由图 3.46(c)可知 $\Delta V_5^{Fe} = 319mV$。相较于青岛海域,厦门海域整体盐度较低,而 ΔV_5^{Fe} 远大于 ΔV_4^{Fe},表明 5083 铝合金在厦门海域的相间腐蚀驱动力较大,更易发生腐蚀。ΔV_2^{Fe} 与 ΔV_5^{Fe} 与较为接近,表明 Cl⁻ 浓度较低且 HCO_3^- 为 90mg/L 时最接近真实的厦门海域海水电解质条件,然而 ΔV_2^{Fe} 仍小于 ΔV_5^{Fe},在模拟海水中浸泡的试样电位差仍小于真实的厦门海域海水,表明 Cl⁻ 浓度较低且 HCO_3^- 为 90 mg/L 是使 5083 铝合金产生海水电解质效应的主要因素,但不是全部因素,真实海水成分复杂,还有其他因素对 5083 铝合金的腐蚀行为产生一定程度的影响。

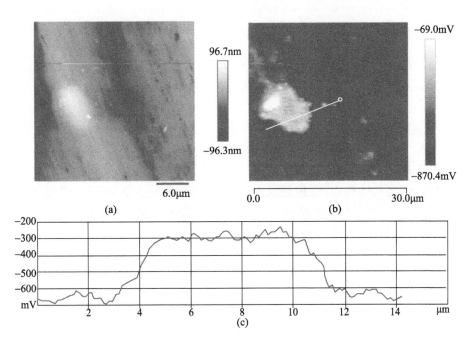

图 3.46　5083 铝合金在 3#溶液中浸泡 2h 后的 SKPFM 图
(a)形貌图；(b)电势图；(c)电势图中对应线段的线电势图。

表 3.18 列出了上述观测到的样品的富铁相与基体电位差数据。在通过对比发现，ΔV_1^{Fe}、ΔV_2^{Fe}、ΔV_3^{Fe}、ΔV_4^{Fe} 以及 ΔV_5^{Fe} 均小于 ΔV_0^{Fe}，表明合金经电解液浸泡以后基体及相间已经发生脱合金溶解，导致相间电位差下降，而富铁相电位仍比基体电位高，腐蚀微电偶仍存在，如果置于电解液中仍会进一步发生溶解腐蚀。结合上文 SEM 实验，在电解液中长期浸泡后富铁相周围 Al 基体不断溶解，同时富铁相可能发生剥落，最终形成点蚀坑。HCO_3^- 浓度较高(3#)时，Al – Mn – Fe 相与基体电位差较小；HCO_3^- 浓度较低(1#、2#)时，Al – Mn – Fe 相与基体电位差较大，尤其是 HCO_3^- 浓度在 90mg/L 时，Al – Mn – Fe 相与基体电位差最大，即腐蚀驱动力最大，与之前实验结果相符。ΔV_3^{Fe} 与同样 HCO_3^- 浓度较高的青岛海域的 ΔV_4^{Fe} 接近且电位差较小，表明 5083 铝合金在青岛海域点蚀速率较慢，主要是因为 HCO_3^- 浓度较高时富铁相与 Al 基体电位差较小，基体发生钝化。ΔV_2^{Fe} 与同样 HCO_3^- 浓度较低的厦门海域的 ΔV_5^{Fe} 接近且电位差较大，表明 5083 铝合金在厦门海域点蚀速率较快是因为 HCO_3^- 浓度较低时富铁相与 Al 基体电位差较大，其中 HCO_3^- 浓度在 90mg/L 时富铁相与基体电位差最大。

表 3.18　Al – Mn – Fe 相与基体电位差数据

试样	0	1#	2#	3#	4#	5#
ΔV_x^{Fe}/mV	324	239	286	65	143	319

3.6.2　5083铝合金表面微区腐蚀过程

据文献报道,5083铝合金中β相电位大约-900mV,低于基体电位,低电位的β相由于其对于基体电位很低,充当阳极,会快速发生腐蚀反应。这也表现在电化学实验中,将5083样品刚浸泡于溶液中其开路电位会产生剧烈波动,就是合金表面β相快速溶解造成的。通过上文研究得知影响5083铝合金海水电解质效应的主要影响因素为不同HCO_3^-浓度下富铁相与基体电位差存在差异,结合XPS实验,具体分析5083铝合金腐蚀过程的化学方程式及腐蚀过程。

β相电位比基体负,且电位差较大,因此作为阳极发生溶解,而β相中Mg的吉布斯自由能比Al低,Mg^{2+}迁移速率是Al^{3+}的2~3倍,因而Mg优先发生溶解,发生脱合金腐蚀。主要的阳极反应方程式为

$$Mg \longrightarrow Mg^{2+} + 2e^- \tag{3.1}$$

且在周围基体表面发生吸氧反应,反应方程式为

$$O_2 + 2H_2O + 4e^- \longrightarrow 4OH^- \tag{3.2}$$

由于溶液中同时存在HCO_3^-,而HCO_3^-同时存在水解及电离两种反应,其方程式为

$$HCO_3^- + H_2O \longrightarrow H_2CO_3 + OH^- \tag{3.3}$$

$$HCO_3^- \longrightarrow H^+ + CO_3^{2-} \tag{3.4}$$

HCO_3^-在水溶液中水解程度大于电离程度,腐蚀反应生成OH^-使得局部形成碱性环境,在氧化膜中未检测到Mg,表明Mg并未嵌入阳极氧化膜中而是穿过氧化膜直接进入电解液,与电解液中的HCO_3^-发生反应,反应方程式为

$$Mg^{2+} + HCO_3^- + OH^- \longrightarrow MgCO_3 + H_2O \tag{3.5}$$

而在HCO_3^-含量进一步增加时,这种效应被钝化效应掩盖,表现为腐蚀速率减慢。在单一Cl^-溶液中,腐蚀产物为$Mg(OH)_2$。而在实海暴露实验中腐蚀产物有$MgCO_3$的出现。模拟海水实验结果相较于单一Cl^-溶液更接近实海实验结果,HCO_3^-对5083铝合金的腐蚀性有重要影响,因此不能只在单一Cl^-溶液中进行铝镁系合金的耐海水腐蚀性能测试。

对于Al-Mn-Fe相来说,其电位比周围基体电位正,其作为阴极中心使得周围基体作为阳极发生阳极溶解反应,反应方程式为

$$Al \longrightarrow Al^{3+} + 3e^- \tag{3.6}$$

同时在富铁相表面发生吸氧反应,反应方程式为式(3.2)。

5083铝合金在不同电解液下的腐蚀过程如图3.47所示。在腐蚀介质中β相

电位相对较低，充当阳极，优先溶解，基体及电位更正的富铁相都会对 β 相的溶解起到加速作用。β 相自身尺寸较小，待溶解后形成微小的点蚀孔。HCO_3^- 浓度较高时，基体发生钝化，基体腐蚀速率较低；HCO_3^- 浓度较低时，富铁相电位相对于基体电位很高，作为阴极相，对周围基体的腐蚀起到加速的作用。吸氧反应产生的氢氧化物沉淀破坏了富铁相颗粒周围的钝化膜，导致阳极极化。富铁相周围基体发生腐蚀留下蚀坑，以及生成的腐蚀产物造成富铁相周围氧化膜扭曲。存在缺陷或是不完整的氧化层在腐蚀介质中更易发生腐蚀。然后富铁相剥落，形成点蚀坑。在海水中，当金属的腐蚀电位正移到比点蚀临界电位更正，可以使孔核发展为蚀孔。蚀孔内的金属表面处于活跃态，电位较负；而蚀孔外的金属表面处于钝态，电位较正，于是孔内和孔外构成一个活态－钝态微电偶腐蚀电池，电池具有大阴极－小阳极的面积比结构，阳极电流密度很大，蚀孔加深很快，阳极过程释放出来的电子与蚀孔周围和内部的 H^+ 或氧化剂相结合发生阴极反应。阴极反应生成的 OH^- 与阳极反应生成的 Al^{3+} 相遇，消耗 OH^- 生成铝的氢氧化物，使该处的 pH 值降低，呈酸性，使阳极溶解速度加快，加上介质重力的影响，孔蚀便向深处进一步发展；而铝合金的氢氧化物覆盖在孔口，孔内外物质交换更困难，使孔内酸度进一步增加，酸度的增加促使阳极溶解速度进一步加快，使蚀坑内的腐蚀不断进行。

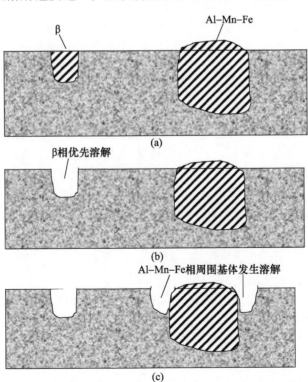

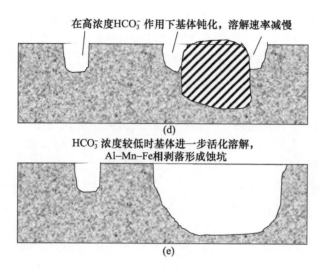

图 3.47 5083 铝合金在不同电解液条件下腐蚀过程示意图

3.6.3 分析与讨论

（1）5083 铝合金表面合金相与基体存在一定电位差，经电解液侵蚀以后基体及相间发生脱合金溶解，相间电位差下降。在腐蚀介质中 β 相电位相对较低，充当阳极，优先溶解。β 相自身尺寸较小，待溶解后形成微小的点蚀孔。β 相中 Mg 溶解后并未嵌入阳极氧化膜中而是穿过氧化膜直接进入电解液，与电解液中的 HCO_3^- 发生反应，生成 $MgCO_3$。这在单一 NaCl 溶液中是不会发生的。

（2）HCO_3^- 浓度较高时，Al-Mn-Fe 相与基体电位差较小；HCO_3^- 浓度较低时，Al-Mn-Fe 相与基体电位差较大。尤其是 HCO_3^- 浓度在 90mg/L 时，Al-Mn-Fe 相与基体电位差最大，Al-Mn-Fe 相电位较基体电位较高，腐蚀驱动力较大，基体具有较高的腐蚀敏感性。5083 铝合金在青岛海域点蚀速率较慢是因为青岛海域 HCO_3^- 浓度较高，富铁相与 Al 基体电位差较小，而 5083 铝合金在厦门海域点蚀速率较快是因为厦门海域 HCO_3^- 浓度较低，富铁相与 Al 基体电位差较大。

3.7 小 结

研究表明，东海海域铝船水线以下船体外板在东海海域的严重点蚀是由下述几方面原因引起的。

（1）服役过程中对于船体外板涂层的损坏。从使用方式而言，铝船在台风季节防台上排过程中对于涂层的磨损以及上排后对涂层的暴晒，首先使防污涂层迅速失效，另外，频繁上下排的使用方式导致涂层体系整体处于应力交变状态，加剧了涂层的破坏,从而使海水易通过涂层损伤处迅速到达船体基材(外板),引发铝合金船体腐蚀。

(2)东海海域特殊的水质环境是导致铝合金船体点蚀的主要原因。从使用环境而言,5083铝合金船体外板在东海海域海水中的严重点蚀其本质是由5000系铝合金的海水电解质效应引起的,内在原因是铝合金中的含镁β相在东海海域的低盐度海水中更易生成难溶性碳酸盐等腐蚀产物覆盖膜,使其由阳极相转变为阴极相,从而丧失对于α-Al基体的保护作用,使铝合金基体的点蚀敏感性提升。外在原因是低盐度海水中HCO_3^-含量本身就较低,加之生成难溶性碳酸盐的消耗,使Cl^-对于α-Al基体的活化作用极大增加,从而引发铝合金基体点蚀的迅速发生和扩展。

另外,东海海域溶解氧含量较高,海生物生长茂盛,尤其是藤壶和海藻在涂层损伤处的生长过快导致涂层应力增大而加剧涂层破坏甚至脱落。

(3)艇体外板牺牲阳极活性降低。由于东海海域海水电解质效应对于含镁铝合金腐蚀的加速作用,同样作为Al-Mg系合金的铝船牺牲阳极也应当出现由于难溶性腐蚀产物覆盖导致的活性丧失等类似问题。

通过上述原因总结,鉴于艇体材料以及服役环境的不可变更性,铝船船体外板腐蚀控制体系的改进措施应从下述几个方面入手。

(1)改变铝船上排拖曳操作工艺,采用保护措施手段来最大限度降低艇体外板涂层在施工过程中的损伤。

(2)通过改善涂层体系的抗损伤性能,以及采用可防止海水电解质效应的底漆涂层(如纯铝或含镁涂层),来提高涂层的综合防护性能。

(3)改进牺牲阳极材料,避免电解质效应对含镁牺牲阳极材料的负面影响。

第 4 章

有机涂层下铝合金材料腐蚀规律

有机涂层保护是海洋环境条件下铝合金装备最经济、最实用的防腐蚀方法。有机涂层作为装备必备的外保护层,不仅能给基体提供保护作用,同时还能提供装饰、标志和一些特殊的功能。但在海洋服役环境中,腐蚀性介质能够通过涂层渗透到金属表面,很多情况下涂层外表面并无明显变化,而涂层内部已经开始变质甚至涂层下方的金属已经发生腐蚀甚至穿孔,从而显著缩短铝质基材的使用寿命,掌握涂层下铝合金基材腐蚀规律就显得非常重要了。本章针对铝船的使用特点,利用电化学阻抗谱研究了几种典型的铝合金/涂层体系(聚氨酯涂层、丙烯酸船壳漆、氯化橡胶涂层)在模拟海水(3.5% NaCl 溶液)和海洋气候环境中涂层性能劣化过程的电化学特征,以及涂层劣化对铝合金基体表面腐蚀的影响,并结合扫描电镜和红外光谱分析了涂层的劣化机理;对十种防污涂料的耐腐蚀性、对铝合金基材的影响进行了论述。

4.1 涂层性能研究的分析测试方法

4.1.1 几种典型分析方法

1. 直流电化学法

检测涂层防护性能的直流电化学法主要有:电位 – 时间法、直流电阻法、极化曲线法和极化电阻法等。

1)电位 – 时间法

测定涂层/金属的腐蚀电位随时间的变化曲线,从而来评价涂层对基体的保护性能。一般情况下,涂装了涂层的金属有更高的腐蚀电位。影响涂层/金属的腐蚀电位的因素有很多,比如涂层的电阻、缓蚀剂的影响、腐蚀产物扩散缓慢而形成的浓度梯度等,所以在试验中要根据涂层/金属类型的不同做不同的分析,对试验的结果结合不同的方法综合分析。

2）直流电阻法

直流电阻法通过比较已知电阻和该电阻与涂层串联所造成的电位降,利用电路原理求出涂层的电阻值。涂层电阻的范围很宽,有的涂层的电阻可以达到 $10^6\Omega$,所以在测量电位的时候要使用高输入的阻抗电压表。已知电阻的电阻值应该和涂层的电阻值相接近,直流电阻法主要应用于涂层的阴极保护,该方法的优点是方便快捷,但是信息量很少,所以要了解涂层的失效行为还必须与其他方法联合使用。

3）极化曲线法

极化电位与极化电流或极化电流密度之间的关系曲线就是极化曲线。极化曲线法指的是塔菲尔(Tafel)直线外推法。对于活化控制的腐蚀体系,根据在 Tafel 理想极化曲线与实测极化曲线重合的关系,可以从实测极化曲线用外推法作图得到理想极化曲线。忽略浓度极化和电阻极化的影响,通常在极化电势偏离腐蚀电势约 50mV 以上,即外加电流较大时,在极化曲线上会出现服从 Tafel 方程式的直线段。极化曲线可用以测定金属的腐蚀速度;研究金属和合金的钝化行为,评定和筛选耐腐蚀合金;研究各种局部腐蚀;还可以考察发生腐蚀的原因,研究腐蚀机理,判断腐蚀过程控制环节,提出保护措施。此外,极化曲线对研究缓蚀剂作用机理,评定缓蚀效果以及选择电化学保护参数等都有重要作用。

极化曲线测量方法一般可分为两类:

(1) 控制电流法。以电流为自变量,遵循规定的电流变化程序,测定相应的电位随电流变化的函数关系。控制电流法的实质是,在每一个测量点及每一个瞬间,电极上流过的电流都被恒定在规定的数值,故又称恒电流法。由此法测定得到的极化曲线称为恒电流极化曲线。

(2) 控制电位法。以电位为自变量,遵循规定的电位变化程序,测定相应的电流随电位变化的函数关系。控制电位法的实质是,在每一个测量点和每一个瞬间,电位被恒定在规定的数值,故又称恒电位法。由此法测定得到的极化曲线称为恒电位极化曲线。

但是极化曲线法也有一定的局限性。首先,为了得到 Tafel 直线段需要将电极极化到强极化区,电极电势偏离自腐蚀电势较远,这时的阴极或阳极过程可能与自腐蚀电势下的有明显的不同。其次,由于极化到 Tafel 直线段,所需电流较大,容易引起电极表面状态、真实表面积和周围介质的显著变化。因此要求每一次实验使用一个新的样品,不利于比较性研究。

4）极化电阻法

观察自腐蚀电位附近的极化曲线线性区,分析自腐蚀电位附近极化曲线的斜率就是极化电阻技术。极化电阻技术的优点是可以定量并且快速测定涂层体系的全面腐蚀的瞬时腐蚀速率,很好地比较涂层的耐腐蚀性能。和动电位极化曲线技术相比,极化电阻技术有更明显的优势,体系相对稳定,并且测试结果最接近于自腐蚀状态,所以受到很多学者的青睐。

2. 电化学交流阻抗技术

电化学交流阻抗技术(EIS)是电化学暂态技术的一种,加一小振幅正弦波进行扰动,收集反馈信号,测定系统(介质/涂膜/金属)的阻抗谱或导纳谱,并利用等效电路模型模拟分析,进而获得系统内部的电化学信息。EIS方法能在不同频率范围内分别得到溶液电阻、涂层电阻、涂层电容、界面反应电阻、界面双电层电容等与涂层性能及涂层破坏过程有关的信息,能够实时反映涂膜性能的变化。

与传统的直流极化技术相比较,交流电化学阻抗谱具有以下的特点:扰动信号幅值小,且正负交替极化,对体系干扰小;只要频率不是过低,每半周延续的时间短,不致引起严重的浓度变化及表面变化;实验数据可以是多次测量的平均值,有较大的代表性;测量频率范围宽,可获得丰富的信息。阻抗谱可以提供电极表面及电极过程动力学的信息,已成为电化学腐蚀测试的重要手段。美国已经制定了EIS法评价涂层性能的ASTM标准。

但是,电化学交流阻抗法也有一些局限性,它不能给出涂层失效的确定位点,只能反映整个涂层表面的信息。涂层失效通常从局部的位点开始,因此通过电化学交流阻抗法得到的信息不能充分解释腐蚀发生的机制。但是如果把交流阻抗法和红外技术以及一些表面分析技术联合起来使用就可以相互补充。

3. 电化学噪声技术

电化学噪声技术(EN)是指电极电位或电流密度的随机波动现象,即在恒电位(或恒电流)控制下,电解池中通过金属电极/溶液界面的电流(或电极电位)自发波动,而不是来自于控制仪器的噪声或是其他的外来干扰。电化学噪声技术是以随机过程理论为基础,用统计学的方法来研究腐蚀过程中电极/溶液界面电位和电流波动规律性的一种新颖的电化学研究方法。电化学噪声与电极反应过程的各个动力学步骤的随机波动有关。钝化膜的破坏与修复会引起金属电极的电位和电流的波动,而钝性金属上点蚀的发生过程又与钝化膜的破坏与修复密切相关。电化学噪声的测量及其分析已经成为一种新颖的电化学研究方法。通过噪声分析,可以获得点蚀萌生和发展的信息,可以计算出点蚀电位和诱导期,并可用来评价点蚀缓蚀剂的性能等。但是电化学噪声方法所得的数据处理比较复杂。

4. 扫描开尔文探针

扫描开尔文探针技术可以在不接触所研究涂层样品情况下,对涂层样品进行无损检测。当样品表面发生微小变化时,样品表面的电位分布就会随之而改变,开尔文探针就是通过测量表面电势,对样品表面进行原位监测,并且可以研究涂层的剥离现象。当涂层有缺陷时,在涂层与基体的界面上会发生某些电化学反应,这主要是由于缺陷使离子和金属基体相接触,这些电化学反应会向缺陷的周围延伸。这时,缺陷及其周围的电势就会发生变化,利用扫描开尔文探针技术进行检测,可以得到涂层与金属基体界面的电化学变化。扫描开尔文探针技术具很高的灵敏度,在腐蚀发生的初始阶段,仍旧可以准确地检测到腐蚀的发生。用扫描开尔文探针技术研究有机涂层的失效过程应用十分广泛。

4.1.2 试验方法

1. 试样的制备

铝合金基体是尺寸为 45mm×45mm×2mm 的 5083 铝合金。首先将铝合金试样用 120#砂纸手工打磨,然后依次用乙醇和丙酮清洗试样表面,待铝合金试样干燥后,在其表面手工刷涂不同的涂层,在室温下充分固化,并在干燥器中放置 2 周后备用。三种涂料分别为上海海悦涂料有限公司的 SRF2088 海灰聚氨酯热反射船壳漆、上海卡博亚美隆涂料有限公司的 M626 丙烯酸船壳漆、宁波造漆厂的氯化橡胶漆。涂层厚度采用 TT230 数字型涂层测厚仪测量,三种涂层厚度分别为:聚氨酯涂层 90μm,丙烯酸涂层 55μm,氯化橡胶涂层 120μm。

2. 腐蚀试验

盐水浸泡试验在室温的 3.5% NaCl 溶液中进行,用以模拟海水腐蚀环境,将制备的涂层试样浸泡其中,其试样上端距液面至少 3cm。

紫外-盐水浸泡联合作用试验是将试样浸泡于 3.5% NaCl 溶液中的同时,并用功率为 1000W、波长为 365nm 的紫外光辐照涂层试样,用以模拟耐海洋气候大气环境。试样浸入 NaCl 溶液中使其上端在液面下至少 1cm,紫外灯位于溶液上方,涂层试样与紫外灯之间距离为 50cm。试验过程中,溶液温度保持在 55℃左右,随时取出试样进行观察和分析。

3. 性能测试

电化学阻抗谱测试(EIS)采用美国普林斯顿公司的 Parstat 2273 电化学测试系统,在开路电位下进行,频率范围为 $10^{-2} \sim 10^5$ Hz,正弦信号幅值为 10mV。EIS 测试在室温下进行,采用传统的三电极体系,参比电极为饱和甘汞电极,辅助电极为铂电极,工作电极为经过不同时间的浸泡或紫外浸泡联合作用实验后的铝合金/涂层试样,工作面积约为 10.17cm^2。EIS 测试介质为 3.5%(质量分数)的 NaCl 溶液。

用配备 KEVEX Sigma 能谱仪的 LEO-1450(或 Hitachl S-4700)扫描电子显微镜(SEM)观察试验前后涂层和基体表面形貌,分析腐蚀产物成分。

采用 Nicolet 的 Nexus670 傅里叶变换红外光谱仪(FT-IR)研究涂层在老化过程中结构及组成变化。采用 KBr 压片法,将涂层磨成粉末,并与 KBr(按 1:50 重量比)混匀并压片,进行红外分析。

4. 数据处理

电化学阻抗谱数据采用 ZSimpWin 软件,结合等效电路进行分析处理,获得相关的表征涂层性能与涂层下金属腐蚀的相关电化学参数。图 4.1 所示为铝合金/涂层体系在不同浸泡阶段的等效电路示意图。

涂层孔隙率根据如下公式计算获得:

$$P = \frac{R_{pt}}{R_p} \quad (4.1)$$

式中:P 为涂层孔隙率;R_p 为实测涂层孔隙电阻;R_{pt} 为孔隙率无限大的涂层的理论电阻,根据 $R_{pt} = d/Ak$ 计算获得,其中 d 为涂层厚度,A 为涂层试样工作面积,k 为电解质电导率,25℃时 3.5% NaCl 溶液电导率为 0.01S/m。

有机涂层吸水体积百分率根据如下公式计算获得:

$$X_v \times 100 = \frac{\lg\left(\dfrac{C_c(t)}{C_c(0)}\right)}{\lg 80} \quad (4.2)$$

式中:X_v 为有机涂层吸水体积百分率;$C_c(0)$ 为初始浸泡时涂层电容;$C_c(t)$ 为浸泡时间为 t 时的涂层电容。

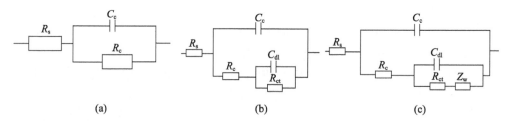

图 4.1 铝合金/涂层体系在不同浸泡阶段的等效电路示意图(其中:R_s 为溶液电阻,R_c 为涂层电阻,C_c 为涂层电容,R_{ct} 为铝合金表面的电化学反应电阻,C_{dl} 为双电层电容,Z_w 为 Warburg 阻抗)
(a)浸泡初期;(b)浸泡中期;(c)浸泡中后期。

4.2 铝合金在典型防腐蚀涂层体系保护下的腐蚀失效行为

4.2.1 铝合金/聚氨酯涂层体系在 3.5% NaCl 溶液浸泡作用下的腐蚀失效行为

1. 电化学阻抗谱测试结果与分析

图 4.2 所示为铝合金/聚氨酯涂层试样在 0.01Hz 下阻抗模值($|Z|_{0.01Hz}$)随着浸泡实验时间延长的变化曲线。由图 4.2 可以看出,随着浸泡时间延长,$|Z|_{0.01Hz}$

呈现先快速下降后趋于稳定的变化特征。从浸泡实验开始直至1032h，$|Z|_{0.01Hz}$迅速从$1.47×10^{11}Ω·cm^2$下降到$2.34×10^6Ω·cm^2$，随后下降缓慢并趋于稳定。这主要是由于腐蚀电解液的渗入，涂层吸水使得涂层电容迅速增大，涂层电阻迅速下降，因此涂层试样的$|Z|_{0.01Hz}$迅速下降，但随着电解液的进一步渗入，涂层吸水可能达到饱和，且当达到铝合金基体后，会导致铝合金基体发生腐蚀，腐蚀产物的增加在一定程度上会造成对涂层孔隙的阻塞，而且由于涂层的吸水溶胀使颜料填料游离出来吸附在金属基体表面，对金属基体表面的腐蚀能起到延缓作用。这两种因素造成$|Z|_{0.01Hz}$下降缓慢并趋于稳定。

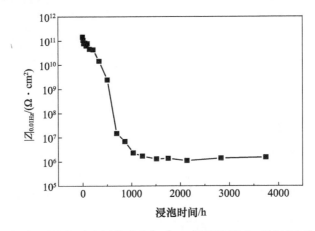

图4.2　铝合金/聚氨酯涂层体系的$|Z|_{0.01Hz}$随浸泡实验时间延长的变化曲线

图4.3列举了铝合金/聚氨酯涂层试样在3.5% NaCl溶液中不同浸泡阶段的电化学阻抗谱。在浸泡初期(如0.5h)，Nyqusit图中只出现了一个半径很大的容抗弧，$|Z|_{0.01Hz}$约为$1.47×10^{11}Ω·cm^2$，此时介质尚未渗透过涂层达到铝合金基体表面，表明涂层对铝合金基体起到了很好的屏蔽作用。在浸泡中期(如经过336h浸泡实验后)，在Nyquist图中出现了高频区的小容抗弧和低频区的大容抗弧，表现为两个时间常数，$|Z|_{0.01Hz}$为$1.45×10^{10}Ω·cm^2$，说明腐蚀介质通过涂层孔隙到达铝合金表面，铝合金表面开始发生腐蚀。随着浸泡时间进一步延长，进入浸泡中后期(如浸泡实验1224h后)，聚氨酯的$|Z|_{0.01Hz}$为$1.71×10^6Ω·cm^2$，Nyquist图由两个容抗弧和一个Warburg扩散尾组成，此时铝合金表面的腐蚀反应继续进行，腐蚀产物不断增多并阻挡了腐蚀介质的扩散。1512h后，聚氨酯涂层的$|Z|_{0.01Hz}$为$1.31×10^6Ω·cm^2$，幅相频率特性曲线(Nyquist)图由三个容抗弧组成，Warburg扩散尾转变为一个半径较大的容抗弧。此时扩散系数较小的氯离子到达金属/涂层界面，并与可溶性腐蚀产物反应形成氯盐膜，和铝合金的溶解阻抗并存。而进入浸泡后期后(如浸泡3744h后)，聚氨酯涂层的$|Z|_{0.01Hz}$下降至$1.53×10^6Ω·cm^2$，此时肉眼

观察到聚氨酯涂层表面出现鼓泡,涂层已经失效。

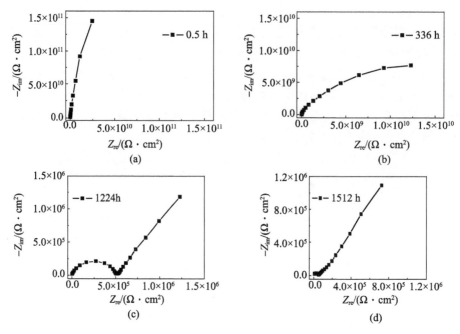

图 4.3　铝合金/聚氨酯涂层在 3.5% NaCl 溶液中浸泡后的 Nyqusit 图

图 4.4 所示为根据交流阻抗谱解析得到的聚氨酯涂层电阻和涂层电容随浸泡时间的变化曲线。由图 4.4 可以看出,随浸泡时间增加,聚氨酯涂层电阻逐渐减小,曲线呈现两段特征。从 0.5h 开始到 1512h,涂层电阻从 $1.08 \times 10^{12} \Omega \cdot cm^2$ 迅速下降到 $5.14 \times 10^4 \Omega \cdot cm^2$;随后,涂层电阻下降缓慢,到 3744h 后,涂层电阻下降至 $1.92 \times 10^4 \Omega \cdot cm^2$。而聚氨酯涂层电容随浸泡时间增加逐渐增大,呈现三段式特征:从 0.5h 到 144h,涂层电容从 $8.8 \times 10^{-11} F/cm^2$ 到 $1.46 \times 10^{-10} F/cm^2$;随后涂层电容增加速度稍微减小,到 1512h 后涂层电容为 $6.87 \times 10^{-10} F/cm^2$;然后涂层电容值基本保持稳定,经过 3744h 后,聚氨酯涂层电容值增大至 $7.18 \times 10^{-10} F/cm^2$。浸泡初期,聚氨酯涂层电阻随时间迅速减小和电容迅速增大,这是因为电解质溶液的渗入。与组成涂层的物质和涂层中的空泡相比,电解质溶液的电阻值较小、介电常数较大,其渗入会改变涂层电容电阻大小。浸泡 336h 后,电解质溶液渗透到铝合金/聚氨酯涂层界面,并引起铝合金基体的腐蚀反应,同时减弱涂层与金属基体的结合力,聚氨酯涂层在基体表面附着力的减小造成涂层电阻继续下降和电容上升;浸泡 1512h 后,即为腐蚀后期,电解质溶液在涂层中的渗透达到饱和,涂层电容基本稳定;但随着铝合金基体的腐蚀反应继续进行,涂层电阻仍会缓慢下降,涂层附着力减弱区域面积逐渐增大,使鼓泡从微观到宏观,使聚氨酯涂层的保护作用逐

渐丧失,涂层最终失效。

图 4.5 所示为聚氨酯涂层孔隙率和吸水体积百分率随浸泡时间变化曲线。可以看出,随着浸泡时间增加,聚氨酯涂层孔隙率逐渐增大,曲线呈现两段式特征:从浸泡开始到 1512h 后,孔隙率从 8.17×10^{-12} 逐渐增大到 1.72×10^{-4};随后孔隙率逐渐稳定,3744h 后,聚氨酯涂层孔隙率为 4.60×10^{-4}。而聚氨酯涂层吸水体积百分率随浸泡时间增加逐渐增大,呈现三段式特征:从浸泡开始到 144h,涂层吸水体积百分率增加到 0.116%;随后吸水体积百分率增加速度稍微减小,到 1512h 后为 0.469%;然后保持稳定,到 3744h 后,聚氨酯涂层吸水体积百分率为 0.479%。

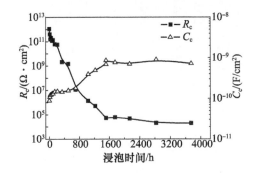 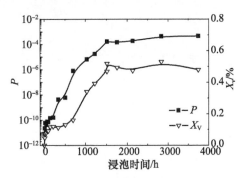

图 4.4 聚氨酯涂层电阻和涂层电容随浸泡时间的变化曲线

图 4.5 聚氨酯涂层孔隙率和吸水体积百分率随浸泡时间的变化曲线

2. 表面微观形貌与结构测试结果与分析

图 4.6 所示为聚氨酯涂层失效前后的数码照片。聚氨酯涂层试样在未经过浸泡实验前(空白样),涂层表面均匀致密;而浸泡 3744h 后,涂层表面出现大面积起泡,起泡是十分严重而普遍的涂层失效形式,可以判断聚氨酯涂层失效。

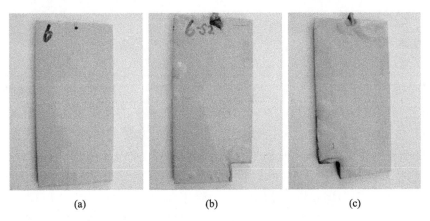

图 4.6 聚氨酯涂层失效前后表面宏观形貌
(a)空白样;(b)、(c)浸泡 3744h 后。

图 4.7 所示为未经过浸泡实验的空白样和涂层试样浸泡 3744h 后,将涂层剥离后的铝合金表面形貌。由图 4.7 可以看出,铝合金空白样表面只有前处理的磨痕,整洁没有杂物;而经过浸泡 3744h 后的铝合金表面有大量的腐蚀产物,表明涂层下铝合金基体发生了严重腐蚀。

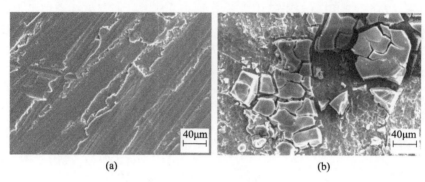

图 4.7　涂层剥离后的铝合金表面 SEM 形貌
(a)空白样;(b)浸泡3744h 后。

表 4.1 所列为涂层剥离后的铝合金表面 EDS 元素分析结果。对于未经浸泡实验的空白样,铝合金表面主要为 93.52%(质量分数)的铝和 6.48%(质量分数)的镁元素。而经过 3744h 浸泡后剥离掉涂层后的铝合金表面有两层腐蚀产物,直接接触铝合金基体表面的一层为氧化物,第二层为氧化物和氯化物。另外第二层上面还有少量的 NaCl。这与前面对阻抗谱分析是一致的。

表 4.1　铝合金表面元素及聚氨酯涂层失效后铝合金表面腐蚀产物成分分析

试样检测部位	原子数百分比/%				
	Al	Mg	O	Cl	Na
原始空白样(图 4.7(a))	93.52	6.48	—	—	—
失效样位置1(腐蚀产物较多)(图 4.7(b))	27.95	0	64.24	6.68	1.12
失效样位置2(腐蚀产物较少)(图 4.7(b))	68.71	5.04	24.43	0	1.83

图 4.8 所示为聚氨酯涂层失效前后的红外光谱图。由图 4.8 中聚氨酯涂层空白样红外光谱图可以看出,3026.54/cm 处是苯环上—CH 的吸收振动峰;2928.75/cm 和 2856.44/cm 处为—CH_2 振动峰;1729.78/cm 处为酯的 C=O 吸收振动峰;1687.04/cm 处为—NH—COO—的吸收振动峰;1547/cm 处是—NH 和—CN 的吸收振动峰;1453.38/cm 处为苯环上 C=C 的吸收振动峰;1209.08/cm、1165.69/cm 处是 C—O 的吸收振动峰。浸泡 3744h 后的聚氨酯涂层红外光谱图大部分特征振动峰强度减弱,1547/cm 处的峰消失。说明浸泡过程中—CN 键发生断裂,生成氨基自由基和烷基自由基并生成二氧化碳。聚氨酯涂层在浸泡过程中—CN 键

发生断裂,化学键的断裂造成涂层各组分间结合力下降,使涂层孔隙率增加,导致对腐蚀性离子阻挡作用的下降,促使电解质溶液不断渗入,使涂层电阻下降和电容增加。这与前面根据对阻抗谱的分析及孔隙率的分析得出的结论是一致的。

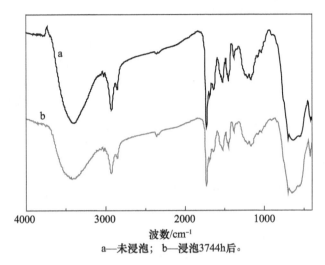

a—未浸泡; b—浸泡3744h后。

图4.8　聚氨酯漆失效前后红外光谱图(见彩插)

3. 小结

铝合金/聚氨酯涂层试样的低频阻抗值$|Z|_{0.01Hz}$随着在3.5% NaCl 溶液中浸泡的时间延长呈现先迅速下降后逐渐趋于稳定的变化趋势。随着浸泡时间延长,聚氨酯涂层孔隙率和吸水率也呈现先急剧增大而后基本趋于稳定。经过3744h 浸泡后,聚氨酯涂层表面出现严重鼓泡,基本完全失效,这主要是由于聚氨酯涂层中的—CN 键发生断裂生成氨基自由基和烷基自由基并生成二氧化碳等。而涂层下铝合金基体表面发生了明显腐蚀,其产物为铝的氧化物和氯化物,其中氧化物占多数,且腐蚀产物在基体表面分布不均,说明铝合金基体不同部位腐蚀程度不同。

4.2.2　铝合金/氯化橡胶涂层体系在 3.5% NaCl 溶液浸泡作用下的腐蚀失效行为

1. 电化学阻抗谱测试结果与分析

图 4.9 所示为铝合金/氯化橡胶涂层试样在盐水中浸泡不同时间后的 EIS 谱。

由图4.9可知,在浸泡初期(如0.5~24h),Nyquist 图中仅出现一个很大的半圆弧,表明此时电解液尚未完全渗透过涂层达到铝合金基体,此时氯化橡胶涂层对铝合金基体有很好的保护作用,此时可用图 4.1(a)所示等效电路来解析阻抗谱

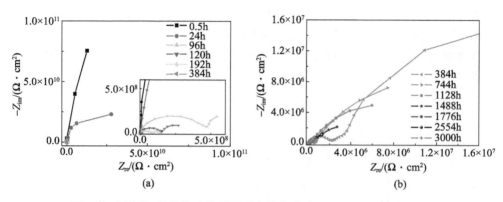

图 4.9 铝合金/氯化橡胶涂层体系在盐水中浸泡不同时间后的 EIS 谱
(a)浸泡 0.5~384h;(b)浸泡 384~3000h。

图。但与浸泡 0.5h 相比,浸泡 24h 后的涂层试样,其 Nyquist 图中容抗半圆弧的半径明显减小,这主要是由于电解液渗入量在初期会随着浸泡时间而增加,导致涂层电阻减小和涂层电容增大。随着浸泡时间的进一步延长,进入浸泡中期后(如浸泡 96h),Nyquist 图中出现了两个半圆弧(高频区和低频区),表现为两个时间常数,低频区半圆弧的出现表明渗透较快的腐蚀介质已到达铝合金基体表面,基体表面电化学反应开始发生。且随着浸泡时间延长,表征氯化橡胶涂层特征的高频区半圆弧半径逐渐减小,此时可用图 4.1(b)所示等效电路来解析阻抗谱图。当浸泡 384h 后,Nyquist 图中出现了两个容抗弧和一个扩散尾,这是由于腐蚀反应产物阻挡腐蚀性介质的传输造成 Warburg 阻抗的出现,此时扩散成为控制步骤,此时可用图 4.1(c)所示等效电路来解析阻抗谱图。当随着浸泡时间进一步延长(如 3000h 后),涂层表面出现明显的鼓泡,铝合金基体发生了明显的腐蚀,此时涂层基本失去对铝合金基体的保护作用。

图 4.10 显示了铝合金/氯化橡胶涂层试样的低频阻抗模值($|Z|_{0.01Hz}$)以及根据电化学阻抗谱解析得到的氯化橡胶涂层电容和涂层电阻随浸泡时间变化曲线。

由图 4.10 可以看出,随浸泡时间增加,涂层电阻逐渐下降,呈现三段式特征。第一阶段,0.5~120h,涂层电阻从 $4.07 \times 10^{11} \Omega \cdot cm^2$ 迅速下降到 $1.46 \times 10^8 \Omega \cdot cm^2$;随后下降速度减小,到 1776h 后,涂层电阻为 $6.62 \times 10^3 \Omega \cdot cm^2$;第三个阶段涂层电阻下降缓慢,到 3408h 后涂层电阻为 $3.30 \times 10^2 \Omega \cdot cm^2$。涂层电阻是涂层保护性能的直接体现,随浸泡时间增加,涂层电阻逐渐减小说明其对铝合金基体的保护作用逐渐减弱,更多的腐蚀性介质通过涂层中的孔洞到达基体表面参与电化学反应。对比低频阻抗模值($|Z|_{0.01Hz}$)和涂层电阻随时间的变化,可以发现二者有相似的变化趋势,但存在明显的差异。从浸泡开始到 120h 后,两条曲线几乎完全重合,

$|Z|_{0.01Hz}$和R_c都急剧下降;但随后R_c值下降明显较$|Z|_{0.01Hz}$下降得快,两条曲线间距越来越大,在浸泡3408h后,$|Z|_{0.01Hz}$几乎是R_c的2400倍。涂层电阻R_c反映了涂层特征,R_c越大,涂层的屏蔽作用越大。这说明,浸泡初期,涂层电阻R_c很大,腐蚀性介质在涂层中的传输是涂层/金属电极腐蚀的速度控制步骤;而进入浸泡中后期,更多的腐蚀介质到达铝合金基体表面,电化学反应和腐蚀产物的扩散逐渐成为速度控制步骤。

由图4.10还可以看出,氯化橡胶涂层电容随浸泡时间增加逐渐增大,呈现一个明显的三段式特征。从浸泡开始到1488h,涂层电容从$8.50 \times 10^{-11} F/cm^2$缓慢增加到$1.488 \times 10^{-10} F/cm^2$。随后增加迅速,到2256h后,涂层电容值为$2.93 \times 10^{-8} F/cm^2$。最后随着浸泡时间增加,氯化橡胶涂层电容基本稳定,到3408h后,电容值为$3.54 \times 10^{-8} F/cm^2$。涂层电容体现了涂层的吸水性能,随浸泡时间增加,涂层电容逐渐增大,反映了涂层吸水性在增强。浸泡2256h后,涂层电容保持稳定,说明此时氯化橡胶涂层吸水达到饱和。

图4.11所示为铝合金/氯化橡胶涂层体系中铝合金表面双电层电容C_{dl}和电化学反应电荷转移电阻R_{ct}随浸泡时间变化曲线。由图4.11可以看出,随着浸泡时间增加,双电层电容呈现持续增大而电化学反应电阻呈持续减小趋势,这表明在持续浸泡过程中,铝合金表面的腐蚀反应电阻逐渐减小,腐蚀持续加重,而由于腐蚀产物的聚集或局部溶解能造成涂层剥离面积持续增大,导致双电层电容不断增大,基体/溶液界面不断扩张。

图4.12所示是根据涂层电容和涂层电阻计算得到的涂层孔隙率和吸水体积百分率随浸泡时间变化曲线。随浸泡时间增加,涂层孔隙率逐渐增加,呈现三段式特征。从0.5h到120h后,孔隙率迅速增加,从1.57×10^{-11}增加到4.37×10^{-8};随后孔隙率增加速度减小,到1776h后,氯化橡胶孔隙率为9.63×10^{-4};最后孔隙率增加缓慢,基本保持稳定,浸泡到3408h后,孔隙率为1.93×10^{-2}。由图4.12亦可以看出,氯化橡胶涂层吸水体积百分率随浸泡时间增加逐渐增加,曲线呈现三段式特征。从浸泡开始到浸泡1488h后,吸水体积基本稳定,1488h后吸水体积百分率为0.139%;随后吸水体积百分率增加迅速,到2256h后为1.33%;最后随着浸泡时间增加,吸水体积百分率趋于稳定,3408h后为1.38%。孔隙率曲线和吸水体积百分率曲线都有两个拐点,但孔隙率曲线的第一个拐点早于吸水体积百分率的第一个拐点出现,造成这种原因可能是涂层/金属表面键的形成以及极性基团在界面上的取向,造成水在涂层中和在金属涂层界面处分布不均;孔隙率曲线的第二个拐点同样早于吸水体积百分率的第二个拐点,是因为孔隙率增大和参与涂层的高分子的反应消耗水分子都是吸水体积百分率增大的原因。

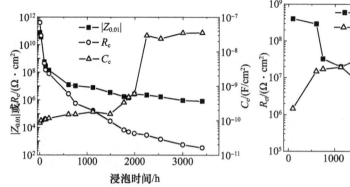 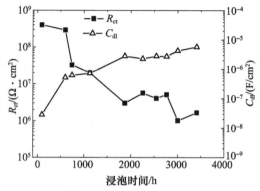

图 4.10　氯化橡胶涂层体系 $|Z|_{0.01Hz}$ 以及涂层电阻和涂层电容随浸泡时间变化曲线

图 4.11　氯化橡胶涂层下铝合金基体表面 R_{ct} 和 C_{dl} 随浸泡时间变化曲线

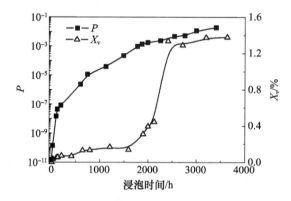

图 4.12　氯化橡胶涂层孔隙率和吸水体积百分率随浸泡时间变化曲线

2. 表面微观形貌与结构测试结果与分析

图 4.13 所示为浸泡前后氯化橡胶涂层表面形貌图。浸泡前涂层表面比较均匀致密，对铝合金基体能起到很好的保护作用；而浸泡 3408h 后涂层表面出现孔洞和裂缝，部分区域出现脱落现象，涂层保护性能明显下降。从图 4.14 所示剥离涂层后的铝合金基体的表面形貌图可以看出，未浸泡的铝合金表面（空白样）只有前处理的划痕；而浸泡 3408h 后铝合金基体表面出现深浅不一的蚀坑、孔洞，同时还有大量的腐蚀产物堆积在附近，铝合金基体表面已经发生严重腐蚀。

图 4.15 所示为氯化橡胶涂层在浸泡前后的红外光谱图。与未浸泡的空白样的红外光谱图对比可以发现，浸泡 3408h 后，谱图中大部分吸收振动峰没有发生变化，但有部分峰强发生变化并有新的振动峰出现。浸泡 3408h 后，在 3430/cm 处 —OH 吸收峰有所加强，说明在浸泡过程中有新的 —OH 生成，在 2923/cm 和 2852/cm 处出现了 —CH 的振动峰，在 1627/cm 处出现了 C=C 振动峰，说明了在浸泡过程

第4章 有机涂层下铝合金材料腐蚀规律

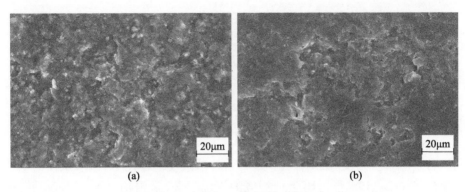

图 4.13 氯化橡胶涂层表面形貌
(a)空白样;(b)已浸泡 3408h。

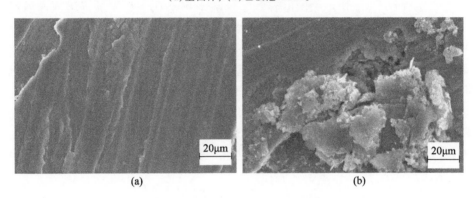

图 4.14 剥离涂层后铝合金表面形貌
(a)空白样;(b)已浸泡 3408h。

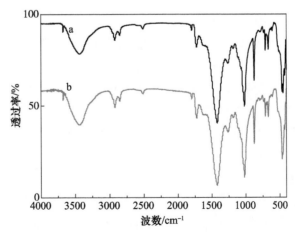

图 4.15 氯化橡胶涂层浸泡前后红外光谱图(见彩插)
a—未浸泡的空白样;b—浸泡 3408h 后。

中有—CH断裂并生成了共轭双键。这表明,在3.5% NaCl 溶液浸泡作用下,氯化橡胶涂层中的—CH断裂并生成了共轭双键,同时有羟基生成。氯化橡胶涂层中结构变化会使内部高分子间结合力减弱,对腐蚀性介质的阻挡能力下降,造成涂层孔隙率的增加和吸水体积百分率的增大,进而造成涂层电阻的下降和涂层电容的增加,最终导致涂层的失效。这和前面对电化学阻抗谱的解析和孔隙率的分析得出的结论是一致的。

3. 小结

铝合金/氯化橡胶涂层试样在 3.5% NaCl 溶液浸泡作用下,涂层试样的低频阻抗模值($|Z|_{0.01Hz}$)和涂层电阻呈现相似的下降趋势,从浸泡开始到120h后,两条曲线几乎完全重合,$|Z|_{0.01Hz}$ 和 R_c 都急剧下降;但进入浸泡中期后,涂层电阻 R_c 下降幅度明显较 $|Z|_{0.01Hz}$ 快。涂层电容和涂层吸水率呈现一种先缓慢增加而后经历一个快速增大的过程,最后趋于稳定,此时涂层吸水率趋于饱和。且随着浸泡时间延长,涂层孔隙率增大,涂层下铝合金基体表面的反应电阻明显减小,双电层电容明显增大,这也表明涂层剥离程度增大,基体腐蚀加剧。在经过长时间的浸泡后,氯化橡胶涂层表面出现许多孔隙和裂缝,部分涂层发生脱落,在铝合金表面有许多蚀坑、孔洞,同时还有大量的腐蚀产物堆积在附近。氯化橡胶涂层的失效可能是由于其官能团与介质发生了反应,导致—OH数量有所增加和—CH发生断裂并生成了共轭双键,引起涂层性能劣化。另外,腐蚀产物的形成和在涂层内堆积膨胀也会促进涂层剥离,加速涂层失效。

4.2.3 铝合金/丙烯酸船壳漆体系在浸泡-紫外光联合作用下的腐蚀失效行为

1. 电化学阻抗谱测试结果与分析

图 4.16 所示是铝合金/丙烯酸涂层在盐水浸泡和盐水浸泡-紫外照射联合作用环境下的 Bode 图。由 4.16(a) 可以看出,在浸泡 0.5h 后,铝合金/涂层体系的低频阻抗模值 $|Z|_{0.01Hz}$(频率为 0.01Hz 时涂层阻抗模值)为 $1.16 \times 10^{11} \Omega \cdot cm^2$,此时涂层对基体有较好的保护作用;经过 2208h 的浸泡,$|Z|_{0.01Hz}$ 下降至 $1.48 \times 10^6 \Omega \cdot cm^2$。由图 4.16(b) 可知,在浸泡-紫外光照射联合作用 0.5h 后,涂层的 $|Z|_{0.01Hz}$ 为 $9.15 \times 10^9 \Omega \cdot cm^2$;随浸泡-紫外光照射联合作用时间增加,涂层体系阻抗模值降低,937h 后 $|Z|_{0.01Hz}$ 为 $1.02 \times 10^6 \Omega \cdot cm^2$。通常当 $|Z|_{0.01Hz}$ 降到 $10^6 \Omega \cdot cm^2$ 后,涂层的防护性能就很差了,基本失效。对比盐水浸泡和盐水浸泡-紫外光照射联合作用两种环境中的涂层 $|Z|_{0.01Hz}$ 的变化可知,在浸泡-紫外光照射联合作用下,其 $|Z|_{0.01Hz}$ 降到 $10^6 \Omega \cdot cm^2$ 所用的时间比单独浸泡要缩短约 3/5。因此,紫外光照射显著加速丙烯酸涂层的老化。

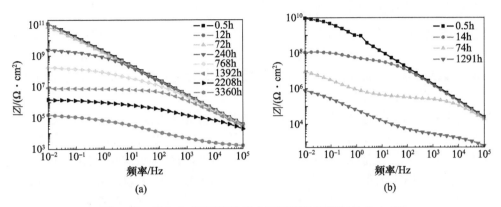

图4.16 铝合金/丙烯酸涂层在不同腐蚀环境下的Bode图
(a)浸泡；(b)浸泡－紫外光。

从图4.17所示铝合金/丙烯酸涂层试样在浸泡环境和浸泡－紫外光联合作用环境下的Nyquist谱对比亦可以清楚看出,紫外辐照作用明显加速了丙烯酸涂层的老化。在浸泡作用下,0.5h后,丙烯酸涂层的Nyquist图为倾斜角接近90°的一条直线,涂层显示纯电容特征;240h后Nyquist图由高频区的小容抗弧和低频区的大容抗弧组成,其高频区圆弧反映涂层电化学特征,低频区圆弧反映涂层/金属界面特征,说明腐蚀介质通过涂层微孔到达基体表面,铝合金基体表面发生电化学反应,电化学反应成为腐蚀过程的控制步骤。而浸泡－紫外光照射联合作用下,0.5h后,Nyquist图由一个圆弧组成,表现为一个时间常数;14h后,Nyquist图由两个圆弧组成,表现为两个时间常数;到74h后,Nyquist图由中高频区的两个阻抗弧和低频端扩散尾组成。

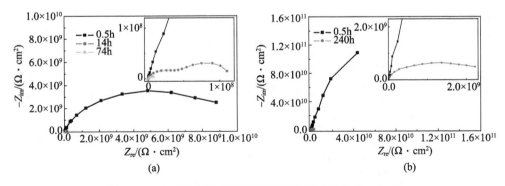

图4.17 在不同腐蚀环境下丙烯酸涂层试样的Nyquist图
(a)浸泡；(b)浸泡－紫外光。

利用ZSimpwin软件对EIS数据进行拟合,可以得到丙烯酸涂层的涂层电容和涂层电阻随浸泡时间的变化,如图4.18所示。在浸泡作用下,丙烯酸涂层电阻开始下降较快,到312h后下降缓慢,到3360h后涂层电阻为$1.47\times10^5\Omega\cdot cm^2$。在浸泡-紫外光联合作用下,涂层电阻在起始阶段下降非常快,仅仅124h后就降低到$10^5\Omega\cdot cm^2$以下,此后下降速度变缓,在1291h后,涂层电阻降至$3.29\times10^3\Omega\cdot cm^2$。这表明浸泡-紫外光照射联合作用使丙烯酸涂层的防护能力下降迅速,在短期内基本失去对腐蚀性介质的屏蔽能力。由图4.18亦可以看出,在浸泡作用下,丙烯酸涂层电容从开始缓慢增加至1968h后发生突变最后到2592h趋于稳定。在浸泡-紫外光联合作用下,丙烯酸涂层电容从开始就迅速增大,至288h后涂层电容值基本保持稳定。浸泡前期,涂层发生吸水与离子传输,导致涂层电阻减小电容值增大;随着浸泡时间的延长,涂层吸水逐渐达到饱和,涂层电容值和电阻值逐渐趋于稳定。上述结果表明,浸泡-紫外光联合作用会导致水在涂层中的渗透过程明显加速,但对饱和时的水含量影响不大。

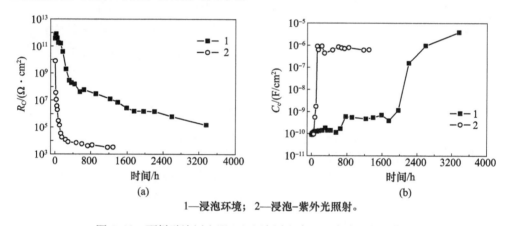

1—浸泡环境; 2—浸泡-紫外光照射。

图4.18 丙烯酸涂层电阻(a)和涂层电容(b)随时间变化曲线

图4.19所示为涂层孔隙率随时间的变化。由图4.19可以看出,在浸泡作用下,从0.5h到312h后,涂层孔隙率迅速增加到2.57×10^{-8};第二阶段孔隙率增加缓慢,到3360h后,丙烯酸涂层孔隙率为5.01×10^{-5}。这是因为,在腐蚀前期,水在涂层的渗透可以显著促进腐蚀性离子的传导性,导致涂层孔隙率迅速增加,涂层的屏蔽性能快速下降;在腐蚀中后期,金属表面发生电化学反应生成的腐蚀产物不断增多发生膨胀使涂层孔洞增大,孔隙率缓慢增加。在浸泡-紫外光照射联合作用下,从开始到124h孔隙率迅速增加,随后孔隙率增加缓慢,到1291h后孔隙率为1.24×10^{-3}。随着紫外光照射时间增加,表面孔洞逐渐增多,导致涂层对腐蚀介质屏蔽能力的下降,造成了涂层电阻的下降和孔隙率的增加。

综合图4.18和图4.19可以发现,随腐蚀时间增加,丙烯酸涂层的涂层电阻、涂层电容、孔隙率均出现两段式变化特征。在同一种腐蚀环境下,丙烯酸涂层的孔隙率-时间曲线和涂层电阻-时间曲线的出现拐点的时间相同,但是均先于涂层

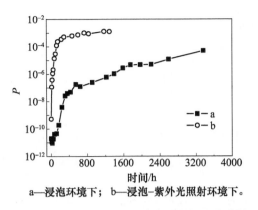

a—浸泡环境下； b—浸泡-紫外光照射环境下。

图 4.19 丙烯酸涂层的孔隙率随时间变化曲线

电容 – 时间曲线出现的拐点,造成这种现象的原因可能是水在涂层内部和在涂层/金属界面分布存在较大不同。

2. 表面形貌与红外测试结果与分析

图 4.20 所示为丙烯酸涂层在浸泡和浸泡 – 紫外光联合作用下的红外光谱图。由图 4.20 可知,1729.9/cm 处是丙烯酸酯的羰基的吸收振动峰,1272.5/cm、1242.3/cm、1190/cm 处是 C—O—C 键的吸收峰。随着腐蚀时间的增加,浸泡 3360h 后,酯羰基和 C—O—C 键的吸收振动峰均明显减弱;在浸泡 – 紫外光照射联合作用下,1291h 后,1729.9/cm,1272.5/cm、1242.3/cm 特征吸收峰变得非常微弱,1190/cm 处 C—O—C 键的吸收振动峰消失。与浸泡作用相比,丙烯酸涂层在浸泡 – 紫外光照射联合作用下较短时间内使酯羰基和 C—O—C 键降解更加严重。在浸泡作用和浸泡 – 紫外光照射联合作用下,丙烯酸酯中的羰基和 C—O—C 键均发生 Norrish 裂解,生成的自由基和端烯基具有更敏感的氧化性,可进一步引发自动氧化降解反应。

图 4.21 所示是丙烯酸涂层在浸泡 – 紫外光联合作用下不同时间后的表面形貌。对于涂层原始样,涂层表面均匀连续(图 4.21(a)),在浸泡 – 紫外光作用 148h 后,涂层表面出现孔洞,其对铝合金的保护作用减弱(图 4.21(b))。在浸泡和紫外光联合作用 600h 后,涂层表面比较粗糙,孔洞增多,腐蚀性介质更容易地通过空隙到达铝合金基体使腐蚀反应进一步发生(图 4.21(c))。在浸泡和紫外光联合作用 1291h 后,涂层粉化严重,表面更加疏松,部分涂层出现脱落,涂层失效(图 4.21(d))。随时间增加,丙烯酸涂层出现的孔洞越来越多,表面疏松并出现粉化现象。这些缺陷将会导致孔隙率增大和涂层吸水率增加,并使丙烯酸涂层对腐蚀性介质的屏蔽能力逐渐下降和对铝合金底材的保护能力越来越差,这就是涂层阻抗值降低和涂层电容值增大的原因之一。这与本章前面用电化学阻抗谱研究涂层失效特征得出的结论是一致的。

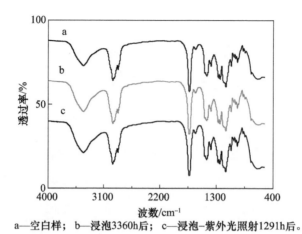

a—空白样; b—浸泡3360h后; c—浸泡-紫外光照射1291h后。

图4.20 丙烯酸涂层的红外光谱图(见彩插)

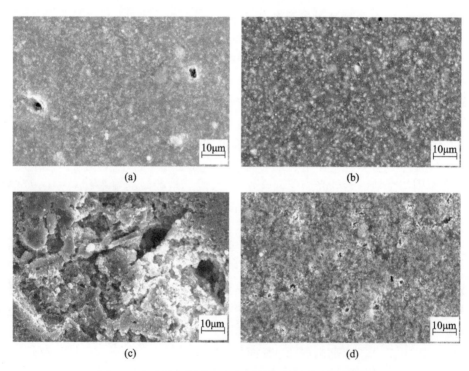

图4.21 丙烯酸涂层经过在不同腐蚀时期的表面形貌
(a)空白样;(b)148h;(c)600h;(d)1291h。

3. 小结

在3.5% NaCl溶液浸泡-紫外光照射联合作用下,丙烯酸涂层阻抗值降到

$10^6\Omega \cdot cm^2$ 所用时间比浸泡单独作用下缩短约 3/5。与单独浸泡作用相比,浸泡-紫外光照射联合作用会导致水在丙烯酸涂层中的渗透过程明显加速,但对饱和水含量影响不大。在浸泡作用和浸泡-紫外光照射联合作用两种环境下,丙烯酸涂层中的酯羰基和 C—O—C 键都发生裂解,但紫外光照射明显加速涂层的降解过程。

4.2.4 涂层腐蚀行为小结

采用电化学阻抗谱技术研究了几种典型的铝合金/涂层体系(聚氨酯涂层、丙烯酸船壳漆、氯化橡胶涂层等)在模拟海水(3.5% NaCl 溶液)或海洋气候环境(紫外辐照和海水浸泡)中涂层性能劣化过程的电化学特征,涂层劣化过程中金属基体的腐蚀规律,结合扫描电镜和红外光谱分析了涂层的劣化机制以及涂层劣化对铝合金基体表面腐蚀的影响,揭示了铝合金/涂层体系的腐蚀机理及其影响因素,主要结论有:

(1) 铝合金/聚氨酯涂层试样的低频阻抗值 $|Z|_{0.01Hz}$ 随着在 3.5% NaCl 溶液中浸泡的时间延长呈现先迅速下降后逐渐趋于稳定的变化趋势。随着浸泡时间延长,聚氨酯涂层孔隙率和吸水率也呈现先急剧增大而后基本趋于稳定。经过 3744h 浸泡后,聚氨酯涂层表面出现严重鼓泡,基本完全失效,这主要是由于聚氨酯涂层中的—CN 键发生断裂生成氨基自由基和烷基自由基并生成二氧化碳等。而涂层下铝合金基体表面发生了明显腐蚀,其产物为铝的氧化物和氯化物,其中氧化物占多数,且腐蚀产物在基体表面分布不均,说明涂层下铝合金基体不同部位腐蚀程度不同。

(2) 铝合金/氯化橡胶涂层试样在 3.5% NaCl 溶液浸泡作用下,涂层试样的低频阻抗模值($|Z|_{0.01Hz}$)和涂层电阻呈现相似的下降趋势,从浸泡开始到 120h 后,两条曲线几乎完全重合,$|Z|_{0.01Hz}$ 和 R_c 都急剧下降;但进入浸泡中期后,涂层电阻 R_c 下降幅度明显较 $|Z|_{0.01Hz}$ 快。涂层电容和涂层吸水率呈现一种先缓慢增加而后经历一个快速增大的过程,最后趋于稳定,此时涂层吸水率趋于饱和。且随着浸泡时间延长,涂层孔隙率增大,涂层下铝合金基体表面的反应电阻明显减小,双电层电容明显增大,这也表明涂层剥离程度增大,基体腐蚀加剧。在经过长时间的浸泡后,氯化橡胶涂层表面出现许多孔隙和裂缝,部分涂层发生脱落,在铝合金表面有许多蚀坑、孔洞,同时还有大量的腐蚀产物堆积在附近。氯化橡胶涂层的失效可能是由于其官能团与介质发生了反应,导致—OH 数量有所增加和—CH 发生断裂并生成了共轭双键,引起涂层性能劣化。另外,腐蚀产物的形成和在涂层内堆积膨胀也会促进涂层剥离,加速涂层失效。

(3) 铝合金/丙烯酸涂层试样在 3.5% NaCl 溶液浸泡-紫外光照射联合作用

下,与仅在 3.5% NaCl 溶液浸泡作用相比,涂层失效过程明显加速,其频阻抗值($|Z|_{0.01Hz}$)降至 $10^6\Omega\cdot cm^2$ 所用时间比浸泡单独作用下缩短约 3/5。紫外光照射会导致涂层试样在浸泡过程中水向涂层中的渗透过程明显加速,但对其饱和水含量影响不大。在浸泡作用和浸泡-紫外光照射联合作用两种腐蚀环境下的丙烯酸涂层的失效过程皆主要是由丙烯酸涂层中的酯羰基和 C—O—C 键等官能团发生裂解引起的,但紫外光照射明显加速涂层的降解过程。

4.3 防污涂料中铜离子浓度对 5083 铝合金耐腐蚀性能的影响

海洋环境中,钢质船壳数量占据主要位置,国际上防污涂料供应商主要研究力量集中于钢质船体的防污及其配套体系上。在含有 DDT、有机锡为防污剂的涂料被禁止后,市场上以含铜离子的防污涂料为主。过量的铜离子会对铝合金基材产生点蚀,如何控制铜离子含量或采用不含铜离子的防污配套体系是铝船设计者应面临的问题。

4.3.1 3.5%NaCl 溶液中铜离子浓度对 5083 铝合金耐腐蚀性能的影响

据文献报道,Cu^{2+} 在低浓度下不会影响铝合金的腐蚀速率,只有当浓度超过某一限度时才会加速铝合金的腐蚀。下边通过实验确定引起 5083 铝合金在 3.5% NaCl 溶液中发生腐蚀的临界 Cu^{2+} 浓度。

5083 铝合金在含不同 Cu^{2+} 浓度(0μg/L、10μg/L、20μg/L、30μg/L、50μg/L、70μg/L、80μg/L、100μg/L、120 以及 150μg/L)的 3.5% NaCl 溶液中的极化曲线如图 4.22 所示。由极化曲线中取出的相应条件下铝合金的自腐蚀电位(E_{corr})与点蚀电位(E_b)随 Cu^{2+} 浓度的变化关系见图 4.23。

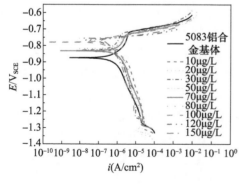

图 4.22 5083 铝合金在含不同 Cu^{2+} 浓度的 3.5% NaCl 溶液中的极化曲线(见彩插)

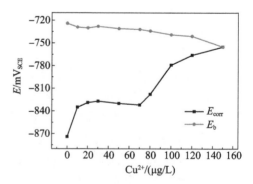

图 4.23 铝合金的腐蚀电位与点蚀电位随 3.5% NaCl 溶液中 Cu^{2+} 浓度的变化

从图 4.23 可以看出,在所研究的 Cu^{2+} 浓度变化范围内,随着 Cu^{2+} 含量的增加,铝合金的点蚀电位 E_b 呈逐渐减小的趋势,但是变化不大。在 Cu^{2+} 含量 10～70μg/L 范围内,铝合金的自腐蚀电位 E_{corr} 随着 Cu^{2+} 含量增加基本没有发生变化,但是较 Cu^{2+} 含量为 0μg/L 时的 E_{corr} 更正。当 Cu^{2+} 含量达到 80μg/L 以后,自腐蚀电位 E_{corr} 随 Cu^{2+} 含量增加逐渐正移。

在铝合金腐蚀的初始阶段,溶液中的 Cu^{2+} 并不是直接作用于钝化膜表面,而是沉积在合金表面的活性阴极区。一般来说,铝合金的点蚀电位与表面形成钝化膜的完整性以及膜状态(活性氯离子的吸附量以及钝化膜的水合程度等)有关。铝合金表面并不是完全均一的状态,许多共存杂质形成的沉淀相分布在合金表面,而且沉淀相颗粒相对铝合金基体具有不同的化学或电化学性质(更负的电极电位),这种差异使其表面难以被钝化层完全覆盖,形成钝化膜的缺陷。溶液中的 Cu^{2+} 更倾向于沉积在这些膜层缺陷处,因此在腐蚀的初始阶段,Cu^{2+} 不会改变钝化膜的覆盖程度,表现出相同的点蚀电位。但 Cu^{2+} 的沉积却使铝合金表面形成了许多微小的 Al-Cu 电偶对,导致铝合金自腐蚀电位正移。随着溶液中 Cu^{2+} 含量增大,被沉积铜颗粒覆盖的活性阴极面积可能更大,从而使铝合金的自腐蚀电位 E_{corr} 正移幅度增大。而更多 Cu^{2+} 在铝合金表面的沉积也能够促进铝合金表面阴极反应过程,从而影响铝合金的腐蚀速率。

通过图 4.23 可以直观地确定,在 3.5% NaCl 溶液中引起 5083 铝合金腐蚀的临界 Cu^{2+} 浓度在 70～100μg/L。

4.3.2 对典型防污涂层的 Cu^{2+} 渗出率的测试

通过对长效防污涂层进行 Cu^{2+} 渗出率测试,结合电化学交流阻抗测试结果,确定 Cu^{2+} 含量对 5083 铝合金基体腐蚀速率的影响。

根据国标 GB/T 6824—2008,采用二乙氨基二硫代甲酸钠法,测定以氧化亚铜为防污剂的自抛光防污涂料的 Cu^{2+} 渗出率。该方法是利用含有氧化亚铜的防污漆样板在海水中会释放二价铜,而二价铜在弱酸性或氨性溶液中能与二乙胺基二硫代甲酸钠(铜试剂)生成黄(棕)色络合物,用三氯甲烷萃取。测量有机相的吸光度,从而测出溶液中的二价铜含量。

首先按照 GB/T 6824—2008 绘制 Cu^{2+} 含量标准曲线,见图 4.24,然后将所测各试样的吸光度与 Cu^{2+} 含量标准曲线对照,即可得到待测试样的 Cu^{2+} 含量,进而求出 Cu^{2+} 的渗出率,最后绘制出 Cu^{2+} 渗出率曲线,见图 4.25。

由图 4.25 可以看出,Cu^{2+} 渗出率随着时间呈现出一个先迅速降低、再平缓降低的趋势。这是由于渗出初期,涂膜表面尚未形成 Cu^{2+} 防污区,Cu^{2+} 浓度较低,涂膜水解时 Cu^{2+} 迅速渗出。当涂膜表面 Cu^{2+} 达到一定浓度后,随着树脂水解,Cu^{2+}

的渗出趋于平缓，形成一个平稳的渗出层。45d 后，Cu^{2+} 的渗出率基本保持稳定在 230μg/($cm^2 \cdot d$) 左右，并远远大于 Cu^{2+} 防污的最小渗出率 10μg/$cm^2 \cdot d$。这说明该涂层具有良好的防污效果。

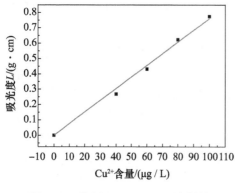

图 4.24　按照 GB 6824-86 绘制的 Cu^{2+} 含量标准曲线

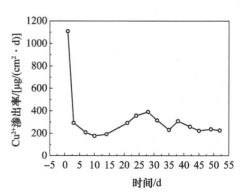

图 4.25　长效防污涂层中 Cu^{2+} 渗出率曲线

根据对 Cu^{2+} 释放率的测试研究结果发现，Cu^{2+} 渗出大于引起 5083 铝合金发生腐蚀的临界 Cu^{2+} 浓度。所以，该防污涂层会加速 5083 铝合金的腐蚀，尤其是在涂层发生破损时，影响尤为严重。

4.4　防污涂层对 5083 铝合金的腐蚀行为影响

4.4.1　不同配套体系对基材 5083 铝合金点蚀敏感性的影响

通过极化曲线测试，考察基材 5083 铝合金的点蚀敏感性，以及国内现有的 10 种防污涂层（W1~W10）配套体系对基材 5083 铝合金点蚀敏感性的影响。

首先对涂层/铝合金试样进行人工十字破损试验，具体的做法是用刻刀在涂层表面划两道夹角 90°、长 10mm 的划痕，划痕到达基底，露出铝合金基体的面积约为 0.04cm^2，如图 4.26 所示。

由于测试面积过小，在进行电流密度计算时会造成误差过大，因此直接用测试电流大小来代替电流密度进行数据分析。所有试样均浸泡在 3.5% NaCl 溶液中，浸泡时间均为 30min。图 4.27 所示为 5083 铝合金裸板在 3.5% NaCl 溶液中的极化曲线。有十字破损的十个配套涂层/铝合金试样的极化曲线测试结果如图 4.28 所示，表 4.2 列出根据极化曲线所得到的各种试样的腐蚀电位（E_{corr}）和点蚀电位（E_b）。

第4章 有机涂层下铝合金材料腐蚀规律

图 4.26 人工十字破损涂层/铝合金试样

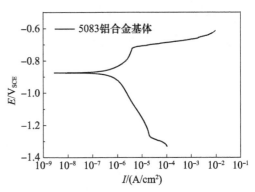

图 4.27 5083 铝合金裸板在 3.5% NaCl 溶液中的极化曲线

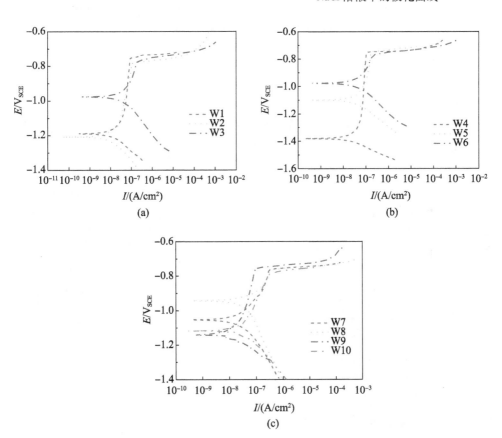

图 4.28 十字破损的防腐防污配套体系在 3.5% NaCl 溶液中的极化曲线(见彩插)
(a) W1、W2 和 W3；(b) W4、W5 和 W6；(c) W7、W8、W9 和 W10。

表 4.2　十字破损的防污涂层配套体系下 5083 铝合金的 E_{corr} 和 E_b

试样	E_{corr}/mV_{SCE}	E_b/mV_{SCE}
裸板	−874	−724
W1	−1190	−753
W2	−1209	−788
W3	−976	−769
W4	−1381	−751
W5	−1098	−745
W6	−976	−770
W7	−1052	−765
W8	−941	−766
W9	−1141	−752
W10	−1117	−782

由表 4.1、图 4.29 和图 4.30 中的数据可以看出,这 10 种带有十字破损的配套体系下铝合金的开路电位 E_{corr} 都比铝合金裸板的开路电位不同程度地负移,说明这 10 种配套体系都对铝合金有一定的阴极保护作用。10 种配套体系下铝合金的点蚀电位 E_b 与铝合金裸板的点蚀电位 E_b 相比差异不大,基本在 20～30mV 范围内,说明涂刷防腐涂层后涂层性能差异对铝合金的耐点蚀能力影响不大。

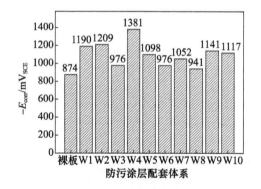

图 4.29　十字破损的防污涂层配套体系下 5083 铝合金的腐蚀电位 E_{corr}

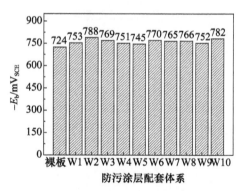

图 4.30　十字破损的防污涂层配套体系下 5083 铝合金的点蚀电位 E_b

4.4.2　不同防污面漆对 5083 铝合金耐腐蚀性能影响

10 套配套涂层体系中,W8、W9 和 W10 具有相同的防锈底漆和中间漆,而面漆不同。W8 所使用的防污漆不含有氧化亚铜,W9 和 W10 所使用的防污漆均有含量较高的氧化亚铜。三个配套涂料均为同一家生产,且涂层总厚度均为 160μm,具体如表 4.3 所列。

表 4.3 5083 铝合金防污涂层配套体系 W8、W9 和 W10

配套	涂料名称	涂装道数	漆膜厚度/μm	漆膜总厚度/μm
W8	H900X-1 防锈漆	2	40	160
	H838 中间漆	1	40	
	859 铝艇防污漆	3	80	
W9	H900X-1 防锈漆	2	40	160
	H838 中间漆	1	40	
	889 长效自抛光防污漆	3	80	
W10	H900X-1 防锈漆	2	40	160
	H838 中间漆	1	40	
	997 长效防污漆	3	80	

1. 完好 W8、W9 和 W10 涂层体系的电化学交流阻抗测试

将 W8 复合涂层/铝合金试样浸泡在 3.5% NaCl 溶液中,定期进行电化学交流阻抗测试,结果如图 4.31 所示。通常,由于溶液在涂层中渗透会引起的涂层孔隙电阻(R_p),它代表 Nyquist 图高频处第一个圆弧的半径。图 4.31 中显示,涂层体系在浸泡初期(2h)的 Bode 图是近似于斜率为 -1 的一条直线,低频阻抗模值($|Z|_{0.01Hz}$)接近 $10^{11}\Omega \cdot cm^2$;Nyquist 图谱表现为一个不完整的半圆,表明浸泡初期复合涂层作为一个屏蔽层,较好地隔绝了腐蚀介质与基体的直接接触,从而使铝合金基体得到较好的保护。浸泡 8h 后,W8 的 Nyquist 图谱中容抗弧半径减小,Bode 图中涂层的低频阻抗模值也有所下降,表明溶液通过涂层中的微孔不断向涂

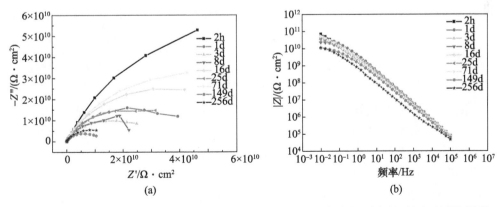

图 4.31 完好 W8 复合涂层/铝合金试样在 3.5% NaCl 溶液中浸泡不同时间的交流阻抗图谱
(a) Nyquist 图;(b) Bode 图。

层渗入。随着浸泡时间的延长,8d 后低频阻抗模值又有所回升,可能是涂层中颜料反应后生成的腐蚀产物堵塞了一些涂层上的微孔,从而使涂层阻抗值逐渐上升;71d 后,W8 的 Nyquist 图谱中容抗弧半径开始减小,Bode 图中涂层的低频阻抗模值开始下降,至 256d 低频阻抗模值下降接近一个数量级,这是因为随着溶液的渗入,涂层中的颜料继续反应形成新的传质通道。

图 4.32 所示为 W9 完好涂层/铝合金试样在 3.5% NaCl 溶液中浸泡过程中的 EIS 图谱。由图 4.32 可以看出,涂层体系在浸泡初期(2h)Bode 图是近似于斜率为 -1 的一条直线,低频阻抗模值超过 $10^{10}\ \Omega \cdot cm^2$;而 Nyquist 图谱表现为一个不完整的半圆。这表明,浸泡初期复合涂层作为一个屏蔽层,较好地隔绝了腐蚀介质与基体的直接接触,从而使铝合金基体得到较好的保护。浸泡 8h 后,W9 的 Nyquist 图谱中容抗弧半径减小,Bode 图中涂层的低频阻抗模值也有所下降,表明溶液通过涂层中的微孔不断向涂层渗入。随着浸泡时间的延长,2d 后 W9 低频阻抗模值有所回升,可能是涂层中颜料反应后生成的腐蚀产物堵塞了一些涂层上的微孔,从而使涂层阻抗值逐渐上升。33d 后 W9 低频阻抗模值又开始下降,主要是由于溶液的渗入,溶液与颜料继续反应形成新的传质通道使涂层的屏蔽性能下降,至 256d,相比开始浸泡 W2 低频阻抗模值下降不到一个数量级。

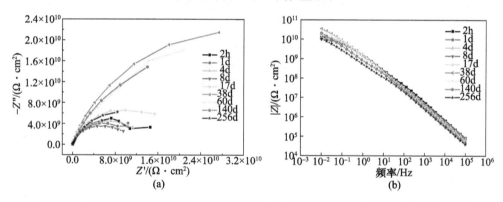

图 4.32　完好 W9 涂层/铝合金试样在 3.5% NaCl 溶液中浸泡不同时间的 EIS 图谱
(a)Nyquist 图;(b)Bode 图。

图 4.33 所示为完好 W10 复合涂层/铝合金试样在 3.5% NaCl 溶液中浸泡不同时间的 EIS 图谱。可以看出,W10 在浸泡初期(2h)Bode 图是近似于斜率为 -1 的一条直线,低频阻抗模值接近 $10^{12}\ \Omega \cdot cm^2$;而 Nyquist 图谱表现为一个不完整的半圆。表明浸泡初期复合涂层作为一个屏蔽层,较好地隔绝了腐蚀介质与基体的直接接触,从而使铝合金基体得到较好的保护。浸泡 1d 后,W10 的 Nyquist 图谱中容抗弧半径开始减小,Bode 图中涂层的低频阻抗模值也开始下降,表明溶液通过涂层中的微孔不断向涂层渗入,至 256d,低频阻抗模值下降了超过一个数量级。

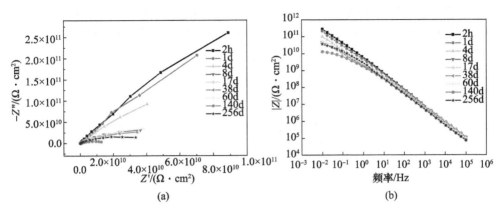

图 4.33 完好 W10 复合涂层/铝合金试样在 3.5% NaCl 溶液中浸泡不同时间的 EIS 图谱
(a)Nyquist 图;(b)Bode 图。

采用等效电路对 W8、W9 和 W10 复合涂层的交流阻抗谱图进行拟合。为了得到更准确的拟合结果采用常相角元件(constant phase elements)Q 进行拟合:

$$Z_Q = \frac{1}{Y_0(j \times 2\pi f)^n}$$

式中:Y_0 为 CPE 常数;$j = \sqrt{-1}$;f 为频率(Hz);$n = \alpha/(\pi/2)$,α 为 CPE 的相位角。

对 W8 涂层体系阻抗数据进行等效电路拟合发现,涂层浸泡 2~8h 的阻抗谱用 Model A(见图 4.34(a))进行等效电路拟合,Q_c 为涂层电容,R_c 为涂层电阻,R_{ct} 为颜料电子转移电阻,Q_{dl} 为颜料表面双电层电容,此时涂层相当于一个阻抗值很大的隔绝层,对基体有良好的阻挡保护作用;浸泡 1~444d 的数据用 Model B(见图 4.34(b))进行等效电路拟合,其中 Q_{diff} 表示扩散层电容,R_{diff} 表示扩散层电阻,Q_{diff} 和 R_{diff} 与腐蚀产物堵塞涂层中溶液渗透通道引起的有限层扩散有关。

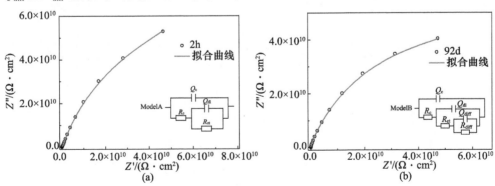

图 4.34 W8 完好涂层体系阻抗数据的等效电路拟合结果
(a)2h;(b)92d。

对 W9 涂层体系阻抗数据进行等效电路拟合,浸泡 2～24h 的数据用 Model A 进行等效电路拟合,浸泡 2～435d 的数据用 Model B 进行等效电路拟合。拟合结果见图 4.35,从图中可以看出拟合结果与实测数据吻合较好。

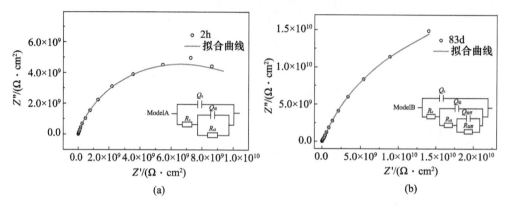

图 4.35　W9 完好涂层体系阻抗数据的等效电路拟合结果
(a)2h；(b)83d。

对 W10 涂层体系阻抗数据进行等效电路拟合,浸泡 2h～17d 的数据用 ModelA 进行等效电路拟合；浸泡 38～435d 的数据用 ModelB 进行等效电路拟合。有关拟合结果见图 4.36,从图中可以看出拟合结果与实测数据吻合较好。

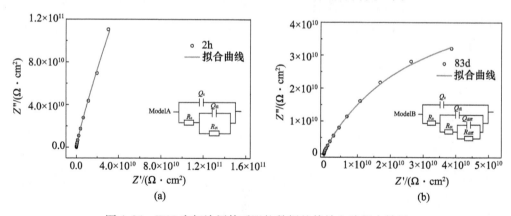

图 4.36　W10 完好涂层体系阻抗数据的等效电路拟合结果
(a)2h；(b)83d。

图 4.37 所示是 W8、W9 和 W10 的涂层电阻 R_c 随浸泡时间的变化曲线。R_c 用来衡量涂层的孔隙和涂层的劣化程度,R_c 通常被认为是由溶液在涂层中渗透引起的涂层孔隙电阻。由图中可以看出,W8、W9 和 W10 的涂层电阻都是先下降,这是因为电解质溶液渗入涂层,涂层吸水造成的涂层电阻下降；但是随着时间的延长,

W8 涂层电阻趋于稳定,这是因为涂层的吸水达到饱和,涂层电阻维持在一个较为稳定的值。而 W9 和 W10 的涂层电阻下降后又上升,是由于腐蚀产物堵塞了涂层的孔隙,使涂层电阻上升;随着浸泡时间的延长,W9 和 W10 的涂层电阻趋于稳定,并且低于 W8 的涂层电阻。

图 4.38 所示为 W8、W9 和 W10 防腐蚀底漆中颜料表面的反应电阻(R_{ct})随时间的变化曲线。R_{ct}为颜料的界面反应电阻,可用来衡量颜料颗粒的电化学反应活性以及颜料/树脂界面的稳定性。由图可以看出,在浸泡初期 R_{ct} 先下降,这是由于电解质溶液渗入,电解质溶液与涂层中的颜料接触,电解质溶液与涂层中的颜料迅速反应;在浸泡到达第 3 天,W8 和 W9 的 R_{ct} 逐渐上升,这可能是由于腐蚀产物包覆在颜料表面或者是堵塞了涂层的空隙,增加了涂层颜料与电解质的反应阻力。随着浸泡时间的延长,W8 的 R_{ct} 趋于稳定,而 W9 和 W10 的 R_{ct} 急剧下降,这可能是由于随着溶液的渗入,颜料与溶液发生反应,形成新的传质通道。

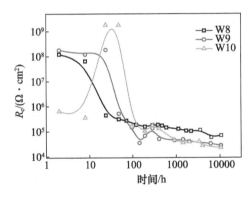

图 4.37 W8、W9 和 W10 的涂层电阻(R_c)随浸泡时间的变化曲线

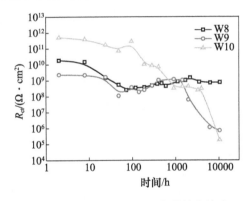

图 4.38 W8、W9 和 W10 防腐蚀底漆中颜料表面的反应电阻(R_{ct})随时间的变化曲线

根据对 W8、W9 和 W10 的 R_c 和 R_{ct} 的分析可知,随着浸泡时间的延长 W9 和 W10 的 R_c 和 R_{ct} 均小于 W8 的 R_c 和 R_{ct},说明 W8 具有较好的保护性能,W9 和 W10 的涂层屏蔽性小、涂层孔隙率高、颜料与溶液反应阻力小。W8 涂层体系的面漆中不含铜,W9 和 W10 和面漆中含有一定量的铜,因此 W9 和 W10 的保护性能相对较弱,可能与面漆中氧化亚铜含量较高有关。

2. 涂层破损的电化学交流阻抗测试

图 4.39 所示为 W8 人工十字破损涂层/铝合金试样在 3.5% NaCl 溶液中浸泡 32d 的 EIS 图谱。由图可以看出,人工十字破损的 W8 涂层体系在浸泡 6h 后,Nyquist 图表现为一个半圆;在浸泡了 18d 之后,Nyquist 图低频段开始出现一个新的圆弧,表明电解质溶液已经渗入涂层与基体的界面,涂层吸水达到饱和,涂层和基体之间开始发生电化学反应;浸泡达到 32d,Bode 图已经出现了一个较宽

的平台，低频阻抗模值下降了一个数量级，涂层屏蔽性能下降，涂层失去保护作用。

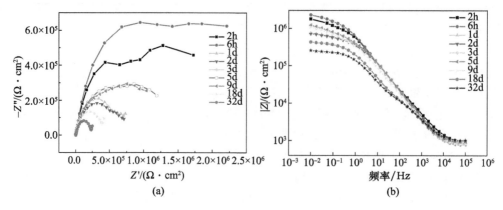

图4.39 W8十字破损涂层/铝合金试样在3.5% NaCl溶液中浸泡32d的EIS图谱
(a) Nyquist图；(b) Bode图。

图4.40所示为W9人工十字破损涂层/铝合金试样在3.5% NaCl溶液中浸泡9d的EIS图谱。由图可以看出，人工十字破损的W9在浸泡6h后，Nyquist图是一个不完整的半圆弧；在浸泡1d之后，低频阻抗值下降，Nyquist图低频区出现一个新的圆弧，表明溶液已经渗入到涂层与基体的界面，基体开始发生腐蚀；浸泡9d时，Bode图出现一个较宽的台阶，涂层屏蔽性能下降，失去保护作用。

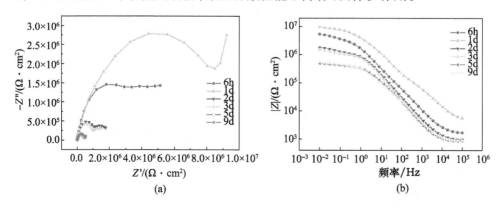

图4.40 W9十字破损涂层/铝合金试样在3.5% NaCl溶液中浸泡9d的EIS图谱
(a) Nyquist图；(b) Bode图。

图4.41所示为W10人工十字破损涂层/铝合金试样在3.5% NaCl溶液中浸泡32d的EIS图谱。由图可以看出，人工十字破损的W10涂层在浸泡6h后，Nyquist图已经出现了两个弧，此时溶液已经渗入到涂层/基体界面，基体开始发生反应；在浸泡了9d之后，Bode图已经出现了一个平台，涂层失去屏蔽性能。

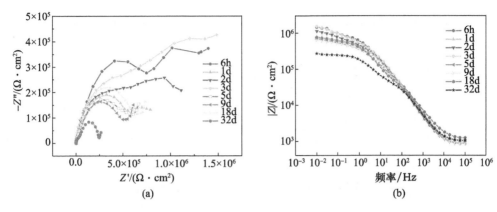

图 4.41 W10 十字破损涂层/铝合金试样在 3.5% NaCl 溶液中浸泡 32d 的 EIS 图谱
（a）Nyquist 图；（b）Bode 图。

对上述人工十字破损涂层 W8、W9 和 W10 的电化学交流阻抗测试可以发现，由于 W9 和 W10 含有含量较高的氧化亚铜，所以当涂层发生破损以后，可能 Cu^{2+} 通过破损处很快地与铝合金基体发生反应，而使铝合金基体很快就发生腐蚀，而 W8 涂层中不含有铜，可以较长时间地保护铝合金基体。

3. 小结

（1）由于 W9 和 W10 渗出的 Cu^{2+} 渗入到涂层以及铝合金基体，会与防腐底漆中的颜料以及金属基体发生反应。与 W8 涂层体系相比，W9 和 W10 的涂层屏蔽性小、涂层孔隙率高、颜料与溶液反应阻力小。对于 5083 铝合金来说，W8 具有较好的保护作用。

（2）在涂层发生破损以后，W9 和 W10 的铝合金基体很快就发生腐蚀，W8 可以较长时间地保护基体。

4.4.3 不同防污剂类型对 5083 铝合金耐腐蚀性能影响对比

10 套配套涂层体系中，W3 配套的防污漆中含有氧化亚铜，W4 配套的防污漆中含有硫氰酸亚铜，W7 配套的防污漆是低表面能类型的防污漆，不含任何的防污剂。下面通过实验，对比研究 W3、W4 和 W7 三种涂层体系对 5083 铝合金基材防护性能的影响。三个配套体系的详细信息见表 4.4。涂层总厚度为 160~180μm。

表 4.4 5083 铝合金防污涂层配套体系 W3、W4 和 W8

配套	涂料名称	涂装道数	漆膜厚度/μm	漆膜总厚度/μm
W3	HJ120 改性环氧通用底漆	2	40	160
	HJ129 环氧连接漆	1	40	
	9218 无锡自抛光防污漆 HJ404G	3	80	

续表

配套	涂料名称	涂装道数	漆膜厚度/μm	漆膜总厚度/μm
W4	EP501 环氧防腐底漆	2	40	160
	EP507 环氧中间连接漆	1	40	
	MCF-100 无铜自抛光防污漆	3	80	
W7	PENGUARDO HB 纯环氧厚浆漆	2	50	180
	SAFEGUARD NIVERSAL ES 乙烯环氧漆	1	50	
	SEALION TIECOAT 有机硅低表面能连接漆	2	40	
	SEALION PEPULSE 有机硅弹性体低表面能防污漆	3	40	

1. 完好涂层的电化学交流阻抗测试

图 4.42 所示为 W3 完好涂层/铝合金试样在 3.5% NaCl 溶液中浸泡 466d 过程中的 EIS 图谱。由图 4.42 可以看出,W3 在浸泡初期(2h) Bode 图是近似于斜率为 -1 的一条直线,低频阻抗模值($|Z|_{0.01Hz}$)接近 $10^{11}\Omega \cdot cm^2$;而 Nyquist 图谱表现为一个不完整的半圆。试验表明浸泡初期 W3 作为一个屏蔽层,较好地隔绝了腐蚀介质与基体的直接接触,从而使铝合金基体得到较好的保护。浸泡 8h 后,W3 试样的 Nyquist 图谱中容抗弧半径减小,Bode 图中涂层的低频阻抗模值($|Z|_{0.01Hz}$)也有所下降,表明溶液通过涂层中的微孔不断向涂层渗入。随着浸泡时间的延长,2d 后 W3 低频阻抗模值有所回升,可能是涂层中颜料反应后生成的腐蚀产物堵塞了一些涂层上的微孔,从而使涂层阻抗值逐渐上升。45d 后 W3 低频阻抗模值下降,这是由于随着溶液渗入,涂层中的颜料继续反应,使得涂层的孔隙率变大,涂层的屏蔽性能下降。浸泡至 466d,Bode 图低频阻抗模值下降了一个数量级。

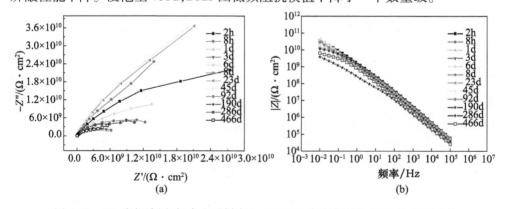

图 4.42　W3 完好涂层/铝合金试样在 3.5% NaCl 溶液中浸泡 466d 的 EIS 图谱
(a)Nyquist 图;(b)Bode 图。

采用等效电路对 W3 的阻抗数据进行拟合。浸泡 2~8h,用 Model A 进行等效电路拟合,浸泡 1~466d,用 Model C 进行等效电路拟合,见图 4.43。

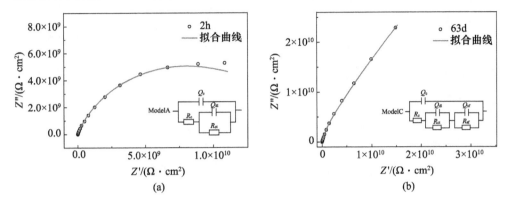

图 4.43　W3 完好涂层体系/铝合金试样的阻抗数据的等效电路拟合结果
(a)2h；(b)63d。

图 4.44 所示为 W4 完好涂层体系在 3.5% NaCl 溶液中浸泡不同时间的 EIS 图谱。由图 4.44 可以看出,涂层体系在浸泡初期(2h)Bode 图是近似于斜率为 -1 的一条直线,低频阻抗模值接近 $10^{10}\Omega\cdot cm^2$；Nyquist 图谱表现为一个不完整的半圆,表明浸泡初期复合涂层作为一个屏蔽层,较好地隔绝了腐蚀介质与基体的直接接触,从而使铝合金基体得到较好的保护。浸泡 8h 后,W4 试样的 Nyquist 图谱中容抗弧半径减小,Bode 图中涂层的低频阻抗模值也有所下降,表明溶液通过涂层中的微孔不断向涂层渗入。随着浸泡时间的延长,190d 后 W4 的低频阻抗模值有所回升,可能是涂层中颜料反应后生成的腐蚀产物堵塞了涂层上的微孔,从而使涂层阻抗值逐渐上升并维持不变。

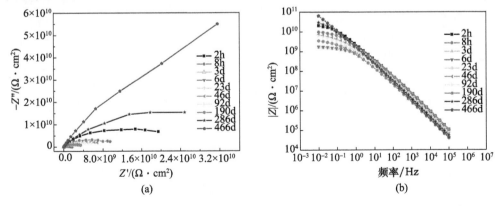

图 4.44　W4 完好涂层/铝合金试样在 3.5% NaCl 溶液中浸泡不同时间的 EIS 图谱
(a)Nyquist 图；(b)Bode 图。

采用电路图对涂层进行等效电路进行拟合。浸泡 2~8h,用 Model B 进行等效电路拟合,浸泡 1~466d,用 Model C 进行等效电路拟合,见图 4.45。

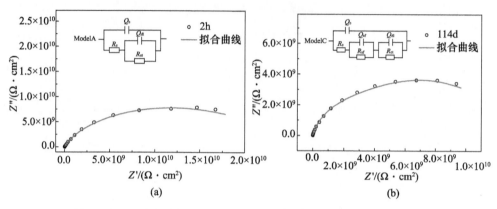

图 4.45　W4 完好涂层/铝合金试样的阻抗数据的等效电路拟合结果
(a)2h;(b)114d。

图 4.46 所示为 W7 完好涂层/铝合金试样在 3.5% NaCl 溶液中浸泡 435d 过程中的 EIS 图谱。由图 4.46 可以看出,涂层体系在浸泡初期(2h)Bode 图是近似于斜率为 -1 的一条直线,低频阻抗模值接近超过 $10^{11}\Omega\cdot cm^2$;而 Nyquist 图谱表现为一个不完整的半圆。这表明浸泡初期复合涂层作为一个屏蔽层,较好地隔绝了腐蚀介质与基体的直接接触,从而使铝合金基体得到较好的保护。随着浸泡时间的延长,直至 435d W7 的低频阻抗模值一直处于稳定状态。

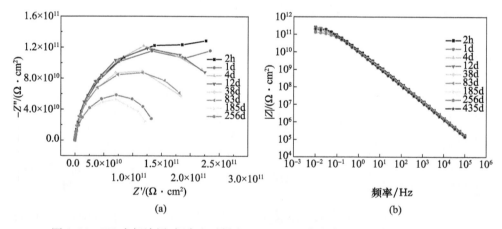

图 4.46　W7 完好涂层/铝合金试样在 3.5% NaCl 溶液中浸泡 435d 的 EIS 图谱
(a)Nyquist 图;(b)Bode 图。

浸泡 2h~435d,用 Model B 进行等效电路拟合,涂层等效电路拟合见图 4.47。

第4章 有机涂层下铝合金材料腐蚀规律

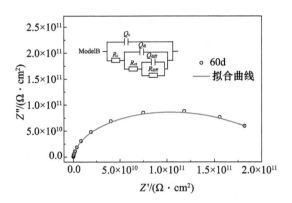

图 4.47　W7 完全好涂层/铝合金试样 60d 阻抗数据的等效电路拟合结果

图 4.48 所示是 W3、W4 和 W7 的涂层电阻 R_c 随浸泡时间的变化曲线。由图中可以看出，在浸泡初期，W3 和 W4 的涂层电阻都是先下降，这是因为电解质溶液渗入涂层，涂层吸水造成的涂层电阻下降；但是随着浸泡时间的延长，W3 和 W4 涂层电阻趋于稳定，这是因为涂层的吸水达到饱和，涂层电阻维持在一个较为稳定的值；当浸泡了 100d 左右以后，W3 和 W4 的涂层电阻增大，可能是由于腐蚀产物堵塞了涂层的孔隙，阻碍了电解质溶液的渗入，造成涂层电阻增大。而在整个浸泡过程中，W7 的涂层电阻虽然整体随着浸泡时间的变化也有缓慢地下降，始终处于一个较稳定的范围，变化不超过一个数量级。

图 4.49 所示为 W3、W4 和 W7 防腐蚀底漆中颜料表面的反应电阻（R_{ct}）随时间变化曲线。由图可以看出，在浸泡初期 R_{ct} 先下降，这是由于电解质溶液渗入，电解质溶液与涂层中的颜料接触，迅速反应；随着浸泡时间的延长，R_{ct} 逐渐上升，这可能是由于腐蚀产物包覆在颜料表面或者是堵塞了涂层的空隙，增加了涂层颜料与电解质的反应阻力。

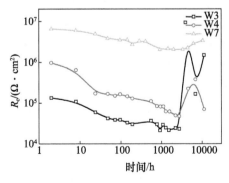

图 4.48　W3、W4 和 W7 涂层电阻（R_c）随浸泡时间的变化曲线

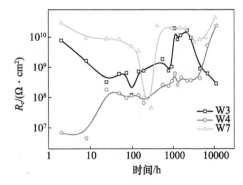

图 4.49　W3、W4 和 W7 防腐蚀底漆中颜料表面的反应电阻（R_{ct}）随时间变化曲线

根据对 W3、W4 和 W7 三种涂层体系的 R_c 和 R_{ct} 的分析可知，浸泡初期，W7 比较稳定，R_c 随时间变化的幅度很小，并且 R_c、R_{ct} 的值都较 W3 和 W4 高，说明与 W3 和 W4 相比较，W7 的涂层屏蔽性好、涂层孔隙率低、颜料与溶液反应阻力大。可能是由于 W7 为低表面能类型的防污涂料，该涂料不发生水解，所以 R_c 随时间变化的幅度很小，并且涂层屏蔽性好、涂层孔隙率低。总体来说，W7 具有较好的保护作用。

2. 人工十字破损的涂层电化学交流阻抗测试

图 4.50 所示为 W3 人工十字破损涂层在 3.5% NaCl 溶液中浸泡 49d 的 EIS 图谱。由图 4.50 可以看出，人工十字破损的 W3 在浸泡 2h 后，Nyquist 图是一个不完整的半圆弧；在浸泡了 2h 之后，低频阻抗值下降，Nyquist 圆弧半径减小，涂层的保护作用下降；浸泡 49d 之后，Bode 图低频区出现一个较宽的平台，涂层失去保护作用。

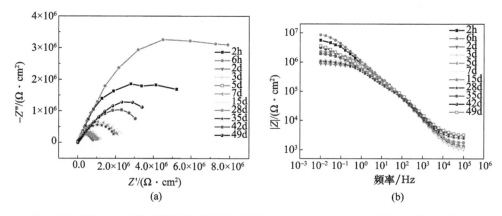

图 4.50　W3 人工十字破损涂层/铝合金试样在 3.5% NaCl 溶液中浸泡 49d 的 EIS 图谱
(a) Nyquist 图；(b) Bode 图。

图 4.51 所示为 W4 人工十字破损涂层在 3.5% NaCl 溶液中浸泡 43d 的 EIS 图谱。由图 4.51 可以看出，人工十字破损的 W4 在浸泡 2h 后，Nyquist 图是一个不完整的半圆弧；浸泡 22d 之后，Nyquist 图低频区出现第二个圆弧，此时溶液已经进入涂层与基体的界面，溶液与基体发生反应；在浸泡了 43d 之后，低频阻抗值下降，Nyquist 圆弧半径先增大后减小，Bode 图出现一个较宽的台阶，涂层屏蔽性能下降，失去保护作用。

图 4.52 所示为 W7 人工十字破损涂层在 3.5% NaCl 溶液中浸泡不同时间的 EIS 图谱。由图 4.52 可以看出，人工十字破损的 W7 在浸泡 2h 后，Nyquist 图是一个不完整的半圆弧，并且低频阻抗值上升，Nyquist 圆弧半径增大，涂层起到阴极保护作用，在浸泡过程中，W7 一直处于稳定状态，对基体有较好的保护作用。

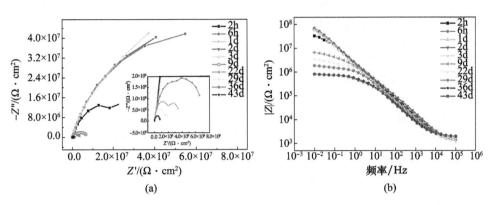

图 4.51　W4 人工十字破损涂层/铝合金试样在 3.5% NaCl 溶液中浸泡 43d 的 EIS 图谱
(a) Nyquist 图；(b) Bode 图。

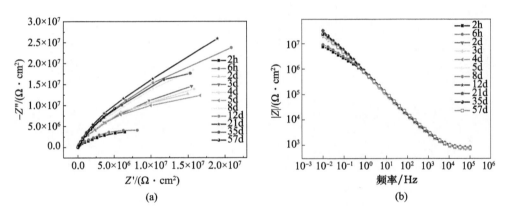

图 4.52　W7 人工十字破损涂层/铝合金试样在 3.5% NaCl 溶液中浸泡不同时间的 EIS 图谱
(a) Nyquist 图；(b) Bode 图。

通过比较 W3、W4 和 W7 三种人工十字破损涂层/铝合金试样的电化学交流阻抗测试结果，可以发现 W7 在浸泡了 57d 之后仍然有很好的保护作用，这是由于 W7 为低表面能类型的防污涂层，不含任何的防污剂，而 W3 和 W4 由于分别含有氧化亚铜和硫氰酸亚铜，Cu^{2+} 释放到溶液中，通过破损处和铝合金基体反应，涂层很快就失去了对基体的保护作用。

3. 小结

（1）W7 的涂层屏蔽性好、涂层孔隙率低、颜料与溶液反应阻力大。由于 W7 为低表面能类型的防污涂料，该涂料不发生水解，所以 R_c 随时间变化的幅度很小，并且涂层屏蔽性好、涂层孔隙率低。总体来说，W7 具有较好的保护作用。

（2）在涂层破损的情况下，W7 仍然可以较好地保护铝合金基体，而 W3 和 W4 很快就失去了对基体的保护作用。

4.4.4 人工十字破损涂层浸泡后涂层表面形貌

1. 宏观形貌分析

图 4.53 所示为 10 种涂层体系人工十字破损浸泡 100d 后的数码照片。可以看出，W1 在浸泡后，人工十字破损处露出的铝合金基体不再光亮，而是呈现黑色，是因为铝合金基体发生腐蚀；W2 在浸泡后，基体变黑，同时可以观察到涂层表面有裂纹；浸泡后的 W3，露出的基体局部呈现黑色；W4 浸泡后基体黑色，并且涂层出现很多起泡；W5 浸泡后基体发生严重的腐蚀，涂层出现很多裂纹；W6 浸泡后基体腐蚀，涂层出现裂纹并且防污涂层在划叉处已经脱落；W7 涂层无裂纹无起泡，基体发生腐蚀；W8 浸泡后基体发生腐蚀；W9 浸泡后铝合金基体严重腐蚀；W10 浸泡后基体发生腐蚀，并且由于有 Cu^{2+} 的渗出，涂层由原来的红色变为蓝色。

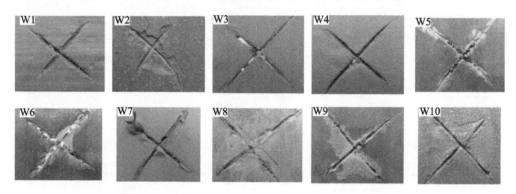

图 4.53　10 种涂层体系人工十字破损浸泡 100d 后的数码照片

2. SEM 分析

为了观察浸泡后 5083 铝合金的腐蚀形貌，采用 SEM 对 W10 浸泡后的铝合金基体的腐蚀形貌进行观察。

图 4.54 所示为 W10 人工破损涂层体系在 3.5% NaCl 溶液中浸泡 96d 后，对铝合金基体表面进行的扫描电镜观察结果。前文的 W10 人工破损的电化学交流阻抗测试结果可以表明，破损的涂层在浸泡 6h 后溶液已经开始与基体发生反应，9d 后涂层失去保护作用。由图中可以看出，浸泡了 96d 后铝合金表面出现了大面积的腐蚀深孔。

图 4.55 所示为 W10 完好涂层体系浸泡 169d 后，铝合金基体的表面腐蚀形貌。前文 W10 完好涂层的电化学交流阻抗测试结果可以表明，在浸泡 169d 后，涂层仍然有很好的保护作用，由图中可以看出，在浸泡了 169d 之后铝合金表面只是局部出现了腐蚀深孔。对比图 4.54 和 4.55 可以看出，涂层的完整性对保护基体不受腐蚀是非常重要的。

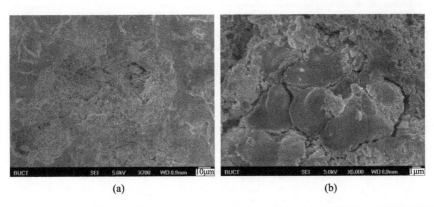

图 4.54　W10 人工破损涂层体系在 3.5% NaCl 溶液中浸泡 96d 后的铝合金基体腐蚀形貌
(a)放大 700 倍；(b)将腐蚀深孔局部放大 5000 倍。

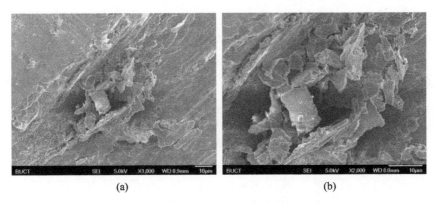

图 4.55　W10 完好涂层体系浸泡 169d 后的铝合金腐蚀形貌
(a)放大 1000 倍；(b)将腐蚀深孔局部放大 2000 倍。

3. 红外测试结果

图 4.56 所示是 W10 防污涂层在浸泡前以及浸泡 167d 后的 FT-IR 分析，以 2920/cm 和 2850/cm 处的饱和烷烃的甲基和亚甲基伸缩振动峰为标准来比较不同试样峰强的变化。其中，3340/cm 处为—OH 的特征吸收峰，1730/cm 处为羧酸酯 C═O 的伸缩振动峰，1458/cm 处为羧基官能团 C—OH 的弯曲振动峰，1100/cm 处为羧酸酯 C—O—C 伸缩振动峰。由图 4.56 可以看出，在浸泡 167d 后，3340/cm 处的—OH 特征吸收峰显然高于浸泡前，这是表明丙烯酸树脂可能按下式水解生成了 R—OH：

$$\text{-[CH}_2\text{-CH]}_n\text{-} \xrightarrow[\text{OH}^-]{\text{H}_2\text{O}} \text{-[CH}_2\text{-CH]}_n\text{-} + \text{R-OH}$$
$$\quad\quad |\quad\quad\quad\quad\quad\quad\quad |$$
$$\quad\text{C=O}\quad\quad\quad\quad\quad\text{C=O}$$
$$\quad\quad |\quad\quad\quad\quad\quad\quad\quad |$$
$$\quad\text{OR}\quad\quad\quad\quad\quad\quad\text{OH}$$

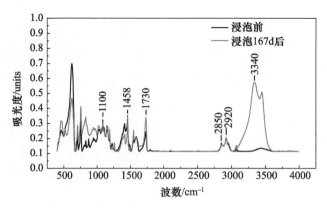

图 4.56　浸泡前/浸泡 167d 防污涂层的 FT－IR 分析（见彩插）

上述结果符合 Yebra D M. 对以 Cu_2O 为填料的自抛光防污涂层在浸泡过程中的作用研究：首先，丙烯酸树脂与海水反应发生水解，同时，Cu_2O 颜料与海水反应分解生成 Cu^{2+}；然后，伴随着丙烯酸树脂的水解，Cu^{2+} 作为防污剂释放从而起到防污作用；最后，防污涂层表面树脂剥落，露出新的树脂层。上述过程循环进行，从而达到防污的目的。

4.4.5　10 种防污涂层体系的电化学防护性能比较

前人的研究表明，除了对电化学交流阻抗数据进行等效电路拟合与解析以外，还可以利用 0.01Hz 频率下的阻抗模值（$|Z|_{0.01Hz}$）评价涂层对基体的防护性能。在大量的前期工作的基础上，提出了利用 10Hz 下的相位角值可快速评价涂层的保护性能的方法。具体如下：涂层低频率阻抗模值（$|Z|_{0.01Hz}$）大小可代表涂层服役性能好坏，一般的涂层体系失效的低频率阻抗值约为 $10^6\Omega\cdot cm^2$，即当涂层 $|Z|_{0.01Hz}$ 小于 $10^6\Omega\cdot cm^2$ 时，认为涂层失效。如表 4.5 所列，$|Z|_{0.01Hz}$ 在 $10^7\sim 10^6\Omega\cdot cm^2$ 时，涂层性能较差；$|Z|_{0.01Hz}$ 在 $10^8\sim 10^7\Omega\cdot cm^2$ 时，涂层性能一般；$|Z|_{0.01Hz}$ 在 $10^8\sim 10^9\Omega\cdot cm^2$ 时，涂层性能良好；$|Z|_{0.01Hz}$ 在 $10^9\Omega\cdot cm^2$ 以上时，涂层性能优异。而特定频率 10Hz 下的相位角在 70°以上时，涂层性能优异；相位角在 50°~70°时，涂层性能良好；相位角在 30°~50°时，涂层性能一般；相位角在 15°~30°时，涂层性能较差；而当相位角在 15°以下时，认为涂层开始失效。

表 4.5　涂层防护性能判断依据说明表

特定频率下相位角/(°)	低频阻抗/($\Omega\cdot cm^2$)	涂层状态描述
≥70	$|Z|_{0.01Hz}\geq 10^9$	性能优异
50≤Φ<70	$10^8\leq |Z|_{0.01Hz}<10^9$	性能良好

续表

特定频率下相位角/(°)	低频阻抗/($\Omega \cdot cm^2$)	涂层状态描述
$30 \leq \Phi < 50$	$10^7 \leq |Z|_{0.01Hz} < 10^8$	性能一般
$15 \leq \Phi < 30$	$10^6 \leq |Z|_{0.01Hz} < 10^7$	性能较差
<15	$|Z|_{0.01Hz} < 10^6$	性能差(失效)

下面采用以上两种方法对10套防腐/防污涂层体系的基体保护性能进行评价及对比。

1. 10套完好涂层体系的性能比较

图4.57所示为10种完好复合涂层/铝合金试样在3.5% NaCl溶液中$|Z|_{0.01Hz}$随浸泡时间的变化曲线。可以看出,在超过600d的浸泡过程中,W1完好涂层体系试样的$|Z|_{0.01Hz}$值均处于$10^9 \sim 10^{11}\Omega \cdot cm^2$范围内,说明该涂层对铝合金基体仍具有优良的保护性能。W2完好涂层体系的$|Z|_{0.01Hz}$值均高于$10^{10}\Omega \cdot cm^2$,而且保持相对稳定,说明其防护性能更加优异和稳定。W3、W4和W6的$|Z|_{0.01Hz}$值均在$10^9 \sim 10^{11}\Omega \cdot cm^2$之间,防护性能优良。W5的$|Z|_{0.01Hz}$值在接近600d时降到$10^9\Omega \cdot cm^2$以下,说明W5在600d以内,与其他涂层一样对基体具有优异的保护性能,600d以后性能降为良好。W7的$|Z|_{0.01Hz}$值始终保持在$10^{11}\Omega \cdot cm^2$以上,而且变化很小,说明其保护性能不仅非常优异,而且十分稳定。W8、W9和W10的$|Z|_{0.01Hz}$值也是保持在$10^{10}\Omega \cdot cm^2$以上,因此,也属于性能优异的范畴。

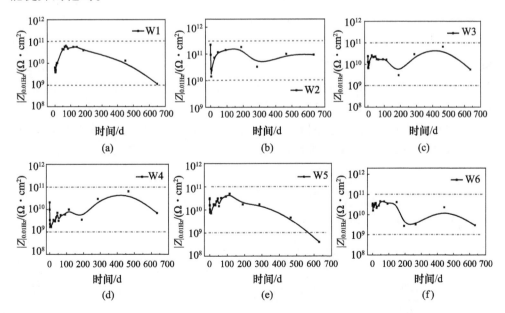

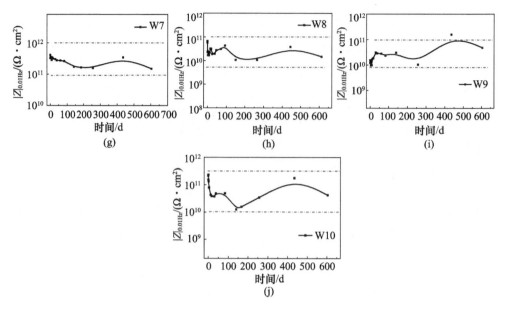

图 4.57 10 种完好复合涂层/铝合金试样在 3.5% NaCl 溶液中 $|Z|_{0.01Hz}$ 随浸泡时间的变化曲线

(a) W1；(b) W2；(c) W3；(d) W4；(e) W5；(f) W6；(g) W7；(h) W8；(i) W9；(j) W10。

图 4.58 所示为 10 种完好复合涂层/铝合金试样在 3.5% NaCl 溶液中 10Hz 下的相位角随浸泡时间的变化曲线。可以看出，由特定频率 10Hz 下的相位角来评价 10 套完全好涂层的保护性能与由图中的低频阻抗 $|Z|_{0.01Hz}$ 值所判断的结果相吻合。W1 的相位角基本处于 60°以上，超过 600d 降至 54°，说明该涂层对铝合金基体的保护性能优良。W2 的相位角一直处于 77°以上，说明其防护性能优异且稳定。W3、W4 和 W6 的相位角多数时间内均处于 60°以上，说明其防护性能优良。W5 的相位角在 550d 以内都高于 50°，之后降至 50°以下，说明 W5 的性能在浸泡一年半以后由优良降为良好和一般。W7 的相位角始终保持在 82°以上，其保护性能非常优异、稳定。W8、W9 和 W10 的相位角一直在 70°以上，因此，性能优异。

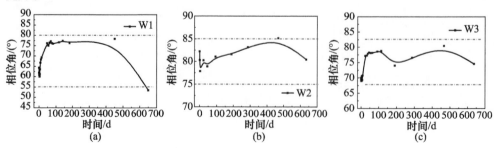

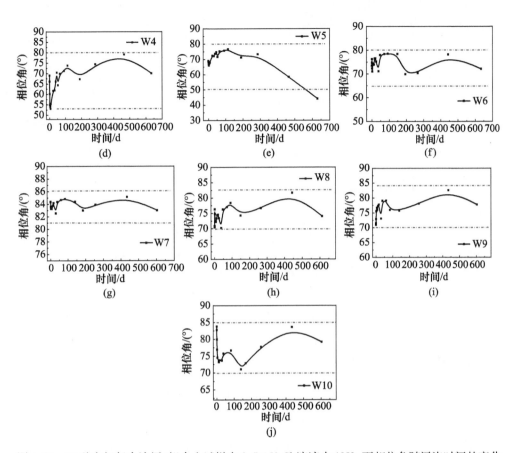

图 4.58 10 种完好复合涂层/铝合金试样在 3.5% NaCl 溶液中 10Hz 下相位角随浸泡时间的变化
(a)W1；(b)W2；(c)W3；(d)W4；(e)W5；(f)W6；(g)W7；(h)W8；(i)W9；(j)W10。

图 4.59 和图 4.60 所示为 10 种完好复合涂层试样的 $|Z|_{0.01Hz}$ 值和 10Hz 下相位角的比较。右图的横坐标将时间取 log 值是为了更好看清楚浸泡起始阶段各涂层阻抗的变化。可以看出，W7 完好涂层对基体铝合金的保护性能最好且最稳定；W2 的性能稍次之；W3、W4、W6、W8、W9、W10 6 种涂层在浸泡 600d 的时间内对基体始终具有优异的保护性能；W1 和 W5 在浸泡超过 550d 以后保护性能降至良好状态。

交流阻抗数据解析出来的电荷转移电阻 R_{ct}，与基体金属的腐蚀有较紧密的关系，R_{ct} 越大，金属的腐蚀速率越小；反之，R_{ct} 越小，金属的腐蚀速率越大。图 4.61 所示为 10 种完好复合涂层/铝合金试样表面电荷转移电阻 R_{ct} 的比较（10000h，415d）。可以看出，W7 的电阻 R_{ct} 数值始终较大且较稳定，说明其基体腐蚀速率总体最小且变化不大；W2 稍次之，其前期腐蚀速率较小，随着时间的延长后期有所上

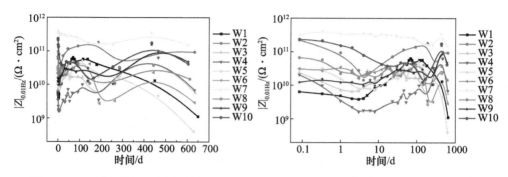

图4.59 10种完好复合涂层/铝合金试样在3.5% NaCl溶液中$|Z|_{0.01Hz}$的比较(见彩插)

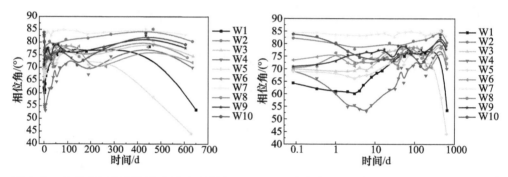

图4.60 10种完好复合涂层/铝合金试样在3.5% NaCl溶液中10Hz下的相位角的比较(见彩插)

升;然后是W8、W3、W1,再次是W4、W5,这5种涂层体系在浸泡大于400d的过程中,基体的腐蚀速率变化不是很大;W9和W10在浸泡前期R_{ct}较高,但随着时间的延长下降较快,说明涂层下基体的腐蚀速率逐渐上升。

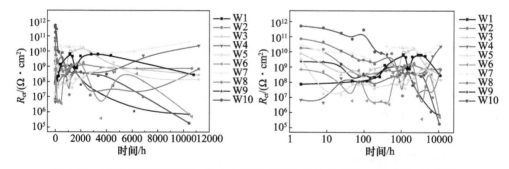

图4.61 10种完好复合涂层/铝合金试样表面电荷转移电阻R_{ct}的比较(见彩插)

2. 十字破损的涂层体系的性能比较

图4.62所示为10种人工十字破损的涂层/铝合金试样在3.5% NaCl溶液中$|Z|_{0.01Hz}$随浸泡时间的变化曲线。可以看出,W1破损涂层试样在浸泡5d左右,其

第4章 有机涂层下铝合金材料腐蚀规律

$|Z|_{0.01Hz}$值下降至 $10^6\Omega\cdot cm^2$ 以下,说明对铝合金基体的保护性能基本丧失。W2 破损涂层体系浸泡 160d 后的 $|Z|_{0.01Hz}$ 值仍保持在 $10^7 \sim 10^8\Omega\cdot cm^2$,且较稳定,说明对基体仍有一定的保护性。在 120d 的浸泡过程中 W3 和 W4 破损涂层的 $|Z|_{0.01Hz}$ 值基体维持在 $10^6\Omega\cdot cm^2$ 以上,对基体的保护性能较差,但未完全失效。W5 破损涂层的 $|Z|_{0.01Hz}$ 值在 29d 左右降到 $10^6\Omega\cdot cm^2$ 以下,说明对基体的保护性能保持大概一个月。破损的 W6 在浸泡 12d 以内对基体仍具有一定的保护性能,35d 以后,$|Z|_{0.01Hz}$ 接近 $10^6\Omega\cdot cm^2$,涂层失去保护作用。涂层 W8 和 W10 破损后对基体的保护作用失去得较快,基本上在 1d 以后基本失效。涂层 W9 破损后对基体的保护作用可维持 4d。涂层 W7 破损后在 95d 以内对涂层仍具有一定的保护性能,然后变差,140d 后失去保护性能。

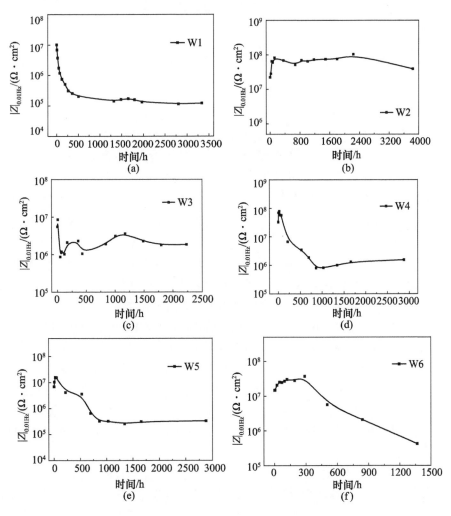

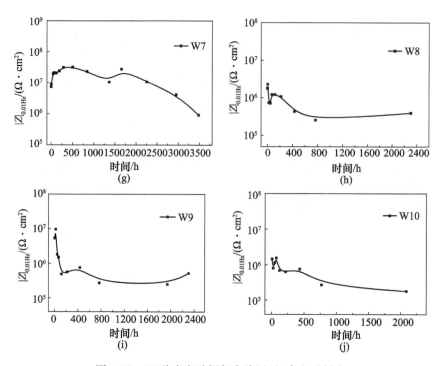

图 4.62 10 种十字破损复合涂层/铝合金试样在
3.5% NaCl 溶液中 $|Z|_{0.01Hz}$ 随浸泡时间的变化曲线
(a) W1；(b) W2；(c) W3；(d) W4；(e) W5；(f) W6；(g) W7；(h) W8；(i) W9；(j) W10。

图 4.63 所示为 10 种人工十字破损的涂层/铝合金试样在 3.5% NaCl 溶液中 10Hz 下的相位角随浸泡时间的变化曲线。W1 破损涂层试样在浸泡 35d 其相位角大于 50°，107d 降至 30°，215d 时相位角为 22°。W2 破损涂层体系浸泡 160d 后其相位角仍保持在 72°以上。W3 涂层破损后浸泡 1d 内，相位角降至 50°以下，54d 后降至 40°，120d 时为 37°。W4 涂层破损后 27d 内相位角在 60°以上，92d 降至 50°，120d 时为 42°。W5 破损涂层的相位角值在 23d 以内保持在 70°以上，32d 时降到 60°，120d 时为 50°。破损的 W6 在浸泡 57d 以内的相位角值一直在 60°~70°。涂层 W7 破损后在 140d 以内其相位角一直保持在 70°以上，140d 后降至 70°以下。涂层 W8 破损后 44d 内相位角保持在 50°以上，96d 后降至 40°以下。涂层 W9 破损后 2d 内相位角降至 50°以下，36d 后为 40°，77d 降为 30°，96d 为 22°。涂层 W9 破损后 1d 相位角降至 60°，51d 降至 50°，87d 降至 40°，94d 降到 30°。

图 4.64 所示为 10 种十字破损涂层试样的 $|Z|_{0.01Hz}$ 值比较。可以看出，涂层破损后，对基体保护作用最好的为 W2，160d 后对涂层还有一定的保护性能；其次为 W7，

第4章 有机涂层下铝合金材料腐蚀规律

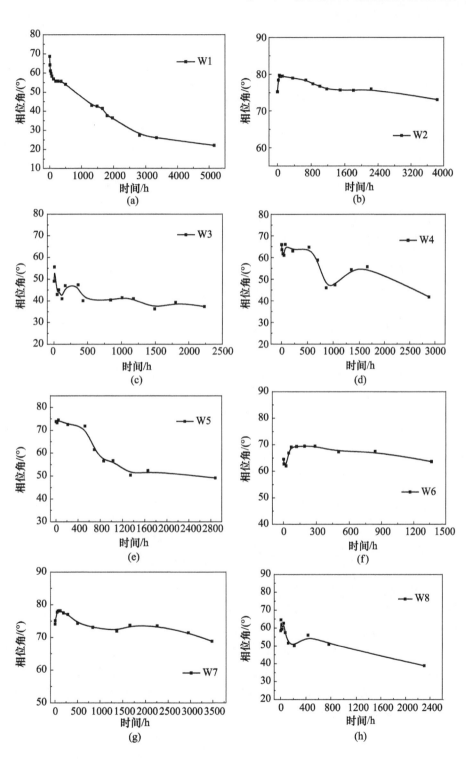

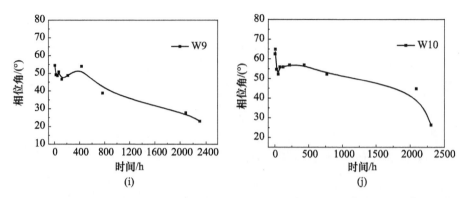

图 4.63 10 种十字破损复合涂层/铝合金试样在 3.5% NaCl 溶液中相位角随浸泡时间的变化曲线
(a) W1; (b) W2; (c) W3; (d) W4; (e) W5; (f) W6; (g) W7; (h) W8; (i) W9; (j) W10。

破损后其阻抗值仍较高,对基体的保护性能持续到 95d;然后是涂层 W4、W3 和 W6,虽然低频阻抗值比 W7 低些,保护性能略差些,但 W4 和 W3 能维持到 120d,W6 能维持到 35d;W5 又次之,破损后对基体的保护性能近一个月;W1 和 W9 差不多,破损后对基体有保护时间,为 3~5d。涂层 W8 和 W10 相对弱些,破损后在 1d 左右丧失对基体的保护作用。

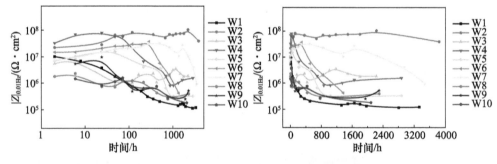

图 4.64 10 种人工十字破损复合涂层/铝合金试样
在 3.5% NaCl 溶液中 $|Z|_{0.01Hz}$ 的比较(见彩插)

图 4.65 所示为 10 种十字破损涂层试样的 10Hz 下的相位角比较。对 10 种涂层的性能进行排序:W2 和 W7 最好;其次是 W6;然后是 W5 和 W4;再次是 W8、W3 和 W10;W1 和 W9 最弱。

比较图 4.64 和图 4.65 中的结果,发现两种方法对破损涂层的保护性能所得的排序基本是一致的。但是如果根据 10Hz 下的相位角来评价破损涂层对基体的保护作用,所得结果大大高于利用 $|Z|_{0.01Hz}$ 值对涂层的评价结果。因此,对于采用 10Hz 下的相位角来评价破损涂层的标准还需要通过大量的实验来研究和确立。

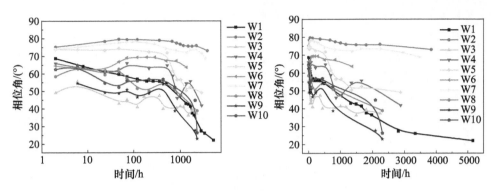

图 4.65　10 种人工十字破损复合涂层/铝合金试样在 3.5%
NaCl 溶液中 10Hz 下的相位角的比较(见彩插)

4.4.6　含铜与不含铜的防污涂层体系对基体的保护性能比较

图 4.66 所示为含铜与不含铜完好复合涂层/铝合金试样在 3.5% NaCl 溶液中 $|Z|_{0.01Hz}$ 的比较。其中粗线为含铜试样的数据,细线为不含铜试样的数据。含铜试样有 W3 含 Cu_2O,W4 含硫氰酸亚铜,W9 和 W10 中的 Cu_2O 含量较高,这 4 种涂层体系的厚度也都是 160μm。可以看出,相比较其他涂层体系而言,W3、W4、W9 和 W10 4 种含铜的防污涂层体系对基体铝合金的保护性处于中游水平,短期(约一周)之内含硫氰酸亚铜的 W4 比含 Cu_2O 的 W3、W9 和 W10 稍弱些,但从长期的效果(一周以后)来看,W4 和 W3 差不多。

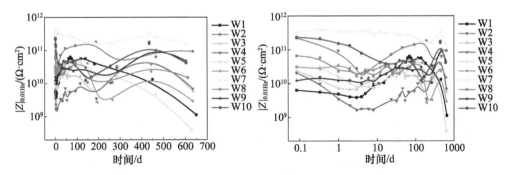

图 4.66　含铜与不含铜完好复合涂层/铝合金试样在 3.5% NaCl 溶液中 $|Z|_{0.01Hz}$ 的比较(见彩插)

在图 4.66 中涂层/铝合金试样 R_{ct} 的比较曲线中,将防污剂中含铜的 4 个试样(W3、W4、W9、W10)的数据均用粗线表示,可以看出,10 种配套中 W9 和 W10 的 R_{ct} 下降幅度最大,可能与防污剂中的 Cu_2O 含量较高有关,防污剂中释放出来的大量 Cu^{2+} 渗入涂层到达基体加速金属的反应。W3 面漆中的 Cu_2O 含量相对低些,其腐蚀速率变化不大,可见 Cu_2O 含量高对基体的腐蚀速率影响更大。含硫氰酸亚铜的 W4 与含 Cu_2O 的 W3 相比,基体的腐蚀速率相差不太大。

图 4.67 所示为含铜与不含铜的十字破损复合涂层/铝合金试样在 3.5% NaCl 溶液中 $|Z|_{0.01Hz}$ 的比较。可以看出,涂层发生破损后,含铜涂层的阻抗值下降很快。Cu_2O 含量相对低些的 W3 与含 Cu_2O 量较高的 W9 和 W10 相比,W9 和 W10 的阻抗低了将近一个数量级,W9 和 W10 破损后对基体的保护时间仅有几天,W3 对基体的保护时间有 100d 左右。含 Cu_2O 的 W3 与含硫氰酸亚铜的 W4 相比,性能差不多,图中的数据显示 W4 相对较强一点。

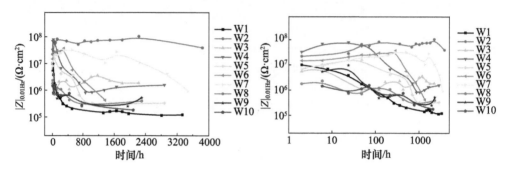

图 4.67　含铜与不含铜的十字破损复合涂层/铝合金试样
在 3.5% NaCl 溶液中 $|Z|_{0.01Hz}$ 的比较(见彩插)

因此,可以得出结论,当涂层完好时,防污涂层中含与不含铜以及含何种铜对其保护性能影响不大,但当涂层体系发生破损后,由于防污剂中的铜释放出来,并在破损处周围聚集(结合腐蚀图片图),会大大促进破损处基体铝合金的腐蚀,含铜量高对基体腐蚀的促进作用更明显。防腐蚀效果 Cu_2O 差于含硫氰酸亚铜防污剂的防污漆,因此选择含硫氰酸亚铜防污剂的防污漆。

表 4.6 与表 4.7 所列为 5083 铝合金防污涂层配套体系的性能比较表。表 4.6 描述了 10 套防污涂层体系的防污剂类型,试样在 3.5% NaCl 溶液中浸泡 600d 时的低频阻抗($|Z|_{0.01Hz}$)值和 10Hz 频率下的相位角值,以及涂层外观的变化情况。表 4.7 描述了 10 套人工十字破损涂层试样浸泡 100d 时的 $|Z|_{0.01Hz}$ 值和 10Hz 频率下的相位角值以及涂层外观的变化。

表 4.6　5083 铝合金完好防污涂层配套体系的性能比较(各参数取 600d 的数据)

配套	$|Z|_{0.01Hz}/(\Omega \cdot cm^2)$	相位角/(°)	类型	外观
W1	2.0×10^9	60	铁红防污漆 SEA-EF99A	无明显变化
W2	9.5×10^{10}	81	防污漆 NAF2008A	无明显变化
W3	9.9×10^9	76	含一定量的 Cu_2O	无明显变化
W4	9.9×10^9	71	含硫氰酸亚铜	无明显变化

续表

配套	$\|Z\|_{0.01Hz}/(\Omega \cdot cm^2)$	相位角/(°)	类型	外观
W5	6.5×10^8	47	725-B40-CF1 防污漆	无明显变化
W6	4.0×10^9	73	725-B40-EF1 防污漆	无明显变化
W7	1.4×10^{11}	83	低表面能,不含防污剂	无明显变化
W8	1.6×10^{10}	75	859 铝艇防污漆	无明显变化
W9	5.1×10^{10}	78	Cu_2O 含量较高	无明显变化
W10	5.0×10^{10}	80	Cu_2O 含量较高	无明显变化

表4.7 5083铝合金人工破损防污涂层配套体系的性能比较(阻抗与相位角取100d的数据)

配套	腐蚀电位/mV	$\|Z\|_{0.01Hz}/(\Omega \cdot cm^2)$	相位角/(°)	类型	破损外观
W1	-1190	1.2×10^5	31	铁红防污漆 SEA-EF99A,含铁红类颜料	涂层变暗,划叉处呈黑色、有腐蚀
W2	-1290	8.6×10^7	75	防污漆 NAF2008A	涂层表面有裂纹,划叉处基体变黑
W3	-976	1.8×10^6	37	含一定量的 Cu_2O	划叉处基体呈黑色
W4	-1380	1.5×10^6	47	含硫氰酸亚铜	涂层出现很多鼓泡,划叉处基体变黑
W5	-1098	3.2×10^5	50	725-B40-CF1 防污漆	涂层出现很多裂纹,基体严重腐蚀
W6	-976	$<10^5$	60	725-B40-EF1 防污漆	涂层出现裂纹,且在划叉处已经脱落,基体腐蚀
W7	-1052	9.3×10^6	73	低表面能,不含防污剂	无裂纹、无鼓泡,基体发生腐蚀
W8	-941	3.9×10^5	38	859 铝艇防污漆	涂层颜色变化较大,基体发生腐蚀
W9	-1141	5.1×10^5	22	Cu_2O 含量较高	基体发生严重腐蚀,划叉处附近均是绿色铜产物
W10	-1117	1.8×10^5	26	Cu_2O 含量较高	基体发生腐蚀,铜产物使涂层由红色变为蓝绿色

4.4.7 电化学测试结论

（1）研究了 3.5% NaCl 溶液中 Cu^{2+} 含量对 5083 铝合金腐蚀的影响，随着溶液中 Cu^{2+} 含量的变化，铝合金的点蚀电位基本保持不变，而自腐蚀电位随 Cu^{2+} 含量的增加而逐渐正移，腐蚀速率逐渐增大。引起铝合金腐蚀的临界 Cu^{2+} 浓度在 70~100μg/L，即当溶液中的 Cu^{2+} 浓度超过该临界范围后，铝合金的腐蚀显著增加。

（2）10 种 5083 铝合金配套涂层体系在 3.5% NaCl 溶液中的自腐蚀电位 E_{corr} 均比铝合金裸板的开路电位负，说明 10 种配套体系都对铝合金有一定的阴极保护作用。10 种配套体系的点蚀电位 E_b 与铝合金裸板的点蚀电位 E_b 相比，变化不大，说明选择合适的环氧类防锈底漆，涂装达到一定厚度，涂层体系对铝合金基材的耐点蚀能力影响不大。

（3）在盐水中的浸泡超过 600d 的过程中，10 套完好的防污涂层配套体系对 5083 铝合金基体均具有很好的保护性能。其中，不含防污剂的低表面能涂层体系对基体铝合金的保护性能最好且最稳定；不含铜离子的 W2 的性能稍次之；W8、W9、W10 和 W3、W4、W6 6 种涂层体系对基体的保护性能也很优异；说明完整配套的环氧涂料体系对 5083 铝合金的防腐蚀性能具有优异的保护效果。W1 和 W5 在浸泡超过 550d 以后保护性能降至良好状态，说明这两个品种的防腐蚀性能略逊于其他厂家的防锈涂料。

（4）防污漆中含氧化亚铜的涂层体系在浸泡过程中逐渐释放出的 Cu^{2+} 会慢慢渗入到涂层（防污漆、中间漆、底漆），时间长后 Cu^{2+} 到达基体，会与防腐底漆中的颜料以及金属基体发生反应，加速铝合金的腐蚀。但在目前浸泡超过 600d 的时间内，防污漆中是否含铜对铝合金基体的保护性差异不大，说明只要涂层不发生破损，防腐蚀效果可以满足 5083 铝合金基体的防腐蚀需求。

（5）当涂层发生破损后，防腐防污涂层体系对铝合金基体的保护性能均明显下降，但 10 套防污涂层体系的表现差别较大。对基体保护作用最好的为不含铜离子的 W2，其保护作用可持续 160d；其次为不含铜离子的低表面能 W7，破损后涂层的阻抗也较高，对基体的保护性能持续到近 100d；然后是 W4、W3、W8 和 W6，其中 W4 和 W3 能维持到 120d，W8、W6 能维持到 35d；W1 和涂层 W9 和 W10 相对弱些，破损后对基体的保护时间有 3~5d 丧失对基体的保护作用。说明氧化亚铜和铁红类颜料不能加入铝合金专用防污漆中，否则在涂层破损时会引起腐蚀。

（6）涂层发生破损后，防污剂中的铜释放出来的 Cu^{2+} 在破损处周围集聚，会大大促进破损处基体铝合金的腐蚀。含铜量越高对基体腐蚀的促进作用越明显。含有 Cu_2O 的防污剂腐蚀速率最高。

(7) 可以利用 0.01Hz 频率下的阻抗模值($|Z|_{0.01Hz}$)评价防腐防污涂层体系对基体的保护性能。也可利用 10Hz 下的相位角快速测试和评价涂层体系对基体的保护性能。当涂层 $|Z|_{0.01Hz}$ 小于 $10^6\Omega \cdot cm^2$ 时,或者 10Hz 下的相位角小于 15°时,认为涂层失效。需要说明的是,当涂层发生破损后,10Hz 下的相位角的评价标准尚需要进一步研究和确立。

4.4.8 综合评价

将防污涂料实验室性能、实海挂板试验结果、电化学测试综合结果进行综合评定,考察防污涂料的综合性能。

1. 实海挂板试验结果

通过青岛地区海水全浸试验,考察 10 种防污涂层在海水中的实际防污能力。综合性能评价较好的是 W6、W9、W10、W3、W4、W8,见表 4.8。

表 4.8　10 种防污涂料综合性能记录表

序号	参试涂料	实验室性能评价	实海浸泡性能评价	电化学评价性能	涂料类型	综合评价
1	W1	6.2	7.4	8	铁红防污漆,含铁红类颜料	不采用
2	W2	7.9	9.5	9.5	不含 Cu_2O 防污漆	可采用
3	W3	9.6	9.9	9	含一定量的 Cu_2O	不采用
4	W4	9.6	9.9	9	含硫氰酸亚铜	不采用
5	W5	8.7	9.9	8	不含 Cu_2O 防污漆	不采用
6	W6	9.1	10.0	9	不含 Cu_2O 防污漆	可采用
7	W7	8.0	9.8	10	低表面能,不含防污剂	可采用
8	W8	9.6	9.5	9	859 铝艇防污漆	可采用
9	W9	9.6	9.9	9	Cu_2O 含量较高	不采用
10	W10	9.6	9.9	9	Cu_2O 含量较高	不采用

2. 小结

(1) 研究了 3.5% NaCl 溶液中 Cu^{2+} 含量对 5083 铝合金腐蚀的影响,发现随着溶液中 Cu^{2+} 含量的变化,铝合金的点蚀电位基本保持不变,而自腐蚀电位随 Cu^{2+} 含量的增加而逐渐正移,腐蚀速率逐渐增大。引起铝合金腐蚀的临界 Cu^{2+} 浓度在 70~100μg/L,即当溶液中的 Cu^{2+} 浓度超过该临界范围后,铝合金的腐蚀显著增加。因此,确定了引起 5083 铝合金基体腐蚀的临界铜离子浓度在 70~100μg/L。

(2) 10 种 5083 铝合金配套涂层体系在 3.5% NaCl 溶液中的自腐蚀电位 E_{corr}

均比铝合金裸板的开路电位负,说明 10 种配套体系都对铝合金有一定的阴极保护作用。10 种配套体系的点蚀电位 E_b 与铝合金裸板的点蚀电位 E_b 相比,变化不大,说明选择合适的环氧类防锈底漆,涂装达到一定厚度,涂层体系对铝合金基材的耐点蚀能力影响不大。

(3) 在盐水中的浸泡超过 600d 的过程中,10 套完好的防污涂层配套体系对 5083 铝合金基体均具有很好的保护性能。涂层中加入氧化亚铜会加速铝合金的腐蚀,尤其是当涂层破损时,铜离子带来的影响尤为严重,因此不能采用加入氧化亚铜的防污涂料。

(4) 可以利用 0.01Hz 频率下的阻抗模值($|Z|_{0.01Hz}$)快速评价防腐防污涂层体系对基体的保护性能;也可利用 10Hz 下的相位角快速测试和评价涂层体系对基体的保护性能。当涂层 $|Z|_{0.01Hz}$ 小于 $10^6 \Omega \cdot cm^2$ 时,或者 10Hz 下的相位角小于 15°时,认为涂层失效。

(5) 选用防污涂层时,需将防污涂料实验室性能、实海挂板试验结果、电化学测试综合结果进行综合评定,考察防污涂料的综合性能。

第 5 章

铝合金专用高耐腐蚀性涂层及其耐腐蚀机理

铝合金是海洋船舶中应用最广泛的金属材料之一,包括军用快艇、民用船舶、气垫船等,涂层是这些船舶必备的外保护层,但在海洋腐蚀环境中服役时,由于海洋性大气环境的严重腐蚀性以及炎热潮湿气候、老化等综合作用,很容易导致涂层保护性能降低甚至失效。为了保障装备的可靠性,有必要开发新型高性能耐腐蚀性涂层,保障铝船在严酷环境中的完好性。本章拟在前期开发的富镁涂层研究基础上,通过对富镁涂层的配方进行优化设计、镁粉颗粒度和加入量的控制、镁粉颗粒表面处理、加入镁粉溶解抑制剂、添加缓蚀性组分、改善界面结合力等途径,获得铝合金具有高结合力、屏蔽、阴极保护和缓蚀功能的新型高耐腐蚀性涂层,并对其机理进行论述。

5.1 概 述

5.1.1 铝合金富镁防腐蚀涂层技术发展

铝合金用富镁涂料通常是指以环氧树脂、乙烯基树脂、聚酯树脂、丙烯酸树脂等作为成膜基料,以高含量的镁粉为颜填料,加入溶剂和相应的助剂制备的防锈涂料。

在 19 世纪 60 年代中期,美国科学家发明了一种无机磷酸盐富镁涂料,并命名为 Scrmc Tcl W,它具有优异的耐老化性、重防腐性,被国际航空界认定为是一种性能优异的钢铁防腐蚀涂层,但这种涂料固化温度高,能耗大,且涂装工艺难度大。之后科研人员研制出了硅酸盐富镁涂料,克服了磷酸盐富镁涂料固化温度高的缺点。Liu Jian-hua 等研究了用纳米镁粉制成环氧富镁类防腐涂料,通过 SEM 和 EIS 检测结果表明:当 CPVC 为 30%~40% 时,涂料的防腐蚀效果最好,在 3.5% 的 NaCl 溶液中浸泡 400h 后失效。

被广泛应用的达克罗涂层技术中六价铬的毒性不容忽视,因此在 2009 年,时任美国防部采办主管约翰·杨发布命令,要求军方寻求降低六价铬使用量的新方法。针对约翰·杨的命令,海军空战中心飞机分部下属的材料工程部启动底漆研发工作,研发出一系列铝合金用富镁底漆。2012 年,美海军获得 2 项富镁底漆发明专利。2016 年,美海军授予 3N 化学品公司小批量生产合同,该富镁底漆已应用于一架陆军 H-60 直升机、一架国家航空航天局 C-130 运输机、两架海岸警卫队 H-60 直升机以及海军各种支持设备。2018 年 12 月,美国防系统信息分析中心发布了题为《美海军航空系统司令部公布变革性富镁底漆》的文章。文章指出,美海军研发出富镁底漆,可对飞机的铝和钢零件进行防护,若大规模应用,可能对飞机的防腐蚀工作带来变革性影响。目前,在工业技术发达的国家,环氧富镁和聚氨酯富镁厚浆型防腐涂料已经在军事设施与军用装备中得到大量应用。

我国富镁涂料研究起步晚,随着我国经济的不断发展和市场需求的不断增长,以及国际市场逐步打开,富镁涂料已成为近 10 年在我国发展速度最快的涂料品种之一。富镁涂料不仅可以反射阳光和紫外线,增强涂层的耐候性,利用镁粉在涂料总平行分布的物理性能还可显著提高涂层的屏蔽性,而且富镁涂料也可以通过牺牲阳极作用保护基材,从而进一步提高涂层的抗蚀性,延长涂层的使用寿命。但是由于如果富镁涂层中的镁粉存在,将会导致涂层结合力变差且孔隙率降低,甚至可能导致涂层的横向共聚破坏,如果富镁底漆涂上了其他高固体分涂料,则会增加涂层表面产生气泡的可能性。另外,为了提高涂层的耐腐蚀性能,一般会采用增加涂层厚度的方法,但如果单纯增加富镁涂层的厚度,会使得涂层在固化过程中容易产生收缩,从而导致龟裂失效,这主要是由于镁粉之间的共聚破坏造成的。因此,改善镁粉自身的不足之处,以使得其更好地应用于涂料中,是现在亟待解决的问题。

5.1.2 试验方法

1. 试样制备

铝合金基体采用 5083 铝合金,环氧清漆采用 KFH-01 双组分环氧树脂漆,由石家庄金鱼涂料集团生产。硅烷偶联剂为 KH560。使用的纯镁粉是纯度为 99.9% 以上的平均粒径为 $10\sim20\mu m$ 的球形镁粉。纯铝粉是纯度为 99% 的平均粒径约为 $17\mu m$ 的球形铝粉。

铝合金试样尺寸为 $50mm\times50mm\times3mm$,使用 240# 的棕刚玉水磨砂纸对铝合金基体进行打磨,除去其表面自然生成的氧化层,直至露出基体的金属光泽,然后依次使用去离子水、酒精清洗表面,丙酮除油,吹干备用。

实验中使用的涂料按以下步骤制备:首先,称取一定质量的 KFH-01 环氧树脂清漆,加入适量硅烷偶联剂,再加入颜填料,搅拌均匀后在超声振荡仪中超声10min;再加入 KFH-01 配套的固化剂(固化剂与环氧清漆的质量比为3∶10),搅拌10min 后,熟化0.5h。

涂层采用常规刷涂方法在铝合金表面上制备,涂层制备完成后,需一周左右的固化保养时间。用 TT230 非磁性涂层测厚仪测得其厚度约为$(85 \pm 5)\mu m$。

2. 测试方法

马丘(Machu)测试是一种对涂层耐腐蚀性进行快速评定的试验方法,属于快速腐蚀试验。其实验溶液由$(50 \pm 1)g/L$ 的 NaCl,$(10 \pm 1)mL/L$ 的乙酸和$(5 \pm 1)mL/L$ 的30% 过氧化氢组成。在涂层试样制作完成后,将铝合金试样背面用胶条密封,用石蜡将试片边缘封住。用单面刀片在涂层表面划出两条相互垂直的长3cm、宽1mm、深至基体的划痕,如图5.1所示。试样在$(37 \pm 1)℃$下用实验溶液浸泡约$(48 \pm 0.5)h$。浸泡24h 后,需更换新的实验溶液。48h 后,检查试样的起泡、腐蚀及其蔓延程度,并以此判断涂层的耐腐蚀性。

划叉浸泡实验试样制作同马丘实验相同,示意图见图5.1。观察试样划痕处在 pH=7 的 3% NaCl 溶液中锈蚀的发展情况,以此来判定涂层对铝合金基体的保护性能。在实验前期,用数码相机对试样表面形貌的变化进行记录,时间间隔约为24h;试验后期,对试样表面形貌的变化记录的时间间隔约为1周。为了保证溶液浓度和成分,定期更换溶液。

电化学测试采用经典的三电极体系,如图5.2 所示,其中辅助电极是铂电极,参比电极是由饱和甘汞电极,带有涂层的铝合金试样作为工作电极。测试溶液为3%(质量分数)NaCl 溶液,工作电极面积约为$10cm^2$。电化学阻抗谱采用美国艾美特克公司的 PARST2273 电化学工作站,在开路电位下进行,其中交流正弦波信号

图 5.1 马丘测试和划叉试样示意图

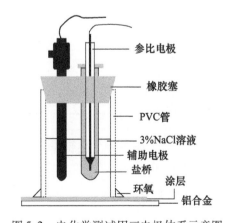

图 5.2 电化学测试用三电极体系示意图

幅值为 10mV,测试频率的范围从 100kHz 到 10MHz。并用 ZsimpWin 软件对阻抗数据进行处理。极化曲线测试在武汉科斯特仪器有限公司的 CS300 电化学工作站进行,扫描速率为 2mV/s。实验均在室温下进行。

涂层试样表面和界面形貌观察采用日本日立公司的 S4700 型的冷场发射扫描电子显微镜(SEM),加速电压为 20kV。观察涂层截面形貌时,需依次使用 240#、600#、1000#水磨砂纸打磨,然后用金刚石抛光膏在抛光机上进行抛光处理。为了保证试样表面具有良好的导电性,所有试样在进行测试前都进行喷金。

采用美国 THERMO VG 公司的 ESCALAB 250 型 X 射线光电子能谱分析仪(XPS)对浸泡后除去富镁涂层的铝合金基体进行成分分析。激发源为 Al Kα(1486eV),采用 30.0eV 的电子通道能,真空度在 1×10^{-9} torr(1torr = 1mmHg = 1.33322×10^2 Pa)以上。所有元素的结合能采用 C 1s 峰(285eV)进行校准。采用 XPSPEAK 4.1 软件对各元素的扫描谱图进行分峰拟合解析。

根据 GB/T 5210—2006《色漆和清漆 拉开法附着力试验》标准的要求对改性后的富镁涂层的附着力进行测试,仪器为 DeFelsko 公司生产的 PosiTest Pull‑Off Adhesion Tester。实验结果由破坏强度(MPa)和破坏性质组成。破坏性质由平均的破坏面积和破损类型构成。破坏类型详见表 5.1。

表 5.1 附着力测试的破坏类型

代码	破坏的具体类型
A	底材内聚破坏
A/B	第一道涂层与底材间的附着破坏
B	第一道涂层的内聚破坏
B/C	第一道涂层与第二道涂层间的附着破坏
n	复合涂层的第 n 道涂层的内聚破坏
n/m	复合涂层的第 n 道涂层与第 m 道涂层间的附着破坏
—/Y	最后一道涂层与胶黏剂间的附着破坏
Y	胶黏剂的内聚破坏
Y/Z	胶黏剂与试柱间的胶结破坏

5.2 镁铝复合涂层优化及其防护机理

5.2.1 镁铝复合涂层中镁粉与铝粉相对含量的确定

镁粉与铝粉配比对镁铝复合涂层耐腐蚀性能的影响可以通过马丘测试和划叉浸泡实验进行快速评测,进而确定适宜的镁粉与铝粉的相对含量。表 5.2 所列为复合涂层中镁粉与铝粉相对含量。图 5.3 所示是铝镁复合涂层试样马丘试验后涂层表面的形貌。

表 5.2　镁铝复合涂层中镁粉与铝粉的含量(质量比)

试样	镁粉	铝粉	代号
A	50	0	50Mg
B	40	10	40Mg10Al
C	30	20	30Mg20Al
D	20	30	20Mg30Al
E	10	40	10Mg40Al
F	0	50	50Al

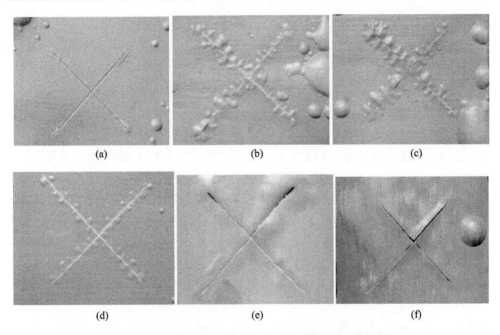

图 5.3　不同镁铝含量的复合涂层马丘实验后试样形貌
(a)50Mg；(b)40Mg10Al；(c)30Mg20Al；(d)20Mg30Al；(e)10Mg40Al；(f)50Al。

从图 5.3 中可以看到马丘实验以后，所有涂层都有鼓泡现象发生。其中，镁粉含量为 50% 的涂层(试样 A)虽然表面的鼓泡现象较为轻微，但整个涂层都已经被漂白，这是由于涂层中存在着大量镁粉，镁粉的活性较高，在马丘溶液中发生剧烈反应。这种强烈的氧化还原反应对涂层具有破坏作用，使涂层整体变色。镁粉含量为 40%、铝粉含量为 10% 的涂层(试样 B)和镁粉含量为 30%、铝粉含量为 20% 的涂层(试样 C)鼓泡现象较严重。而镁粉含量为 10%、铝粉含量为 40% 的涂层

(试样 E)和铝粉含量为 50% 的涂层(试样 F)虽然在涂层表面鼓泡较少,但在划叉处已经和基体严重分离,划叉处暴露的基体腐蚀严重。这表明,铝粉的加入量小于 30% 时,复合涂层的耐腐蚀性明显下降;但铝粉含量高于 30% 时,也会影响涂层整体的保护性能。涂层鼓泡现象是由于镁粉在含有氯离子的水性环境中具有较高的电化学反应造成的。适量铝粉的加入,降低了涂层中镁粉的含量,从而减少涂层中强烈的电化学反应,使涂层耐腐蚀性提高。然而,当涂层中铝粉的含量高于 30% 时,镁粉提供的阴极保护作用受到影响,造成划叉处腐蚀严重,如图 5.3(e)和图 5.3(f)所示。

图 5.4 所示是铝镁复合涂层试样划叉浸泡实验后涂层表面的形貌。划叉浸泡实验结果也显示了与马丘试验类似的结果。由于富镁涂层具有阴极保护作用,对涂层破损处也能起到保护作用,采用划叉浸泡实验来检测复合涂层对破损处的保护作用,从而确定铝粉的加入对涂层性能的影响。从图 5.4 可知,镁粉含量在 20% 以上的复合涂层(试样 A、试样 B、试样 C)在划叉处有黑色的腐蚀产物生成,同时涂层在划叉处以外的其他部位也有黑色的腐蚀产物生成,这是在涂层表面处的镁粉反应后生成的产物。而加入铝粉后,复合涂层的表面黑色的腐蚀产物生成较少,主要是由于铝粉加入后,涂层表面分布的镁粉减少。镁粉含量为 40%、铝粉含量为 10% 的涂层(试样 E)有明显的鼓泡现象;铝粉含量为 50% 的复合涂层(试样 F)在划叉处周围涂层与基体明显分离,铝合金基体发生了明显的腐蚀,保护作用消失。镁粉含量为 20%、铝粉含量为 30% 的复合涂层(试样 D)的保护效果最好,与马丘测试结果相符合。这是由于铝粉的加入可以减少涂层表面镁粉的分布,减少涂层表面镁粉的腐蚀产物,减小了由镁粉反应而产生的缺陷,从而提高涂层的耐腐蚀性。但铝粉含量高于 30% 时,会影响涂层的阴极保护效果,使划叉出的腐蚀严重,表明涂层的保护性能下降。

由于富镁涂层中镁粉颗粒相对于铝合金具有更负的电极电位,对铝合金基体具有牺牲阳极的阴极保护作用,这可通过开路电位来判断复合涂层对铝合金基体是否具有阴极保护作用。为了研究富镁涂层中镁粉与铝粉含量对铝合金基体的阴极保护作用的影响,对涂覆复合涂层的铝合金体系在 3%(质量分数)NaCl 溶液中的开路电位进行了监测,其结果如图 5.5 所示。从图 5.5 可以看出,镁铝复合涂层试样的开路电位在浸泡 100d 之前都低于铝合金的开路电位 $-0.65V_{SCE}$,如图 5.5 中黑色水平虚线所示,说明所有复合涂层起到了阴极保护作用。而对于仅含 50% 铝粉的涂层试样(试样 F)而言,在浸泡初期,其开路电位低于铝合金开路电位,涂层能对铝基体起到一定的阴极保护作用,这主要是由于纯铝粉电位比较铝合金基体电位正。但在浸泡 100d 后,仅含 50% 铝粉的涂层试样的开路电位高于 $-0.65V_{SCE}$,表明涂层对铝合金基体已失去了阴极保护作用。而对于 30% 镁粉 + 20% 铝粉(试样 C)、20% 镁粉 + 30% 铝粉(试样 D)以及 10% 镁粉 + 40% 铝粉(试

第5章 铝合金专用高耐腐蚀性涂层及其耐腐蚀机理

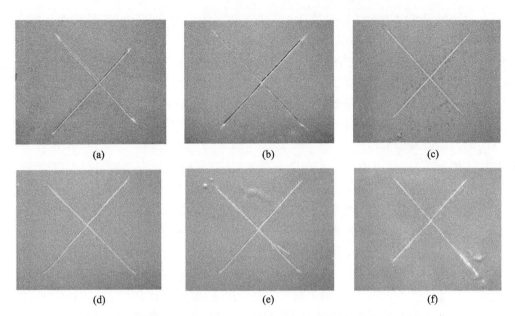

图 5.4 镁铝复合涂层划伤后在 3% NaCl 溶液中浸泡 150d 后的表面形貌
(a)50Mg;(b)40Mg10Al;(c)30Mg20Al;(d)20Mg30Al;(e)10Mg40Al;(f)50Al。

样 E)的镁铝复合涂层体系,在 280d 的浸泡过程中,其开路电位始终低于 $-0.65V_{SCE}$,皆对铝合金基体具有一定的阴极保护作用。这表明使用一定量铝粉替代富镁涂层中的部分镁粉,并不会影响涂层的阴极保护作用。

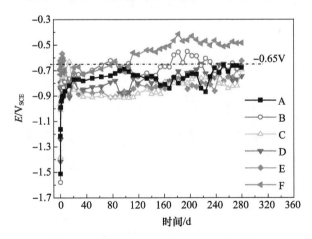

图 5.5 涂覆不同镁铝含量的复合涂层的铝合金体系在 3% NaCl 溶液中的开路电位(见彩插)
A—50Mg;B—40Mg10Al;C—30Mg20Al;D—20Mg30Al;E—10Mg40Al;F—50Al。

一般认为涂层的低频阻抗值(如 0.01Hz 下的阻抗模值 $|Z|_{0.01Hz}$)能在一定程

度上反映涂层对金属基体的屏蔽作用。为了进一步研究富镁涂层中镁粉与铝粉含量对铝合金基体屏蔽作用的影响,对涂覆复合涂层的铝合金体系在3%(质量分数)NaCl溶液中的低频阻抗值$|Z|_{0.01Hz}$(0.01 Hz下的阻抗模值)进行了监测,其结果如图5.6所示。从图5.6所示的不同镁粉和铝粉含量的涂层的$|Z|_{0.01Hz}$随浸泡时间的变化趋势可知,所有复合涂层试样的$|Z|_{0.01Hz}$值在最初24h浸泡期间,皆随浸泡时间的延长而逐渐下降。这是由于电解质溶液通过涂层孔隙等缺陷逐渐向涂层内部渗透以及涂层内部吸水,使涂层的电阻下降和电容增大。但浸泡1d后,其阻抗模值$|Z|_{0.01Hz}$又出现了一个逐渐上升阶段,并在浸泡一个星期后达到最大值。这是因为涂层中镁粉的高活性,优先发生腐蚀溶解,其腐蚀产物会对涂层中微孔起到一定的堵塞作用,从而使其阻抗值升高。但随着浸泡时间的进一步延长,复合涂层的阻抗值$|Z|_{0.01Hz}$又继续降下。这可能是由于镁粉持续反应,导致腐蚀产物逐渐增多,体积不断增大,使涂层中产生了许多新的微裂纹,成为新的电解质传质通道;或是由于大量镁粉参加反应,从涂层中逐渐溶解,形成了新的孔洞,并成为了新的电解质传质通道。而对于含50%铝粉的复合涂层(试样F),其$|Z|_{0.01Hz}$在6组试样中最高。这主要是由于铝粉比镁粉的电位更正,比镁粉更惰性,涂层中惰性粒子的增加,会提高涂层的屏蔽性。然而,在浸泡200d之后,含50%铝粉的复合涂层(试样F)和含10%镁粉+40%铝粉的复合涂层(试样E)的$|Z|_{0.01Hz}$明显地剧烈下降,表明这两种复合涂层的屏蔽性能急剧减弱。而含20%镁粉+30%铝粉的试样(试样D),其$|Z|_{0.01Hz}$在浸泡200d后依然保持在$10^8\Omega\cdot cm^2$上下,而且明显高于含50%镁粉的涂层试样(试样A),表明30%铝粉的加入能使涂层的阻抗值增大,提高涂层的屏蔽性,从而提高复合涂层的保护性能。

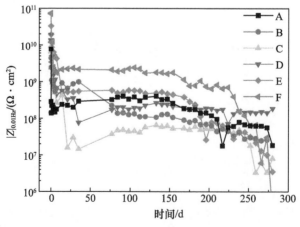

图5.6 涂覆不同镁铝含量的复合涂层的铝合金体系在3% NaCl溶液中$|Z|_{0.01Hz}$变化(见彩插)
A—50Mg;B—40Mg10Al;C—30Mg20Al;D—20Mg30Al;E—10Mg40Al;F—50Al。

从上述马丘试验、划叉浸泡实验和电化学实验结果可知,镁铝复合涂层中适宜的镁粉与铝粉相对含量能明显提高涂层对铝合金基体的保护作用,能同时起到阴极保护和屏蔽作用。对于镁铝复合涂层来说,高的镁粉含量有利于涂层对铝合金基体的阴极保护作用,而高的铝粉含量有利于涂层的屏蔽性能,当镁粉含量较少、铝粉含量较高时,涂层的鼓泡较少,阻抗值较高,但涂层的阴极保护作用较弱,保护周期较短;当镁粉含量较高时,涂层对基体的阴极保护效果较好,但镁粉的活性较高,反应较迅速,强烈的电流作用会促进涂层的降解,使涂层的屏蔽性能下降,从而影响涂层的保护周期。当镁粉含量为20%而铝粉含量为30%时,镁铝复合涂层能同时具有良好的阴极保护作用和屏蔽性能。

5.2.2 镁铝复合涂层耐腐蚀机理

为了进一步研究镁铝复合涂层对铝合金保护作用机制,采用交流阻抗技术研究了在长时间浸泡过程中复合涂层的失效过程及其涂层下铝合金基体的腐蚀情况。图5.7为镁粉含量为20%、铝粉含量为30%(20Mg30Al)的复合涂层在3% NaCl 溶液中浸泡不同时间的交流阻抗图谱。

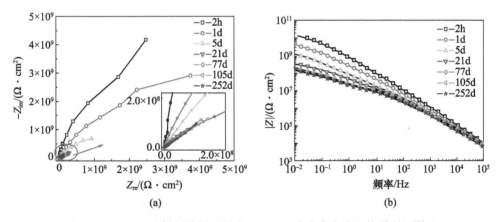

图 5.7　20Mg30Al 镁铝涂层试样在 3% NaCl 溶液中交流阻抗谱(见彩插)
(a) Nyquist 图;(b) Bode 图。

从图5.7可以看出,在最初浸泡的24h内,Bode 图近似于一条直线,0.01Hz处阻抗模值($|Z|_{0.01Hz}$)高于$10^{10}\Omega\cdot cm^2$,而 Nyquist 中表现为一容抗弧半径很大的半圆弧。这表明在浸泡初期,镁铝复合涂层具有较好的屏蔽作用,能明显地阻碍电解质的渗入,隔绝了腐蚀介质与基体的直接接触,从而使铝合金基体得到了较好的保护作用。随着浸泡时间的延长,复合涂层的$|Z|_{0.01Hz}$值明显下降,容抗弧半径逐渐减小,这是由于电解质的渗入造成的。在浸泡21d后,$|Z|_{0.01Hz}$与浸泡2h相比下降了近两个数量级。从浸泡21d到252d,复合涂层的交流阻抗谱没有明显的变化,

$|Z|_{0.01Hz}$ 随着浸泡时间的延长缓慢下降,复合涂层对铝合金的保护性能基本保持稳定,涂层没有明显的劣化现象。

采用图 5.8 所示的等效电路对 20Mg30Al 复合涂层的交流阻抗谱图进行拟合分析。在浸泡初期(如 1~8h),采用图 5.8 中 Model A 进行拟合,其中 Q_c 为涂层电容,R_c 为涂层电阻,此时涂层相当于一个阻抗值很大的屏蔽层,阻隔了电解质向铝合金基体的扩散,对铝合金基体有良好的屏蔽保护作用。但浸泡 24h 后,由于电解液向涂层内部渗透,涂层内镁粉发生溶解,其腐蚀产物在镁粉颗粒和电解质接触面上积聚,此时可以采用图 5.8 中 Model B 进行拟合,其中 R_{ct} 为镁粉颗粒溶解的电子转移电阻,Q_{dl} 为镁粉/溶液界面的双电层电容,Q_{diff} 与 R_{diff} 分别表示由镁粉腐蚀产物形成的扩散层的电容和电阻,这是由于镁粉颗粒反应后,腐蚀产物会堵塞涂层中溶液渗透通道,从而形成了有限层扩散,而不是 Warburg 阻抗;当浸泡 2184~5880h 后,可以使用 Model C 进行拟合,其中 Q_{sf} 为基体表面腐蚀层的电容,R_{sf} 为基体表面腐蚀层的电阻,此时,铝合金基体已发生轻微腐蚀。

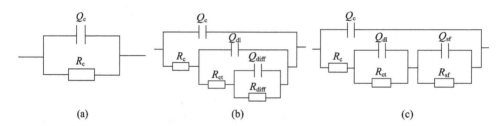

图 5.8 镁铝复合涂层试样在 3% NaCl 溶液中不同浸泡阶段的等效电路示意图
(a)Model A;(b)Model B;(c)Model C。

涂层电阻 R_c 大小可以用来表征涂层孔隙率大小,间接地反映了涂层的劣化程度。图 5.9 所示是根据交流阻抗谱解析得到的镁铝复合涂层和富镁涂层的涂层电阻 R_c 随浸泡时间的变化曲线。从图 5.9 可以看出,在浸泡的最初 24h 内,两种涂层的涂层电阻 R_c 明显地大幅下降,这主要是由于电解质的渗入及涂层中孔洞和毛细的传质通道增多。随后,涂层电阻会逐渐上升,这个现象可以归因于涂层中的镁粉腐蚀产物的堆积,致使涂层的屏蔽性能增强。该现象与涂层在 0.01Hz 处的阻抗值的变化具有相同的规律。在整个浸泡过程中,镁粉含量为 20%、铝粉含量为 30% 的复合涂层(20Mg30Al)的涂层电阻比富镁涂层(50Mg)的涂层电阻大了约两个数量级,表明 20Mg30Al 复合涂层具有更好的保护性能。同时,也证明了 30% 铝粉的加入可延长涂层使用寿命。

涂层电容 Q_c 是评价涂层性能的重要指标之一,因为其大小可以反映出涂层对于电解质溶液渗透敏感性的高低。根据双电层电容器的定义可知,$Q_c = \varepsilon\varepsilon_0 A/d$,其中,$\varepsilon_0$ 为真空相对介电常数,ε 为涂层相对介电常数,A 为涂层的面积,d 为涂层的厚度。当涂层在电解质溶液中浸泡时,电解质溶液会逐渐向涂层中渗透,使涂层的缝隙和缺陷中充满电解质溶液,从而造成涂层内部介电常数的变化,进而导致涂层电容发生相应的变化。图 5.9 所示是根据交流阻抗谱解析得到的镁铝复合涂层和富镁涂层的涂层电阻 R_c 随浸泡时间的变化曲线。图 5.10 所示是根据交流阻抗谱解析得到的镁铝复合涂层和富镁涂层的涂层电容 Q_c 随浸泡时间的变化曲线。从图 5.10 可以看出:在浸泡最初的 200h 内,两种涂层的涂层电容随浸泡时间的延长而急剧增大,表明了在浸泡初期,电解质迅速通过涂层孔隙进入涂层内部。在浸泡 200h 后,富镁涂层(50Mg)的涂层电容 Q_c 随浸泡时间的延长而不断增大,而镁铝复合涂层(20Mg30Al)的涂层电阻 Q_c 随浸泡时间的延长未发生明显的变化,而是趋近于某一定值。这可能是由于铝粉的电位较镁粉更正,反应活性较镁粉更弱,采用铝粉替代部分镁粉后,涂层中的惰性粒子增多,导致由镁粉溶解而产生的孔洞减少,进而使涂层中渗入的电解质减少,涂层电容不发生明显的变化。同时,惰性铝粉的加入也能抑制电解质的渗入。

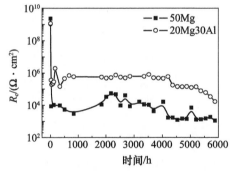
图 5.9 20Mg30Al 涂层和 50Mg 涂层
涂层电阻 R_c 随浸泡时间的变化

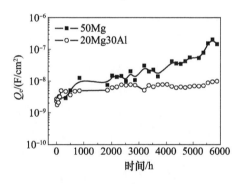
图 5.10 20Mg30Al 涂层和 50Mg 涂层
试样的涂层电容 Q_c 随浸泡时间的变化

图 5.11 和图 5.12 所示是根据交流阻抗谱解析得到的镁铝复合涂层和富镁涂层中镁粉颗粒表面电荷转移电阻和双电层电容随浸泡时间的变化。镁粉颗粒表面的电荷转移电阻可以用来表征镁粉表面的反应速度。当电荷转移电阻大时,镁粉表面的反应速度越小,而当电荷转移电阻小时,镁粉表面的反应速度越大。而双电层电容则可以用来表征镁粉颗粒和电解质接触面上的电化学反应活性面积。

从图 5.11 所示富镁涂层中的镁粉表面电化学反应的电荷转移电阻随浸泡时间的变化可知,随着浸泡时间的延长,其电荷转移电阻逐渐下降,这是由于电解质的渗入及镁粉的活化造成的。在浸泡 2500h 后,富镁涂层中镁粉溶解反应的电荷转移电阻有小幅度的增大,这个现象是源于镁粉腐蚀产物的积累,造成镁粉表面反应活性区域的减小。同样,对于镁铝复合涂层而言,涂层中镁粉表面电荷转移电阻也是随着浸泡时间延长而降低的,而由于腐蚀产物在镁粉表面的积累,在中间阶段会出现小幅度增大。但相比于富镁涂层,镁铝复合涂层中镁粉表面电化学反应的电荷转移电阻在整个浸泡过程中都高于富镁涂层中的。这表明,镁铝复合涂层中,由于铝粉的添加和镁粉含量的减少,涂层中镁粉的溶解速度降低,延长了其阴极保护作用时间。

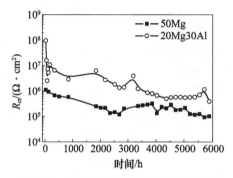

图 5.11　20Mg30Al 和 50Mg 涂层中镁粉表面电荷转移电阻随浸泡时间的变化

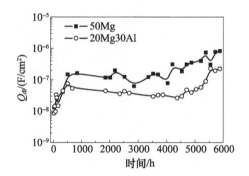

图 5.12　20Mg30Al 和 50Mg 涂层中镁粉表面双电层电容随浸泡时间的变化

从图 5.12 所示镁粉表面双电层电容的变化规律可以看出,在最初浸泡的 500h 内,两种涂层的双电层电容迅速增大,这是由于电解质的渗入,导致暴露于电解质中镁粉颗粒的增多以及反应活性面积的增加。随后,两种涂层中镁粉表面的双电层电容缓慢下降,表明镁粉腐蚀产物在镁粉表面积聚,造成反应活性面积的减小。在浸泡 4500h 后,两种涂层中镁粉表面的双电层电容又一次增大,表明涂层的保护性能开始劣化。在整个浸泡过程中,镁铝复合涂层(20Mg30Al)中镁粉表面的双电层电容都比富镁涂层(50Mg)中镁粉表面的双电层电容值减小,再一次表明铝粉的加入能延缓涂层中镁粉溶解速度,进而提高涂层的保护性能。

采用扫描电子显微镜(SEM)对镁铝复合涂层(20Mg30Al)和富镁涂层(50Mg)浸泡后涂层的微观形貌进行观察。图 5.13 所示是富镁涂层和镁铝复合涂层在 3% NaCl 溶液中浸泡 84d 后的表面形貌。从图 5.13 中可以看出,在浸泡 84d 后,富镁涂层(50Mg)表面有大量的孔洞存在,这些孔洞是由靠近涂层表面的镁粉溶解之后形成的。而铝镁复合涂层的表面很平整,没有明显的孔洞。造成这种巨大差异,可能有两个方面的原因:一方面是大量铝粉的加入,使镁粉在涂层表面分布较少,减少了因镁粉溶解而产生的孔洞;另一方面是铝粉的加入,使镁粉含量降低,抑制了大量镁粉反应时产生的强烈的电流作用,减缓了涂层的降解。该结果表明铝粉的加入能延长富镁涂层对铝合金的保护时间,这与交流阻抗测试结果一致。

由于电镜对涂层形貌的观察仅仅是涂层整体的一小部分,为了进一步证明铝

第5章 铝合金专用高耐腐蚀性涂层及其耐腐蚀机理

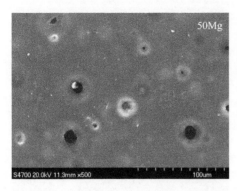 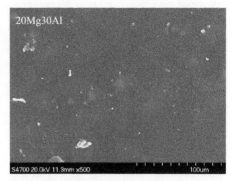

图 5.13 镁铝复合涂层和富镁涂层浸泡 84d 后涂层表面形貌

粉加入后涂层孔隙率的变化,根据交流阻抗解析涂层电阻对富镁涂层和镁铝复合涂层的孔隙率进行了计算,其结果如图 5.14 所示。

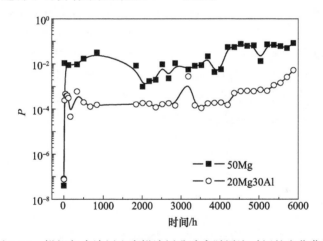

图 5.14 镁铝复合涂层和富镁涂层孔隙率随浸泡时间的变化曲线

从图 5.14 可知,两种涂层的孔隙率随浸泡时间的延长而增大,这可能是由于涂层中镁粉逐渐反应,腐蚀产物持续增多,体积增大,使涂层中出现了许多微裂纹,成为新的传质通道;亦或是由于镁粉大量反应,从涂层中逐渐溶解,形成新的传质通道。镁铝复合涂层的孔隙率比富镁涂层的孔隙率小两个数量级,表明用铝粉代替部分镁粉后,涂层的孔隙率会明显下降,这与电镜对涂层微观形貌观察的结果一致,表明铝粉的加入可以提高涂层的保护性能。

图 5.15 所示是镁铝复合涂层(20Mg30Al)和富镁涂层(50Mg)在 3% NaCl 溶液中浸泡 84d 后涂层横截面的微观形貌。从图 5.15 中可以看出,在富镁涂层中,靠近涂层顶部的镁粉已经溶解,这些镁粉溶解后就会形成图 5.13 中所示的孔洞。在镁铝复合涂层中,镁粉与铝粉难以完全区分开,但是在整个横截面上,两种粒子皆

未发生溶解。

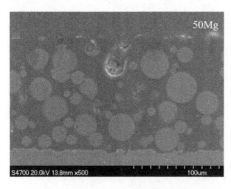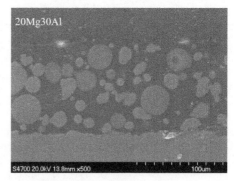

图 5.15　镁铝复合涂层(20Mg30Al)和富镁涂层(50Mg)在
3% NaCl 溶液中浸泡 84d 后涂层横截面的微观形貌

表 5.3 比较了镁铝复合涂层(20Mg30Al)和富镁涂层(50Mg)两种涂层在铝合金基体上的附着力。从表 5.3 中可以看出,采用铝粉替代富镁涂层中的部分镁粉,涂层的附着力没有明显的劣化。这可能是由于铝与镁的相对原子质量比较接近,总含量中 30% 铝粉与 30% 镁粉的体积相差无几,对涂层造成的影响也基本相同,所以,附着力测试结果较为近似。从破坏类型看,主要是涂层的内聚破坏,这也从另一个方面说明涂层与基体的附着力较好。

表 5.3　50Mg 和 20Mg30Al 涂层附着力测试结果

试样	破坏强度/MPa	破坏类型
50Mg	7.66	95% B,5% A/B
20Mg30Al	7.69	100% B

注:B 表示第一道涂层的内聚破坏,即涂层的内聚破坏;A/B 表示第一道涂层与底材间的附着破坏,即涂层与铝合金之间的附着破坏。

综上实验结果表明,采用部分铝粉代替镁粉制备的 20Mg30Al 涂层对铝合金具有很好的阴极保护和屏蔽作用,其保护效果甚至高于 50Mg 富镁涂层。国际铅锌组织的研究报告认为,富锌涂层的防腐性能与锌粉含量的多少并没有直接的关系,富锌底漆中大约只有 25% 的锌粉起到了阴极保护的作用。所以,仿照富锌涂层开发的富镁涂层中,并不是所有的镁粉都会提供阴极保护作用,只是一部分镁粉会提供阴极保护作用。采用铝粉取代富镁涂层中的部分镁粉,通过电位监测和动电位扫描测试,可知铝粉的加入,并未影响到涂层对铝合金基体的阴极保护作用。同时,由于大量铝粉的存在,使镁粉在涂层表面分布较少,从而减少了涂层在浸泡过程中,由于镁粉溶解而产生的表面缺陷。铝粉的存在,降低了涂层中的镁粉的含量,使大量镁粉反应时产生的强烈电流作用得到了抑制,减缓了涂层的老化和降解。同时,大量惰性铝粉的存在,能显著地提高涂层的屏蔽性能。所以,相对于富镁涂层,镁铝复合涂层能对铝合金基体提供更好的保护作用,而且这种保护作用持续时间更长。

5.2.3 三聚磷酸铝对镁铝复合涂层性能的影响

三聚磷酸铝是对许多金属具有良好的缓蚀作用,作为缓蚀性组分添加于涂层中,通过其缓蚀作用能增强涂层对基体的保护作用。为了进一步改善富镁铝复合涂层的耐腐蚀性,此部分采用马丘测试方法研究了三聚磷酸铝添加于富镁铝涂料中,对复合涂层耐腐蚀性的影响。

图 5.16 所示为 20% Mg + 30% Al 富镁铝涂层、20% Mg + 30% Al + 10% 三聚磷酸铝的富镁铝涂层以及 20% Mg + 20% Al + 10% 三聚磷酸铝的富镁铝涂层试样经过马丘测试后的涂层表面形貌以及剥离掉涂层后的铝合金基体的表面形貌。从图 5.16可以看出,镁铝复合涂层对铝合金基体皆显示了良好的保护性能,经过马丘实验后,涂层仅仅在划叉破损处出现了不同程度的鼓泡,剥离涂层后的铝合金基体也仅仅在涂层缺损周围出现了一定程度的腐蚀。但相比而言,加入三聚磷酸铝后,复合涂层性能有一定的改善,这是由于三聚磷酸铝对铝合金基体具有一定的缓蚀作用。而 20% Mg + 30% Al + 10% 三聚磷酸铝和 20% Mg + 20% Al + 10% 三聚磷酸铝的富镁铝涂层试样,添加 10% 三聚磷酸铝同时降低铝粉含量,涂层的耐腐蚀性更好。

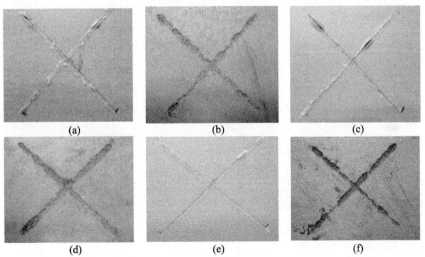

图 5.16　三种富镁涂层试样(20% Mg + 30% Al、20% Mg + 30% Al + 10%
三聚磷酸铝以及 20% Mg + 20% Al + 10% 三聚磷酸铝)经过马丘测试
后的涂层表面形貌以及剥离掉涂层后的铝合金基体的表面形貌
(a)和(b)20% Mg + 30% Al; (c)和(d)20% Mg + 30% Al + 10% 三聚磷酸铝;
(e)和(f)20% Mg + 20% Al + 10% 三聚磷酸铝。

5.2.4 分析与讨论

通过马丘测试、划叉浸泡实验以及开路电位监测等试验研究了采用铝粉替代富镁涂层中部分镁粉对富镁涂层耐腐蚀性的影响,并采用交流阻抗测试(EIS)技术结合扫描电子显微镜(SEM)观察,对含镁粉和铝粉的复合涂层的耐腐蚀机理进行了研究,得到结果如下:采用铝粉部分替代富镁涂层中的镁粉,在不降低涂层对铝合金基体的阴极保护作用的同时,还能改善涂层的屏蔽作用,其中以含20%镁粉和30%铝粉的复合涂层性能最佳。其主要原因是:一方面是由于铝粉的加入,减少了镁粉在涂层中的分布,减少由镁粉溶解产生的缺陷;另一方面降低涂层中镁粉含量,抑制镁粉反应产生的强烈电流作用,减缓了涂层的老化和降解;此外,较为惰性铝粉的加入,能改善涂层的屏蔽性能。在富镁铝涂层中通过添加适量的三聚磷酸铝填料,降低涂层中铝粉含量,可以进一步改善涂层的性能。

5.3 镁粉的磷酸化表面处理及其对富镁涂层性能的影响

5.3.1 镁粉表面磷酸化处理过程

采用如图 5.17 所示装置对镁粉进行磷酸化处理,具体为:一个 1L 的装有搅拌装置和 pH 计探头的玻璃器皿作为反应容器。磷酸溶液是由 15mL 的磷酸溶于 400mL 去离子水中配制而成的。将配置好的磷酸溶液分成两份,其中一份约 250mL,放置于反应容器中;另一份约 150mL,在与镁粉反应的过程中逐滴加入,这样可防止大量磷酸镁在瞬间生成而未在镁粉表面包覆。然后,在搅拌状态下,将 18g 镁粉(大约 9g 可完全消耗掉溶液中的磷酸)加入到反应容器中。反应时间为分别为 0min、10min、20min、30min、40min、50min、60min、120min、180min。到达规定的反应时间后,采用抽滤的方法将处理后的镁粉与反应溶液分离,处理后镁粉在使

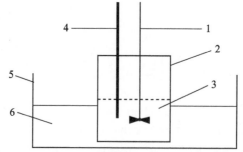

1—搅拌桨;2—烧杯;3—磷酸溶液;4—pH探头;5—水槽;6—冷却水。

图 5.17 镁粉磷酸化处理的装置图

用去离子水冲洗两遍。随后,镁粉在烘箱中,在恒温50℃下,烘干4h,取出备用。未处理的镁粉被标记为M0,处理后的镁粉标记为MXX,XX代表反应时间。

5.3.2 镁粉磷酸化处理条件的优选

在镁粉表面磷酸化的过程中,对反应溶液的pH值进行监测,根据溶液pH值的变化,可以推断出镁粉表面发生的反应。图5.18所示是反应溶液的pH值随处理时间的变化曲线。从图5.18中可以看出,在反应的初始10min,溶液的pH值从1左右迅速上升到8左右。在此阶段,主要发生的反应是:

$$3Mg + 2H_3PO_4 \Longrightarrow Mg_3(PO_4)_2 + 3H_2\uparrow$$

随后,曲线上出现第一个平台,pH值大约为8,表明镁粉基本上已经将溶液中磷酸完全消耗掉,此阶段从10min持续到45min,约35min。在反应45min后,溶液的pH值又开始增大,这时溶液中主要发生如下反应:

$$Mg + 2H_2O \Longrightarrow Mg(OH)_2 + H_2\uparrow$$

这个反应的出现可能是由于已经被磷酸盐包覆的镁粉,在强烈的机械搅拌作用下,磷酸盐从镁粉表面逐渐地剥落,使镁粉暴露,从而导致了镁粉与溶液中的水发生反应。在反应60min后,曲线出现了另一个平台,pH值大约为11.5,此时溶液呈碱性。主要是由于镁粉与溶液中的水反应,生成了氢氧化镁,此后溶液的pH值不再随反应时间的延长而发生明显的变化。

采用傅里叶变换红外光谱(FT-IR)对不同处理时间的镁粉进行了红外测试,用来表征不同处理时间的镁粉表面官能团的变化。图5.19所示为不同处理时间的镁粉的红外光谱。从图5.19所示中可以看出,未处理的镁粉的红外谱图近似于一条直线,处于图像的底部,这表明未处理镁粉的表面较为光洁,没有其他官能团的附着。而处理过后的镁粉,其红外谱图则有了非常明显的变化,说明了镁粉在磷酸化表面处理之后,镁粉表面发生了明显的变化,其表面官能团增多。查阅相关文献,可知图5.19中3500/cm处的振动峰是$Mg(OH)_2$和水中OH^-的伸缩振动峰;而在1660/cm处的振动峰是由磷酸镁晶体中的水引起的;1040/cm处的振动峰为PO_4^{3-}的非对称振动峰;980/cm处的振动峰是PO_4^{3-}的对称伸缩振动峰;PO_4^{3-}的弯曲振动峰位于560/cm处。红外测试的结果表明,处理过后的镁粉表面都存在着磷酸根和氢氧根,间接证明了磷酸镁已经在镁粉表面生成。但氢氧根可能是源于氢氧化镁或水,所以红外测试不能证明氢氧化镁的存在。

采用X射线衍射(XRD)对不同处理时间的镁粉进行测试,进一步分析镁粉表面磷酸化处理后产物的类型及其相关参数。图5.20所示是不同处理时间的镁粉的XRD测试结果。从图5.20(a)可以看出,未处理的镁粉主要成分为Mg,其表面少量的氧化镁在图谱中没有显示,可能是由于氧化镁含量过低,被镁的峰掩盖。处理

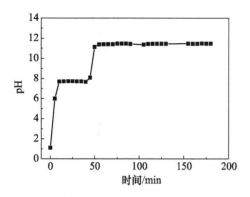

图 5.18　反应溶液 pH 值随时间的变化曲线

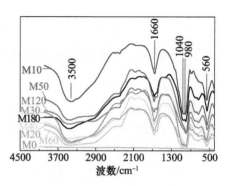

图 5.19　不同反应时间的镁粉的红外光谱(见彩插)

10min 和 20min 后,图谱有了明显的变化,这时镁粉表面的产物主要为:MgHPO$_4$(H$_2$O)$_3$ 和 Mg$_3$(PO$_4$)$_2$22H$_2$O,磷酸一氢根的存在说明了镁粉与磷酸未完全反应,此后镁粉会继续与磷酸反应,释放出氢气。若选用处理 10min 或 20min 的镁粉,镁粉会与磷酸一氢根发生如下反应,3Mg + 2HPO$_4^{2-}$ ═══ Mg$_3$(PO$_4$)$_2$ + H$_2$↑,释放氢气,不仅使涂层产生鼓泡,而且也会产生镁粉自身的消耗,影响涂层阴极保护的寿命。从图 5.20(b) 和图 5.20(c) 中可以看出,处理 30min 以后,镁粉表面的产物主要是 Mg$_3$(PO$_4$)$_2$22H$_2$O,表明处理 30min 后,镁粉与磷酸已经完全反应。随着处理时间的延长,Mg$_3$(PO$_4$)$_2$22H$_2$O 与 Mg 的含量会发生一定的变化。处理 30min 时,XRD 谱图中最强的峰为 Mg 峰,间接地表明了处理 30min 时,产物中镁的含量较高;而处理 40min 后,XRD 谱图中最强的峰为 Mg$_3$(PO$_4$)$_2$22H$_2$O,说明了处理 40min,镁粉已经大量参与反应被消耗,产物中 Mg$_3$(PO$_4$)$_2$22H$_2$O 含量较高。虽然从 pH 值测试中可知,处理 60min 后,镁粉表面开始生成氢氧化镁,但从图 5.20(c) 可知,XRD 谱图中并没有氢氧化镁的波峰,这可能是由于氢氧化镁虽然生成,但含量较低,在大量磷酸镁存在的情况下,其峰被强度较高的磷酸镁峰掩盖。

采用扫描电子显微镜(SEM)对不同处理时间的镁粉进行表面微观形貌的观察,图 5.21 所示是不同处理时间的镁粉的微观形貌,左侧为一颗镁粉颗粒的微观形貌,右侧为镁粉颗粒表面的局部放大图。从图 5.21 中可知,未处理的镁粉为非常规则的球形颗粒,粒径大约在 20μm,镁粉颗粒表面附着的白色物质,可能是一些污染物。处理 10min 后,镁粉被一层不太致密的絮状物包覆,对这层絮状物进一步放大观察,发现其是由许多片层状的反应产物堆积构成的。这层絮状物呈疏松状。处理 20min 后,镁粉表面仍然被一层絮状物覆盖,同时该絮状物层逐渐变得致密,絮状物层中的片层状产物已经难以分辨。处理 30min 后,镁粉表面的絮状物层逐渐增厚,从放大图中可以看出,片层状的产物已经逐渐扩展,成为层状结构,通过前

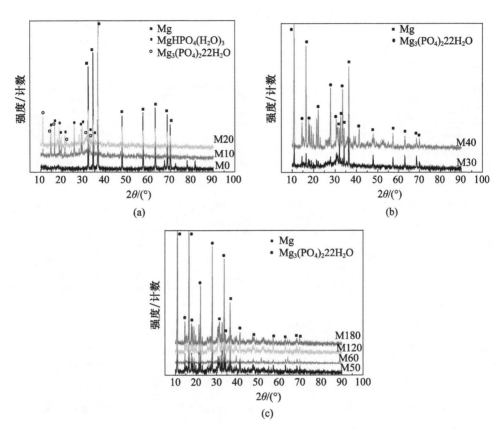

图 5.20 不同时间磷酸化处理后镁粉的 XRD 测试结果(见彩插)
(a)0~20min；(b)30~40min；(c)50~180min。

面的红外和 XRD 测试可知,该絮状物应为磷酸镁。以上结果表明,镁粉已经被磷酸镁包覆。当处理时间到达 40min 时,较为光洁,与未处理的镁粉表面状态十分相似,这可能是由于处理时间较长时,磷酸镁生成较多,难以在镁粉表面附着,从镁粉表面剥落,暴露出镁粉表面的初始状态。从图 5.21 中可以明显看到有一层薄的壳状的产物从镁粉表面剥离。镁粉表面的局部放大图也表明了其表面状态与处理 40min 之前明显不同。镁粉被磷酸表面处理 50min 后,镁粉已经破裂,不再呈现球状。其表面的局部放大图显示镁粉表面状态与处理 40min 时近似,只是在边缘处有少量的针状产物生成,这些针状物可能是氢氧化镁。与前面的 pH 值监测结果相吻合,此时,镁粉与水发生反应 $Mg + 2H_2O \Longrightarrow Mg(OH)_2 + H_2 \uparrow$,生成氢氧化镁。由于此时镁粉刚开始与水反应,故镁粉表面仅存在少量的针状氢氧化镁。当反应时间到达 60min 后,镁粉的表面状态没有发生较明显的变化,从局部放大图中,可以看出针状的产物逐渐扩展,形成片层结构,覆盖在镁粉颗粒表面。处理

120min 后,镁粉表面龟裂现象明显,包覆性能不好,局部放大图显示表面针状的产物不断增多,形成的片层结构明显增厚。当镁粉被磷酸化处理 180min 后,由于反应时间过长,镁粉被较厚的产物包覆,且呈不规状。

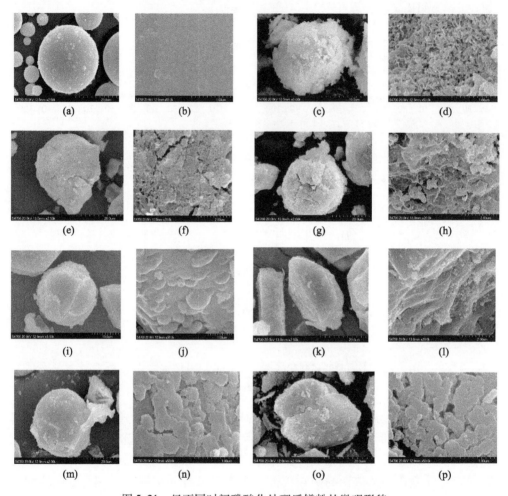

图 5.21　经不同时间磷酸化处理后镁粉的微观形貌
(a)0min,×2500；(b)0min,×50000；(c)10min,×2500；(d)10min,×50000；
(e)20min,×2500；(f)20min,×50000；(g)30min,×2500；(h)30min,×50000；
(i)40min,×2500；(j)40min,×50000；(k)50min,×2500；(l)50min,×50000；
(m)60min,×2500；(n)60min,×50000；(o)180min,×2500；(p)180min,×50000。

由上述实验结果可知:镁粉磷酸化处理后,其表面能生成磷酸镁,且镁粉可以被磷酸镁包覆。通过红外测试表明镁粉磷酸化后其表面存在着磷酸根基团；XRD 测试结果显示镁粉磷酸化表面处理后,生成的产物主要是 $Mg_3(PO_4)_2 22H_2O$,而且其含量随反应时间的延长而增长,处理 30min 前,镁粉的含量较高;而处理 30min 后,$Mg_3(PO_4)_2 \cdot 22H_2O$ 较高。通过对镁粉表面微观形貌的观察,发现处理 30min 前,镁粉会被一层片层状的磷酸镁包覆;当处理时间超过 30min,镁粉表面的产物开始剥落;处理时间到达 50min 后,氢氧化镁开始在镁粉表面生成。所以,镁粉磷酸化表面处理的最佳处理时间应该为 30min。

5.3.3 镁粉磷酸化处理对富镁涂层耐腐蚀性的影响

铝合金试样板尺寸为 50mm×50mm×3mm,用 240#碳化硅水砂纸打磨除去表面的氧化层,直至铝合金表面光亮,依次用去离子水、酒精清洗,吹干备用。涂层中镁粉的种类与含量详见表 5.4。其中磷酸化镁粉是指镁粉表面经过磷酸化处理 30min。涂层采用常规刷涂方法在铝合金表面上制备,涂层制备完成后,需一周左右的干燥保养时间。涂层干燥后,用 TT230 非磁性涂层测厚仪测得涂层的厚度约为 $(85 \pm 5)\mu m$。通过马丘测试、划叉浸泡实验和开路电位监测,研究磷酸化镁粉含量对涂层耐腐蚀性的影响;通过对填充磷酸化镁粉的富镁涂层和填充未磷酸化镁粉的富镁涂层进行交流阻抗测试和动电位扫描,并对阻抗数据进行拟合分析,研究镁粉磷酸化后对涂层性能的影响,并分析其作用机理;使用 X 射线光电子能谱(XPS)分析镁粉磷酸化表面处理后,铝合金基体表面化学成分的变化;分析并讨论了镁粉磷酸化后,涂层耐腐蚀性变化的机理。

表 5.4 富镁涂层中镁粉的种类与含量(质量比)

样品	未磷酸化镁粉	磷酸化镁粉	简称
A	50	0	50%
B	0	55	F55%
C	0	50	F50%
D	0	45	F45%
E	0	40	F40%
F	0	35	F35%

马丘测试一种快速检测涂层耐腐蚀性的常用方法,图 5.22 所示是填充了不同含量磷酸化镁粉的富镁涂层在马丘测试后的表面照片。从图 5.22 中可以看出,镁粉含量为 55% 的富镁涂层(F55%)在马丘测试后,鼓泡现象十分严重,涂层与铝合金基体分离,基本上失去了保护作用,铝合金基体严重腐蚀。镁粉含量为 50% 的富镁涂层(F50%)也有较为严重的鼓泡现象,但鼓泡现象仅发生在划叉处周围,其他区域的涂层没有明显的破坏现象。而在填充 45% 镁粉的富镁涂层(F45%)上,浸在划叉处有轻微鼓泡现象发生,表明涂层具有较好的保护作用。在镁粉填充量为 40% 的富镁涂层(F40%)上,划叉处的鼓泡现象较为轻微,但在涂层边缘处也发

现了鼓泡现象的发生。镁粉含量为 35% 的富镁涂层,在整个平面上,都有鼓泡现象的发生,虽然涂层与铝合金基体并未完全分离,但涂层基本上丧失了对铝合金基体的保护作用。可以看出,当磷酸化处理的镁粉在涂层中的含量高于 45% 时,富镁涂层对铝合金的保护作用较弱。这可能是由于镁粉的填充量较高时,涂层中的孔隙和缺陷较多,从而使涂层的保护性能下降。而当镁粉的含量低于 45% 时,富镁涂层鼓泡明显,涂层的耐腐蚀性下降。此时,涂层中的镁粉含量较低,涂层对铝合金基体的阴极保护作用受到了不良影响。由以上结果可知:磷酸化镁粉的含量对涂层的耐腐蚀性有较大影响。镁粉含量过高或过低,富镁涂层对铝合金的保护作用都会下降。磷酸化镁粉在涂层中的最佳填充量约为 45%。

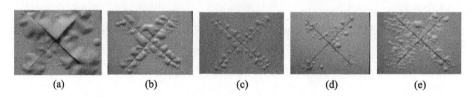

图 5.22　不同镁粉含量的富镁涂层马丘实验后试样形貌
(a)F55%;(b)F50%;(c)F45%;(d)F40%;(e)F35%。

图 5.23 所示为填充不同含量磷酸化镁粉的富镁涂层划伤后在 3% NaCl 溶液中浸泡 125d 后的表面形貌。从图 5.23 中可以看出,镁粉含量为 55% 的富镁涂层在划叉处有黑色腐蚀产物生成,在其他部位有明显的白色斑点生成;镁粉含量为 50% 的富镁涂层表面有大量的白色斑点生成,这些白色斑点可能是镁粉反应生成氢氧化镁的结果;镁粉含量在 50% 以下的涂层则没有明显的白色产物生成,而且在浸泡 125d 后涂层表面较为光洁。以上结果表明镁粉填充量高于 50% 时,涂层的保护性能反而有所降低,与马丘测试的结果基本上保持一致。

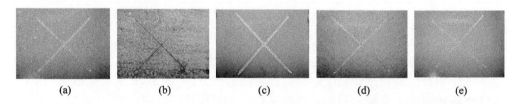

图 5.23　在 3% NaCl 溶液中划叉浸泡实验 125d 后富镁涂层的表面形貌
(a)F55%;(b)F50%;(c)F45%;(d)F40%;(e)F35%。

将磷酸化表面处理 30min 的镁粉加入到环氧树脂中制成改性后的富镁涂层,对其在 3% 的 NaCl 溶液中进行电化学交流阻抗测试以及开路电位监测,分析涂层试样在不同失效阶段的电化学行为,以获得涂层在浸泡过程中的耐腐蚀性变化以及涂层下铝合金基体的腐蚀信息。

第5章 铝合金专用高耐腐蚀性涂层及其耐腐蚀机理

图 5.24 所示是含不同量的磷酸化镁粉的富镁涂层试样在 3% NaCl 溶液中开路电位随时间变化的关系图。从图 5.24 中可以看出所有试样的开路电位都明显低于铝合金的开路电位 −0.65V(图 5.22 中黑色虚线),说明所有富镁涂层都对铝合金基体起到了阴极保护作用,同时,这也证明了磷酸化表面处理不会对镁粉的阴极保护作用产生不良影响。填充量为 35% 的富镁涂层(F35%)在浸泡 3000h 后,其体系的开路电位高于填充未磷酸化镁粉的富镁涂层(50%)。这可能是由于镁粉的填充量较少,在浸泡较长时间后,涂层中镁粉逐渐消耗,剩余未反应的镁粉减少,使该涂层体系的开路电位升高。除了填充量为 35% 的富镁涂层(F35%)外,其余填充了磷酸化镁粉的富镁涂层(F40%、F45%、F50%、F55%)在 5000h 的试验时间内,其开路电位明显都低于填充未磷酸化镁粉的富镁涂层(50%),表明镁粉经过磷酸化表面处理后,其阴极保护作用得到了一定程度上的提高。在浸泡 1000h 之后,镁粉磷酸化后其富镁涂层的开路电位保持相对稳定,上升缓慢。这是由于镁粉被磷酸镁包覆后,反应较为缓慢,消耗较少,造成涂层体系的开路电路基本上稳定在某一数值附近。

图 5.25 所示为含不同量的磷酸化处理镁粉的富镁涂层试片在 3% NaCl 溶液中 0.01Hz 处阻抗值($|Z|_{0.01Hz}$)随时间的变化图。从图 5.25 中可以看到,在浸泡最初的 200h 内,涂层的阻抗值剧烈地下降,这可能是由于电解质溶液逐渐向基体渗透,镁粉颗粒被激活,使涂层的导电性增强的结果。填充磷酸化镁粉含量为 50% 和 55% 的富镁涂层(F50%、F55%)的阻抗值明显低于其他含量的涂层。造成这个结果的原因可能是镁粉经过磷酸化表面处理之后,体积膨胀,表面状态与未处理的镁粉相比较粗糙;当富镁涂层中填充的磷酸化处理的镁粉含量较高时,有机树脂不能完全包覆镁粉,造成富镁涂层中的缺陷明显增多,使涂层的屏蔽性能下降。填充了 40% 磷酸化镁粉的富镁涂层(F40%)的阻抗值与填充未磷酸化镁粉的富镁涂层(50%)较为接近,表明这两种涂层具有同样的屏蔽性能。在所有涂层中,填充磷酸化处理镁粉含量为 45% 的富镁涂层(F45%)在整个实验过程中,都保持着较高的阻抗值,表明该涂层的屏蔽性能最好。同时,可发现在浸泡初期,填充了未处理镁粉的富镁涂层(50%),其阻抗值有明显的先下降再上升的趋势;而所有填充了磷酸化处理镁粉的富镁涂层(F55%、F50%、F45%、F40%、F35%),其阻抗值持续下降,没有这个变化趋势。变化趋势是由于镁粉腐蚀产物的堆积造成涂层屏蔽性能在一定程度上有所提高而产生的。而磷酸化处理后的镁粉已经被一层较厚的磷酸镁层包覆,所以填充了磷酸化处理后镁粉的富镁涂层阻抗值没有这个升高的过程。

上述实验结果表明镁粉在经过磷酸化表面处理以后,加入到涂层中,涂层仍能对铝合金基体提供阴极保护作用;富镁涂层中磷酸化处理后镁粉的填充量高于 50% 时,涂层的保护性能较差。磷酸化处理后镁粉填充量为 45% 的富镁涂层的保护效果最好。

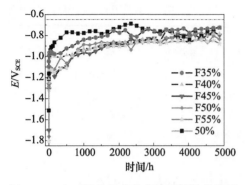

图 5.24 含不同量的磷酸化处理镁粉的涂层试样在 3% NaCl 溶液中的开路电位（见彩插）

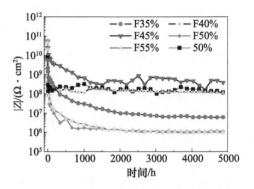

图 5.25 不同镁粉含量的涂层在 3% NaCl 溶液中 0.01Hz 频率下的阻抗值变化（见彩插）

5.3.4 镁粉磷酸化处理提高富镁涂层耐腐蚀性的机理研究

通过电化学交流阻抗对填充了两种不同类型镁粉的富镁涂层在 3% NaCl 溶液中的行为进行监测，并对数据进行解析，研究和分析镁粉磷酸化处理提高涂层耐腐蚀性的机理。图 5.26 所示为磷酸化处理后镁粉填充量为 45% 的富镁涂层在 3% NaCl 溶液中浸泡不同时间的交流阻抗图谱。从图 5.26 中可以看出，在浸泡初期的 24h 内，Bode 图近似于一条直线，而且 0.01Hz 处阻抗模值（$|Z|_{0.01Hz}$）接近 $10^{11}\Omega\cdot cm^2$，Nyquist 图中也基本呈一条直线，表明富镁涂层在浸泡初期具有良好的屏蔽作用，阻隔了电解质溶液向铝合金基体的扩散，从而使铝合金基体得到较好的保护。随着浸泡时间的延长，$|Z|_{0.01Hz}$ 值逐渐下降，容抗弧半径也逐渐减小。在浸泡 91d 后，在 Nyquist 图中出现了扩散尾，这是由镁粉反应生成腐蚀产物造成的。

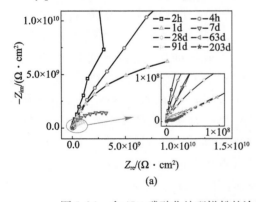
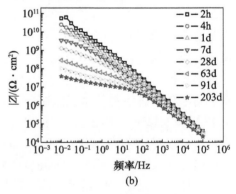

图 5.26 含 45% 磷酸化处理镁粉的涂层试样在 3% NaCl 溶液中的流阻抗谱
（a）Nyquist；（b）Bode。

为了进一步研究镁粉磷酸化表面处理对富镁涂层耐腐蚀性的影响及其机理,需对交流阻抗数据进行等效电路拟合,通过拟合电路和拟合参数研究涂层在浸泡过程中的电化学行为。图 5.27 和图 5.28 所示分别是填充未磷酸化镁粉含量为 50% 的富镁涂层(50%)和填充磷酸化处理镁粉含量为 45% 的富镁涂层(F45%)交流阻抗拟合数据 R_c 和 Q_c 随浸泡时间的变化曲线。

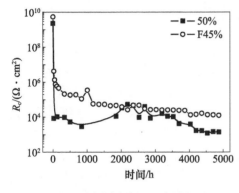

图 5.27　两种富镁涂层的涂层电阻 R_c 随浸泡时间的变化曲线

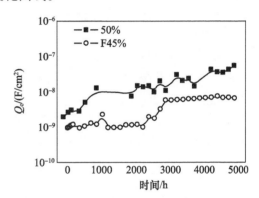

图 5.28　两种富镁涂层的涂层电容 Q_c 随浸泡时间的变化曲线

从图 5.27 可以看出,两种涂层的涂层电阻 R_c 在浸泡最初的 24h 内迅速下降,这主要归因于电解质的渗入以及涂层中被激活的镁粉数量逐渐增多。在整个浸泡过程的中期,填充未磷酸化处理镁粉的富镁涂层(50%),其涂层电阻 R_c 经历一个明显的上升过程。这可能是由于镁粉反应之后,腐蚀产物在其表面堆积,从而使涂层的屏蔽性能在一定程度上有所增强。但是该腐蚀产物在镁粉表面形成的膜层是疏松多孔的,仅能在一定程度上屏蔽电解质的渗入,所以随着浸泡时间的延长,该富镁涂层的涂层电阻 R_c 又再次下降。而填充磷酸化处理镁粉的富镁涂层的涂层电阻 R_c 则没有这个上升过程,而是持续小幅度降低。这主要是由于镁粉在填充前进行了磷酸化表面处理,已经在镁粉表面生成了一层致密的磷酸镁膜层,该膜层能为镁粉提供较好的屏蔽作用。在整个浸泡过程中,与填充了未磷酸化处理镁粉的富镁涂层(50%)相比,填充了磷酸化处理镁粉的富镁涂层(F45%)的涂层电阻 R_c 都要高出约一个数量级。这表明填充了磷酸化处理后镁粉的富镁涂层具有更好的保护性能,涂层的寿命得到了延长。

涂层电容 Q_c 是评价涂层性能的重要指标之一,因为其大小可以反映出涂层对于电解质溶液渗透敏感性的高低。$Q_c = \varepsilon\varepsilon_0 A/d$,其中,$A$ 和 d 分别为涂层的面积和厚度,ε_0 是真空相对介电常数,ε 为涂层相对介电常数。从图 5.28 可以看出两种富镁涂层的涂层电容 Q_c 都随着浸泡时间的延长而逐渐增大。在整个浸泡过程中,填充了磷酸化处理镁粉的富镁涂层(F45%)的涂层电容 Q_c 值都小于填充了未磷酸化处理镁粉的富镁涂层(50%)。这说明了镁粉经过磷酸化表面处理之后制成的富镁涂层,其屏蔽性能更好。填充了未磷酸化处理镁粉的富镁涂层(50%)的 Q_c 值,在整个浸泡过程中,都随着浸泡时间延长而逐渐上升。而填充了磷酸化处理镁粉的富镁涂层(F45%)在浸泡前 2000h, Q_c 值基本维持不变,这是由于镁粉表面的磷酸镁包覆层对电解质渗透的屏蔽作用。在浸泡 2000~3000h 时,其 Q_c 值明显增大。而在浸泡 3000h 之后,其 Q_c 值又维持稳定,这可能是由于镁粉反应后的腐蚀产物与包覆在镁粉表面的磷酸镁膜层共同作用的结果。

电荷转移电阻 R_{ct} 可以用来表征镁粉表面的反应速度,电荷转移电阻越大,镁粉的反应速度越慢;电荷转移电阻越小,镁粉的反应速度越快。图 5.29 所示是两种富镁涂层的交流阻抗数据拟合后电子转移电阻 R_{ct} 随浸泡时间的变化规律。

从图 5.29 中可以看出,随着浸泡时间的延长,两种富镁涂层的电荷转移电阻 R_{ct} 逐渐下降。但填充了磷酸化处理镁粉的富镁涂层(F45%)的电荷转移电阻 R_{ct} 比填充了未磷酸化处理镁粉的富镁涂层(50%)高两个数量级,表明镁粉在经过磷酸化表面处理之后,其在涂层中的消耗速度明显下降。这可能是由于镁粉磷酸化表面处理之后,表面被致密的磷酸镁膜层包覆,阻挡了电解质的渗透,从而降低了镁粉的消耗速率。在富镁涂层中,镁粉的消耗速度决定着富镁涂层的阴极保护作用时间的长短。由此可知,镁粉经过磷酸化处理后,其消耗速度减慢,而富镁涂层的寿命得到了延长。

双电层电容表征了镁粉表面的电化学反应活性面积,图 5.30 所示是两种富镁涂层的双电层电容 Q_{dl} 随浸泡时间的变化曲线。从图 5.30 中可知,两种富镁涂层的双电层电容 Q_{dl} 基本上随着浸泡时间的延长而增大。填充了磷酸化处理镁粉的富镁涂层(F45%)的双电层电容 Q_{dl} 比填充未磷酸化处理镁粉的富镁涂层(50%)的双电层电容低了大约一个数量级,表明镁粉经磷酸化表面处理后电化学反应活性面积减少。这可能是由于镁粉被较为致密的磷酸镁膜层包覆,导致镁粉在电解液中暴露面积减少。

图 5.31 所示是涂刷了两种富镁涂层(F45% 和 50%)的铝合金试片在 3% NaCl 溶液中的动电位扫描结果。由图 5.31 可见,涂覆了镁粉经过磷酸化处理后的富镁涂层试样(F45%)的腐蚀电位正向移动了约 0.1V,但其电位仍然大大低于铝合金的自腐蚀电位,因此镁粉经过磷酸化表面处理后,仍然可以在涂层中起到阴极保护作用。涂覆镁粉经过磷酸化后的富镁涂层试样(F45%)的腐蚀电流明显小于涂覆镁粉未磷酸化的富镁涂层的试样(50%),表明填充了磷酸化后镁粉的富镁涂层(F45%)对铝合金基体的保护效果更好。镁粉磷酸化后的富镁涂层极化曲线的阳极支斜率明显高于未磷酸化的富镁涂层,这是由于镁粉被致密的磷酸镁层包覆,降低了镁粉的反应活性。

第 5 章　铝合金专用高耐腐蚀性涂层及其耐腐蚀机理

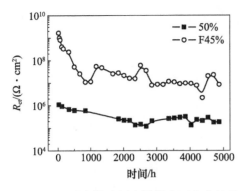

图 5.29　两种富镁涂层中镁粉表面电荷转移电阻 R_{ct} 随浸泡时间的变化

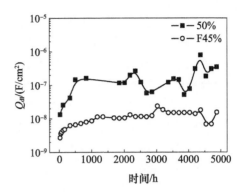

图 5.30　两种富镁涂层中镁粉表面双电层电容 Q_{dl} 随浸泡时间的变化

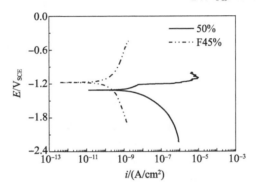

图 5.31　两种富镁涂层试样在 3% NaCl 溶液中的动电位扫描极化曲线

涂层与基体的附着力也影响着涂层的保护性能。根据 GB/T 5210—2006《色漆和清漆　拉开法附着力试验》标准的要求对改性后的富镁涂层与基体的附着力进行测试,测试结果见表 5.5。从表 5.5 中可以看出,镁粉磷酸化表面处理后的富镁涂层与铝合金基体的附着力略有下降。这可能是由于镁粉经过磷酸化表面处理之后,体积略有膨胀,环氧树脂不能很好地包覆镁粉;同时,磷酸镁包覆层与镁粉之间的结合力也会对涂层的附着力产生一定影响。从破坏类型看,主要是涂层的内聚破坏,这也从另一个方面说明涂层与基体的附着力较好。

表 5.5　涂层附着力测试结果

试样	破坏强度/MPa	破坏类型
50%	7.655	95% B,5% A/B
F45%	7.3	90% B,10% Y/Z

注:B 表示第一道涂层的内聚破坏,即涂层的内聚破坏;A/B 表示第一道涂层与底材间的附着破坏,即涂层与铝合金之间的附着破坏;Y/Z 表示胶黏剂与试柱间胶结破坏。

涂层在浸泡过程中,电解质溶液会逐渐向铝合金基体表面渗透,铝合金机体表面在电解质的共同作用下,会发生表面状态的变化。当磷酸化表面处理的镁粉加入到涂层中,向涂层中带入了磷酸镁。在电解质渗入的过程中,磷酸镁的存在会对铝合金基体的表面状态产生一定的影响。为了研究磷酸镁对铝合金机体表面的影响,对其表面进行了 X 射线光电子能谱测试。图 5.32 所示是将含有磷酸化镁粉的富镁涂层从铝合金表面剥离后,铝合金基材表面的 X 射线光电子能谱,其中图 5.32(a)、图 5.32(b)和图 5.32(c)分别对应为 Al 的 2p 谱图,P 的 2p 3/2 谱图和 Mg 的 1s 谱图。

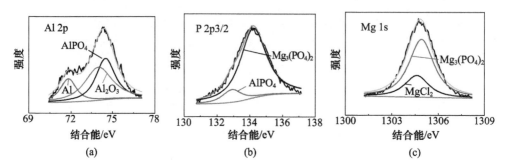

图 5.32 磷酸化粉煤的富镁涂层在浸泡后铝合金基材表面的 XPS 谱(见彩插)
(a) Al 2p;(b) P 2p3/2;(c) Mg 1s。

由图 5.32(a)的 Al 2p 谱图分析可知,其可分为结合能分别为 71.8eV、74.0eV 和 74.5eV 的三个峰,其中 71.8eV 特征峰是 Al^0,即金属铝基体;74.0eV 特征处对应的是 Al_2O_3,$AlPO_4$ 结合中 Al 的谱峰则出现在 74.5eV 处。图 5.32(b)的 P2p 3/2 谱图中可分两个峰:结合能为 132.9eV 特征峰对应于 $AlPO_4$,结合能为 134.2eV 处则对应于 $Mg_3(PO_4)_2$。图 5.32(c)所示是 Mg 的 1s 谱图,可分为两个特征峰,一个是结合能为 1304.6eV 的 $Mg_3(PO_4)_2$,另一个是结合能为 1304.9eV 的 $MgCl_2$。由以上 XPS 测试结果可知,涂覆了磷酸化的富镁涂层的铝合金,其在浸泡过程中,铝基体表面会生成一层由 $Mg_3(PO_4)_2$、$AlPO_4$ 和 $MgCl_2$ 构成的盐膜。其中的磷酸根主要来自涂层中镁粉表面预先生成的磷酸镁,该磷酸镁在浸泡过程中会部分水解,释放出磷酸根离子;磷酸根离子向铝合金基体迁移,在铝合金基体表面生成一层盐膜。该盐膜的存在对减缓铝合金的腐蚀具有有益作用。

通过对填充了磷酸化处理后镁粉的富镁涂层和填充了未磷酸化处理镁粉的富镁涂层进行马丘测试、耐盐水浸泡实验、电化学测试和 XPS 测试,结果表明镁粉在经过磷酸化表面处理之后制成的富镁涂层,其保护性能有明显提高。主要原因可以分析如下:首先,镁粉表面包覆的较为致密的磷酸镁层会阻碍电解质的渗入,减缓镁粉的消耗速度,使涂层的寿命延长;其次,镁粉被致密的磷酸镁层包覆后,溶解速率降低,导致由活性的镁粉颗粒反应而产生的微孔等缺陷减少,因此富镁涂层的涂层电阻增大,涂层电容减小,涂层的屏蔽性能明显增强;此外,涂层中的磷酸镁在浸泡过程中会部分溶解,释放出磷酸根离子,这些磷酸根离子向铝合金基体迁移,在基体表面生成一层由 $Mg_3(PO_4)_2$、$AlPO_4$ 和 $MgCl_2$ 构成的复合膜层,该膜层的存在能进一步减缓铝合金的腐蚀,提高涂层的保护效果。

5.3.5 分析与讨论

通过划叉浸泡实验、马丘测试、电化学测试、X 射线衍射、扫描电子显微镜、X 射线光电子能谱等手段,研究了磷酸化表面处理的镁粉对富镁涂层防护性能的影响及其作用机理。主要结论如下:

镁粉表面磷酸化处理后,磷酸镁能够在镁粉表面生成,并对镁粉进行包覆,最佳的处理时间是 30min。当反应时间超过 30min 后,磷酸盐逐渐从镁粉表面脱落,失去了对镁粉颗粒的保护作用。

傅里叶变化红外光谱(FTIR)和 X 射线衍射(XRD)测试结果表明镁表面磷酸化处理的产物为 $Mg_3(PO_4)_2 22H_2O$。其含量随着处理时间的延长而发生明显变化,当处理时间小于 30min 时,得到的产物中以镁粉为主;处理时间大于 30min 时,产物中以 $Mg_3(PO_4)_2 22H_2O$ 为主。通过扫描电子显微镜(SEM)观察镁粉微观形貌,处理 30min 后,镁粉会被一层片层状的磷酸镁包覆。

镁粉经过磷酸化表面处理 30min 后制成的富镁涂层,其对铝合金基体的阴极保护作用未受到不良影响。与填充了未经磷酸化处理镁粉的富镁涂层相比,填充了 45% 的磷酸化处理镁粉的富镁涂层对铝合金基体具有更好的保护作用。

镁粉在经过磷酸化表面处理之后,其表面磷酸镁膜层的存在可以减缓镁粉的消耗速率;同时,磷酸镁在浸泡过程中部分水解,磷酸根向铝合金基体迁移,在基体表面生成一层由磷酸镁、磷酸铝和氯化镁构成的复合产物层,该膜层的存在可减缓铝基体的腐蚀,提高涂层的保护效果。

5.4 铝合金表面硅烷预处理对镁铝复合涂层保护性能的影响

通过硅烷偶联剂对金属表面进行硅烷预处理,可在金属表面形成一层硅烷膜,不仅可以提高金属的耐腐蚀性,还可以提高金属表面涂层的附着力。此处采用 KH-560 型硅烷偶联剂对铝合金表面进行预处理,然后涂刷含 20% 镁粉 + 30% 铝粉(20Mg30Al)的镁铝复合涂层,研究了硅烷预处理对镁铝复合涂层耐腐蚀性能的影响。

5.4.1 铝合金表面的硅烷预处理及表征

铝合金试样尺寸为 50mm×50mm×3mm,在硅烷预处理前,先用 240#碳化硅砂纸打磨,然后在80℃的50g/L Na_2CO_3 +25g/L Na_2SiO_3 +50g/L Na_3PO_4 碱洗除油活化5min,用去离子水冲洗。为了对比,对部分铝合金试样不进行硅烷预处理,直接采用240#碳化硅砂纸对铝合金试样表面进行打磨以去除氧化层,然后依次用自来水、去离子水清洗,丙酮除油,吹干备用。

硅烷预处理方法:先以去离子水为溶剂,用冰醋酸调节溶液酸度pH值在4.0~5.0之间,一边搅拌一边将KH-560滴加到冰醋酸水溶液中,体积分数5.0%,静置水解24h使硅烷充分水解,制成硅烷溶液。然后将经过活化除油处理后的铝合金试片放入硅烷溶液中浸2~5min,匀速提出,在室温下放置0.5h晾干,最后在烘箱中固化,95℃下固化约1h。

采用常规手工刷涂方法在铝合金试样表面刷涂20Mg30Al镁铝复合涂料,制得镁铝复合涂层试样,待涂层固化完全并放置7d后备用,用非磁性测厚仪(型号TT230)测试涂层厚度约80μm。

图5.33所示为未经过硅烷预处理与经过硅烷处理后铝合金试样的表面形貌。由图5.33可知,未经过硅烷处理的铝合金表面有明显的砂纸打磨的划痕,而经过硅烷预处理后铝合金试样表面存在一层较均匀的膜层,已基本看不到砂纸打磨留下的痕迹,这表明硅烷预处理后铝合金表面已经形成了一定厚度的膜,基本能覆盖掉基体的划痕。

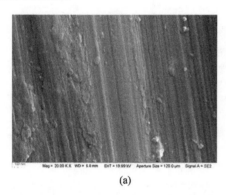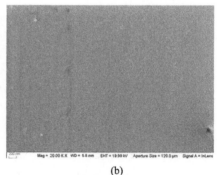

(a)　　　　　　　　　　　　　　　(b)

图5.33　经硅烷处理前后的铝合金表面形貌

(a)未经硅烷预处理;(b)硅烷预处理。

图5.34所示为硅烷预处理后铝合金试样表面的红外光谱图。从图5.34所示的红外谱图中可以观察到环氧基中环的3个特征吸收峰1256cm^{-1}、908cm^{-1}和789cm^{-1},表明硅烷膜中的环氧基团未被破坏。另外,2999cm^{-1}、2938cm^{-1}、2874cm^{-1}为—CH_2和—CH伸缩振动吸收峰,1481cm^{-1}、1440cm^{-1}及760cm^{-1}是—CH_2的特征吸收峰,1344cm^{-1}是—CH的特征吸收峰,这些结构都是硅烷KH-560中的碳骨架中的基团。图5.34中,3448cm^{-1}是氢键的伸缩振动吸收峰,表明硅烷膜内

部以及界面处可能存在氢键;1034cm^{-1} 和 1106cm^{-1} 是 Si—O 和 C—O 的双肩特征峰,两个峰是 Si—O—Si、Si—O—Al 和 C—O—C 的非对称和对称伸缩振动吸收峰,表明固化后硅烷膜内部 Si—OH 脱水缩合生成 Si—O—Si 结构,铝合金基体与硅烷膜界面处形成 Si—O—Al 结构。

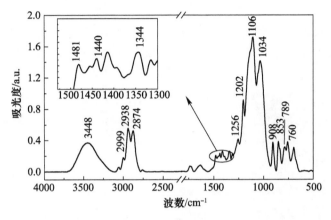

图 5.34 经硅烷处理后的铝合金试样红外光谱图

硅烷偶联剂 KH-560 与铝合金的作用机理用图 5.35 加以阐述,硅烷在冰醋酸溶液中发生水解,生成硅醇,硅醇中的羟基与铝合金表面的—OH 形成氢键,发生

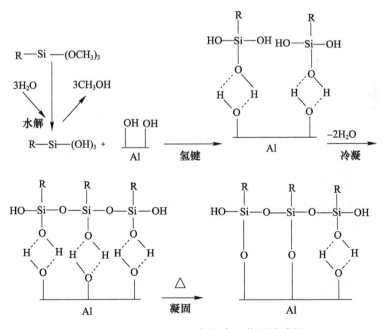

图 5.35 硅烷 KH-560 与铝合金作用成膜机理

氢键吸附,将试样从硅烷溶胶中取出,在环境中或者加热条件下,吸附在表面的溶胶中的甲醇(硅烷水解生成的)及水分子(氢键脱水及硅醇缩聚脱水形成的)挥发,最终形成硅烷内部的交联网状结构。

图 5.36 所示是经 KH-560 硅烷预处理后的铝合金/镁铝复合涂层试样的截面形貌及其 EDS 面扫描图,其中,黄色、红色、紫色和蓝色荧光分别代表了铝、碳、硅和镁元素在截面的分布。结合铝和碳元素的分布,可知中间部分为环氧镁铝复合涂层。而在铝合金与涂层界面处存在连续的硅元素分布,可以推断铝合金表面确实存在一层硅烷膜。

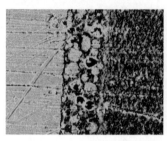

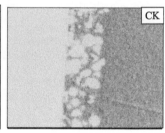
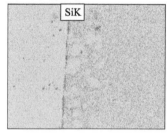
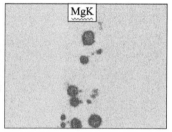

图 5.36　铝合金表面经过硅烷处理后刷涂制得的镁铝复合涂层试样的截面形貌及 EDS 面扫描形成的元素面分布图

5.4.2　铝合金表面硅烷预处理对富镁涂层性能的影响

未经硅烷处理及硅烷处理后的铝合金表面镁铝复合涂层的附着力及涂层的破坏形式如表 5.6 所列。由表 5.6 可以看出,经硅烷处理后的镁铝复合涂层在铝合金基体表面的附着力提高了约 3MPa。其主要原因是:一方面,根据红外以及硅烷与基体作用机理分析,可以表明硅烷膜与铝合金基体界面形成 Si—O—Al 共价键,硅烷膜内部存在 Si—O—Si 键合;另一方面,硅烷膜中未成键的硅醇基团 Si—OH 以及 R—中环氧基团会与环氧镁铝复合涂层中的有机组分反应成键或通过范德华力发生交联互穿,在界面形成 IPN 交联互穿网络结构,从而显著提高镁铝复合涂层在铝合金表面的附着力。

表 5.6 硅烷处理前后镁铝复合涂层在铝合金表面的附着力

试样	破坏强度/MPa		破坏性质
	平均值	范围	
2024 铝合金	6.056	5.71~6.35	50% A/B,50% B
硅烷处理铝合金试样	9.136	8.62~10.12	70% B/C&A/C,30% B

注:B 表示第一道涂层的内聚破坏,即涂层的内聚破坏;A/B 表示第一道涂层与底材间的附着破坏,即涂层与铝合金之间的附着破坏;A/C 表示硅烷膜与铝合金基体间附着破坏。

图 5.37 所示为未经硅烷预处理的铝合金、经硅烷处理的铝合金、未经硅烷预处理的铝合金/镁铝复合涂层、经硅烷预处理的铝合金/镁铝复合涂层等 4 种试样在 3.5%(质量分数)NaCl 溶液中的极化曲线。从图 5.37 可知,与未经硅烷预处理的铝合金试样相比,经过硅烷处理后铝合金试样的腐蚀电位略有正移,但其腐蚀电流密度有较明显降低,说明铝合金表面形成的硅烷膜对铝合金具有一定的保护作用。而涂覆有镁铝复合涂层的铝合金试样,其自腐蚀电位均比铝合金基体的负,腐蚀电流明显降低,这表明镁铝复合涂层可对铝合金基体提供一定的阴极保护作用。与铝合金未经硅烷预处理的涂层试样相比,铝合金经过表面硅烷预处理后,铝合金涂层试样的腐蚀电位基本上保持不变,皆明显负于铝合金基体的电位,表明硅烷预处理并不影响富镁铝涂层对铝合金基体的阴极保护,并且能降低腐蚀电流密度,进一步增强了镁铝复合涂层对基体的保护作用。

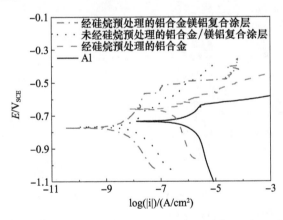

图 5.37 未经硅烷预处理的铝合金、经硅烷处理的铝合金、未经硅烷预处理的铝合金/镁铝复合涂层、经硅烷预处理的铝合金/镁铝复合涂层等 4 种试样在 3.5%(质量分数)NaCl 溶液中的极化曲线(见彩插)

图 5.38 所示为未经硅烷预处理的铝合金/镁铝复合涂层与经硅烷预处理的铝合金/镁铝复合涂层试样马丘测试后的表面形貌。从 5.38(a)图可以看出,铝合金表面未经过硅烷处理直接刷涂镁铝复合涂层的试样在马丘测试后,涂层划叉处涂

层鼓泡较严重,涂层与基体发生了明显的剥离。而除去涂层后,发现在铝合金基体破损处已经发生大面积腐蚀,如图5.38(b)所示。而对于经硅烷预处理的铝合金/镁铝复合涂层试样经过马丘测试后(如图5.38(c)所示),划叉周围涂层与基体仍然附着良好,未出现涂层明显剥离现象,仅在破损处出现黑色物质,去除涂层后也可以看到破损处少量的黑色腐蚀产物(如图5.38(d)所示)。由此可见,经过硅烷处理后环氧镁铝复合涂层试样的腐蚀程度远小于未经过硅烷处理铝合金镁铝复合涂层试样的腐蚀程度,这说明硅烷膜显著地改善了镁铝复合涂层对铝合金基体的保护作用。

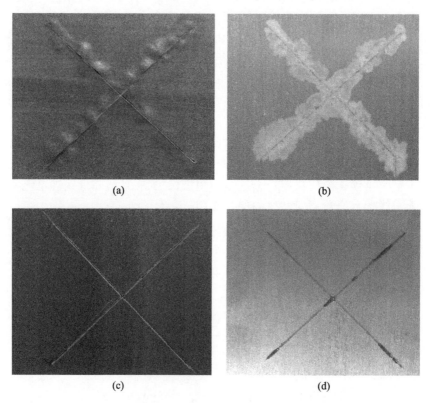

图5.38 未经硅烷预处理的铝合金/镁铝复合涂层与经硅烷预处理的
铝合金/镁铝复合涂层试样马丘测试后的表面形貌
(a)未经硅烷预处理的铝合金/镁铝复合涂层;(b)对应(a)图剥去涂层后铝基体形貌;
(c)经硅烷预处理的铝合金/镁铝复合涂层试样;(d)对应(c)图剥去涂层后的基体形貌。

图5.39为经硅烷预处理的铝合金/镁铝复合涂层试样在3.5%(质量分数)NaCl溶液中浸泡不同时间后的交流阻抗图谱。由图5.39可见,在浸泡1h时,涂层体系的Bode图呈现近似一条直线,低频阻抗模值$|Z|_{0.01Hz}$接近$10^{11}\ \Omega\cdot cm^2$,而

Nquist 图中表现为一个半径很大的半圆弧,表明浸泡初期,镁铝复合涂层表现为性能良好的屏蔽层,可以有效地阻碍腐蚀介质与铝合金基体的直接接触,起到了很好的保护作用,可以用图 5.40 中等效电路模型 A 进行拟合,其中 Q_c 为涂层电容,R_c 为涂层电阻。经过 12h 的浸泡,试样的低频阻抗模值 $|Z|_{0.01Hz}$ 以及容抗弧半径发生了显著的减小,这可能是由于电解质溶液向涂层内部的不断渗透。但是从浸泡 24h 到 2496h,Nquist 图及 Bode 图未表现出明显的变化,表明此阶段涂层的防护性能维持稳定,涂层内部变化缓慢,可采用图 5.40 中等效电路模型 B 进行拟合,R_{ct} 为镁粉表面的电荷转移电阻,Q_{dl} 为镁粉表面双电层电容,Q_{diff} 表示扩散层电容,R_{diff} 表示扩散层电阻,由于镁粉颗粒的腐蚀产物会逐渐堵塞涂层中溶液渗透通道,从而引起有限层扩散,于是导致等效电路的 Q_{diff} 和 R_{diff} 的产生。当试样继续浸泡到 2880h 时,可用图 5.40 中等效电路模型 C 对涂层阻抗数据进行拟合,R_{Si} 为硅烷膜电阻,Q_{Si} 为硅烷膜电容。

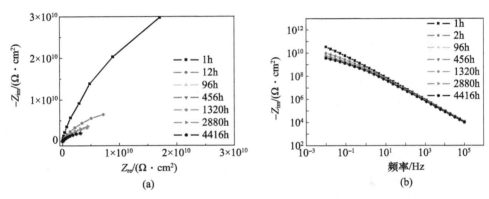

图 5.39 经硅烷预处理的铝合金/镁铝复合涂层试样在 3.5%（质量分数）NaCl 溶液中的交流阻抗图谱（见彩插）

(a) Nyquist；(b) Bode。

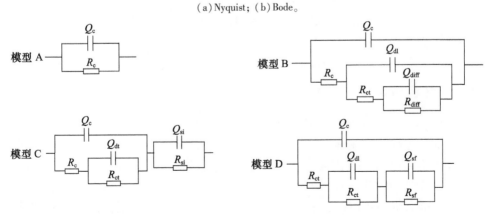

图 5.40 涂覆镁铝复合涂层的铝合金试样在不同浸泡阶段等效电路示意图

图 5.41 所示为铝合金表面未经过硅烷处理的镁铝复合涂层试样在 3.5%（质量分数）NaCl 溶液中的交流阻抗图谱。该涂层试样在浸泡初期表现出与经硅烷预处理的铝合金/镁铝复合涂层试样相似的特性，浸泡 1h，主要表现为屏蔽性涂层，可以采用图 5.40 等效电路模型 A 进行拟合。浸泡 12～1704h，采用图 5.40 中等效电路模型 B 进行拟合。但是浸泡 2160h 后，则需采用图 5.40 中等效电路模型 D 进行拟合，其中 Q_{sf} 和 R_{sf} 分别表示基体表面腐蚀的双电层电容和界面反应电阻。

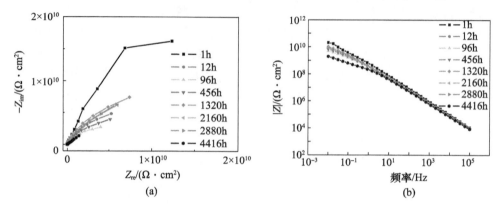

图 5.41　铝合金表面未经过硅烷处理的镁铝复合涂层试样在 3.5%
（质量分数）NaCl 溶液中的交流阻抗图谱（见彩插）
(a) Nyquist；(b) Bode。

通过对两种试样的阻抗图谱的分析，可以看出，未经硅烷处理的试样从浸泡 2160h 时，出现表面腐蚀的双电层电容 Q_{sf} 和界面反应电阻 R_{sf}，可能是因为随着腐蚀介质的不断渗透，已经透过涂层到达了基体表面，且铝合金基体表面有腐蚀发生，应该是涂层缺陷处铝合金基体开始发生腐蚀，但由阻抗谱图可知，涂层仍表现出良好的保护性能。而经硅烷预处理的铝合金/镁铝复合涂层试样浸泡 2880h 时，拟合电路中出现硅烷膜电阻 R_{Si} 及硅烷膜电容 Q_{Si}，说明溶液到达硅烷膜/涂层界面，硅烷膜表现出屏蔽作用，延缓了电解质溶液向基体的渗透，延长了涂层的保护作用时间。

5.4.3　分析与讨论

对铝合金基体进行硅烷 KH-560 预处理后，铝合金基体表面形成了一层硅烷膜，能在铝合金/硅烷膜/环氧镁铝复合涂层体系的界面处形成 IPN 交联互穿网络结构，界面结合更加牢固，明显提高环氧镁铝复合涂层在铝合金表面的附着力。

铝合金表面硅烷膜的存在并未影响镁铝复合涂层对铝合金基体的阴极保护作用，并且能够有效阻止电解质溶液向铝合金基体的渗透，显著延长镁铝复合涂层对铝合金的保护作用时间，有效增强涂层体系的耐腐蚀性。

5.5 复合涂料中偶联剂的添加对涂层性能的影响

偶联剂中含有两种不同性质的有机官能基团,一种可以与铝合金基体结合,发生反应;另一种可以与有机物发生反应或者形成氢键互溶,从而在颜料与有机物之间在界面处通过偶联剂相互交联,有利于提高涂层的内聚力。有研究表明硅烷偶联剂直接添加于环氧树脂中,由于硅烷中烷氧基与涂层中羟基能发生缩合反应,可以提高涂层内部的交联度,降低水的渗透率,另外硅烷偶联剂也能增强涂层/基体界面的结合,进而改善环氧涂层的耐腐蚀性。此部分以应用最为广泛的硅烷偶联剂以及钛酸酯偶联剂为代表,研究偶联剂添加于富镁铝涂料中对镁铝复合涂层性能的影响,以期进一步改善富镁铝复合涂层的耐腐蚀性。

5.5.1 镁铝涂料中偶联剂添加量对涂层耐腐蚀性影响

用于制备涂层试样的铝合金被加工成 50mm × 50mm × 2mm,铝合金试样依次用 240#砂纸打磨、去离子水清洗、丙酮除油、干燥备用。

含硅烷偶联剂的涂层试样的制备:硅烷偶联剂 KH-560 与镁粉、铝粉超声分散 10min,KH-560 的加入量为镁粉及铝粉总质量的 1%、1.5%、2%、2.5%、3%,分别加入到环氧清漆 KFH-01 中,之后添加 KFH-01 配套的固化剂(固化剂与环氧清漆的质量比为 3∶10)并搅拌熟化 30min,进行涂装。

含钛酸酯偶联剂的涂层试样的制备:钛酸酯偶联剂 NDZ-101(加入量分别为镁粉及铝粉总质量的 1%、1.5%、2%、2.5%、3%)溶于大量溶剂异丙醇中,添加铝粉、镁粉,充分混合,将溶剂蒸发去除。之后将其加入到环氧清漆 KFH-01 中,再加入 KFH-01 配套的固化剂,搅拌,熟化 30min,进行涂装。在试样干燥 7d 后,用非磁性测厚仪(型号 TT230)测得涂层干膜平均厚度约 80μm。

为了快速比较两种偶联剂不同添加量对镁铝复合涂层耐腐蚀性能的影响,采用马丘测试,进行快速地检测对比。图 5.42 所示为添加不同含量 KH-560 的镁铝复合涂层试样马丘测试后的形貌。从图 5.42 可知,试样都出现明显的鼓泡甚至与基体剥离的现象,由涂层试样形貌可以看出,含 2.5% KH-560 的镁铝复合涂层在测试后鼓泡剥离的面积较小,并且剥掉涂层后基底的腐蚀面积也是最小的;而含 2%、3% KH-560 的镁铝复合涂层试样涂层剥离明显,而且基底划叉处腐蚀情况严重,由此可见,偶联剂 KH-560 的添加量过多或过少都影响涂层的耐腐蚀性,2.5% 的添加量最为适宜。

图 5.43 所示为添加不同含量 NDZ-101 的镁铝复合涂层试样马丘测试后的形貌。从图 5.43 中可以看出,钛酸酯偶联剂 NDZ-101 对涂层耐腐蚀性的影响也

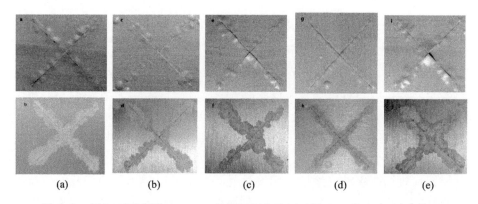

图5.42 添加不同含量 KH-560 的镁铝复合涂层试样马丘测试后的表面形貌
(上图为涂层试样形貌,下图为涂层剥离后基底形貌)
(a)KH-560 添加量为1%;(b)KH-560 添加量为1.5%;(c)KH-560 添加量为2%;
(d)KH-560 添加量为2.5%;(e)KH-560 添加量为3%。

是存在一定的规律,随 NDZ-101 的添加量的增大,改善效果先增大后减少,添加量为2%时效果最佳。

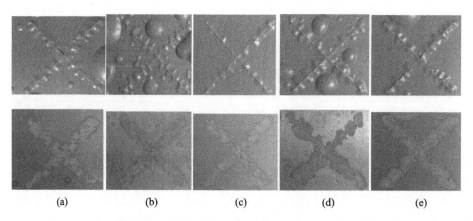

图5.43 添加不同含量 NDZ-101 的镁铝复合涂层试样马丘测试后的表面形貌
(上图为涂层试样形貌,下图为涂层剥离后基底形貌)
(a)NDZ-101 添加量为1%;(b)NDZ-101 添加量为1.5%;(c)NDZ-101 添加量为2%;
(d)NDZ-101 添加量为2.5%;(e)NDZ-101 添加量为3%。

图5.44 比较了含有两种不同类型的偶联剂的镁铝复合涂层试样经过马丘腐蚀测试后,铝合金基体表面的形貌。图5.44 结合图5.42 与图5.43 可以看出,偶联剂的添加对镁铝复合涂层的耐腐蚀性存在不同程度的影响,基底的腐蚀面积要明显地小于未添加偶联剂的试样。另外,添加 KH-560 试样的腐蚀主要集中在划叉处,而添加 NDZ-101 试样不仅在划叉处出现明显腐蚀,而且在远离划叉处涂层

也出现大量鼓泡,基底发生了大面积腐蚀,因此,KH-560 的作用要更加显著,且最佳的添加量为 2.5%。

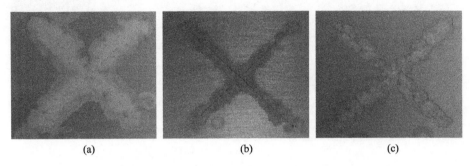

图 5.44 添加两种偶联剂的镁铝复合涂层试样马丘测试后的基底形貌
(a)未添加偶联剂;(b)2.5% KH-560;(c)2% NDZ-101。

为了进一步验证偶联剂对镁铝复合涂层耐腐蚀性的影响,采用划叉浸泡实验对涂层试样进行了一个较长时间的腐蚀实验。图 5.45 所示为不同 KH-560 含量的镁铝复合涂层试样在 3.5% NaCl 溶液中浸泡 210d 后的形貌以及涂层剥落后铝合金基体的表面形貌。从涂层的形貌中可以看到 KH-560 添加 2.5%(图 5.45(d))时,涂层未出现鼓泡现象,在基底形貌可以看出,铝合金均有不同程度的腐蚀;图 5.45(c)(2% KH-560)及图 5.45(e)(2.5% KH-560)中铝合金的腐蚀情况比其他试样有所减缓;而其他添加量的涂层都有不同程度的鼓泡,基体都有肉眼可见的白色的腐蚀产物。可见在镁铝复合涂层中添加偶联剂 KH-560,添加量过少或过多都对涂层的耐腐蚀性有一定的影响。因此,KH-560 的最佳添加量为 2% 或 2.5%,这与前面马丘测试结果是基本一致的。

图 5.46 所示为不同 NDZ-101 含量的镁铝复合涂层试样在 3.5% NaCl 溶液中浸泡 210d 后的形貌以及涂层剥落后铝合金基体的表面形貌。由图 5.46 可以看出,添加 NDZ-101 的镁铝复合涂层试样都出现或多或少的鼓泡现象,涂层剥离后也出现明显的腐蚀。但图 5.46(c)添加 2% NDZ-101 的涂层试样形貌及其涂层剥离后的形貌,可见,偶联剂 NDZ-101 的添加量对镁铝复合涂层的耐腐蚀性也存在一定的影响,添加过多或过少都不利于涂层的耐腐蚀性,而添加量为 2% 时,涂层的耐腐蚀性较好。这与前面的马丘测试结果也是一致的。

结合图 5.45 与图 5.46,将两种偶联剂的添加量最佳时对应试样浸泡后的基底形貌与未添加偶联剂试样进行对比可以看出,KH-560 的添加对镁铝复合涂层耐腐蚀性的改善效果要比相同添加量的 NDZ-101 好很多,且适量添加偶联剂能明显改善镁铝复合涂层耐腐蚀性能。因此,添加硅烷偶联剂 KH-560 2.5% 时,其效果最佳。

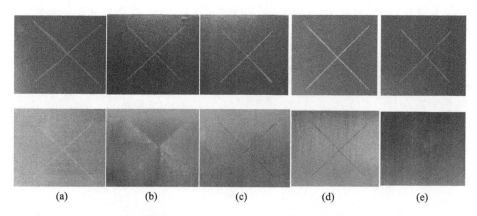

图 5.45　含 KH-560 的镁铝复合涂层在 3.5% NaCl 溶液中的划叉浸泡 210d 后的形貌
（上图为涂层试样形貌,下图为涂层剥离后基底形貌）
(a) KH-560 添加量为 1%；(b) KH-5601 添加量为 1.5%；(c) KH-560 添加量为 2%；
(d) KH-560 添加量为 2.5%；(e) KH-560 添加量为 3%。

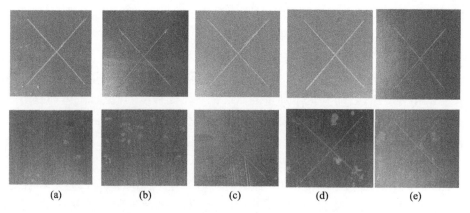

图 5.46　含 NDZ-101 的镁铝复合涂层在 3.5% NaCl 溶液中划叉浸泡 210d 后的形貌
（上图为涂层试样形貌,下图为涂层剥离后基底形貌）
(a) NDZ-101 添加量为 1%；(b) NDZ-101 添加量为 1.5%；(c) NDZ-101 添加量为 2%；
(d) NDZ-101 添加量为 2.5%；(e) NDZ-101 添加量为 3%。

由划叉浸泡测试及马丘测试结果可知,偶联剂的添加对镁铝复合涂层的耐腐蚀性有着明显改善效果,同时为了进一步验证偶联剂对涂层性能的影响,对涂层试样进行了附着力测试,结果如表 5.7 所列。由表 5.7 中结果可知,含 KH-560 的镁铝复合涂层试样的附着力要明显地高于含 NDZ-101 试样,这与前面两种测试结果相一致。另外,含 2.5% KH-560 的镁铝复合涂层试样的附着力略高于 KH-560 其他含量涂层试样,含 2% NDZ-101 的镁铝复合涂层试样也略高于 NDZ-101

其他含量试样,且含 2.5% KH-560 的涂层试样要比含 2% NDZ-101 试样附着力要高,也可以证明最佳的偶联剂添加为 2.5% KH-560。

表 5.7 添加不同含量偶联剂的镁铝复合涂层在 2024 铝合金表面的附着力测试结果

涂层体系		破坏强度/MPa		破坏性质
		平均值	范围	
不同含量 KH-560 的 镁铝复合涂层	1%	6.056	5.71~6.35	50% A/B,50% B
	1.5%	5.988	5.50~6.45	40% A/B,60% B
	2%	6.128	5.38~6.66	50% A/B,50% B
	2.5%	6.194	5.73~6.59	50% A/B,50% B
	3%	5.818	5.31~6.10	50% A/B,50% B
不同含量 NDZ-101 的 镁铝复合涂层	1%	5.846	5.11~5.99	50% A/B,50% B
	1.5%	5.534	5.15~5.99	50% A/B,50% B
	2%	5.93	5.79~6.25	20% A/B,80% B
	2.5%	5.328	4.90~5.70	80% A/B,20% B
	3%	5.788	5.01~6.08	80% A/B,20% B

5.5.2 添加偶联剂对涂层耐腐蚀性的影响机理研究

图 5.47 所示是带有人造破损的镁铝复合涂层在 3.5% NaCl 溶液中浸泡不同时间的交流阻抗谱图,其中镁铝涂料添加了 2.5% KH-560。从图 5.47(a)中可以看出,容抗弧半径不断变大,可能是由于浸泡时,破损处涂层中的镁粉表面的氧化膜先溶解,发生反应,腐蚀产物在破损处堆积,阻断了电解质溶液与基体的接触,对暴露的铝合金基体起到了阴极保护作用。同时,从图 5.47(b)也可看出,Bode 图中低频区的阻抗模值也在不断地增大。随着反应的进行,破损处涂层的空隙不断增大,而腐蚀产物是一种针状的疏松结构。因此,电解质溶液又不断地渗透到铝合金基体与涂层的界面处,使铝合金基体不断腐蚀,反映在 Bode 图中,低频区阻抗模值不断降低。

图 5.48 所示是带有人造破损的镁铝复合涂层在 3.5% NaCl 溶液中浸泡不同时间的交流阻抗谱图,但镁铝涂料中添加的是 2% NDZ-101。由图 5.48 可知,添加 NDZ-101 的镁铝复合涂层的破损试样在 NaCl 溶液的浸泡过程中,Nyquist 图中,容抗弧的半径呈现不断增大的变化趋势,低频区的阻抗模值也不断增大,是因为破损处涂层的阴极保护作用及其腐蚀产物的阻挡作用。而当浸泡到 2256h 时,Nyquist 图低频区表现出了 Warburg 阻抗的特性,出现了扩散尾,说明铝合金基体发生了大面积的腐蚀,而且在 Bode 图中,低频区阻抗模值已降低到接近 $10^5\Omega\cdot cm^2$。与添加 KH-560 的试样相比,添加 NDZ-101 的镁铝复合涂层的保护效果要差一些。

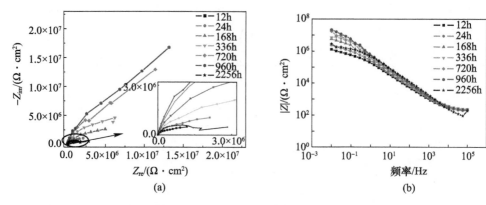

图 5.47　添加 2.5% KH-560 的镁铝复合涂层的破损试样
在 3.5% NaCl 溶液中的交流阻抗谱图(见彩插)
(a)Nyquist；(b)Bode。

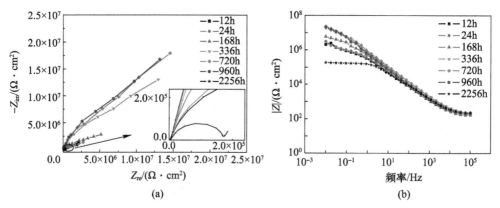

图 5.48　添加 2% NDZ-101 的镁铝复合涂层的破损试样
在 3.5% NaCl 溶液中的交流阻抗谱图(见彩插)
(a)Nyquist；(b)Bode。

对上述的两种试样浸泡前后的涂层进行红外光谱测试，结果如图 5.49 所示。图 5.49(a)中，2929/cm、2855/cm 及 828/cm 为—CH、—CH_2 及—CH_3 的伸缩振动峰，在浸泡 112d 后，吸收强度降低。1608/cm、1510/cm 及 1459/cm 是苯环的特征吸收峰，1245/cm、1182/cm、1040/cm 为芳香醚的吸收峰，这些基团的吸收强度在浸泡 112d 后皆有所降低，而 3435/cm 处羟基的特征吸收峰的强度却发生了增强的现象，说明醚键在浸泡中可能发生了破坏、水解，生成了羟基，使其强度增大。浸泡 112d 后的谱图大部分振动峰未发生偏移，也未出现新的特征峰，只是峰的强度发生了细微的变化，可见涂层中的有机组分变化不明显。而图 5.49(b)中，所有峰的强度都发生了明显的降低，说明该涂层中的有机基团已经参与了反应，涂层基本已失效,这与阻抗的分析结果相一致。

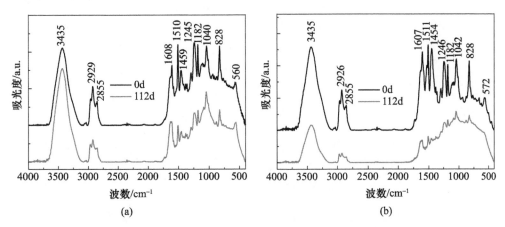

图 5.49 添加不同偶联剂涂层浸泡前后的红外光谱图(见彩插)
(a)添加 2.5% KH-560 镁铝复合涂层;(b)添加 2% NDZ-101 镁铝复合涂层。

偶联剂的添加能在不同程度上影响涂层的性能,添加偶联剂要适量,通过划叉浸泡、马丘测试及附着力测试可以证明,硅烷 KH-560 偶联剂、钛酸酯 NDZ-101 偶联剂最佳的添加量分别为镁粉及铝粉质量的 2.5%、2%。两种偶联剂与填料的偶联机理如图 5.50 和图 5.51 所示。硅烷水解形成硅醇键,与填料表面的—OH 发生氢键吸附,并脱水缩合形成化学键,硅醇键之间也发生氢键吸附、脱水缩合的过程,添加到环氧清漆中也会与环氧中的—OH 生成化学结合,从而增加涂层的内聚力。而钛酸酯在填料表面形成一层单分子层,添加到涂层中后,与钛相连的三个长链与环氧长链结构发生范德华型分子链的相互纠缠,也能提高涂层的内聚,从而提高涂层在铝合金基体表面的附着力。

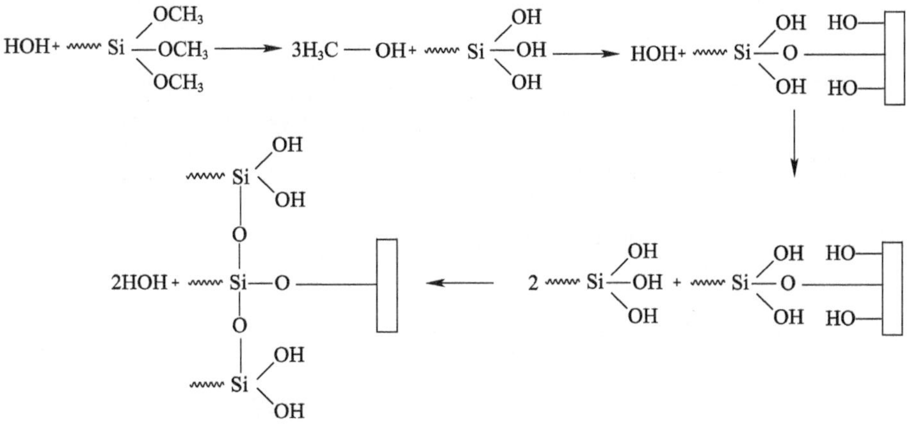

图 5.50 硅烷与填料的偶联机理

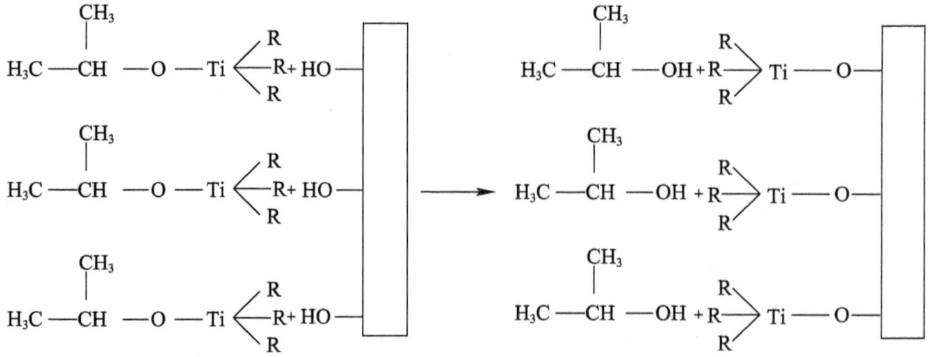

图 5.51　钛酸酯与填料的偶联机理

通过交流阻抗测试分析可知,浸泡初期,由于涂层中镁粉在破损处暴露在外,与电解质溶液直接接触,镁粉表面的氧化膜发生溶解,镁粉被激活,发生反应,对铝合金基体形成电偶对,起到了阴极保护作用,同时生成的腐蚀产物堆积在破损处,阻碍了电解溶液与铝合金的接触,保护了铝合金。随着反应的进行,电解质溶液会通过镁粉反应造成的空隙及腐蚀产物的疏松结构的空隙渗透,同时涂层中的组分也会发生分解,造成涂层内部缺陷,综合各种因素,涂层的保护作用不断下降。由于硅烷与环氧涂层中的有机组分发生化学键结合,在浸泡过程中较难发生破坏,而钛酸酯是通过分子间作用力结合,于是较容易被破坏,红外分析的结果也可以辅助证明。总之,硅烷偶联剂改善了铝合金表面镁铝复合涂层的性能。

5.5.3　分析与讨论

适量的偶联剂的加入,可以提高涂层的内聚力,能有效地提高镁铝复合涂层在铝合金表面的附着力,并能改善涂层的耐腐蚀性。最佳的添加量为 2.5% KH-560、2% NDZ-101(均为镁粉及铝粉质量的百分比)。

添加 2.5% 的硅烷 KH-560 偶联剂时,涂层的保护作用时间明显地要比添加 2% 钛酸酯 NDZ-101 长。主要是由于两种偶联剂与涂层的结合机理存在差异,硅烷 KH-560 是通过化学键,而钛酸酯 NDZ-101 是通过分子间作用力。

5.6　性能检测与总结

5.6.1　富镁铝涂料及涂层的性能检测

通过前期对富镁涂料配方优化以及镁铝复合涂层体系性能研究,开发了以镁粉、铝粉为主要添加组分,适当添加三聚磷酸铝及硅烷偶联剂等其他添加剂的专用于铝合金材料高性能镁铝复合环氧涂料,并制备了镁铝复合涂料与涂层样品。涂料分析检测中心对 BHA-1 型镁铝复合涂料及其涂层性能的检测结果如表 5.8 ~ 表 5.11 所列。

表 5.8 涂料及涂膜常规性能

序号	检测项目	技术指标	检测结果	执行标准
1	外观	灰色	灰色	GB/T 9761—2008
2	黏度	3.0~8.0Pa·s	6.5Pa·s	GB/T 1723—1993
3	细度		60μ	GB/T 1724—2019
4	储存稳定性(甲组分)	搅拌后无硬块,呈均匀态	合格	GB/T 9761—2008
5	闪点	≥27℃	合格	GB/T 5208—2008
6	适用期	≥2h	4h	HG/T 3668—2020
7	干燥性能	常温干燥表干≤4h 实干≤24h	合格	GB/T 1728—2020

表 5.9 涂膜的干燥性能

序号	检测项目	技术指标	检测结果	执行标准
1	表干时间	常温干燥,≤4h	合格	GB/T 1728—2020
2	实干时间	常温干燥,实干≤24h	合格	GB/T 1728—2020

表 5.10 漆膜机械性能

序号	检测项目	技术指标	检测结果	执行标准
1	附着力(划圈法)	1级	1级	GB/T 1720—2020
2	附着力(拉开法)	≥3MPa	5MPa	GB/T 5210—2006
3	柔韧性	1级	1级	GB/T 1731—2020
4	冲击强度	50cm	50cm	GB/T 1732—2020

表 5.11 漆膜耐化学品性能

序号	检测项目	技术指标	检测结果	执行标准
1	耐蒸馏水	90d,表面不起泡、不锈蚀、不脱落	6个月正常	GB/T 1733—1993
2	耐盐水性(3% NaCl)	90d,表面不起泡、不锈蚀、不脱落	6个月正常	GB/T 10834—2008
3	耐酸性(5% HCl)	90d,表面不起泡、不锈蚀、不脱落	6个月正常	GB/T 9274—1988
4	耐碱性(5% NaOH)	90d,表面不起泡、不锈蚀、不脱落	6个月正常	GB/T 9266—2009

续表

序号	检测项目	技术指标	检测结果	执行标准
5	耐油性	90d,表面不起泡、不锈蚀、不脱落	6个月正常	GB/T 9274—1988
6	耐盐雾性	3000h,表面不起泡、不锈蚀、不脱落	4000h正常	GB/T 1771—2007
7	耐湿热性	3000h,表面不起泡、不锈蚀、不脱落	4000h正常	GB/T 1740—2007
8	耐阴极剥离性(-1.2V)		30d正常	GB/T 7790—2008

5.6.2 分析与讨论

通过对富镁涂料配方的优化设计,如镁粉及铝粉加入量的控制、镁粉颗粒表面处理、镁粉溶解抑制剂的选择、缓蚀性组分的选择与添加,以及铝合金基体表面预处理以改善界面结合力等多方面研究的基础上,开发了以镁粉、铝粉为主要添加组分,适当添加三聚磷酸铝及硅烷偶联剂等其他添加剂的专用于铝合金材料新型高性能镁铝复合环氧涂料,制备的涂层对铝合金具有高结合力、良好的屏蔽、阴极保护和缓蚀功能,并对其机理进行相关研究,其主要研究结论有:

(1)采用铝粉部分替代富镁涂层中的镁粉,在不降低涂层对铝合金基体的阴极保护作用的同时,还能改善涂层的屏蔽作用,其中以含20%镁粉和30%铝粉的复合涂层性能最佳。其主要原因是:一方面由于铝粉的加入,减少了镁粉在涂层中的分布,减少由镁粉溶解产生的缺陷;另一方面降低涂层中镁粉含量,抑制镁粉反应产生的强烈电流作用,减缓了涂层的老化和降解;此外,较为惰性铝粉的加入,能改善涂层的屏蔽性能。

(2)在镁铝复合涂料中添加三聚磷酸铝,适当降低铝粉含量,可以进一步改善复合涂层对铝合金的保护效果。三聚磷酸铝的添加并未影响涂层对铝合金基体的阴极保护作用,而且三聚磷酸铝对铝合金基体具有良好的缓蚀作用。

(3)采用经过磷酸化处理的镁粉可以进一步改善富镁涂层对铝合金基体的保护效果。这主要是由于镁粉过磷酸化表面处理后,能在镁粉表面形成磷酸镁对镁粉进行一定程度的包覆,在一定程度上抑制镁粉的溶解,延长了富镁涂层的阴极保护作用时间,而且在基体表面能生成一层由磷酸镁、磷酸铝和氯化镁构成的复合产物层,该膜层的存在可减缓铝基体的腐蚀,进而改善涂层的保护效果。但需要控制镁粉磷酸化处理时间,其最佳的处理时间是30min左右。

(4)对铝合金基体进行硅烷KH-560预处理,也能进一步改善富镁铝复合涂层对铝合金的保护效果。这主要是由于经过硅烷预处理后,铝合金基体表面形成了一层硅烷膜,能在铝合金/硅烷膜/环氧镁铝复合涂层体系的界面处形成IPN交联互穿网络结构,从而明显提高环氧镁铝复合涂层在铝合金表面的附着力。而且铝合金表面硅烷膜本身具有一定的耐腐蚀性,且其并未影响镁铝复合涂层对铝合金基体的阴极保护作用。

(5) 在镁铝复合涂料中适量添加偶联剂,可以提高涂层的内聚力,能有效地提高镁铝复合涂层在铝合金表面的附着力,并能改善涂层的耐腐蚀性。其中硅烷偶联剂 KH-560 的效果比钛酸酯 NDZ-101 更好,适宜的添加量为 2.5% KH-560、2% NDZ-101(均为镁粉及铝粉总质量的百分比)。

(6) 通过前期对富镁涂料配方优化以及镁铝复合涂层体系性能研究,研究开发了以镁粉、铝粉为主要添加组分,适当添加三聚磷酸铝及硅烷偶联剂等其他添加剂的专用于铝合金材料高性能镁铝复合环氧涂料(BHA-1型,双组分),并制备了镁铝复合涂料与涂层样品。通过涂料分析检测中心的检测,研制的涂料及涂层性能指标完全达到或超过了指标要求。

第 6 章

铝船耐冲刷防污涂层设计及试验

在海洋设施表面涂覆防污涂层,是现阶段解决海洋生物污损附着最广泛、最有效、最经济的手段。进入 21 世纪,铝船舶防污涂料主要有低表面能涂料和自抛光涂料两大类。低表面能防污涂料要求船舶在航率比较高,也就是停航时间不能过长,否则船壳外层附着海生物以后很难通过冲洗的方法去除海生物。作为第二代自抛光涂料——无锡自抛光涂料,既具有有机锡自抛光涂料的良好防污性,同时能够在海水冲刷下逐渐露出光滑的表面,具有良好的减阻作用,在民用和军用快艇上有较好的市场。铝船船体材料选用 5083 铝合金居多,其防污漆需采用不含氧化亚铜的特殊防污涂料,防腐蚀涂料体系也必须经过专门设计,要求不含活性颜填料。一旦防腐防污涂层失去保护效果,将造成全船换板甚至报废,经济损失巨大。我国许多铝船型采用铝船专用防污漆,此种防污漆不含氧化亚铜和 DDT,具有 2 年以上防污期效,但因为自抛光的功能设计,在高流速的海底门、喷泵流道等处,出现脱落并造成船体腐蚀,急需研制耐冲刷防污专用涂层,并结合实船试验研究适用于铝船海底门部位的新型防污涂料的施工工艺要求,为我国铝船提供"铝船耐冲刷防污专用涂层"设计方案。

6.1 概 述

6.1.1 海洋生物对船舶的危害

舰船在海洋中航行、停泊时,会有部分生物、微生物长期附着在船体水线以下部位,随船移动,这种现象叫作生物污损。现已初步探明,世界各海区生活着 20 余万种海洋生物,其中有 18000 多种是附着动物,600 多种是附着植物。水线以下船底由于光照与氧气充足,成为海洋生物附着的主要基地。据统计,在我国南海地区,如果船体没有任何的防护措施,经过一个生长旺季,船底每平方米会平均附着超过20kg的海洋生物。

船底附着海洋生物后,会增加粗糙度,船体和水流的机械磨损增大,造成船舶航行时阻力增大,航速降低,燃油消耗量增加。据美国军方统计,由于各类海洋生物污损问题,每年有一半的燃料费用将花费在补偿由于生物污损效应而引起的船体减速上;另据统计,一艘万吨远洋货轮,如果船底附着生物达到水线以下总面积的10%,每年可带来100万美元的额外燃油损失。而且,部分附着的海洋生物会分泌生物酸,加快船体防腐涂料的破损,加速船体板腐蚀。如果海生物附着在船用声纳罩外表面上,则干扰声纳的探测性能,削弱舰艇的战斗力。海生物对在海洋环境中长期航泊的船舶来说危害是多方面的,见图6.1。无论是民用船舶还是军用舰船,在设计、制造和服役过程中,一是必须采取有效措施防海生物污损,二是防污涂料是最有效、最经济、最简便的防污措施,三是须定期对防污涂料保养、维护、更换。

图6.1 海生物对船舶的危害
(a)防污漆失效后船底长满各类海生物;(b)船底附着海生物的船舶;
(c)附着海生物后船底粗糙度增加;(d)船舶上排后需要铲除附着的海生物。

6.1.2 防污涂料的发展

迄今为止,人类对防污涂料的研究共经历了三个阶段,即初期、中期和近期。

在17世纪后叶,出现了以汞和砷作为防污剂的防污涂料。这是防污涂料发展的初期。

自20世纪50年代开始,出现了以氧化亚铜作为防污剂,以松香等作为基料的防污涂料。从此,防污涂料的发展进入了中期。20世纪60年代,Vander Kerk 等人发现了以有机锡作为防污剂的防污涂料,这种防污涂料的防污性能非常好,并且可以与氧化亚铜配合使用。但是这种防污剂只能以游离的状态存在于防污涂料中,随着时间的延长,防污剂的释放逐渐减慢,并且防污涂层比较粗糙,使船舶的航行阻力增加。有机锡防污涂料的有效期最多达2~3年。进入20世纪70年代中期,有机锡自抛光防污涂料(SPC)开始进入市场。但是有机锡具有毒性,会引起海洋生物的变异畸形,这些海洋生物会进入人类的食物链危害人类健康。所以,近年来各个国家开始限制有机锡的使用。1985年,英国禁止使用有机锡防污涂料,制定了《防污涂料管理条例》;1986年,美国禁止使用有机锡防污涂料;1988年,美国通过了 OAPAC 法案,限制有机锡防污涂料的使用;1989年,日本禁止在防污涂料中使用三苯基氯化锡;1995年,我国也发表了《21世纪海洋发展宣言》,明确提出了发展无公害的海洋防腐和防污技术的必要性和紧迫性。从20世纪80年代末开始,无毒防污涂料的研发进入热潮,标志着防污涂料的发展进入近期阶段。

海洋生物污损船壳主要以浮游生物为主。海洋中的浮游生物一经接近已附着细菌群体的浸海船体表面时,便会发生如下过程:表面接触——表面滑动——找寻适当的位置——分泌黏液增强附着——系列变态生长并附着于近海物体表面——不断繁殖生长扩大。世界海洋中的污损生物其主要类群为藻类、水螅、外肛动物、龙介虫、双壳类、藤壶和海鞘。

海洋附着生物的种类和数量,因不同的海域、港湾、季节和附着基而异。船舶浸水部位在动态和静态条件下,附着的生物也有明显不同,水线部位以藻类和藤壶为主,并且附着速度较快,船底部位则以贝壳类和软体动物为主,典型海洋生物见图6.2。据报道,船舶航速超过4km/h,贝壳类幼虫就很难附着。海生物的附着量和舰船在港湾停靠的时间成正比,停靠的时间越长,海生物的附着量就越大;经常

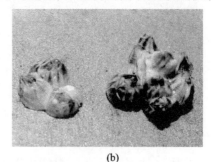

(a)　　　　　　　　　　　(b)

图6.2　多种附着在船体上的海洋生物
(a)浮游生物;(b)海鞘。

航行的舰船则较少附着海生物。不同季节附着的生物种类也不一样,牡蛎、藤壶是多年生动物,各个季节进坞上排的船舶上都能发现,而软体动物则多在海水温度较低时附着,一代一般附着期不超过2个月,所以只在冬季进坞上排的船舶上才能发现。

6.1.3 船舶防污涂料的防污机理

1) 溶解防污机理

溶解型防污涂料是以氧化亚铜作为主防污剂,以可溶于水的松香为基料。当防污涂层进入海水以后,松香便发生溶解,防污剂便释放到海水中。松香不断溶解,防污涂层不断出现新鲜表面,内部的防污剂也扩散到海水中。

2) 自抛光防污机理

自抛光防污涂料以有机金属基团为防污剂,以不溶于水的树脂为基料。树脂与有机金属基团之间的共价键可以被海水中的金属离子水解,伴随着水解过程,防污剂可以平稳地释放出来,从而起到防污的效果。当亲水基团达到一定浓度时,树脂就会被剥落,新的树脂层就会暴露出来形成平整的涂层。

3) 低表面自由能防污机理

低表面自由能防污涂料具有很低的表面能,海洋生物很难在上面附着。使用低表面自由能防污涂料即便是附着了生物,在水流或者其他外力的作用下生物很容易就可以脱落。低表面能防污涂料不含有毒性物质,并且可以防污。

6.1.4 防污涂层的性能评价

1) 实船涂装试验

所有防污涂料在进入市场之前都必须进行实船涂装试验,实船涂装试验是评价防污涂层最有效的方法。实船涂装试验可以检测防污涂料与防腐涂料的配套性、耐干湿交替的性能以及附着性能等指标。

实船涂装试验是在多条船舶上根据实际应用防污涂料时的情况对船舶进行涂装,船舶航行一段时间后,对船舶上的防污涂层进行检测,根据船舶底部海生物的附着情况来判定防污涂层的性能。

2) 浅海挂板试验

浅海挂板试验是把防污涂层样板在浅海中浸泡,一段时间后对样板上的防污涂层进行检测,观察样板上的海生物附着情况,并且要和空白样板进行比较对照,根据观察的结果评价防污涂层的性能。

3) 实验室评价

(1) 防污剂释放率。所有含有防污剂的防污涂层都会释放出防污剂,防污剂的释放率必须高于一定的临界值才可以有效防止海洋生物附着或者杀死海洋生物,这个临界值叫作防污剂临界释放率。所以测量防污剂释放率是研究防污涂层性能的重要方法。实验室主要是通过模拟装置进行模拟实验或者利用振荡仪测量防污剂的释放率,评价防污涂层的防污性能。

(2) 涂层表面摩擦力。当今,对水下表面涂料的研究越来越注重涂膜的状态。这是由于水下涂层表面的粗糙度直接影响舰船的航速和耗油量。对水下表面涂层摩擦阻力的测定是评定防污漆降阻性能的主要测试方法。

(3) 涂层磨蚀速率。船舶上的防污涂层会由于海水的冲刷作用而被磨蚀,防污涂层会随着时间厚度慢慢被减薄而性能变差。实验室中通过模拟冲刷试验,测量防污涂层的厚度变化来评价防污涂层的磨蚀率,预测防污涂层寿命。

(4) 海洋生物附着。开发防污涂料,必须对防污涂料的有效性进行评价,而防污性能的评价方法由于影响因素的复杂性,至今尚无标准可循。通常使用的浅海挂板试验、小面积涂船试验和海上实船试验三个阶段的试验都是在自然条件下进行,通常每个阶段至少需要一年以上的时间,并且花费较大。目前,国内外有研究人员利用海洋污损生物的实验室附着试验,研究更便捷的涂层防污性能的实验室评价方法。

6.1.5 防污涂料的国内外研究现状

海洋生物污损的防治方法多种多样,目前国内尚无统一的分类标准。按防污技术所采用的原理,主要分为人工或机械清除法、电化学法、电解海水法、使用防污涂料等。其中涂装海洋防污涂料是目前解决海洋生物污损问题最有效、最方便、最经济的方法。

1) 烧蚀型防污涂料

烧蚀型防污涂料通过物理作用(受水流冲刷而溶解)实现抛光,无自平滑涂层表面的功效。防污涂层主要是在均匀地减薄,同时因多孔皂化层的形成而新增微量粗糙度,增加航行时的摩擦力,致使船速降低,油耗增加。烧蚀型防污涂料的主要特征如下:

(1) 烧蚀型自抛光防污涂料是传统溶解型防污涂料技术和长效扩散型防污涂料技术结合的产物。烧蚀型防污涂料的主要成分:松香(亲水性) + 其他树脂(乙烯或丙烯酸,疏水性) + 氧化亚铜 + 少量生物杀虫剂,其体积固体含量相对较高,可达到或超过60%,挥发性有机化合物(VOC)含量较低。而且烧蚀型防污涂料不使用人工合成的树脂,故成本较低,价格便宜。

(2) 烧蚀型自抛光防污涂料的"抛光性能"是通过海水的冲刷清除表面以形成水合物的防污涂膜来实现的,它不能改善船壳的平整度和光滑度。这种类型防污涂料的皂化层比较厚,重涂前应通过高压水清理的方法将其去除,否则复涂时会有气泡,且与下部涂膜结合力较差。

（3）松香中的双键和羧基具有很强的反应性,故对光、热、氧较为敏感,耐候性较差。在涂装方面应格外注意:涂层不宜涂得过厚,不宜暴露在高热气候受太阳光直射,否则涂层容易开裂、剥落、变色发白。防污期效较短是烧蚀型涂料的主要缺陷,防污期效一般在 3 年以下。

2）以丙烯酸共聚物为成膜物质的自抛光防污涂料

用含铜和锌的丙烯酸聚合物做基料或填料,可作为辅助防污剂调节毒剂渗出率,改善薄膜自抛光行为,达到抑制海洋污损生物附着的目的。

无锡自抛光共聚物为丙烯酸或甲基丙烯酸类共聚体,在海水中树脂支链上很容易发生水解,船底涂料表面附着生物与水解的表面涂层磨蚀时一起脱离,这种水解/磨蚀过程就形成光滑的船底表面,因此称这种共聚体为自抛光共聚物。无锡自抛光共聚物与防污剂混合成的防污涂料,往往使涂层表面光滑,又能稳定地控制涂膜中防污剂的释放速度。采用铜、硅及锌丙烯酸系的支链和共聚体的羧基相结合,在海水中聚合物键接的支链与主要的离子——钠离子发生水解作用,而同锌发生"离子交换"。可水解或离子交换的丙烯酸聚合物主要有丙烯酸铜聚合物、丙烯酸锌聚合物、丙烯酸硅氧烷聚合物 3 类。此类防污涂料的性能基本上达到有锡自抛光防污涂料的性能,有抛光率和防污剂渗出率可控、防污剂扩散层薄等特点。

采用丙烯酸铜、锌聚合物为成膜物质的自抛光防污涂料是当今市场中广泛使用的一类防污漆,其主要组成如表 6.1 所列,其优点是成本相对较低,防污效果比较优异,应用面比较广泛,可以在不同海域或航线的各种不同船只上使用,并且防污期效相对较长,一般在 5 年左右。缺点是此类防污涂料仍然含有杀虫物质,防污的最终机理仍然是使用杀虫剂来杀死吸附的污损生物。目前,市场上销售的含有杀虫物质的防污涂料主要产品有:国际涂料公司生产的 Intersmooth Ecoloflex SPC360 /365～460/465,Kansai 涂料公司生产的 Exion,Sigma 涂料公司生产的 Alphagen 10－20－50,海洋化工研究院生产的 HJ404 9218 等。

表 6.1 无锡环保自抛光防污漆的主要组成

配方组成	组成成分的作用
含亲水官能团的聚合物	与海水起化学作用的黏结剂
不溶于水的聚合物抑制剂	控制抛光率,增加力学性能
氧化亚铜	主要毒料
其他生物活性物质	辅助毒料
可溶性颜料	辅助控制抛光率
不溶性颜料	加强漆膜力学性能及控制颜色
助剂	改善贮藏及施工性能
溶剂	改善涂料黏度

据统计,当前市场上所应用的防污涂料中,自抛光防污涂料是应用最为广泛的,市场占有率在75%左右。不含锡减阻高聚物的合成是制备无锡自抛光防污涂料的关键,可减阻高聚物有聚氧化乙烯、聚丙烯酰胺、聚丙烯酸树脂。其中聚氧化乙烯虽然减阻性能十分优异,可是由于易降解、水溶性较大,而且它在有机溶剂中仅溶于四氯化碳和氯仿,因此不宜作为涂料基料;聚丙烯酰胺也由于水溶性较大而不宜作为涂料基料;聚丙烯酸树脂在海水中缓慢溶解,具有极好的减阻性,而且储存稳定性良好,因此常被用于制备无锡自抛光防污涂料。

低毒无锡自抛光防污涂料是一种具有良好的防污性、经济性,并具有较长防污期效的防污涂料,同时能满足当前环境要求的一种防污涂料,是现阶段的主流防污涂料技术。

3) 低表面能污损释放型防污涂料

低表面能污损释放型防污涂料,顾名思义,这种防污涂料的膜表面具有很低的表面能,海洋生物很难吸附在此种防污涂料的表面,即使吸附在表面,污损生物和防污漆之间的黏附力也会比较弱,通过船舶航行中海水的冲刷就会使吸附的污损生物脱落,即达到污损释放效果。这种防污漆的优点是不含有任何杀虫物质,对海洋环境没有任何影响,由于漆膜表面不会自抛光,所以也不需要返回船坞进行防污漆的补刷,所以防污期效较长。目前市场上也有此种低表面能防污涂料商品出售。但是此种防污漆缺点也很明显,由于需要海水的冲刷才能使污损生物脱落,目前此种防污漆只适用于航速较快的船舶,一般要求航速平均在20kn以上的船只才能使用此种防污涂料。故当前市场中应用最为广泛的还是含有杀虫物质的防污涂料,低表面能涂料是防污涂料发展的一个大的趋势,但是仍然需要改进创新,才能大规模地在更广泛的船舶上应用。

所以,目前世界范围内通用的防污涂料,应用最广泛,使用效果最佳的仍然是具有一定环保特性的自抛光防污涂料。

目前,国内研究开发的环保型防污涂料多针对普通船舶防污。研究者在开发设计此类涂料时充分考虑到了船舶航行过程中水流的机械作用、物理及化学作用,如剪切力、扩散作用等。例如,无锡自抛光涂料的设计就充分体现这一理念。一般来说,铝船船速可达40kn,有的甚至超过60kn,在海底门、喷泵流道水流速度是船体速度的1.3~1.5倍,在选用防污涂料时,就应当考虑喷泵、海底门等部位高流速海水冲刷的特点,否则防污涂料经常被冲刷至防锈底漆(见图6.3),涂料的防腐作用减弱,涂层脱落部位为整个水线以下船体腐蚀控制薄弱部位,局部发生腐蚀不可避免。从这个意义上来说,开发研制适合铝船海底门等高流速部位专用的环保型防污涂料是非常必要的。

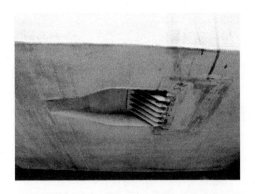

图 6.3 海底门水流方向后部的腐蚀现象(受格栅凸起影响,普遍有 20cm×10cm 的涂层脱落)

6.2 10 种铝合金防污涂料性能筛选试验

6.2.1 试验材料

测试所用的 5083 铝合金/防污涂层试样及 5083 铝合金裸板由涂料分析检测中心提供。试样尺寸为 120mm×50mm×5mm。

所研究的防污涂层配套体系共有 10 种,所用涂料、厂家信息、涂装厚度及道数等详见表 6.2。在以下内容中涂层体系均用符号 W1、W2、W3、W4、W5、W6、W7、W8、W9 和 W10 来代表。各配套涂层体系总厚度在 160~200μm 不等。

表 6.2 5083 铝合金防污涂层配套体系

配套	涂料名称	涂装道数	漆膜厚度/μm	漆膜总厚度/μm	厂家
W1	环氧防腐底漆	2	40	160	中国海洋大学
	铝铁环氧中间漆	1	40		
	铁红防污漆 SEA-EF99A	3	80		
W2	环氧防腐底漆	2	40	160	中国海洋大学
	铝红环氧中间漆	1	40		
	防污漆 NAF2008A	3	80		
W3	HJ120 改性环氧通用底漆	2	40	160	青岛海洋化工研究院
	HJ129 环氧连接漆	1	40		
	9218 无锡自抛光防污漆	3	80		
W4	EP501 环氧防腐底漆	2	40	160	青岛海洋化工研究院
	EP507 环氧中间连接漆	1	40		
	MCF-100 无铜自抛光防污漆	3	80		

续表

配套	涂料名称	涂装道数	漆膜厚度/μm	漆膜总厚度/μm	厂家
W5	725-H44-61 厚浆改性防锈漆	1	40	200	725 所
	725-H06-19 环氧锌黄底漆	1	40		
	725-HB53-1 封闭漆	1	40		
	725-B40-CF1 防污漆	3	80		
W6	725-H44-61 厚浆改性防锈漆	1	40	200	725 所
	725-H06-19 环氧锌黄底漆	1	40		
	725-HB53-1 封闭漆	1	40		
	725-B40-EF1 防污漆	3	80		
W7	PENGUARDO HB 纯环氧厚浆漆	2	50	180	佐敦
	SAFEGUARD NIVERSAL ES 乙烯环氧漆	1	50		
	SEALION TIECOAT 有机硅低表面能连接漆	2	40		
	SEALION PEPULSE 有机硅弹性体低表面能防污漆	3	40		
W8	H900X-1 防锈漆	2	40	160	上海海悦涂料有限公司
	H838 中间漆	1	40		
	859 铝艇防污漆	3	80		
W9	H900X-1 防锈漆	2	40	160	
	H838 中间漆	1	40		
	889 长效自抛光防污漆	3	80		
W10	H900X-1 防锈漆	2	40	160	
	H838 中间漆	1	40		
	997 长效防污漆	3	80		

6.2.2 试验方案

1. 实验室加速试验

1) 涂料物理性能测试

测试项目和依据标准见表 6.3。

表 6.3 涂料物理性能测试

涂料物理性能测试项目	依据国家标准
外观	GB/T 9761—2008

第6章 铝船耐冲刷防污涂层设计及试验

续表

涂料物理性能测试项目	依据国家标准
黏度	GB/T 1723—1993
细度	GB/T 1724—2019
固体分含量	GB/T 1725—2007
遮盖力	GB/T 1726—1979
膜厚	GB/T 13452.2—1992
使用量	GB/T 1758—1989

2) 涂层力学性能测试

测试项目和依据标准见表6.4。

表6.4 涂层力学性能测试

涂料力学性能测试项目	依据国家标准
附着力（拉开法）	GB/T 5210—2006 采用 Elcometer 附着力试验仪
柔韧性	GB/T 1731—2020
冲击强度	GB/T 1732—2020

3) 抗浸泡性能试验

测试项目和依据标准见表6.5。

表6.5 抗浸泡性能试验

抗浸泡性能试验	依据国家标准
耐蒸馏水性	GB/T 1733—1993
耐盐水性（3% NaCl）	GB/T 9274—1988
耐油水混合（柴油-水）	GB/T 9274—1988

4) 盐雾试验

依据 GB/T 1771—2007，仪器为美国 Q-PANEL 盐雾箱，盐雾试验设备的操作方法依据 ASTM B 117-95《盐雾试验设备的操作方法》。评定方法参照 ASTM D 1654-92《经受腐蚀环境的涂漆试样的评定方法》。

5) 涂层耐老化性能测试

选用人工加速老化试验法，采用 QUV 老化箱，仪器为美国 Q-PANEL 公司生产，光源辐射主峰313nm，试验方法依据 ASTM G-53。

评定方法依据 GB/T 1766—2008，评价漆膜粉化、变色、失光、开裂、起泡、生锈、脱落等情况，并根据破坏的程度、数量、大小进行评级。

6) 实海挂板试验

国内性能优异的长效防腐涂层体系在青岛地区进行的实海挂板性能试验评

价;主要进行全浸状态挂板试验。

2. 电化学测试评价

（1）将铝合金裸板试样浸泡于含不同浓度铜离子的模拟海水（3.5% NaCl）中，在 0~150μg/L 选取 10 个铜离子浓度，然后对试样进行开路电位监测、动电位极化曲线和交流阻抗测试，研究铜离子浓度对铝合金的全面腐蚀和局部腐蚀的影响。根据极化曲线分析铝合金在溶液中的钝化行为及腐蚀速率，对交流阻抗数据进行模拟等效电路分析，研究铝合金表面膜的电阻和电容，搞清铜离子浓度与铝合金表面钝化及腐蚀状况的关系。

（2）将不同涂层配套体系的完好铝合金/涂层试样以及人工破损的铝合金/涂层试样浸泡于 3.5% NaCl 溶液中，定期进行开路电位监测及交流阻抗测试，比较防污漆对铝基体开路电位的影响，并研究涂层性能及涂层的破坏过程。在浸泡初期，为了更好地了解电解质溶液渗入涂层的情况，每次测量的时间间隔较短，一天进行两次测量。当渗入涂层的溶液饱和之后，涂层结构的变化减缓，将测量的时间间隔适当延长，一周或者两周测量一次。另外由于长期浸泡腐蚀产物以及溶液中水分的挥发会改变溶液的成分，对溶液经常进行更换。

（3）将涂刷完好涂层的铝合金/涂层试样以及十字破损防污漆的铝板浸泡于 3.5% NaCl 溶液中，分别测试浸泡中期和浸泡后期试样的极化曲线。比较几种配套体系下铝板的致钝电位、维钝电流、点蚀电位等电化学参数，研究几种涂层体系下铝合金基体的钝化性能以及点蚀敏感性，确定防污漆对铝合金钝化是否存在破坏作用，以及防污漆是否使铝基体在海水中更易遭受腐蚀。

（4）采用电感耦合等离子发射光谱方法测试不同涂层配套体系的防污漆中的铜离子含量，定期测试渗出液中的铜离子浓度，分析各种防污涂层体系在浸泡过程中铜离子的含量随时间的变化及规律。结合红外光谱和扫描电子显微镜分析在浸泡不同阶段涂层的官能团以及表面形貌的变化。

6.2.3 研究结果

1. 实验室加速试验

1）综合评比加权因子

采取综合性能加权评价方法，综合评比加权因子见表 6.6。

表 6.6 综合评比加权因子

力学性能	耐介质性能	耐盐雾性能	人工老化性能	总分
20%	35%	25%	20%	100%

2）综合性能

实验室综合性能最终结果见表 6.7。

表 6.7　实验室综合性能记录表

序号	参试涂料	力学性能	耐介质性能	盐雾性能	老化性能	乘加权因子后最终得分
1	W1	4	7.2	6	7	62.2
2	W2	6	10	7	7	78.5
3	W3	10	10	9	9	95.5
4	W4	10	10	9	9	95.5
5	W5	8	10	7	9	86.5
6	W6	10	10	8	8	91
7	W7	8	8.8	7	8	80.3
8	W8	10	10	9	9	95.5
9	W9	10	10	9	9	95.5
10	W10	10	10	9	9	95.5

2. 电化学测试评价

我们把第 4 章的有关结论再归纳一下。

(1) 研究了 3.5% NaCl 溶液中 Cu^{2+} 含量对 5083 铝合金腐蚀的影响,发现随着溶液中 Cu^{2+} 含量的变化,铝合金的点蚀电位基本保持不变,而自腐蚀电位随 Cu^{2+} 含量的增加而逐渐正移,腐蚀速率逐渐增大。引起铝合金腐蚀的临界 Cu^{2+} 浓度在 $70\sim100\mu g/L$ 之间,即当溶液中的 Cu^{2+} 浓度超过该临界范围后,铝合金的腐蚀显著增加。因此,确定了引起 5083 铝合金基体腐蚀的临界 Cu^{2+} 浓度在 $70\sim100\mu g/L$ 之间。

(2) 10 种 5083 铝合金配套涂层体系在 3.5% NaCl 溶液中的自腐蚀电位 E_{corr} 均比铝合金裸板的开路电位负,说明 10 种配套体系都对铝合金有一定的阴极保护作用。10 种配套体系的点蚀电位 E_b 与铝合金裸板的点蚀电位 E_b 相比,变化不大,说明选择合适的环氧类防锈底漆,涂装达到一定厚度,涂层体系对铝合金基材的耐点蚀能力影响不大。

(3) 在盐水中的浸泡超过 600d 的过程中,10 套完好的防污涂层配套体系对 5083 铝合金基体均具有很好的保护性能。涂层中加入氧化亚铜会加速铝合金的腐蚀,尤其是当涂层破损时,Cu^{2+} 带来的影响尤为严重,因此不能采用加入氧化亚铜的防污涂料。

(4) 可以利用 0.01Hz 频率下的阻抗模值($|Z|_{0.01Hz}$)快速评价防腐防污涂层体系对基体的保护性能;也可利用 10Hz 下的相位角快速测试和评价涂层体系对基体的保护性能。当涂层 $|Z|_{0.01Hz}$ 小于 $10^6\Omega\cdot cm^2$ 时,或者 10Hz 下的相位角小于 15° 时,认为涂层失效。

6.2.4 相关分析及要求

基于对以上10种铝船防污涂料的研究评价,我们可以得出关于耐冲刷防污涂料研制初步要求。

1) 环保防污涂料的环保性技术

防污涂料包括基体树脂、防污剂、功能颜料填料以及各种助剂,国内研究的主要产品大多使用有毒物质或环境降解速度低的防污剂,对于新型防污体系的研究,如天然产物防污剂、人工合成环保防污剂等仍然处于研究阶段。因此,选择出防污效果好的环保型防污体系,并与防污树脂等匹配是研制成功的关键技术之一。

2) 环保防污涂料的长效防污技术

对于自抛光型防污涂料来说,自抛光设计技术是影响防污涂料防污性能的关键因素,除了基体树脂以外,通过配方的设计及改性均能影响防污涂料的自抛光性能。当防污涂料的自抛光速率过低时,可能会导致防污剂无法释放从而附着海洋生物而失效;当防污涂料的自抛光速率过高时,过快的水解速度使其往往达不到预定的防污期效,进而达不到长效的效果。此外,不同船只防污体系设计要求也不同,需针对具体船型、具体功能、具体部位选择适合的树脂及复配防污剂,保证树脂在相应的工况下稳定水解,防污剂稳定释放,方能实现长效环保的防污性能。

3) 铝质专用及耐冲刷的防污技术

对于5083铝合金船体材料,其防污漆需采用不含氧化亚铜的特殊防污涂料,防腐蚀涂料体系也必须经过专门设计,要求不含活性颜填料。在铝船海底门和喷泵流道等耐冲刷部位,需要提高防污涂料中的树脂含量,以提高防污漆耐冲刷性能,达到既长效防污又能经受海水冲刷的目的。

4) 技术指标要求

耐冲刷防污专用涂层不含氧化亚铜和DDT,对铝材不造成腐蚀。主要技术指标符合国家标准GB/T 6824—2008《船底防污漆铜离子渗出率测定法》的规定,具体技术指标见表6.8。

表6.8 耐冲刷防污专用涂层技术指标

序号	测试项目	技术指标
1	固含量/%	40%~60%
2	细度/μm	<60
3	附着力	1级
4	冲击强度	50cm
5	柔韧性	≤2级

续表

序号	测试项目	技术指标
6	防污期效/年（我国北海海域） （以实海挂板试验超过1个生长旺季；海生物生长≤5%，与国外同类防污涂料对比为主要评价指标）	≥2
7	储存稳定性/月（常温）	>12

涂层配套性能：与现用防锈涂料配套使用，不脱层、不起泡、附着力良好。可常温干燥，施工方便。

6.3 耐冲刷防污专用涂层改进研制

6.3.1 研究方案

根据海洋防污涂料的需求特点，以丙烯酸锌及丙烯酸硅氧烷树脂为基体树脂，通过选用合适的颜填料、防污剂及各类助剂等，开展环保防污涂料的配方设计及制备研究，分析考察涂层的固含量、黏度、柔韧性及防污性等特性，优化防污涂料配方，研制出一种防污性能优异且施工性能良好的铝船专用、耐冲刷海洋防污涂料。

1）研制路线

以丙烯酸锌防污树脂和丙烯酸硅氧烷树脂为基体树脂，优化防污复配体系、助剂、溶剂、颜填料比例等参数，制备出环保型、长效防污的铝船专用耐冲刷海洋防污涂料。其中树脂和防污剂是影响防污涂料抛光性能及防污性能最关键的影响因素，颜填料及各种助剂则影响涂料的基本性能、工艺性及防污期效等。具体的研究路线见图6.4。

2）基体树脂

基体树脂即成膜树脂，是整个防污涂料的灵魂物质，树脂既是防污涂料实现抛光效果的原因，也是使防污涂料成为可进行涂刷的关键。自抛光防污涂料之所以可以进行表面抛光，达到防止生物附着的目的，就是由于基体树脂的丙烯酸锌树脂可以与海水进行缓慢的水解反应，其机理就是含有金属离子基团的羰基会由于海水中存在各种活泼金属离子，树脂中的金属离子键会打开，发生水解反应，使得防污涂料的表面会逐渐脱落，露出新的涂层与防污剂，从而达到防止污损生物附着的目的。

本研究选用前期制备的不同性质的丙烯酸锌树脂及丙烯酸硅氧烷树脂作为基体树脂，根据需求与各种颜填料及防污剂进行复配，设计研究了专用耐冲刷防污涂料。

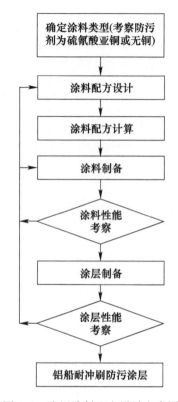

图 6.4　防污涂料配方设计方案图

3）防污剂配比设计

防污剂是防污涂料防止污损生物附着的关键成分，防污剂就是各种杀虫剂复配的结果，防污剂的效果就是杀死附着在涂层表面的污损生物，进而达到防污的目的。目前世界范围内应用最为广泛的防污剂是 Cu_2O，由于绝大多数的海洋动物类与植物类生物均对 Cu_2O 十分敏感，所以 Cu_2O 具有十分优异的防污效果。氧化亚铜在海水中分解产生的铜离子，能够使海生物赖以生存的主酶失去活性，或使生物细胞蛋白质絮凝产生金属蛋白质沉淀物，导致生物组织发生变化而死亡。

但是，大量的实验已经表明，尽管 Cu_2O 的毒性相比三丁基锡来说对海洋生物的影响相对弱得多，但是，海水中铜离子的富集仍然会对海洋生物的生存产生不利的影响，而且铝质基材不能采用 Cu_2O 的毒料。因此，本书中研究使用低含量的硫氰酸亚铜（CuSCN）和多种有机防污剂进行复配的方式来实现对海洋细菌、藻类及藤壶等大型污损生物附着的抑制。

4）助剂配比设计

助剂就是涂料中帮助涂料达到某种特殊效果的物质，比如消泡剂、抗沉降剂、

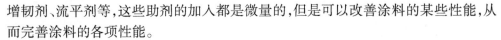

增韧剂、流平剂等,这些助剂的加入都是微量的,但是可以改善涂料的某些性能,从而完善涂料的各项性能。

5) 颜填料

赋予涂料颜色的功能,加入量极少,按照制备目标加入红色、黑色或绿色等颜料,使涂料的颜色符合要求。

6) 稀释剂/溶剂

溶剂用于溶解涂料中各种物质,可以保证涂料涂刷和施工的顺利进行。溶剂在涂刷后迅速挥发,涂料涂覆在基材表面,形成一层屏障,保护基材。

6.3.2 制备与试验方法

1) 试验原料

制备防污涂料所用材料如表 6.9 所列。

表 6.9 制备涂料材料

名称	品质	产地
吡啶硫酮锌/ZnPT	工业级	广州飞瑞化工原料有限公司
吡啶硫酮铜/CuPT	工业级	宜兴市燎原化工有限公司
吡啶三苯基硼烷/PK	工业级	上海泰坦科技股份有限公司
CuSCN	工业级	泰兴市东方化工有限公司
膨润土	工业级	河北灵寿金诺矿业有限公司
滑石粉	工业级	河北灵寿金诺矿业有限公司
TiO_2	分析纯	天津市致远化学试剂有限公司
松香	工业级	辽宁双鼎化工有限公司
帝斯巴隆 A630	工业级	楠木化工有限公司
氯化石蜡	工业级	哈尔滨宏达化学试剂有限公司
ZnO	分析纯	天津市致远化学试剂有限公司

2) 实验仪器及型号

制备涂料所用设备如表 6.10 所列。

表 6.10 制备涂料设备

仪器名称	型号	产地
斯托默黏度计	KU-2	美国 BAOOKFIELD 公司
高速分散机	FS-2.2	合肥华派机电有限公司
3kg 电子天平	GH-3	广州广衡电子衡器有限公司

3) 分析表征

黏度测量。按照国标 GB/T 1723—1993 涂料黏度测定法使用斯托默黏度计进行测量,斯托默黏度计是全自动黏度计,只需将黏度计的转子浸入涂料中,即可显示出涂料的斯托默黏度,单位为 KU。

流挂性测量。按照国标 GB/T 9264—2012 中的方式进行测量。

细度测试及涂层厚度测试。按照国标 GB/T 1724—2019 涂料细度测定法进行测试。

附着力测试。按照国标 GB/T 9286—1998 中的方式进行附着力测试。

耐水性测试。将所制备涂层样品浸泡于人工海水及淡水中,定期检查其表面是否出现气孔、气泡等缺陷,考察其耐水性能。

储存稳定性。按 GB/T 6753.3—1986 执行。

4）防污漆浅海浸泡试验

防污涂料最重要的性能指标就是实海防污性能的检测,即在实际海洋环境中进行涂料的实际抑制污损生物附着性能的考察。本研究按照国标要求制作挂板的框架和 5083 铝板,每组框架可以安放固定 4 个铝板测试样板,实海挂板试验样板见图 6.5。对铝板进行表面处理,目的是去除铝板表面的氧化皮,提高涂层和铝板之间的附着力。表面处理效果:表面应该没有可见的油迹、油脂、污垢、氧化铁皮、铁锈、旧涂层和其他杂质。任何残余的污染物痕迹应该只是显示出以条纹形式出现的微小的污点。

本研究中浅海浸泡实验按照推荐国标 GB/T 5370—2007 中的标准执行。测试海域有 2 个地点,南海广东湛江海域及北海山东青岛海域。南部海域与北部海域的气候不同,污损生物的种类及生长情况均不同,所以选取 2 组纬度相差较大的地点进行实海测试,防污涂料应用的船舶会出现在不同的海域,所以在不同的海域进行实海测试是十分必要的,也是必须进行的测试。

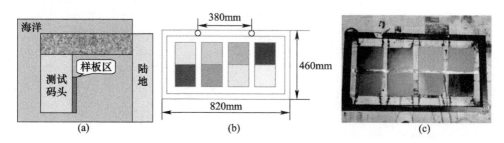

图 6.5　实海挂板试验样板图
(a)试样浅海浸泡位置要求;(b)试样尺寸要求;(c)实际样板。

5）涂料制备工艺流程

本研究实验室涂料制备工艺路线图如图 6.6 所示。将计量好的防污树脂、颜填料、防污剂及溶剂等按照一定的顺序加入搅拌缸中,加入一定量的玻璃珠后高速分散,搅拌速度3000r/min,当物料均匀且细度达到50μm后停止搅拌,滤去玻璃珠,将涂料装入指定容器中,制备完成。

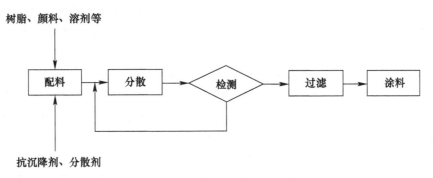

图6.6 实验室涂料制备工艺路线图

6.4 配方优化与讨论

6.4.1 含硫氰酸亚铜丙烯酸锌防污涂料

1. 不同丙烯酸锌树脂含量对防污涂料的影响

由于成膜树脂Zn-p4黏度过大,因此无法制备成涂料。在实验室对其他5种涂料进行初步性能评价,主要分析其黏度、流挂性、细度等,其结果如表6.11所列。

黏度的检测温度均为室温20℃,涂料最佳的黏度值范围是80~90KU。结果表明,Zn-p1树脂制备的涂料黏度值过低,分析是由于Zn-p1树脂本身的黏度值就偏低,仅为180mPa·s,所以导致其制备的涂料黏度值较低。

所制备的涂料细度均在60μm以下,均达到施工要求。

表6.11 涂料性能检测结果

涂料编号	AF-Zn-p1	AF-Zn-p2	AF-Zn-p3	AF-Zn-p5	AF-Zn-p6
黏度值/KU	77	80	82	81	84
流挂性/μm	250	325	325	325	350
附着力等级	0	1	1	2	2

在涂料施工时,流挂是影响施工的一个问题,如果涂料流挂数值很低,会导致涂刷施工时的工期变长,增加涂料损失率,增加涂刷成本。涂料的流挂性应该控制在275μm以上,上限也有一定范围,不应该超过600μm。

国标中把附着力测试结果分为6个等级,以0、1、2、3、4、5来表示,其中以0、1、2为合格,也就是涂料附着力测试结果必须达到2级以上。涂料的附着力主要与涂料中的成膜树脂、黏度及溶剂有关,一般溶剂含量越高,涂料内部物质的流动性越好,树脂的分散效果也越好,所以其附着力越好。这5组涂料的溶剂含量均相同,所以影响附着力的因素就只有成膜树脂,可以看出,树脂的黏度越低,由其制备的涂料黏度也相对较低,其附着力越好,因为黏度越低,涂料的润湿性越好,漆膜与底材的有效接触面积就越大,所以其附着力性能测试结果就越好。

2. 不同丙烯酸锌树脂含量对耐冲刷性能的影响

以不同树脂含量的防污涂料为成膜树脂,制备不同树脂含量的防污涂料,并进行涂层耐冲刷初步的性能评价,主要考察防污涂料中的不同树脂含量配比对涂料耐冲刷性能的影响。

分别用6组树脂作为成膜物质,编号分别为 AF－Zn－p 1～6。以 CuSCN、SEAN211 作为防污剂,制备不同树脂含量的丙烯酸锌自抛光防污涂料。其配方相同,成膜树脂含量不同,主要考察不同成膜树脂含量对防污涂料耐冲刷性能的影响。配方如表6.12所列。

表6.12 防污涂料配方表　　　　　　　　　　　　　单位:g

配方成分	涂料编号					
	AF－Zn－p 1	AF－Zn－p 2	AF－Zn－p 3	AF－Zn－p 4	AF－Zn－p 5	AF－Zn－p 6
Zn－p－1	20.0	—	—	—	—	—
Zn－p－2	—	xx.0	—	—	—	—
Zn－p－3	—	—	24.0	—	—	30.0
Zn－p－5	—	—	—	26.0	—	—
Zn－p－6	—	—	—	—	28.0	—
50%松香	16.0	16.0	16.0	16.0	16.0	16.0
氯化石蜡	3.0	3.0	3.0	3.0	3.0	3.0
CuSCN	10.0	10.0	10.0	10.0	10.0	15.0
滑石粉	2.0	2.0	2.0	2.0	2.0	2.0
ZnO	5.0	5.0	5.0	5.0	5.0	10.0
SEAN211	3.0	3.0	3.0	3.0	3.0	3.0
代森锌	4.0	4.0	4.0	4.0	4.0	4.0
膨润土	1.0	1.0	1.0	1.0	1.0	1.0
帝斯巴隆A630	3.0	3.0	3.0	3.0	3.0	3.0
二甲苯	4.0	4.0	4.0	4.0	4.0	4.0
PGM	2.0	2.0	2.0	2.0	2.0	2.0

涂料测试结果在室温为20℃时,测得的黏度大部分都大于80KU,且在涂料最

佳的黏度值范围 80～90KU，结果如表 6.13 所列。

表 6.13 防污涂料测试结果

配方成分	涂料编号					
	AF-Zn-p 1	AF-Zn-p 2	AF-Zn-p 3	AF-Zn-p 4	AF-Zn-p 5	AF-Zn-p 6
黏度值/KU	77	80	82	81	84	84
流挂性/μm	250	325	325	325	350	350
附着力等级	0	1	1	2	1	1
附着力/MPa	1	1	1	2	2	1
耐冲刷	2	2	2	1	1	2

由附着力和耐冲刷性检测结果可知提高涂料树脂和固体物质的含量会显著增加涂料的附着力和耐冲刷性能，确定了防污涂料中合适的树脂含量。

从表 6.12 中可得，涂料树脂含量是影响涂料耐冲刷性主要因素，合适的树脂含量为 20%～30%。

3. 不同松香比例对防污涂料的影响

为了测试松香树脂含量差别对抛光速率的影响，选择性能较好的成膜树脂 Zn-p 3、Si-p 2 和 50%（质量分数）的松香，制备含硫氰酸亚铜丙烯酸自抛光涂料，配方见表 6.14 和 6.15，黏度结果如表 6.16 所列。

表 6.14 涂料配方表（Zn-p 3）

配方成分	涂料编号					
	Rotor AF 1	Rotor AF 2	Rotor AF 3	Rotor AF 4	Rotor AF 5	Rotor AF 6
Zn-polymer 3	330	270	210	170	150	90
50% 松香	0	60	120	160	180	240
氯化石蜡 42#	30	30	30	30	30	30
CuSCN	10	10	10	10	10	10
滑石粉	20	20	20	20	20	20
ZnO	50	50	50	50	50	50
ZnPO$_4$	30	30	30	30	30	30
CuPT	40	40	40	40	40	40
膨润土	10	10	10	10	10	10
帝斯巴隆 A630	40	40	40	40	40	40
二甲苯	30	30	30	30	30	30
PGM	20	20	20	20	20	20

表 6.15 涂料配方表(Si-p 2)

配方成分	涂料编号					
	Rotor AF 7	Rotor AF 8	Rotor AF 9	Rotor AF 10	Rotor AF 11	Rotor AF 12
Si-polymer 2	300	240	180	150	120	60
50%松香	0	60	120	150	180	240
TCP	20	20	20	20	20	20
CuSCN	10	10	10	10	10	10
滑石粉	20	20	20	20	20	20
ZnO	50	50	50	50	50	50
$ZnPO_4$	30	30	30	30	30	30
CuPT	40	40	40	40	40	40
膨润土	10	10	10	10	10	10
TEOS	5	5	5	5	5	5
帝斯巴隆 A630	30	30	30	30	30	30
二甲苯	30	30	30	30	30	30
PGM	75	75	75	75	75	75

表 6.16 涂料黏度检测结果

涂料编号	1	2	3	4	5	6	7	8	9	10	11	12
黏度值/KU	93	84	78	76	74	72	86	78	73	76	76	72

从黏度结果来看,松香的含量对涂料黏度有显著影响,随着松香含量的提高,涂料的黏度明显下降,表明松香含量的提高会降低涂料的黏度。

选择 Rotor 1~6 做涂料抛光率测试,这 6 组涂料的抛光率测试持续进行了 2 个月,累计 720h。每隔 180h 测试一次涂层的厚度,以检测膜厚相比最初膜厚的变化量为纵坐标,以时间为横坐标画出 6 组涂料的抛光率变化情况图,如图 6.7 所示。从图中可以看出,涂料 1~4 号的抛光率变化差别不大,但是当松香与树脂的比例含量达到 5/6 和 3/8 时,涂料的抛光率显著增大。说明当松香含量过高时,会显著地提高涂料的抛光率,并且明显降低了涂料的黏度。当松香与树脂的比例在 11/0、9/2、7/4、17/16 时,看到有一定抛光率差别,可以看出松香含量高的涂料抛光率会比松香含量低的涂料稍高一点。涂料 1~4 号的抛光率基本在 3~4μm/月,而 5 号涂料的抛光率达到 10μm/月,6 号涂料的抛光率达到 12.5μm/月。而通常情况下,普通自抛光防污涂料的抛光率应该在 3~5μm/月。

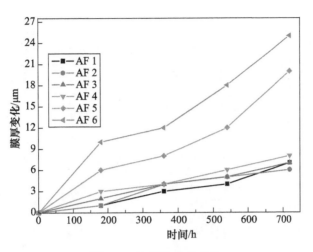

图 6.7 涂料抛光率变化

4. 含硫氰酸亚铜丙烯酸锌防污涂料防污性能考察(湛江)

广东湛江海域的挂板试验时间为 3 个月。共计试验样品 9 组、空白板 1 组、对照组商用涂料 1 组。优选出实验室初步性能评价效果较好的涂料配方进行实海挂板试验,优选出的涂料由如下 5 组:AF-Zn-p 1,AF-Zn-p 2,AF-Zn-p 3,AF-Zn-p 5,AF-Zn-p 6。

如图 6.8 所示,在南部亚热带海域实海浸泡 3 个月后,空白样板上已经完全覆盖了各种污损生物,附着面积达到了 100%,说明南部海域污损生物的生长势头明显大于北部海域,污损生物的种类也比北部海域多,生长速度也明显大于北部海域。

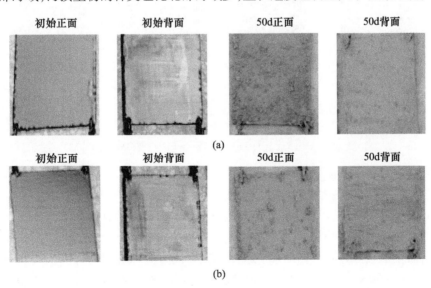

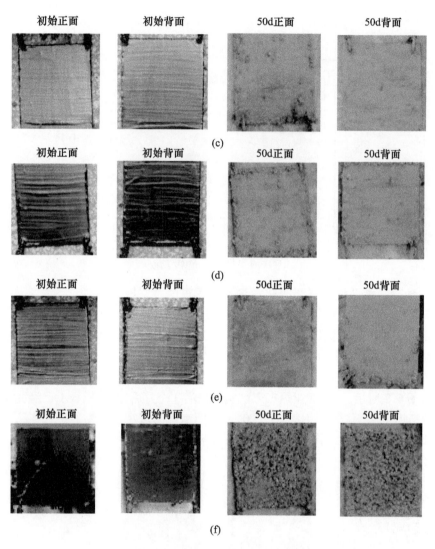

图 6.8　湛江海域挂板试验结果
(a) AF－Zn－p 1；(b) AF－Zn－p 2；(c) AF－Zn－p 3；
(d) AF－Zn－p 5；(e) AF－Zn－p 6；(f) 空白样板。

通过 3 个月的实海实验,可以看到 AF－Zn－p 1,AF－Zn－p 2,AF－Zn－p 3,AF－Zn－p 5,AF－Zn－p 6 这 5 组涂料的正面(即向阳面)生长的污损生物较背面多,5 组涂料中,以 AF－Zn－p 6 的防污效果稍好一些,其他 4 组涂料的污损生物吸附情况大致相同,但是对比空白样板,防污涂料的防污性能非常明显,污损生物的吸附面积不到有效样板面积的 5%,说明 5 组涂料的防污效果均较好,证明配方中 5% CuSCN 含量可以达到 3 个月的防污性能,而 5 组不同的成膜树脂也可以有很好的应用前景。

5. 含硫氰酸亚铜丙烯酸锌防污涂料防污性能考察(青岛)

山东青岛海域的挂板试验时间夏季为1个月。共计试验样品15组、空白板1组、对照组商用涂料1组,优选出实验室初步性能评价效果较好的涂料配方进行实海挂板试验,优选出的涂料有如下几组:AF – Zn – p 2,AF – Zn – p 3,AF – Zn – p 5,AF – Zn – p 6,AF – Acid Zn 1,AF – Acid Zn 2,AF – Acid Zn 3。

不同防污涂料成膜树脂的自抛光防污涂料实海性能检测结果如图6.9所示。

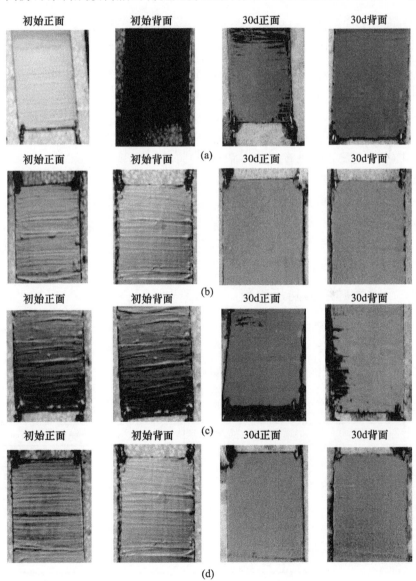

图 6.9 青岛海域四组涂料及空白板的挂板试验结果
(a)AF-Zn-p 2；(b)AF-Zn-p 3；(c)AF-Zn-p 5；(d)AF-Zn-p 6；(e)空白样板。

从图 6.9 中可以看到,样板正面的污损生物吸附情况明显比背面严重,这是由于正面样板光照充足,更利于污损生物的附着及生长。

可以得到结论,AF-Zn-p 2,AF-Zn-p 5 涂料的效果明显优于其他 2 组,而 4 组涂料的配方均相同,主防污剂为 CuSCN,含量为 5%,辅助防污剂为 SINA211,含量为 4%,涂料配方中只有成膜树脂有区别,可以得出 Zn-p 2 与 Zn-p 5 树脂作为成膜树脂制备的防污涂料效果更优。

而所有的防污涂料与对照空白板相比,可以看出均达到了一定防污效果,30 d 的实海浸泡,表面基本没有污损生物附着。

所有的防污涂料与对照空白板相比,可以看出均达到了一定防污效果,30 d 的实海浸泡,表面基本没有污损生物附着,可以继续进行防污效果测试。

6.4.2 丙烯酸硅烷基防污涂料

1. 丙烯酸硅烷基防污涂料基本性能

以丙烯酸硅烷树脂为基体树脂,复配吡啶硫酮铜等防污剂制备成丙烯酸硅烷基含铜防污涂料,具体配方如表 6.17 所列。

表 6.17 丙烯酸硅烷基含铜防污涂料配方

配方成分	涂料编号					
	Si-AF 1	Si-AF 2	Si-AF 3	Si-AF 4	Si-AF 5	Si-AF 6
硅聚合物 1	24.0	—	—	—	—	—
硅聚合物 2	—	24.0	—	—	—	—
硅聚合物 3	—	—	24.0	—	—	—
硅聚合物 4	—	—	—	24.0	—	—
硅聚合物 5	—	—	—	—	24.0	—
硅聚合物 6	—	—	—	—	—	24.0

续表

配方成分	涂料编号					
	Si – AF 1	Si – AF 2	Si – AF 3	Si – AF 4	Si – AF 5	Si – AF 6
50% 树脂	6.0	6.0	6.0	6.0	6.0	6.0
TCP	2.0	2.0	2.0	2.0	2.0	2.0
CuSCN	5.0	5.0	5.0	5.0	5.0	5.0
ZnO	5.0	5.0	5.0	5.0	5.0	5.0
滑石粉	4.0	4.0	4.0	4.0	4.0	4.0
$ZnPO_4$	3.0	3.0	3.0	3.0	3.0	3.0
CuPt	4.0	4.0	4.0	4.0	4.0	4.0
TEOS	0.5	0.5	0.5	0.5	0.5	0.5
膨润土	1.0	1.0	1.0	1.0	1.0	1.0
帝斯巴隆防沉剂	3.0	3.0	3.0	3.0	3.0	3.0
二甲苯	7.5	7.5	7.5	7.5	7.5	7.5
固含量理论	75%	75%	75%	75%	75%	75%
固含量实际	72.8%	73.5%	74.6%	74.4%	73.5%	74.1%
黏度	80.8	80.8	87.5	87.9	83.3	83.5
流挂	√	√	√	√	√	√
储藏稳定性	√	√	√	√	√	√

2. 丙烯酸硅烷基防污涂料耐淡水性考察

耐海水浸泡试验：主要分析松香的含量对涂料耐海水浸泡性能的影响。10 块样板(19 种涂料)经过 6 个月的耐海水浸泡实验，均无起泡、脱落现象，表现出了良好的耐海水浸泡性能，可以应用于海洋防污耐淡水浸泡实验：由于中国河流多，流量大，在进入海口地区，海水的盐度较低，接近于淡水，而大型船坞往往位于河流入海口处，所以涂料仅具有耐海水浸泡性是不够的，还应具有良好的耐淡水浸泡性。主要分析松香的含量对涂料耐淡水浸泡性能的影响。经过 45d 的淡水浸泡，样板无明显变化。

3. 丙烯酸硅烷基防污涂料防污性能考察

从上述丙烯酸硅烷基防污涂料中挑选 Si – AF 2 及 Si – AF 3 进行浅海浸泡实验，结果如图 6.10 所示。当防污涂料浸泡在海洋中 10 个月时，丙烯酸硅烷基防污涂料上没有大型海洋污损生物的附着和生长，涂层表面有一层薄薄的生物黏膜。

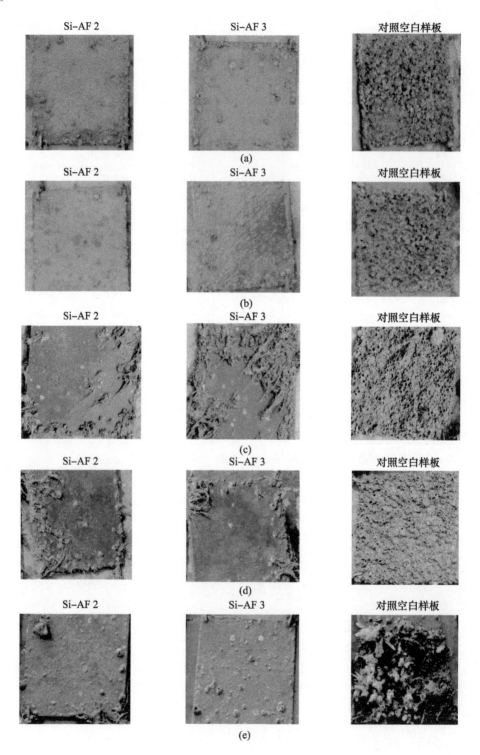

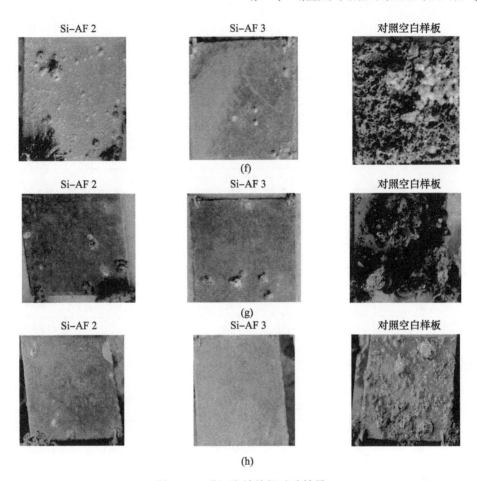

图 6.10 湛江海域挂板试验结果

(a)60d 正；(b)60d 背；(c)100d 正；(d)100d 背；(e)180d 正；(f)180d 背；(g)270d 正；(h)270d 背。

6.4.3 无铜自抛光防污涂料

1. 不同防污剂复配对防污涂料基本性能的影响

采用 Zn-p 7 树脂作为成膜树脂，使用相同的成膜树脂，不同的防污剂配比，制备无铜自抛光防污涂料，配方见表 6.18。无铜丙烯酸锌涂料配方见表 6.19。

表 6.18 无铜自抛光防污涂料的配方表 单位：g

配方成分	涂料编号			
	CAF-Zn-p 1	CAF-Zn-p 2	CAF-Zn-p 3	CAF-Zn-p 4
丙烯酸锌树脂 Zn-p 7	450	450	450	450
帝斯巴隆 A630	30	30	30	30

续表

配方成分	涂料编号			
	CAF-Zn-p 1	CAF-Zn-p 2	CAF-Zn-p 3	CAF-Zn-p 4
ZnPT	20	40	60	80
PK	80	60	40	20
ZnO	180	180	180	180
TiO_2	10	10	10	10
$ZnPO_4$	40	40	40	40
SINA211	10	10	10	10
$BaSO_4$	20	20	20	20
滑石粉	30	30	30	30
膨润土	10	10	10	10
二甲苯	80	80	80	80
PGM	40	40	40	40
总量	1000	1000	1000	1000

表 6.19 无铜丙烯酸锌涂料配方

类别	原料	质量分数/%				
		1#	2#	3#	4#	5#
防污树脂	Zn-polymer 7-1-20121024	—	—	—	—	—
	Zn-polymer 8-20121024	—	—	—	—	—
	Zn-polymer(AⅡ)-20121024	—	—	—	—	—
	Zn-polymerⅢ	50	50	50	50	45
	Zn-poly(AA)(Naph)-20121024	—	—	—	—	—
	Zn-poly(MAA)(Naph)-20121024	—	—	—	—	—
防污剂	ZnPT	2	4	6	8	4
	PK	8	6	4	2	6
颜填料及各种助剂溶剂	Bentone #38	1	1	1	1	1
	Disparlon A630-20X	3	3	3	3	3
	ZnO	18	18	18	18	18
	TiO_2	1	1	1	1	1
	SINA211	5	5	5	5	4
	Red Pigment	1	1	1	1	1
	$BaSO_4$	2	2	2	2	2

第6章 铝船耐冲刷防污涂层设计及试验

续表

类别	原料	质量分数/%				
		1#	2#	3#	4#	5#
颜填料及各种助剂溶剂	Talc M	3	3	3	3	3
	PGM	3	3	3	3	4
	Xylene	3	3	3	3	8
合计		100	100	100	100	100

这4组涂料除了防污剂的配比外,其他配方是相同的。主要是对比吡啶硫酮锌与PK的不同配比,考察防污涂料的防污性能。

无铜涂料性能的实验室初步分析评价方法与含铜涂料相同,初步考察涂料的黏度、细度、流挂性与附着力。

细度的检测:4组涂料的细度均在50μm以下,均达到标准,储藏两周后,再次检测涂料细度,涂料的细度均在50μm以下,说明Zn-7树脂制备的防污涂料的细度较好。

黏度的检测:5组涂料黏度的检测结果见表6.20。温度均为室温20℃。

表6.20 无铜丙烯酸锌涂料黏度结果

涂料编号	CAF-Zn-p 1	CAF-Zn-p 2	CAF-Zn-p 3	CAF-Zn-p 4
黏度值/KU	87	79	79	76
流挂数值/μm	425	325	325	275
附着力等级	2	1	1	0

涂料最佳的黏度值范围是80~90KU,从表中可以得到,PK含量的对涂料的黏度影响成正比关系,可见1号配方的黏度最高,4号配方的黏度最低。分析由于PK(吡啶三苯基硼烷)的纯度较高,粒径较低,呈乳白色粉末状固体,其在涂料中可以分散得更均匀,可以与涂料中的其他颜料形成类交联网络,从而提高涂料的黏度。

在涂料施工时,流挂是影响施工的一项重要参数,如果涂料流挂数值很低,会导致涂刷施工时的工期变长,增加涂料损失率,增加涂刷成本。涂料的流挂性应该控制在275μm以上,上限也有一定范围,不应该超过600μm。涂料附着力测试结果必须达到2级以上。

涂料的附着力主要与涂料中的成膜树脂、黏度及溶剂有关,溶剂含量越高,涂料内部物质的流动性越好,树脂的分散效果也越好,所以其附着越好;这4组涂料的溶剂含量均相同,成膜树脂相同,固含量相同,只是防污剂的配比不同。可以看出,树脂的黏度越低,其附着力性能测试结果就越好。

2. 不同防污树脂对无铜防污涂料的影响

分别以 Zn-p 5、Zn-p 7、Zn-p 8、Zn-p 9 为成膜树脂,制备不同成膜树脂、其他配方相同的无铜自抛光防污涂料。考察不同的成膜树脂对涂料性能的影响。配方见表 6.21,编号分别为 CAF-Zn-p 9、CAF-Zn-p 10、CAF-Zn-p 11、CAF-Zn-p 12。

表 6.21 不同成膜树脂无铜自抛光防污涂料配方表　　单位:g

配方成分	涂料编号			
	CAF-Zn-p 9	CAF-Zn-p 10	CAF-Zn-p 11	CAF-Zn-p 12
Zn-p 5	45.0	—	—	—
Zn-p 7	—	45.0	—	—
Zn-p 8	—	—	45.0	—
Zn-p 9	—	—	—	45.0
帝斯巴隆 A630	30	30	30	30
ZnPT	60	60	60	60
PK	40	40	40	40
ZnO	180	180	180	180
TiO_2	10	10	10	10
$BaSO_4$	20	20	20	20
滑石粉	30	30	30	30
膨润土	10	10	10	10
二甲苯	40	40	40	40
PGM	80	80	80	80

细度的检测结果为 4 组涂料的细度均在 50μm 以下,均达到标准。4 组涂料黏度的检测结果见表 6.22。温度均为室温 20℃。

表 6.22 无铜自抛光防污涂料黏度结果

涂料编号	CAF-Zn-p 9	CAF-Zn-p 10	CAF-Zn-p 11	CAF-Zn-p 12
黏度值/KU	88	83	101	91
流挂数值/μm	375	325	450	400
附着力等级	0	1	1	2

涂料最佳的黏度值范围是 80~90KU,所以 Zn-p 8 树脂制备的涂料黏度值过高,由于本身 Zn-p 8 树脂的黏度值就很高,达到 19000 mPa·s,所以导致其制备的涂料黏度值过高。4 组涂料除了成膜树脂不同,其他成分均相同,成膜树脂是影响涂料黏度的重要因素,所以涂料的黏度与成膜树脂的黏度基本成正比例关系。

3. 无铜丙烯酸锌防污涂料防污性能考察(湛江)

无铜丙烯酸锌防污涂料在浸泡 3 个月后,有一定的污损生物附着,尤其是 CAF-Zn-p 7 号涂料,污损生物附着严重,而其与其他 3 组涂料的防污剂含量与配比是相同的,说明丙烯酸锌 Zn-Acid 3 作为成膜树脂的效果很差,可能聚合物法制备的丙烯酸锌聚合物的锌离子接枝率较低,从而影响了涂料中防污剂的释放,导致了其防污效果很差。

其他 3 组无铜涂料的表面也有一定的污损生物附着,但是相比于对照样板(某公司的商用无铜涂料),本研究制备的无铜防污涂料的效果明显更优,这也表明本研究制备的无铜防污涂料可以进行更深一步的探究,并有着良好的应用前景。

无铜防污涂料的防污效果比含铜涂料的效果差是可以预见的,因为有机防污剂到目前为止的防污效果仍然难以与 CuSCN 的防污效果相比,但是我们制备的无铜涂料与空白板相比,可以看出有着明显的抑制污损生物附着的效果,无铜防污涂料的研究需要进一步的探索与试验。

4. 无铜丙烯酸锌防污涂料防污性能考察(青岛)

山东青岛海域的挂板试验时间为 1 个月。共计试验样品 15 组、空白板 1 组、对照组商用涂料 1 组,优选出实验室初步性能评价效果较好的涂料配方进行实海挂板试验,由以下几组组成:CAF-Zn-p 1,CAF-Zn-p 2,CAF-Zn-p 3,CAF-Zn-p 4,CAF-Zn-p 9,CAF-Zn-p 10,CAF-Zn-p 11,CAF-Zn-p 12。

1) 不同防污剂复配对防污涂料防污性能影响

从挂板试验结果来看,无铜涂料的防污效果明显不如含硫氰酸亚铜涂料的防污效果,其中 1 号、2 号涂料有较多的污损生物附着,经过仔细观察得出吸附的污损生物95% 以上是藤壶,藤壶是全世界范围内分布非常广泛的一种污损生物,这种生物在样板上的吸附说明防污涂料的防污效果差强人意,1 号、2 号涂料的配方基本是失效的,3 号、4 号的效果明显优于 1 号、2 号,而且这 4 组涂料的成膜树脂相同,只有防污剂配比不同,说明在无铜防污剂的配比上,ZnPT 与 PK 的比例,PK 含量低、ZnPT 含量高的配方,防污效果较好。在以后的涂料配方实验中,应该继续提高 ZnPT 在防污剂中的比例,继续考察防污涂料的防污效果。

可以看到对照商业涂料的表面也有很明显的污损生物附着,说明无铜涂料的效果相比含铜涂料还是有一定差距。

2) 不同防污树脂对防污涂料防污性能影响

从挂板试验结果来看,4 组涂料的成膜树脂不同,其中 CAF-Zn-p 11 防污效果很差,有大量的污损生物吸附,这说明了其成膜树脂(Zn-p 8)效果很差,以后的试验中可以排除 Zn-p 8 配方的丙烯酸锌树脂,经过分析应该是由于该树脂黏度过大,树脂的交联程度过高,影响了涂料中防污剂的释放,从而导致了抑制污损生物附着的效果很差。

而其他涂料的防污效果均较好,都优于对比的商用涂料,可以得出制备的这几组无铜防污涂料均可以继续进行性能测试,有着很好的应用前景。

综合上述实验结果,我们确定了选用丙烯酸锌树脂作为主要成膜自抛光树脂,并确定了树脂的含量和添加比例,有助于提高涂料的耐冲刷性能。

6.4.4 溶剂的选择及其影响因素

丙烯酸漆具有干燥快、涂层厚、耐久性好、防腐蚀性好等特点,由于这些特点,丙烯酸漆常常用作防污漆的基料。在本研究中选用丙烯酸作为主要成膜物质。

丙烯酸能溶于芳香烃、氯化烃、酯类及酮类溶剂,而不溶于脂肪烃和醇类溶剂。丙烯酸溶于酯类、酮类或芳香烃溶剂中的溶液,能够容忍石油溶剂在一定范围内的稀释。考虑到要在涂料中引入有机防污剂,溶剂应能溶解其中活性物质,因此主要溶剂从芳香烃和酯类中选择。此外,还要考虑溶剂是否与松香匹配。

1. 混合溶剂对松香的溶解性能

松香是制备防污涂料的重要组分,松香在水中缓慢水解有助于防污剂的释放。尽管松香可以溶解在酮、酯、醇、烃类溶剂中,但由于异构体在各种溶剂中的溶解度不同,而导致松香在配漆过程中析出,会影响涂料的分散性。本研究根据选择的成膜物质配制了 7 种混合溶剂,试验松香在混合溶剂中的溶解状态,试验结果见表 6.23。

表 6.23 松香在混合溶剂中的溶解状态

序号	溶剂	溶剂:溶质比例	松香溶解状态
1#	二甲苯	1:1	溶解
2#	200 号溶剂油	1:1	浑浊
3#	醋酸丁酯	1:1	溶解
4#	二甲苯 + 200 号溶剂油	(1 + 0.5):1	轻微浑浊
5#	醋酸丁酯 + 200 号溶剂油	(1 + 1):1	溶解
6#	二甲苯 + 200 号溶剂油 + 醋酸丁酯	(1 + 0.5 + 0.5):1	溶解
7#	二甲苯 + 200 号溶剂油 + 醋酸丁酯	(1 + 0.5 + 0.3):1	溶解,有微量结晶

从表中可见,二甲苯和醋酸丁酯对松香均有较好的溶解性,而 200 号溶剂油对松香的溶解性较差。

就溶解性和成本而言,二甲苯是丙烯酸漆的优良溶剂,但从技术角度和其他因素考虑,溶剂的溶解性不能太强,否则会出现咬底的后果。加入 200 号溶剂油能够降低新涂层对底层干膜的溶解作用,在一定程度上改进了涂料的涂刷和重涂性,减轻咬底的弊端。为避免喷涂施工时出现严重的拉丝现象,还需要加入少量的醋酸丁酯。

2. 混合溶剂的蒸馏曲线

混合溶剂中快、中、慢挥发组分的用量要平衡，混合溶剂的蒸馏曲线应呈平稳上升的形状，而且，应尽量使混合溶剂的气相组成和液相组成在环境温度下的挥发速率始终保持一致，从而使残留溶剂具有良好的溶解力。本研究对初步确定的 4 组溶剂进行蒸馏，蒸馏曲线见图 6.11。

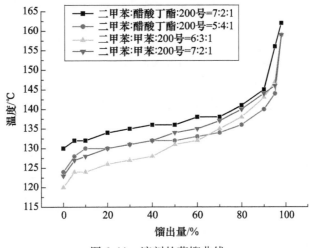

图 6.11 溶剂的蒸馏曲线

涂膜干燥过程中，一般控制溶剂前期挥发速度稍慢，以利于涂层的流平；后期挥发速度较快，以利于涂膜的干燥。从图中可见，二甲苯：醋酸丁酯：200 号溶剂油 = 5:4:1 的溶剂组合在馏出量 10% 含量过程中温度变化较大，在随后蒸馏过程中温度变化缓慢，与涂膜干燥对溶剂挥发速度的要求基本一致，选择该组合进一步试验。

3. 混合溶剂对涂料性能的影响

将以上 4 种混合溶剂加同样量的丙烯酸、松香、颜填料等进行配漆，考察涂料的干燥性能和力学性能。采用 QGZ-24 干燥时间测定仪测试，结果见表 6.24。

表 6.24 涂料的干燥性能和力学性能

溶剂	附着力/级	柔韧性/mm	冲击/(kg·cm)	表干情况	刷板情况
二甲苯：醋酸丁酯：200 号 = 7:2:1	2	1	50	4h	易刷涂
二甲苯：醋酸丁酯：200 号 = 5:4:1	2	1	50	2.5h	拉刷稍微不顺
二甲苯：甲苯：200 号 = 6:3:1	2	1	50	1h20min	不易拉刷子
二甲苯：甲苯：200 号 = 7:2:1	2	1	50	50min	不易拉刷子

从表 6.24 中可见，使用甲苯能显著提高漆膜的干燥速度，但会影响漆膜流平并限

制有效施工时间,综合考虑,调整溶剂为二甲苯:醋酸丁酯:200号溶剂油=6:3:1。

4. 正交试验

以丙烯酸树脂、丙烯酸颜料树脂、颜料(磷酸锌:氧化锌=1:1(份数比))、硫氰酸亚铜、有机防污剂、混合溶剂等配制防污漆。以涂料中不溶性树脂含量、松香占涂料干膜含量、硫氰酸亚铜与有机毒料比例、混合溶剂为四因子,采用三水平四因子的正交试验方案 $L_9(3^4)$ 设计试验,合成防污涂料,正交试验见表6.25。

表6.25 $L_9(3^4)$ 正交试验

试样	不溶性树脂含量	松香占涂料干膜含量	硫氰酸亚铜与有机毒料比例	混合溶剂
1	8%	10%	1/6	30%
2	8%	14%	2/8	33.5%
3	8%	18%	3/10	37%
4	10.5%	10%	2/8	37%
5	10.5%	14%	3/10	30%
6	10.5%	18%	1/6	33.5%
7	13%	10%	3/10	33.5%
8	13%	14%	1/6	37%
9	13%	18%	2/8	30%

6.4.5 不溶性成膜物质的选择及其影响因素

丙烯酸漆属于溶剂挥发干燥的物理成膜涂料,干燥快,施工不受气温限制,特别适用于钢铁结构及船舶建造方面,防腐蚀性能良好,是目前溶解性防污涂料常用的基料。本研究选择丙烯酸锌树脂作为主要成膜物质。国产丙烯酸锌树脂目前根据黏度暂分为4种规格,即有黏度值(mPa·s):5-10、11-20、21-40及40以上,其中前两种宜用于涂料。丙烯酸锌溶液单独形成的膜呈脆性,常需添加增塑剂,其中以氯化石蜡最合适。在试验过程中,发现丙烯酸锌会受涂料中 Cu^{2+} 影响产生胶凝,储存性能差,而且温度越高,对储存性能影响越大。在成膜物质中加入热塑性丙烯酸树脂作为调整。本研究用三种黏度的丙烯酸锌和丙烯酸树脂组合进行配样,考察成膜物质的选择对漆膜力学性能的影响,测试结果见表6.26。

表6.26 成膜物质的选择对漆膜力学性能的影响

组分	质量百分数/%			
	#1	#2	#3	#4
丙烯酸锌树脂(50%)	10	10	—	10
丙烯酸	10	10	15	10

续表

组分		质量百分数/%			
		#1	#2	#3	#4
松香		12	12	21	21
氯化石蜡		5.5	5.5	6	6
混合溶剂		26	26	30	25
硫氰酸亚铜		4	4	4	4
有机毒料		10	10	—	—
颜填料		1	1	3	3
助剂		1.5	1.5	1	1
测试项目	附着力/级	2	1	1	1
	柔韧性/mm	1	1	1	1
	冲击强度 /kg·cm	正冲 50、反冲 50 有裂纹	正冲 50、反冲 50 裂纹较小	正冲 50、反冲 50 裂纹较小,干燥 24h 后用指甲可抠下	正冲 50、反冲 50 裂纹较小,干燥 24h 后用指甲不易抠下

注:#1、#2 中丙烯酸黏度分别为 10 和 20mPa·s;#3 和#4 中丙烯酸黏度为 15mPa·s。

丙烯酸黏度表示其分子量的大小,黏度越大,分子量越大。#1 和#2 试样配比相同,仅在丙烯酸的分子量上有区别。测试结果表明,丙烯酸分子量越大,附着力和冲击强度越好;#4 号与#3 号相比,其他配比相同,仅将作为不溶性成膜物质的丙烯酸锌用部分丙烯酸树脂代替,测试结果表明,添加丙烯酸树脂对改善附着力、冲击强度等效果不明显,但可以提高漆膜硬度。本研究拟采用黏度为 20mPa·s 的丙烯酸锌和热塑性丙烯酸树脂共同构成不溶性成膜物质。

6.4.6 防污涂料中主要组分对漆膜力学性能的影响

1. 防污涂料中主要组分对漆膜附着力的影响

漆膜附着力测试的结果见图 6.12。可以看出 9 组试样的附着力不尽相同。根据正交试验中直观分析法对附着力测试结果进行分析。

附着力影响因素平均值分析:图 6.13 显示了涂料各组成成分对漆膜附着力指标的影响,对于不溶性树脂,当含量为 13%,附着力平均值最小,附着力等级最高;对松香在干膜中含量,当含量为 10%,附着力平均值最小,附着力等级最高;对于防污剂,当硫氰酸亚铜与有机毒料比例为 2/8 时,附着力平均值最小,附着力等级最高;对于混合溶剂,当含量为 37%,附着力平均值最小,附着力等级最高。

附着力影响因素极差分析:图 6.13 中,附着力平均值的差值大小表示各组成成分对漆膜附着力的影响程度。从极差的大小可以看出,各组成成分对于漆膜附着力的影响由高到低的顺序是:硫氰酸亚铜与有机毒料比例 > 不溶性树脂含量 > 松香占涂料干膜含量 > 混合溶剂含量。

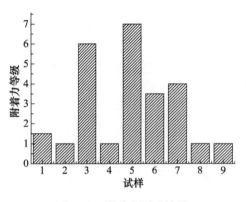

图 6.12　附着力测试结果

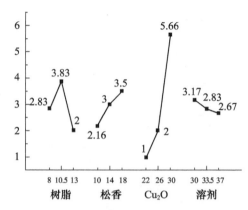

图 6.13　附着力测试正交分析

其中氧化亚铜与有机毒料比例对漆膜的附着力影响最大,漆膜的附着力等级与硫氰酸亚铜和有机毒料比例成反比关系,氧化亚铜含量降低会提高附着力。分析原因,一是因为有机毒料与基料极性相近,分子间作用力更强。在毒料用量一定的情况下,提高有机毒料用量,对漆膜的完整性有利;二是因为与有机毒料相比,硫氰酸亚铜密度更大,硫氰酸亚铜用量减少,相应会提高颜料体积浓度。颜料对漆膜在力学性质上有增强的作用,颜料与成膜物之间的相互作用,可形成具有"准交联"的结构,当颜料体积浓度逐渐由小增大,填充和吸附在颜料颗粒之间空隙的成膜物就会逐渐减少,这时候漆膜的附着力会随着颜料含量的增加而提高。

不溶性树脂含量对漆膜的附着力影响次之,漆膜的附着力与不溶性树脂含量不单纯成比例关系,在含量为13%,附着力最大。漆膜的附着力与松香在干膜中含量成反比,这是因为松香比较脆,影响漆膜完整性,但因为松香是影响漆膜渗出率的重要因素,在配方中要控制用量。

漆膜的附着力等级与混合溶剂含量成正比关系,溶剂含量的增加会提高附着力。一般认为,漆膜的附着力取决于成膜物质中聚合物(或分子量更低的预聚物)的极性基团,如—OH 或者—COOH 与底材表面的极性基之间的相互结合,为了使这种极性基团相互结合得好,就必须要求聚合物分子具有一定的流动性,涂料中混合溶剂含量增大,降低了涂料的黏度,使涂料的流动性变好,因此涂料很容易渗入到底材表面的凹陷和空隙,对底材形成良好的润湿效果,充分的润湿可以使漆膜和底材进入范德华力的有效作用距离(约 0.5nm),使聚合物的极性基接近底材表面的极性基,当两者分子之间的距离变得非常小时,极性基之间由于范德华力或氢键的作用就会产生附着平衡。此外,溶剂的表面张力低于成膜聚合物的表面张力,增加溶剂可以降低涂料整体的表面张力,使漆膜更好地附着在底材上,而且漆膜和底材的界面间存在着剪切应力,良好的润湿可以提高漆膜和底材之间的有效接触面积,降低剪切应力,从而提高附着力。

2. 防污涂料中主要组分对漆膜硬度(耐冲刷)的影响

漆膜硬度的测试结果见图6.14。应用正交试验中直观分析法对硬度测试结果进行分析。

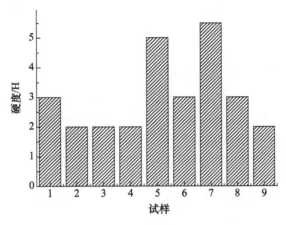

图6.14 硬度测试结果

硬度影响因素平均值分析:图6.15显示了涂料各组成成分对漆膜硬度指标的影响,对于不溶性树脂,当含量为10.5%和13%,硬度平均值最大;对于松香在干膜中的含量,当含量为10%,硬度平均值最大;对于防污剂,当硫氰酸亚铜与有机毒料比例为3∶10时,硬度平均值最大;对于混合溶剂,当含量为33.5%,硬度平均值最大。

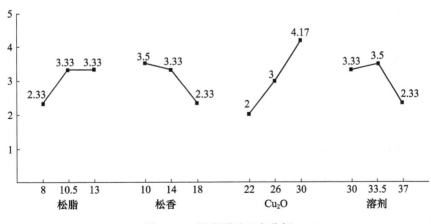

图6.15 硬度测试正交分析

硬度影响因素极差分析：图 6.15 中,硬度平均值的差值大小表示各组成成分对漆膜硬度的影响程度。从极差的大小可以看出,各组成成分对于对漆膜硬度的影响由高到低的顺序是:硫氰酸亚铜与有机毒料比例 > 松香占涂料干膜含量 = 混合溶剂含量 > 不溶性树脂含量。

漆膜硬度是漆膜抵抗诸如碰撞、压陷、擦划等机械力作用的能力。其中硫氰酸亚铜与有机毒料的比例对漆膜的硬度影响最大,漆膜的硬度等级与硫氰酸亚铜和有机毒料比例成正比关系,氧化亚铜含量增加会提高漆膜的硬度。与有机毒料相比,氧化亚铜的硬度更大,可以提高漆膜整体硬度。松香质脆易碎,用量过高,会影响漆膜的硬度。

通过对漆膜附着力和硬度的测试,结合影响因素平均值分析和极差分析,可以得到防污漆优化后的初步配比:不溶性树脂含量为 13%,松香在干膜中含量为 10%,防污剂中硫氰酸亚铜与有机毒料比例为 25%,混合溶剂比例为 33.5%。最终配方再通过铜离子渗出率、实海挂板等结果进一步调整。

6.4.7 配方固化

以合成的丙烯酸锌树脂、热塑性丙烯酸树脂为成膜物质,复配硫氰酸亚铜、吡啶硫酮锌、SINA211 等有机防污剂,添加氧化锌、滑石粉等颜填料,制备了铝艇专用耐冲刷防污涂料,最终铝艇专用耐冲刷防污涂料配方见表 6.27。

表 6.27　耐冲刷防污涂料配方

组分	含量/%	组分	含量/%
丙烯酸锌树脂	6～20	有机毒料	5～15
丙烯酸树脂	6～20	其他颜填料	5
松香	8～12	助剂	2
氯化石蜡	3～5	混合溶剂	25～30
硫氰酸亚铜	2～3	总计	100
氧化锌	3～12	—	—

6.5　测试与试验

6.5.1　有害金属含量

委托国家化学建筑材料测试中心(建工测试部)按 GB 18581—2020《木器涂料中有害物质限量》检测可溶性重金属(铅、镉、铬、汞、锡)(注:可溶性锡分包给谱尼测试科技(北京)有限公司检测),试验结果如表 6.28 所列。

表 6.28 防污涂料可溶性重金属含量

有害金属含量/(mg/kg)	样品名称			
	防污漆 HYW1	防污漆 HYW2	防污漆 HYW3	防污漆 HYW4
可溶性铅	未检出	5.0	未检出	未检出
可溶性镉	未检出	未检出	未检出	未检出
可溶性铬	未检出	0.3	未检出	未检出
可溶性汞	0.02	0.02	0.02	0.02
可溶性锡	<1.00	<1.00	<1.00	<1.00

试验结果表明,研制的涂层不含或仅含有极微量的重金属,对环境危害小。

6.5.2 微观形态分析

委托北京科技大学采用扫描电镜对防污涂料的结构进行分析。试验样品为 W1～W4 共 4 种。将放入 3% 的盐水溶液室温浸泡 2.5 个月后的样板和干燥器中的样板上漆膜各自剥离一块进行电镜分析。

防污涂料浸水前后形貌及能谱分析见图 6.16 和图 6.17。

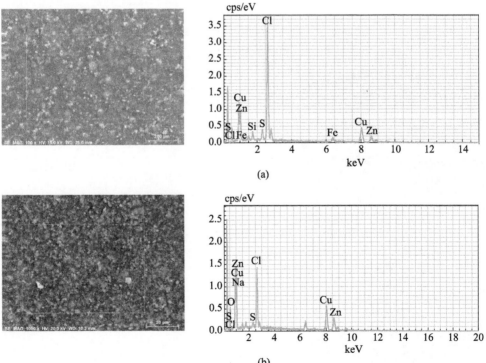

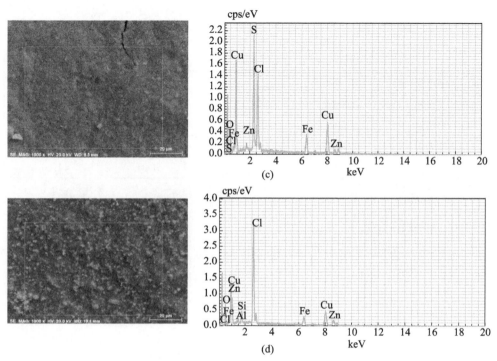

图 6.16 防污涂料浸水前表面形貌及能谱分析
(a) HYW1；(b) HYW2；(c) HYW3；(d) HYW4。

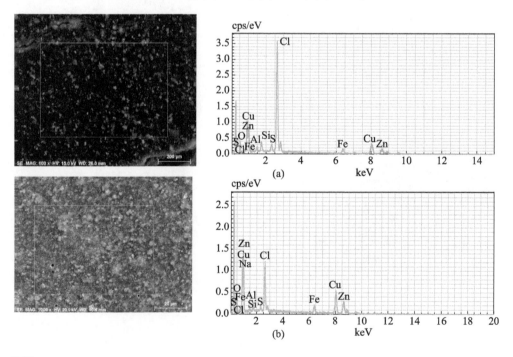

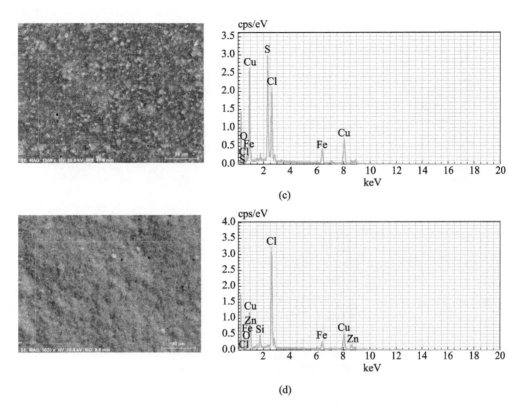

图 6.17 防污涂料浸水后表面形貌及能谱分析
(a)HYW1；(b)HYW2；(c)HYW3；(d)HYW4。

6.5.3 实船试验

在青岛海域某铝船的 8 个海底门脱落区域,采用了 859HLD 配套体系进行处理,涂料配套体系见表 6.29,解决了防污涂料冲刷脱落问题,同时该防污涂料可广泛应用于铝船的水线以下防海生物处理。表面处理及实船涂装见图 6.18、图 6.19。

表 6.29 海底门区域涂料配套

涂装程序	涂料名称	涂装道数	总干膜/μm	表面处理等级
底漆	H900X 环氧防锈漆	3 道	300~320	St3 或拉毛
防污漆	859HLD 长效船底防污漆	3 道	250	

使用一年后,经勘验小组勘验后,一致认为该涂料配套防锈性能良好,漆膜完整,总体使用效果较好(图 6.20),具有良好的防污性能和耐冲刷性能,涂层未出现脱落现象,能够满足该型艇快速行驶以及整个坞修周期海生物生长不超过 10% 的

防污需求。

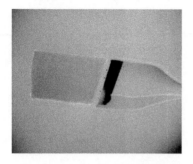

图 6.18　海底门部位表面处理

图 6.19　实船涂装

图 6.20　一年后 859HLD 防污漆效果

6.6　小　　结

（1）以合成的丙烯酸锌树脂、热塑性丙烯酸树脂为成膜物质，复配硫氰酸亚铜、吡啶硫酮锌、SINA211 等有机防污剂，添加氧化锌、滑石粉等颜填料，制备了铝船专用耐冲刷防污涂料，并检测了涂料基本物理力学性能。

（2）对制备的防污涂层进行树脂类型、添加溶剂、毒料种类等实验，结果表明，所制备的防污涂料与防污树脂基体、防污剂体系等关系密切。

（3）研究探讨了适宜的树脂类型和树脂添加比例对提高涂层附着力、耐冲刷性、硬度的影响，研制了适宜铝船海底门等部位专用的防污涂料，具有优良的防污效果和抗冲刷性能。

（4）通过对施工工艺优化，确立了适于铝船修理用的施工工艺和修补工艺，便于海洋环境中铝船的维护保障。

第 7 章

铝合金牺牲阳极材料设计

基于耐腐蚀铝合金的特性,海洋环境中铝船船体的腐蚀整体上还是可控的,但是点蚀的经常发生令设计者和使用者非常苦恼,表面防腐蚀涂装和牺牲阳极保护是常规手段,也取得了很好的效果。耐腐蚀铝合金的腐蚀电位比船体结构钢更负,点蚀敏感性更显著,在铝质船舶阴极保护系统设计时,就不能直接套用在钢质船体或其他海洋结构物上的牺牲阳极材料,牺牲阳极电位取值也要做相应改变。相对于钢质船舶,铝船排水量吨位一般不大,在我国东南沿海台风季节时,多数采取进坞上船排的方式防台风,有时船在船排上的时间超过 2 个月甚至更长时间,干燥的空气环境除对表面涂层有很大影响外,对牺牲阳极也是一个考验,在重新下水后阴极保护系统还能发挥作用,要求牺牲阳极材料具有较好的干湿交替性能。实际使用中发现,铝船牺牲阳极电位逆转、表面结壳引起牺牲阳极系统失效,从而导致船体外表面点蚀普遍存在,对船舶安全性造成影响。所以,海洋环境中铝船对牺牲阳极阴极保护设计比其他船舶和海洋结构物要高,要求牺牲阳极材料电位更负、干湿交替和综合性能更好。本章就不同的牺牲阳极材料性能及其变化规律进行测试分析,针对新的要求对牺牲阳极材料性能进行设计和试验,以期能对铝船设计人员和材料研发人员有所帮助。

7.1 概 述

牺牲阳极广泛应用于船舶阴极保护系统,可采用牺牲阳极保护的区域或部位主要包括浸泡在海水中的船体(含附体)、海水压载舱等海水间浸部位、内舱油污水积水部位、海水管路系统及冷却设备等。

7.1.1 牺牲阳极材料要求

采用牺牲阳极对金属构件实施阴极保护时,牺牲阳极在电解质环境中与被保护的金属构件电连接,作为牺牲阳极材料的金属优先溶解,释放保护电流使金属构件阴极化到保护电位。为达到这一目的,牺牲阳极材料必须满足以下性能要求:

(1)具有足够负且稳定的开路电位、工作电位,即牺牲阳极与被保护金属之间应有足够大的开路电位差,可在阴极保护系统工作时保持有足够大的驱动电压。

(2)工作时自身的极化率小,即工作电位接近于开路电位,牺牲阳极在工作时的电位朝正的方向移动不大。

(3)理论电容量大,即对牺牲阳极来说,消耗单位质量的阳极金属产生的电量要大。

(4)具有较高的电流效率,牺牲阳极在工作时的自腐蚀速率要小,以便具有长的使用寿命。

(5)表面溶解均匀,即表面上不沉积难溶的腐蚀产物,腐蚀产物松散易脱落,使阳极能够长期持续稳定地工作,且腐蚀产物应无毒、对环境无害。

(6)原材料来源充足,价格低廉,易于制备,牺牲阳极阴极保护的经济性要好,有利于腐蚀控制技术的推广。

7.1.2 牺牲阳极材料种类

牺牲阳极材料的性能直接影响阴极保护的效果,船舶常用的牺牲阳极材料主要有锌合金、铝合金、铁合金等几类。镁合金阳极电位较负,可以达到 $-1.5V_{SCE}$,主要用于高电阻率的介质中,如淡水等条件下。镁合金阳极在海水中易导致过保护的情形,例如,在某些情况下会造成船舶防腐蚀涂层的阴极剥离,析出氢气,并且在碰撞时易产生火花,因此镁合金阳极不适于在船舶中使用。与锌合金、铝合金牺牲阳极不同,铁合金阳极具有较正的电位,约为 $-700mV_{SCE}$,而对船体钢、船体用结构铝合金来说,这个电位就太正了,起不到保护作用,因此不适于保护钢质和铝质船体。由于铁合金阳极和铜或不锈钢之间的电位差较锌合金或铝合金阳极与铜或不锈钢之间的电位差要小很多,因此具有更适宜的驱动电位,可减小阳极的消耗,获得更长的保护寿命。此外,铁合金阳极溶解产生的亚铁离子还有利于铜表面保护膜的形成,因此铁合金牺牲阳极主要用于保护舰船的铜质海水管路和设备或不锈钢构件。用作船体外壳的牺牲阳极材料有如下几类。

1)锌合金

锌合金是最早用于船舶阴极保护的牺牲阳极材料。普通商业纯锌由于含有较高的杂质,影响其电化学性能,所以很少用作牺牲阳极。只有锌含量大于99.995%,铁含量小于0.0014%的高纯锌才可直接作为牺牲阳极使用。但高纯锌的价格很高,用作牺牲阳极不够经济,所以在实际阴极保护工程中应用并不太多。

常用的锌合金阳极主要为 Zn-Al-Cd 三元合金,通过添加少量合金元素铝和镉,可以使晶粒细化,同时消除杂质的不利影响。由于少量的铝和杂质铁、镉、铅之间能形成固溶体,其电位负于铁和铅,因此可以减弱锌合金的自腐蚀作用,并使腐蚀产物变得疏松,易于脱落,溶解得更均匀。同时,由于可以采用对杂质含量要求不是非常高的锌锭来铸造阳极,所以可以降低锌合金牺牲阳极的成本。

尽管锌合金牺牲阳极有良好的电化学性能,保护效果得到大量工程验证,但是其电容量偏低,影响牺牲阳极的使用寿命。随着大电容量的铝合金牺牲阳极的发展,锌合金牺牲阳极在船舶以及海洋工程阴极保护中呈现被铝合金阳极取代的趋势。

2)铝合金

铝具有比锌高得多的理论电容量。锌的理论电容量为 820A·h/kg,而铝的理论电容量达到 2980A·h/kg,大约是锌的 3.6 倍。然而,纯铝表面极易形成钝化膜,所以不能直接做牺牲阳极使用,必须采用合金化方法来破坏表面钝化膜的完整性,促进阳极表面活化,使其具有较负的工作电位和较高的电流效率。

通过大量的研究,人们已开发出各种不同成分和性能的铝合金牺牲阳极材料。早在 20 世纪六七十年代,美国 DOW 化学公司开发了 Al-Zn-Hg 系合金牺牲阳极(Galvalum Ⅰ型和Ⅱ型),它们在海水中具有优异的电化学性能,电流效率可达到 95%。Zn 和 Hg 的加入促进了铝阳极的活化,不仅使电位降低(向负向偏移),而且具有较高的电流效率。但汞会污染环境,熔炼过程中产生汞蒸气对人体有害,随着环保意识的增强,Al-Zn-Hg 系合金牺牲阳极已很少使用。

一段时间以来,广泛使用主要为 Al-Zn-In 系合金牺牲阳极。锌是铝合金牺牲阳极中的主要添加元素,可以促进铝的活化,使铝的电位负移 0.1~0.3V,并使腐蚀产物易于脱落。铟是铝阳极中的重要活化元素,添加很少的量就可以达到明显活化的效果。在 0.01~0.04% 质量分数范围内,铝阳极的性能随铟含量的增加而明显改善,但铟在铝中的固溶度很小,当铟含量大于 0.1% 时,铟将以新相形式发生偏析,促进铝的自腐蚀,降低阳极的电流效率。锌和铟的同时加入还可以抑制有害杂质元素的不利影响,发挥协同活化作用。铝合金牺牲阳极的原料易得,易于铸造成型,在保护同样结构物时,相比采用锌阳极保护造价更低,而且可以设计成长寿命阳极。铝合金阳极是继锌合金阳极之后得到快速发展和广泛应用的牺牲阳极材料。

铝合金牺牲阳极还处在不断发展之中,通过调节铝合金阳极的成分,开发出了适用于不同工况条件下使用的新型牺牲阳极材料,如适于深海环境的铝合金阳极、适于高强钢保护的低电位铝合金阳极、适于干湿交替环境使用的高活化性能铝合金牺牲阳极等。

7.1.3 铝船牺牲阳极特殊要求

铝船工作环境的复杂多变决定了对牺牲阳极苛刻的要求。一是铝合金材料在海水中电位较钢铁材料更负,稳定电位在 $-950\text{mV}_{\text{SCE}}$ 左右,为了有效保护铝质船体,牺牲阳极与铝质船体之间应有一定的电位差(一般超过 -100mV),这就要求牺牲阳极材料工作电位 $-1000\text{mV}_{\text{SCE}}$ 以上;二是牺牲阳极除了在长期工作于全浸工作环境中应具备负的工作电位、稳定的输出电流及较高的电流效率外,还必须具有优良的活化性能,腐蚀产物易脱落;三是由于某些使用方式的要求,铝船经常上排、进坞防台风等非海水环境航泊状态,也就是说船体外表面处于干湿交替状态,这就要求牺牲阳极在干湿交替条件下不易结壳,表面形成的腐蚀产物浸入海水后能较快地溶解脱落并迅速发出电流,才能对铝船起到良好的保护作用。在实际过程中,我们经常遇见铝船牺牲阳极"不起作用"和阴极保护失效的情况。因此,在选用铝船船体阴极保护用牺牲阳极材料时,不仅要根据常规性能测试进行选择,还需要对牺牲阳极进行耐环境性能试验,确保其在干湿交替的海洋大气的特殊环境中具有优良的电化学性能,才能确保设计选型的牺牲阳极真正起到"牺牲"和保护作用。

7.1.4 牺牲阳极材料国内外发展现状

由于腐蚀是海洋船舶、结构和设备最主要的损坏形式之一,因此多年来各国一直在不懈地进行船舶防腐蚀研究。阴极保护技术与涂料联合使用是船舶结构防腐的主要方法。

牺牲阳极阴极保护技术近年来得到了快速的发展,包括锌合金、铝合金、镁合金等常用主要牺牲材料已经标准化,各种腐蚀环境条件下牺牲阳极材料的选用也取得了很多宝贵的经验。

对钢铁结构的保护,目前研制成功并广泛应用于生产保护工程的主要有锌、铝、镁合金三大类。在船舶上采用的牺牲阳极材料大多是铝基合金和锌基合金,通常不采用镁基合金。

1) 锌基牺牲阳极材料

锌是最早用作阴极保护的牺牲阳极材料。锌的密度较大,理论发电量较小,在腐蚀介质中,它对钢铁的保护驱动电压较低,约为 0.2V。但锌阳极具有较高的电流效率,锌中所含杂质对阳极性能影响很大,因此目前锌阳极发展途径主要有两个:一个是采用高纯度的锌,严格控制杂质的含量;另一种是添加合金元素,降低杂质的百分含量。在早期的防腐工业中,主要是采用高纯锌作为牺牲阳极材料,近一些年来,主要采用锌基合金材料作为牺牲阳极,有 Zn – Al 和 Zn – Al – X 系、Zn – Sn 系、Zn – Hg 系等。

（1）纯锌。早在1823年，英国的Humphrey Davy就提出用锌和铜相连可以防止木质船上铜包皮的腐蚀。但后来人们在使用阳极一段时间后发现，阳极输出电流能力明显减小，阳极表面黏附着一层腐蚀产物。1965年，Teel和Anderson发现造成上述现象的原因与阳极所含的铁杂质有关，铁杂质含量应控制在0.015%以下才可以较小地影响锌牺牲阳极的性能。当锌中含有Fe、Pb、Cu等阴极性杂质时，纯锌阳极很容易极化而失去阴极保护作用，其中尤以铁的影响最大。这是因为Fe在Zn中的固溶度约为0.0014%，超过这一临界值便会以离散的铁粒子析出，成为阴极性杂质，与锌形成局部微电池，促进锌的自腐蚀，使阳极的电位变正，电流效率下降。自腐蚀的发生还会使阳极表面形成氢氧化物沉淀的速度加快，引起阳极钝化，阻碍阳极进一步溶解。因此，只有杂质含量很低的高纯锌（Zn > 99.995%，Fe < 0.0014%，Cu < 0.002%，Pb < 0.003%）才能作为牺牲阳极材料。

（2）高纯锌及三元锌合金牺牲阳极的化学成分如表7.1所列，不同标准所规定的三元锌合金牺牲阳极的成分基本相同，稍有差异。锌合金牺牲阳极的电化学性能见表7.2。锌合金牺牲阳极在海水中工作电位稳定、电流效率高、溶解性能好，已在舰船阴极保护工程中得到广泛应用。

表7.1 典型锌阳极的化学成分（质量分数）

标准	阳极种类	化学成分/%						
		Al	Cd	Fe	Cu	Pb	Si	Zn
ASTM B418	高纯锌	<0.005	<0.003	<0.0014	<0.002	<0.003	—	>99.995
ASTM B418	Zn–Al–Cd	0.10~0.40	0.03~0.10	≤0.005	—	—	—	余量
MIL–A–18001H	Zn–Al–Cd	0.10~0.50	0.025~0.15	≤0.005	≤0.005	≤0.006	≤0.125	余量
GB 4950	Zn–Al–Cd	0.3~0.6	0.05~0.12	≤0.005	≤0.005	≤0.006	≤0.125	余量

表7.2 锌合金牺牲阳极在海水中的电化学性能

项目	开路电位/V_{SCE}	工作电位/V_{SCE}	实际电容量/(A·h/kg)	电流效率/%	溶解状况
电化学性能	-1.09~1.05	-1.05~-1.00	≥780	≥95	表面溶解均匀，腐蚀产物易于脱落

（3）Zn–Al–X系。国内外应用最为广泛的锌合金牺牲阳极是Zn–Al–Cd三元合金，这种阳极合金的电位稳定，电流效率高，阳极极化小，溶解均匀，腐蚀产物疏松易脱落，具有较好的电化学性能。元素铝和镉的加入可以细化晶粒，使阳极表面腐蚀产物变得疏松，同时，铝和镉分别可以和杂质铁和铅形成金属间化合物，

消除了杂质的不利影响,减少锌合金的自腐蚀。锌合金中的铝元素和镉元素的含量只有在一定范围之内才能有效地改善锌阳极的性能,因为当铝含量小于0.6%时,铝合金的金相结构为单相α固溶体,在合金中添加0.06%的镉时,镉会与锌合金中的铅杂质形成固溶体,并且固溶体的电位比铅的电位负,同样可以减缓锌合金的自腐蚀。因此,国家制定了相应的国家标准规定了其化学成分和电化学性能,如表7.3和表7.4所列。

表7.3 Zn-Al-Cd合金牺牲阳极化学成分　　　　　　　　　单位:%

阳极材料	Al	Cd	Fe	Cu	Pb	Si
Zn-Al-Cd	0.3~0.6	0.05~0.12	≤0.005	≤0.005	≤0.006	≤0.125

表7.4 Zn-Al-Cd合金牺牲阳极电化学性能

阳极材料	开路电位/V	工作电位/V	实际电容量/(A·h/kg)	电流效率	溶解状况
Zn-Al-Cd	-1.09~-1.05	-1.05~-1.00	≥780	≥95%	产物容易脱落,表面溶解均匀

注:参比电极——饱和甘汞电极。

除了Zn-Al-Cd三元锌合金外,还有Zn-Al-Mn和Zn-Al-Hg合金。Mn可以提高铝在锌中的固溶度,稳定阳极活化性能,降低自腐蚀速度。Hg可以很大程度地提高锌的活性而且允许的铁杂质含量也较高,但是汞有剧毒,基于环保原因,现在已经基本上很少用了。

(4)其他锌合金。除了Zn-Al系合金以外还有Zn-Sn系合金。Zn-Sn系合金含Sn0.1%~0.3%,杂质Fe≤0.001%、Cu≤0.001%、Pb≤0.005%。这种阳极具有较好的电化学性能,稳定电位为-1.045V,电流效率达95%以上。Zn-Sn-Bi-Mg四元合金性能据说优于Zn-Al-Cd三元合金,其电流效率可达98%以上。李异等人研究了含镉为0.08%~0.1%的Zn-Cd合金牺牲阳极,指出杂质Fe与Cd有限形成Cd_2Fe金属间化合物,改善了锌阳极的性能,同时细化了晶粒,使表面趋于均匀溶解。

2)铝基牺牲阳极材料

铝是一种理想的牺牲阳极材料,因为它有足够负的电位(其平衡电极电位为$-1.67V_{SHE}$),较高的热力学活性,密度小,电容量较大,费用较低,寿命较长。

但由于铝和氧之间有很强的亲和力,从而纯铝极易钝化,表面覆盖一层稳定且致密的Al_2O_3氧化膜,使铝在中性溶液中的电位仅为$-0.78V_{SHE}$,达不到其理论上的电极电位,不能满足阴极保护对驱动电压的要求。因此,纯铝不适宜用作牺牲阳极材料。

为了使铝能作为一种实用的牺牲阳极材料,国内外学者作了大量研究:在不断的实践中发现,通过添加某些合金元素(如 Zn、In、Cd、Hg、Sn、Si、Mg、Ga、Bi、Ce 等),对铝进行合金化,便能显著地改善其电化学性能,有效地阻止或抑制铝表面形成连续致密的氧化膜。因为这些元素的原子部分取代了铝晶格上的铝原子,使得这些部位成为铝氧化膜的缺陷,从而促进表面活化溶解。

铝合金牺牲阳极材料的开发最早是从二元合金开始的。1955 年,研制出最早的 Al – Zn 二元合金中,Zn 的含量在 5% ~ 15%,虽然其电位比纯铝 – 230 ~ 240mV,但其电流效率只有 50% 左右。同一时期还开发出了 Al – Sn 和 Al – In 合金阳极,但电流效率都较低,不能满足实际工程的需要。因此国内外在 Al – Zn 二元合金的基础上添加了 Hg、In、Cd、Sn、Mg 等元素,使铝合金牺牲阳极的电化学性能不断改善,电流效率从 50% 以下跃升到 80%,有的甚至达到了 90% 以上。这些合金元素被称为活化剂。但三元合金仍存在许多不足,比如有实用价值的阳极电流效率偏低、溶解不够均匀、极化性能不理想等。为进一步提高阳极性能,国内外的研究者又在三元合金基础上添加了第 4 种、第 5 种甚至更多的合金元素,从而形成了一系列具有较高电化学性能的多元铝合金牺牲阳极,包括 Al – Zn – Hg 系、Al – Zn – Sn 系、Al – Zn – In 系三大系列。Al – Zn – In 系合金由于不含有毒元素,且不需要进行热处理,综合性能好,而成为目前研究最多、应用最广泛的一类牺牲阳极,应用于生产工程的主要是 Al – Zn – In 系合金。

(1) Al – Zn – In 系。Al – Zn – In 系是人们公认的最有前途的铝阳极系列,它不含有毒元素,不需要热处理,综合性能好。Zn 的存在促进了 $ZnAl_2O_4$ 的产生,增加了保护层的缺陷,第三元素 In 的加入可以使合金活化,阳极电位负移,电流效率提高。为了进一步提高合金阳极的电化学性能,国内外研究者又添加了 Cd、Sn、Si、Mg 等合金元素,构成了四元、五元合金。近年来人们在研究合金元素活化作用机制的基础上,通过多元合金化,进一步改善阳极性能,研制出新的铝合金阳极配方,如 Al – Zn – In – Mg – Ti、Al – Zn – In – Sn – Mg – RE、Al – Zn – In – Ga – Mg – Mn、Al – Zn – In – Si – Mg、Al – Zn – In – Si – Zr – Te、Al – Zn – In – Sn – Ca – Ga 等。Cd 的加入能促使锌均匀分布,减少 Zn、Cu、In 偏析,改善阳极性能。Sn 可溶于 Al 中形成固溶体,破坏 Al 的钝性,使铝的电位降低,Si 的含量在 0.041% ~ 0.212% 时有助于减少电偶腐蚀,并在一定程度上降低阳极电位,改善阴极保护特性。只要将 Mg 的含量控制在一定范围内就可以改变铝合金阳极的微观结构,有利于其均匀溶解,提高电流效率。

目前,国家修订了铝合金牺牲阳极的国家标准,其中规定了它们的化学成分和电化学性能,如表 7.5、表 7.6 所列。

(2) 其他铝合金。Hg 被认为是最好的活化剂,它能在铝晶格中均匀分布,阻碍 Al_2O_3 膜在表面形成。尽管含汞的铝阳极具有良好的电化学性能,但是由于其在熔炼和应用过程中存在汞污染问题,所以从环保角度来讲,Al－Zn－Hg 系合金已经不再使用了。Sn 虽然会降低铝的电位,但同时也会促进铝基体的晶界优先溶解,介质 PH 值较低时,更加明显从而导致电流效率降低,且随着时间延长而继续降低。此外,Al－Zn－Sn 合金阳极必须经过均质化热处理,以弥补杂质铁带来的不利影响,因而成本偏高。鉴于以上原因,目前 Al－Zn－Sn 系合金也很少使用。

表 7.5　Al－Zn－In 系合金牺牲阳极化学成分　　　　　　　　单位:%

阳极材料	Zn	In	Cd	Sn	Mg	Si	Ti	杂质		
								Si	Fe	Cu
AZI－Cd A11	2.5~4.5	0.018~0.050	0.005~0.020	—	—	—	—	0.10	0.15	0.01
AZI－Sn A12	2.2~5.2	0.020~0.045	—	0.018~0.035	—	—	—	0.10	0.15	0.01
AZI－Si A13	5.5~7.0	0.025~0.035	—	—	—	0.10~0.15	—	0.10	0.15	0.01
AZI－Sn－Mg A14	2.5~4.0	0.020~0.050	—	0.025~0.075	0.50~1.00	—	—	0.10	0.15	0.01
AZI－Mg－Ti A21	4.0~7.0	0.020~0.050	—	—	0.50~1.50	—	0.01~0.08	0.10	0.15	0.01

表 7.6　铝合金牺牲阳极在海水中的电化学性能

阳极材料		开路电位/V_{SCE}	工作电位/V_{SCE}	实际电容量/(Ah/kg)	电流效率/%	溶解状况
常规铝阳极	A11－A14	－1.18~－1.10	－1.12~－1.05	≥2400	≥85	产物溶解脱落,表面溶解均匀
高效铝阳极	A21	－1.18~－1.10	－1.12~－1.05	≥2600	≥90	

(3) 表面改性的铝阳极。目前有人借鉴了不溶性氧化物辅助阳极的制作方法,开发出一种全新的方法研制新型铝合金牺牲阳极。这种方法是在阳极表面覆盖一层金属氧化物,通过氧化物本身的多孔结构使得 Al^{3+} 可以自由地在基体和氧化层间扩散,实现阳极活化,提高阳极电流效率。S. M. A Shibli 研究了 RuO_2 涂覆在 Al+5% Zn 对阳极性能的改善情况。RuO_2 是一种具有金红石结构的过渡金属氧化物,它在制作不溶性阳极上应用最广泛。将 $RuCl_3$ 溶液事先刷在阳极表面,经过 400℃烧结后,表面就形成了 RuO_2 层。实验显示,这层涂层可使 Al^{3+} 很自由地穿过氧化物到达外表面。表面改性后的阳极开路电位明显负移,极化减弱,电流效率达

到了86%。当阳极溶解到原有的1/3时,这层氧化物也不会大面积脱落,充分显示了这层氧化物有很好的流动性。S. M. A Shibli 还进行了 IrO_2 涂覆在 Al + 5% Zn 阳极上的研究。IrO_2 同样具有金红石结构,也广泛应用于不溶性阳极的制作。试验结果显示,涂有 IrO_2 的牺牲阳极,表面具有较高的电导率和自催化活性,电流效率达到了81%,而且当阳极溶解到原有的1/3时,IrO_2 层也不会大面积脱落,同样也显示了 IrO_2 具有较好的流动性。

(4) 高效铝合金牺牲阳极。船舶总体设计时设计师一直在考虑如何使牺牲阳极阴极保护系统不增加太多的初始质量而影响船舶排水量、航速,而且牺牲阳极系统又不能消耗太快而要求频繁更换牺牲阳极材料,这要求牺牲阳极材料设计者对阳极材料追求越来越显著的电流效率。常用的铝合金阳极电流效率为70%~85%,且溶解均匀性差,通过改进合金的组成与含量以提高铝合金阳极的综合电化学性能是各国研究人员努力的方向之一。考虑成分设计,利用微合金化是提高合金性能的有效途径。由于细晶粒合金通常具有优良性能,添加细化晶粒的合金元素来细化组织而达到提高性能的目的是常用的合金化方法;另外通过合金化改善铝合金铸造成型性也是提高该合金性能值得探索的方法,且该合金的使用状态通常为铸态;其次还可从净化铝合金中杂质元素方面考虑来提高合金性能。因此在目前工程上使用的牺牲阳极材料基础上,通过微合金化来改善合金组织,提高合金铸造性能,减少杂质的有害影响,以进一步提高阳极合金的综合电化学性能是可行的。

7.1.5 铝合金牺牲阳极的活化机理

众所周知,工业纯铝由于表面能形成一层致密的氧化物薄膜,使其电位变正,不能满足对钢构件实施阴极保护的电位要求。自从发现在铝中添加某一种或几种合金元素可以阻碍或抑制铝表面形成氧化膜,对铝阳极起活化作用以来,人们研制出了各种各样的铝合金,世界各国专家学者对活化机理,合金中各种元素的作用进行了大量深入的研究工作,相继提出了不同的观点。主要有以下几种说法:

1) 离子缺陷理论

主要是针对 Sn,它是在发现 Sn 的活化作用后提出的。铝合金中的 Sn 以 Sn^{2+}、Sn^{4+} 形式进入表面氧化膜导致许多的阳离子、阴离子缺陷,降低了膜的阻力,促进了铝合金的活化溶解,虽然从热力学角度考虑,可能有很少量的 Sn^{2+} 存在于氧化膜与基体铝交界处,但控制铝阳极活化过程的仍为 Sn^{4+}。这一理论并不适用含 Hg 或 In 的铝合金阳极,因为 In^{3+}、Hg^{2+} 不能通过制造离子缺陷来减小氧化膜的离子阻力。

2) 第二相优先脱落

对 Al – Zn – In 阳极进行电子探针观察,发现掺杂有 In、Si、Fe、Cu 的第二相分布于合金结构中。溶解过程中,该相因活性最强而优先溶解,此时铝基体暴露于介质中,与表层氧化膜组成电位差较大的局部阴阳极,导致铝元素氧化脱落。当铝与外界直接接触后,取代富铟相成为阳极相,之前溶解的 In^{3+} 被还原回到合金表面。这一过程导致基体大量溶解,其中包含的部分富铟相未发生电子交换就耗散到环境中,造成电流效率降低。

3) 溶解-再沉积理论

1980 年,Werner 发现无论是在溶液中加入 In 的盐还是直接从铝合金上溶解下来的 In 都能大大改善铝合金的电化学性能。1984 年,Reboul 等人提出了对 In、Sn、Hg 等都适用的著名的"溶解-再沉积"的自催化机理,他们认为合金元素在 Al 中是以两种形态存在,一种是与 Al 形成固溶体,另一种是以偏析相的形态存在。In 和 Hg 等元素对于 Al 来说是阴极性的,他们会被 Al 的晶界所保护,不会对 Al 有活化作用。真正起活化作用的是 Al 中的固溶体。当阳极溶解时,阴极性的阳离子与 Al 发生电化学交换,沉积在 Al 的表面。这个交换反应局部破坏了铝表面的氧化膜,铝溶解得以进行。这个活化机理可分为三个步骤:

(1) Al 和 Al 固溶体中的合金元素氧化,并在电解质中生成阳离子。

$$Al(M)n \longrightarrow Al^{3+} + M n^{n+}$$

(2) 第一步反应生成的阴极性阳离子通过电化学置换反应重新沉积在 Al 的表面。

$$Al + M^{n+} \longrightarrow Al^{3+} + M$$

(3) 与第二步同时进行,氧化膜局部破裂,电位往纯 Al 方向移动,使铝阳极活化。对于 In 再沉淀步骤,人们一直没有找到证据证明此步骤的存在,直到 1996 年,Venugopal 等人运用电化学阻抗、SEM 和 XRD 技术,证明再沉淀步骤是造成钝化 Al 的活化原因。但是,"溶解-再沉积"理论也有其局限性和不足之处,没有很好地解释铝阳极电流效率降低的原因。

该机理是现在普遍赞同的对铝合金阳极活化的解释,目前许多学者提出的活化机理也是在这个基础上提出的,是对该机理的延伸。孙鹤建等人在研究 In 对阳极活化过程的影响时提出了第二相优先溶解-脱落机理。他们用电子探针观察时发现,Al-Zn-In 阳极中存在富含 In、Si、Fe、Cu 的第二相。在阳极电流的作用下,富铟偏析相优先溶解直到裸露出铝基体,铝基体与 Al_2O_3 膜组成电位差较大的电偶,使铝基体活化溶解,一旦暴露出铝基体,富铟相转化就为阴极相;偏析相中溶解下来的 In^{2+} 再沉积到铝合金表面,使铝基和氧化膜分离,有利于阳极活化。富铟偏析相因周围铝的大量溶解,造成部分电流的损失。

4) 表面自由能理论

Gurrappa 提出此理论,表面自由能越大,越易吸附像氧之类的物质,更易钝化;

反之,合金的表面自由能越低,内部金属与表面氧化膜的作用力越小,因此也就越有利于合金的均匀溶解。该理论认为合金元素降低了合金表面自由能,Al_2O_3 膜厚度越小,金属与表面氧化物的结合能力就越弱,因而电解质溶液中的氯离子容易击破氧化膜,朝着合金均匀溶解方向发展。

7.1.6 铝合金牺牲阳极影响因素

由于纯铝的钝化性,需要引入其他微量元素,才能破坏其钝化膜的连续性,使其可以持续溶解,从而发挥牺牲阳极的功效。影响阳极性能的因素主要是化学成分,热处理工艺也有一定影响。常用的活化元素 Zn、In、Sn、Cd、Si、Mg 等,不同的活化元素对铝所起的活化作用不尽相同。

1) 合金元素

(1) Zn 是制备铝合金牺牲阳极的最主要合金组分,它可使铝阳极易合金化,增加各组分的均匀程度,腐蚀产物易脱落,使合金电位降低 0.1~0.3V。Zn 的存在促进了 $ZnAlO_4$ 的产生,增加了氧化膜的缺陷,并可和其他合金元素共同作用,降低氧化膜的稳定性,促进阳极溶解。Zn 在 Al 中的溶解度约为 2%,Zn 含量较低时,阳极腐蚀源于枝晶间区域或晶界处,自腐蚀是电流效率下降的主因。研究表明 Zn 的活化作用为,合金元素 Zn 使 Al 在 NaCl 溶液中的点蚀电位和再钝化电位减小,促进亚稳态点蚀的发展,有利于在闭塞环境中的动力学溶解过程;Zn 添加量少于 1%(质量分数)不会有明显活化效果,而添加量高于 4.5%(质量分数)也不会使电位持续负移,且会出现富 Zn 成分的晶枝偏析相,因此 Zn 含量通常不大于 5%(质量分数)。

(2) In 可改善铝的活性,使其电位负移,使合金电位降低 0.4V 左右。原因是组分中的 In 可改变表面吸附 Cl^- 的电位,使得 Cl^- 更容易吸附在阳极表面,破坏表面钝化膜,活化铝合金牺牲阳极表面。In 在铝中的溶解度极小,其含量一般控制在不大于 0.05%(质量分数),向 Al‑Zn 合金中加入适量的第三组分 In,可使合金活化,电位变负,电流密度也有所提高。In 的存在可使铝阳极孔蚀的速度减慢,表面腐蚀趋于均匀。Bessone 等研究表明,In 的含量在 0.03%(质量分数)以内就可使电位变负,电流效率显著提高,但高于 0.03%(质量分数)时,自腐蚀速率增大,电流效率反而下降。In 的添加比例一般控制在 0.02%~0.03%(质量分数),含量过低不能充分起到活化作用,过高则会形成偏析相,加剧阳极的自腐蚀,降低电流效率。

(3) Sn 可降低铝表面钝化膜电阻,使铝表面钝化膜产生孔隙,破坏其连续致密性。单独添加 Sn 的合金的腐蚀产物不易脱落,导致溶解不均匀。因此,人们早期将 Sn 作为 Al‑Zn‑In 的第四组元加入,和 Zn、In 具有协同效应,可与 In 形成固溶体,使得铝合金晶粒细化,减少晶间偏析相,提高合金活化性能的稳定性,阳极溶解更均匀。

（4）Mg 可以改变合金的微观结构,从而改善阳极的电化学性能,使溶解更加均匀,并提升极化能力。Mg 在 Al 中除少量以固溶形式存在外,多表现为化合物状态,例如 $Al_2Mg_3Zn_3$、$MgZn_2$ 等。它们相对基体电位较负,易成为点蚀核诱发点蚀。过量的 Mg 易与 Al 反应生成阳极性中间产物 Mg_2Al_3,破坏晶格结构导致晶间腐蚀,使得阳极电流效率降低。另外,过量的 Mg 也会导致阳极的铸造性能降低。

（5）Ti 具有细化晶粒的作用,添加 Ti 后,可迅速与 Al 形成高熔点的 $TiAl_3$,在合金的冷却过程中,作为晶核起到组织细化的作用。Ti 引起的组织细化还可以防止铸造过程中产生热裂,并使得合金内部晶间腐蚀程度降低。在 Al – Zn – In – Mg – Ti 中,基体组织为 α – Al,第二相于晶界间分散。少量 Ti 能促使 Zn 均匀分布,减少活化元素锌、铟偏析,改善阳极溶解状况,在与 Mg 共同工作的情况下,电流效率也较高。

（6）Ga 和 Al、In 属同一主族的金属元素,其作用在近年来得到了广泛的研究。Ga 的添加量在 0.1%（质量分数）时,可使 Al 的电极电位负移 100mV 左右,是用于研制低电位牺牲阳极的理想合金元素,但同时添加 Zn、Ga 使电位负移的效果低于单独添加 Ga 的效果。

（7）加入少量的 Ce、Mn 可与杂质元素反应,令其失去化学活性,降低铝锭中杂质 Fe 对阳极溶解性能的有害作用。

2）杂质元素

除合金元素外,铝锭中的杂质也是影响阳极性能的因素之一,常见的杂质有 Fe、Cu、Si。Fe 是铝阳极中的主要杂质元素,Fe 和 Si 少量存在时（Si 的质量分数在 0.041%~0.212%）,可减小阳极局部腐蚀倾向,但过量时则增加阳极局部腐蚀倾向,使得阳极效率降低,溶解形貌变差。Cu 是有害元素,少量的 Cu 就会造成阳极发生点蚀,降低阳极的溶解性能,且使得腐蚀产物不易脱落。因此,在熔炼阳极时需考虑铝锭原材料的杂质情况。

3）熔炼工艺及微观组织影响

由于热处理工艺影响元素的分布、金相结构等,因此热处理工艺对其性能也有重要的影响。热处理可以使阳极性能优化,还可减少杂质元素对阳极性能的影响。通过适当的热处理方式可以使阳极微观组织更均匀,从而提高其电化学性能。铝合金牺牲阳极在不同的冶炼工艺下得到不同的微观组织,具体表现为合金元素固溶度、晶粒大小、夹杂物、偏析相、位错及铸造缺陷等方面的差异,这些差异无疑对阳极的电化学性能有显著影响,但是由于各种因素经常交互影响,缺少明显的规律性变化,至今尚无对各个因素影响作用的权威性解释。

熔炼工艺对微观组织的影响,归纳为以下几个观点:

一是需要改善活化元素的固溶度。研究普遍认为,活化元素的固溶度越大,电化学综合性能越好,活化元素以固溶体形式存在时才具有活化作用,而以偏析或夹杂物形式出现则没有活化作用,或者使阳极性能恶化。为了获得较大固溶度的合金牺牲阳极,对铝阳极铸锭组织结构进行均匀化处理将有利于提高阳极表面溶解的活性和均匀性。

二是需要优化阳极的晶粒尺寸。较多的学者认为,阳极的晶粒尺寸较大时电流效率较高,而细小晶粒间的夹杂物引起电流效率明显下降,从而导致小晶粒组织的阳极的电流容量较低。也有阳极电流效率随晶粒尺寸减小而升高,和晶粒大小对阳极表面溶解状态并没有明显影响的观点。

三是需要控制阳极合金枝晶的均匀程度。合金枝晶的粗细均匀程度决定了阳极表面溶解的均匀性,具有均匀细小树枝晶的铝阳极,其表面溶解状态较为均匀,具有粗大放射状的树枝晶和微观组织不均匀的阳极,其表面溶解不均匀,造成这样结果的直接原因是树枝晶的晶间选择性腐蚀,晶界析出的球状第二相显著影响阳极的电化学性能,自腐蚀引起电流效率降低。

针对热处理对于阳极性能的影响研究,大多是针对含 Sn 和 Mg 的阳极配方。通过均匀化热处理,使得大多数合金元素固溶到基体中,减少偏析相,分布更均匀,从而达到改善阳极溶解性能提高电流效率的目的。由于热处理工艺成本较高,从生产应用的角度,应设法避免热处理步骤。

7.1.7 牺牲阳极的性能指标表征

牺牲阳极的性能指标表征参数主要有以下几个方面。

1) 阳极电位

牺牲阳极必须有足够负的电位,不仅要有足够负的开路电位(即牺牲阳极在电解液中的自然腐蚀电位),而且要有足够负的闭路电位(或称工作电位,即在电解液中与被保护金属结构连接时牺牲阳极的电位)。要达到完全的阴极保护,必须将被保护金属结构极化到表面上最活泼的阳极点的平衡电位。所以,牺牲阳极的电位应该比这一平衡电位还要负。这样它在保护系统中才能作为最有效的阳极起到保护作用。

牺牲阳极要有足够负的闭路电位,这样可以在工作时保持足够的驱动电压。所谓的驱动电压是指在保护电位时的阴极表面与有负荷时的阳极之间的电位差。另外,牺牲阳极的工作时间较长,所以它的电位应该长期保持稳定。

2) 电流效率

牺牲阳极的电流效率是指实际电容量与理论电容量的百分比,以 % 表示。理论电容量是根据库仑定律计算的消耗单位质量牺牲阳极所产生的电量,而实际电容量是实际测得的消耗单位质量牺牲阳极所产生的电量,它们的单位一般表示为 A·h/kg。

3)阳极消耗率

牺牲阳极的消耗率是指产生单位电量所消耗的阳极质量,单位为 kg/(A·a)(a 为阳极寿命,年)。阳极消耗率越小,即实际电容量越大,消耗单位质量的阳极就可产生越多的电量,或者反过来说,产生单位电量时消耗的阳极越少。

4)溶解特征

良好地牺牲阳极的表面,应该是全面均匀地溶解,表面上不沉积难溶的腐蚀产物,使阳极能够长期工作。性能差的阳极,表面溶解不均匀,有的部位溶解得快些,有的部位溶解得慢些,有的部位甚至不溶解,使阳极表面凹凸不平。在阳极工作过程中,表面凸出的不溶解微粒会脱落下来,使阳极电流效率降低。

7.2　现役铝合金牺牲阳极电化学特性

7.2.1　试验材料与方法

对现役铝船牺牲阳极性能进行分析,并与其他几种常用于钢质船舶的牺牲阳极进行比较,从参数指标上说明铝船需要提高阳极性能、研制新的高性能牺牲阳极的重要性。

选择国内外海洋环境具有代表性的船用牺牲阳极材料:三元锌合金 Zn – Al – Cd(简称 ZAC)、普通铝合金阳极 Al – Zn – In – Cd(简称 AZIC)、高效铝合金牺牲阳极材料 Al – Zn – In – Mg – Ti(简称 AZIMT),以及高活化铝合金阳极 Al – Zn – In – Mg – Ga – Mn(简称 AZIMGM),研究其在实验室模拟条件下全浸、干湿交替条件、盐雾高温高湿条件下的腐蚀电化学性能。

试验所用牺牲阳极材料分为三类:Zn – Al – Cd 三元锌合金阳极,是早期钢质船壳阴极保护选用的阳极材料,沿用了超过 60 年的时间,至今还在许多海洋工程中应用;Al – Zn – In – Cd 铝合金牺牲阳极,是海洋工程中阴极保护经常采用的普通牺牲阳极材料,在最近 30 年来船舶上应用比较普遍;Al – Zn – In – Mg – Ti 是近 20 年来出现的量大面广的高效铝合金牺牲阳极,除普遍用于海洋钢结构与船舶上以外,铝船也有部分采用;Al – Zn – In – Mg – Ga – Mn 是一种高活化铝合金牺牲阳极,在钢质船舶有些特殊要求环境条件下得到开发利用。与锌合金阳极和常规的铝合金牺牲阳极相比,高效和高活化铝合金牺牲阳极具有电流效率高、活化溶解性能好、电容量高、工作电位稳定等优点,在海洋工程的阴极保护中已逐渐大量推广应用,特别是后者是为船舶压载水舱和舱底油污水环境中阴极保护设计的牺牲阳极,具有高的电化学活性。

在实验室全浸腐蚀装置上进行干湿交替条件的阳极电化学性能加速试验,以24h为一个工作周期,按一定的干湿交替间浸比1:7,对牺牲阳极交替地进行海水浸泡和空气中干燥,模拟铝船干湿交替环境,测量和观察该工作条件下阳极开路电位、工作电位、电流效率及溶解形貌等,研究干湿交替环境对阳极腐蚀电化学性能的影响;试验参照 GB/T 17848—1999《牺牲阳极电化学性能试验方法》,试验总的浸水试验时间180h(60个干湿交替周期)。

实验室采用间浸试验模拟试验,研究了干湿交替条件下牺牲阳极对钢基体的阴极保护效果。参照国标采用一定的阴阳极面积比(60:1)设计阴极保护试验偶对,试验时与恒电流试验对应以24h为一个试验周期,每次浸入海水的时间为3h,而后取出在空气中试样表面自然干燥21h,在每次浸入海水中时测量阳极工作电位、保护电位、发生电流等参数随时间及周期的变化规律,最终确定保护率和效果。试验最后一个周期结束时清除阳极表面的腐蚀产物,再测量阳极工作电位、保护电位、发生电流。

7.2.2 现役阳极产物分析

采用纳克 Labspark1000 直读光谱仪从船舶上取回的阳极试样分析其元素成分;采用德国布鲁克 D2 PHASER X 射线衍射仪分析的腐蚀产物,将带有腐蚀产物的阳极直接放入 X 射线衍射仪中进行测试。参数设置为 Voltage 为 30kV,Current 为 10mA,扫描范围为 20°~80°,精度为 0.02,每步时间为 0.3s,采用仪器携带的 DIFFRAC.EVA 软件对结果进行分析。

经过分析,从船舶上取回的铝阳极的元素成分如表7.7所列,分析表明,该阳极为典型的 Al-Zn-In-Mg-Ti 阳极(AZIMT)。

表7.7 原铝阳极主要成分

元素	Zn	In	Mg	Ti	Al
含量/%	5.06	0.022	0.55	0.046	余量

服役过的铝阳极照片如图7.1所示,从图中可以看出,铝阳极表面溶解不均匀,有明显的结壳现象。对其产物进行 XRD 分析如图7.2和表7.8、表7.9所示,其中表7.8以元素来表示,而表7.9以氧化物来表示。

从表7.8与表7.9结果可看出,壳层中 Al 元素最多,而铝的腐蚀产物在空气中主要形成 Al_2O_3 或 $Al(OH)_3$,所以锌的腐蚀产物占了壳层重量的65%左右;同时检测出多种离子包括 Ca^{2+}、Mg^{2+} 等,以氧化物计算的含量达到了2%左右,表明经过干湿交替循环后海水中的 Ca^{2+} 和 Mg^{2+} 有附着,用盐酸滴在取下的壳层样品上,有许多气泡产生,说明壳层中还有相当数量的 $CaCO_3$。

图 7.1 服役过的铝阳极宏观形貌

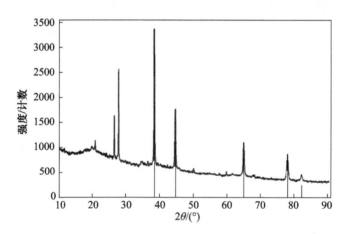

图 7.2 阳极腐蚀产物 XRD 分析图

表 7.8 原铝阳极主要成分(以元素表示)

元素	O	Al	S	Si	Cl	Zn	Fe	Mg	Na	K	Ca	Ti	P
含量/%	46.3	34.3	6.15	4.16	2.44	1.64	1.51	0.95	0.87	0.51	0.34	0.12	0.12

表 7.9 原铝阳极主要成分(以氧化物表示)

氧化物	Al_2O_3	SO_3	SiO_2	Cl	Fe_2O_3	ZnO	MgO	Na_2O	K_2O	CaO	TiO_2	P_2O_5
含量/%	64.8	15.4	8.9	2.44	2.17	2.04	1.58	1.17	0.62	0.48	0.2	0.27

上述试验结果表明,在全浸状态下,阳极表面铝离子溶解后能够比较容易地进入溶液,腐蚀产物很少沉积在阳极上;而在干湿交替状态下,产生腐蚀产物 $Al(OH)_3$,同时海水中的 Ca^{2+}、Mg^{2+} 及其他离子也会残留在阳极表面的液膜中,并与空气中的 CO_2 或溶液中的其他离子反应形成钙、镁盐(如碳酸盐)等,它们与铝的腐蚀产物混合干燥成壳,在长期的干湿交替过程中壳层会越积越厚,严重阻碍铝阳极的溶解。

7.2.3 阳极工作电位

1) 全浸海水恒电流试验

对 ZAC、AZIC、AZIMT、AZIMGM 4 种牺牲阳极进行了对比试验。图 7.3 所示为全浸海水中恒电流试验测量的阳极工作电位随时间变化规律。

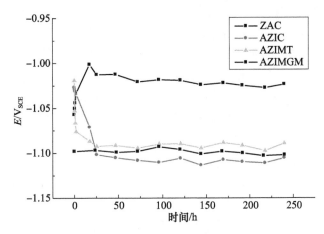

图 7.3 4 种牺牲阳极在全浸海水中的工作电位 – 时间曲线

2) 干湿交替恒电流试验

图 7.4 所示为 4 种阳极在干湿交替恒电流试验中,每个试验周期试样在浸入海水 15min 后测量的阳极工作电位随试验周期的变化规律,主要是评价阳极在经历表面产物的干燥后阳极在入水后快速极化的能力。Zn – Al – Cd 阳极在前 20 周期内阳极电位逐渐正移,发生了阳极极化,其原因是表面产物的逐渐附着和结壳抑制了其阳极过程,此后电位稳定在 – 900 ~ – 950mV$_{SCE}$;Al – Zn – In – Cd 阳极在试验周期内相对趋势比较平稳,但由于阳极表面的活化 – 钝化 – 再活化行为造成电位波动较大;Al – Zn – In – Mg – Ti 阳极在试验周期内工作电位基本稳定,50d 后略有正移,表明后期表面也有轻微的产物附着,工作电位在 – 1050 ~ – 1100mV(以下未注明均为相对 SCE 参比电极);Al – Zn – In – Mg – Ga – Mn 阳极的电位相对稳定在 – 1100mV 上下。4 种阳极的对比曲线可以明显看出在下水初期 Al – Zn – In – Mg – Ga – Mn 的活化性能最佳,其次是 Al – Zn – In – Mg – Ti、Al – Zn – In – Cd,Zn – Al – Cd 最低。

图 7.5 所示为 4 种阳极在每个干湿交替周期的海水浸泡结束时测量的工作电位随周期变化的规律。锌阳极的工作电位与初期接近,表明在经过 3h 的海水浸泡后阳极表面仍未明显活化;铝阳极在经过 3h 的活化后均不同程度地活性增强,其中 Al – Zn – In – Mg – Ga – Mn 的工作电位稳定,约为 – 1100mV;Al – Zn – In –

Mg-Ti 阳极表面也基本活化和稳定。

从干湿交替条件下阳极的不同周期阳极入水初期、出水时电位变化规律可以看出,Zn-Al-Cd 阳极工作电位从初期的约 -1000mV_{SCE} 到后期发生阳极极化,只能达到 $-900 \sim -950\text{mV}_{SCE}$ 范围,已达不到对基体有效保护的工作电位;Al-Zn-In-Mg-Ti 阳极工作电位逐渐从 -1100mV 正移到 -1000mV_{SCE};Al-Zn-In-Cd 阳极的工作电位在 $-1000 \sim -1100\text{mV}_{SCE}$,但阳极的电位波动较大,表明其表面状态不稳定,可能是由于阳极表面钝化与活化的交替进行导致其工作电位波动;Al-Zn-In-Mg-Ga-Mn 阳极的工作电位基本在 -1100mV_{SCE} 且比较稳定,没有发生阳极极化的现象,性能相对最好。

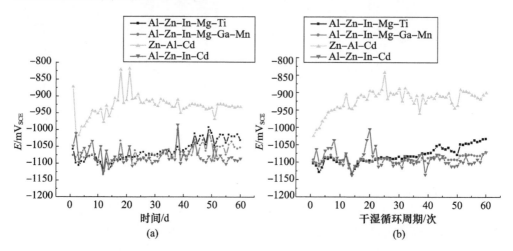

图 7.4 阳极干湿交替恒电流试验工作点位每周期浸泡变化规律(见彩插)
(a) 初期电位(0.25h); (b) 末期电位(3.0h)。

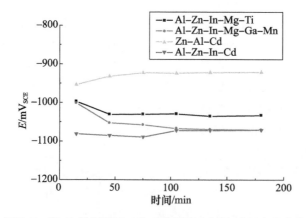

图 7.5 第 60 周期阳极工作电位随海水浸泡时间变化曲线

3) 干湿交替自放电试验

从阳极在每个试验周期浸水初期和末期阳极工作电位的变化规律看（图7.6），Zn-Al-Cd 阳极和 Al-Zn-In-Cd 阳极在自放电条件下阳极发生了显著的阳极极化，这对于牺牲阳极材料的电化学性能是非常不利的。在间浸环境自放电试验后期，两种阳极的工作电位已达不到要求。从每周期入水初期阳极工作电位看，20周期时 Zn-Al-Cd 阳极的工作电位即正移到 -700mV_{SCE}（约 $-780\text{mV}_{Cu/CuSO_4}$），Al-Zn-In-Cd 阳极则在30周期时正移到此电位，这一工作电位已难以使钢达到其在海水中的阴极保护电位 $-850\text{mV}_{Cu/CuSO_4}$，即不能对钢铁结构提供有效的阴极保护，对电位要求更负的铝合金形成保护就更困难了，这时阳极与铝合金结构之间已形成电位逆转。

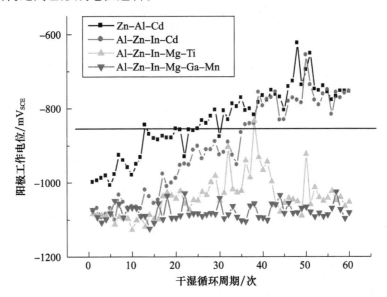

图7.6 干湿交替条件下自放电试验入水后期(3.0h)阳极工作电位变化规律（见彩插）

Al-Zn-In-Mg-Ti 阳极的工作电位波动较大，其表面存在由于干湿交替造成的表面局部钝化问题，但其阳极电位正移不明显，入水初期工作电位在 -950mV_{SCE}，入水后期可达到 -1050mV_{SCE}，基本可以达到对海水中钢提供有效阴极保护的使用要求，但是对铝合金结构保护作用不显著，在个别周期出现电位正于 $-850\text{mV}_{Cu/CuSO_4}$ 的情况，对铝合金要求的 $-950\text{mV}_{Cu/CuSO_4}$，存在保护电位逆转的可能；Al-Zn-In-Mg-Ga-Mn 阳极工作电位则始终比较稳定，入水初期工作电位约在 -1050mV_{SCE}，后期电位可达到 -1100mV_{SCE}，接近其在全浸海水中的工作电位，基本稳定在 -950mV_{SCE} 以及更负的范围内，应能满足船体钢结构和铝合金结构的阴极保护电位要求。

7.2.4 阳极电流效率

表 7.10 所列为 4 种阳极在全浸海水中的常规电化学性能数据。结果表明 4 种阳极的腐蚀电化学性能均满足国标和相应的技术要求,就基本性能来说是合格的牺牲阳极材料。

表 7.10 4 种牺牲阳极电化学性能

阳极材料	开路电位 /V_{SCE}	工作电位 /V_{SCE}	实际电容量 /(A·h/kg)	电流效率/%	溶解性能
ZAC	-1.09	-1.02	802	97.8	腐蚀产物易脱落,表面溶解均匀
AZIC	-1.14	-1.11	2529	87.8	腐蚀产物易脱落,表面溶解较均匀
AZIMT	-1.12	-1.09	2646	92.0	腐蚀产物易脱落,表面溶解很均匀
AZIMGM	-1.23	-1.15	2637	92.4	腐蚀产物易脱落,表面溶解很均匀

表 7.11 所列为 4 种阳极在海水全浸和干湿交替条件阳极电流效率的对比,所有阳极在干湿交替状态下电流效率均发生降低,Al-Zn-In-Mg-Ga-Mn 阳极最高,其电流效率仅降低 5% 左右;其次为 Al-Zn-In-Mg-Ti,电流效率降低约 10%;Al-Zn-In-Cd 牺牲阳极的电流效率降低近 12%;Zn-Al-Cd 阳极电流效率降低最大,达到 15% 以上。

表 7.11 4 种阳极干湿交替电流效率

试验条件	Zn-Al-Cd	Al-Zn-In-Cd	Al-Zn-In-Mg-Ti	Al-Zn-In-Mg-Ga-Mn
海水全浸	≥95%	≥85%	≥90%	≥90%
干湿交替	79.13%	73.33%	79.93%	84.25%

7.2.5 阳极腐蚀形貌

1)天然海水全浸状态

图 7.7 所示分别为 4 种阳极材料在青岛天然海水中,工作电流密度为 $1mA/cm^2$ 时通电 10d 清除腐蚀产物后的溶解形貌。锌合金阳极溶解比较均匀,表面光滑平整;普通铝阳极溶解表面比较均匀,呈疏松海绵状;高效铝阳极表面溶解均匀,溶解性能好于普通铝阳极。高活化 Al-Zn-In-Mg-Ga-Mn 阳极的溶解均匀,表面蚀坑浅而平,在 4 种阳极中相对较好。

2)干湿交替状态

从牺牲阳极干湿交替清除表面产物后溶解形貌对比情况看(图 7.8),Zn-Al-Cd 阳极的表面附着有一层很致密的白色腐蚀产物,清除产物后其表面溶解相对比较均匀,可以判断是其表面的结壳严重阻碍了阳极表面的再活化和阳极电流的发生,使阳极逐渐"窒息";Al-Zn-In-Mg-Ti 阳极的腐蚀产物相对较疏松且表

第7章 铝合金牺牲阳极材料设计

图 7.7 4种阳极全浸条件下恒电流试验溶解形貌
(a) Zn – Al – Cd；(b) Al – Zn – In – Cd；(c) Al – Zn – In – Mg – Ti；(d) Al – Zn – In – Mg – Ga – Mn。

图 7.8 牺牲阳极干湿交替60周期后清除表面产物后溶解形貌
(a) Zn – Al – Cd 阳极；(b) Al – Zn – In – Cd 阳极；
(c) Al – Zn – In – Mg – Ti 阳极；(d) Al – Zn – In – Mg – Ga – Mn 阳极。

面有较多小孔可以达到阳极表面,其腐蚀产物比较难以脱落,清除产物后表面呈现不均匀溶解,有晶间腐蚀现象,表明在干湿交替条件下其表面虽然可以得到活化但溶解不太均匀;Al－Zn－In－Cd 阳极表面产物较为疏松且部分脱落,清除产物后阳极表面溶解较均匀,有众多小蚀斑,表明溶解过程中其表面存在较大区域的活化和钝化区,溶解不均匀;Al－Zn－In－Mg－Ga－Mn 阳极表面产物疏松较易脱落,清除产物后阳极表面的溶解表面较均匀,蚀坑浅,溶解形态较均匀,Ga 元素的加入有助于提高牺牲阳极的溶解性能。从阳极溶解性能看,以上阳极性能由高到低依次为Al－Zn－In－Mg－Ga－Mn、Al－Zn－In－Mg－Ti、Al－Zn－In－Cd、Zn－Al－Cd。

7.2.6 再活化性能

利用盐雾试验箱,模拟高温高湿高盐雾的腐蚀环境,研究牺牲阳极材料在该种环境条件下电化学性能和腐蚀溶解状态。

1) 阳极极化曲线

图 7.9 所示为经中性盐雾试验 15d 和 30d 后阳极的极化曲线对比,表明锌阳极的极化曲线正移,阳极极化率显著增大,电化学性能大大降低;Al－Zn－In－Cd 阳极的开路电位正移、阳极极化率增加,阳极输出电流密度比其他阳极明显低;Al－Zn－In－Mg－Ti 阳极的开路电位较低和极化性能相对好于前两者,15d 阳极极化曲线中出现局部"钝化"现象;4 种阳极中 Al－Zn－In－Mg－Ga－Mn 的开路电位、极化性能和发生电流密度相对较优。

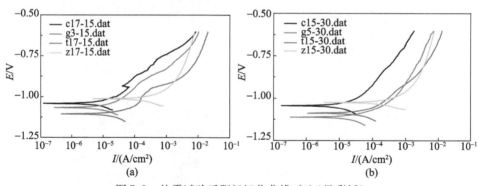

图 7.9 盐雾试验后阳极极化曲线对比(见彩插)
(a)15d;(b)30d。

2) 再活化性能

采用恒电位阶跃法评价在经历盐雾高温、高湿条件腐蚀后阳极的再活化性能。图 7.10 所示为盐雾试验不同周期后阳极在海水中测量的恒电位($-0.95V_{SCE}$)极化曲线。可以看出在各个周期 Zn－Al－Cd 阳极表面有较厚的产物覆盖,但由于其在盐雾条件下形成的产物相对较疏松,因此仍可稳定发出一定的电流,但其活化性能在试验过程中没有改善。Al-Zn-In-Cd 阳极初期活化,很快表面形成较致密的氧化膜阻滞了阳极表面的活化,其发生电流相对最小;Al-Zn-In-Mg-Ti 阳极在初期为持续活化型,后期的活化性能有所降低,但其发生电流量仍相对较高;Al-Zn-In-Mg-Ga-Mn 均为持续活化型,发生电流较大且随极化时间逐渐增大。

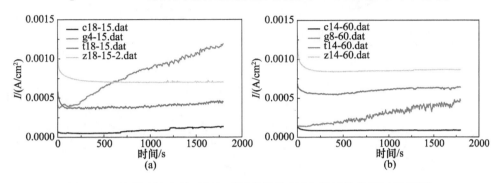

图 7.10　盐雾腐蚀条件下阳极再活化性能(恒电位极化曲线)(见彩插)
(a)15d；(b)60d。

3）牺牲阳极的阻抗谱分析

图 7.11 所示为 Al-Zn-In-Cd 阳极不同盐雾周期的电化学阻抗谱比较。Al-Zn-In-Cd 牺牲阳极在加速盐雾实验条件下 7d 后的阻抗谱仍出现感抗部分,这是由于 In 和 Zn 元素的溶解-沉积和腐蚀产物吸/脱附共同导致,说明电极表面仍有点蚀活性,小孔腐蚀在电极表面随机发生。之后牺牲阳极表面腐蚀孔发展稳定,这可能是因为盐雾环境中阳极自身还继续腐蚀,而在干燥大气环境中蚀孔很快发展稳定的原因,而其他部分被腐蚀产物覆盖,随时间延长覆盖物部分增加,使阻抗变大。但是到了第 60d,阻抗谱呈现两个时间常数,这可能是由于随着点蚀孔的发展变大,点蚀孔之间连通,致使表面出现宏观的均匀腐蚀部分;或者由于盐雾湿度环境中,腐蚀产物过厚又导致部分脱落。所以经历盐雾环境的阳极活化性能在每个周期中并不稳定,但是盐雾导致的自身损耗使阳极寿命大大减短。

图 7.12 所示为 Al-Zn-In-Mg-Ti 阳极不同盐雾周期的电化学阻抗谱比较。Al-Zn-In-Mg-Ti 阳极在第 7 个干湿交替周期其感抗弧就基本消失,因为 Al-Zn-In-Mg-Ti 阳极中,加入了 Ti 晶粒细化元素,Ti 元素对阳极晶粒细化作用在所有合金元素中最大,使牺牲阳极的组织结构很均匀,在盐雾的高 Cl^- 浓度下,在阳极表面倾向于发生均匀腐蚀。由阻抗谱可以看出,阻抗包含两个时间常数,说明有两个过程,其中一个为 Al 溶解的电化学反应电子传递时间常数,另一个则可能为表面腐蚀产物膜的时间常数。由 Nyquist 图可以看出,随着间浸周期的增加,电化学反应阻抗和膜层电阻都在减小,说明阳极的自腐蚀倾向增加,同时也说明在盐雾条件下,Al-Zn-In-Mg-Ti 阳极并未结成致密的膜层。

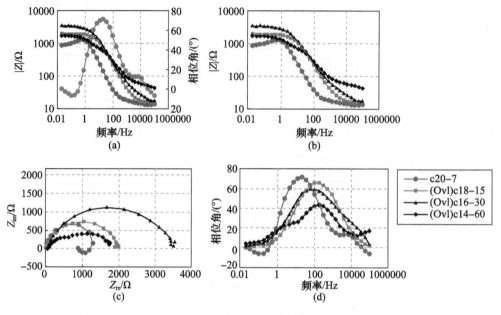

图 7.11 Al-Zn-In-Cd 阳极不同盐雾周期的电化学阻抗谱比较

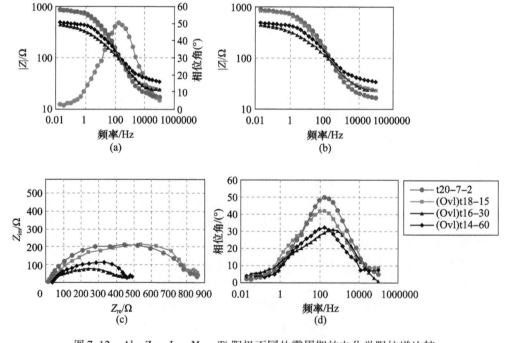

图 7.12 Al-Zn-In-Mg-Ti 阳极不同盐雾周期的电化学阻抗谱比较

7.2.7 分析与讨论

针对 Al-Zn-In-Mg-Ti 牺牲阳极在铝船上使用时,铝船壳体存在点蚀,可能原因是牺牲阳极系统保护效果不佳、在间浸环境中使用时存在的阳极结壳保护效率下降的问题,开展了牺牲阳极在间浸条件下系统的电化学性能试验研究。试验对象包括海洋环境中阴极保护系统经常采用的牺牲阳极及新出现的高活化性能的铝合金牺牲阳极:Zn-Al-Cd 三元锌阳极、Al-Zn-In-Cd 普通铝阳极、Al-Zn-In-Mg-Ti 高效铝阳极、Al-Zn-In-Mg-Ga-Mn 高活化铝阳极。

在实验室条件下模拟铝船的间浸腐蚀环境,采用恒电流试验研究了 4 种牺牲阳极的开路电位、工作电位、电流效率、溶解性能等腐蚀电化学性能,并对腐蚀产物进行 XRD 分析;通过海水间浸条件下的自放电试验,评价了阳极的工作电位、对阴极的保护电位、溶解性能以及清除腐蚀产物对阳极性能的影响。

实验室研究结果表明,Al-Zn-In-Mg-Ti 阳极相对具有较好的电化学性能,间浸条件下可以用作牺牲阳极对钢提供有效的阴极保护,但是对铝合金结构来说有保护失效的风险;Zn-Al-Cd 阳极在间浸环境中由于产物结壳导致很快失效,其各项腐蚀电化学性能均不能满足铝船阴极保护的使用要求;Al-Zn-In-Cd 在此环境中也存在钝化失效问题,同样不能用于间浸环境中的铝合金结构阴极保护;Al-Zn-In-Mg-Ga-Mn 在 4 种阳极材料中具有相对最好的耐间浸环境性能。在对 Al、Zn、In、Mg、Ga 组成的阳极成分优化后,可以作为间浸环境中铝合金结构牺牲阳极材料。

铝合金结构牺牲阳极基本要求为:工作电位最优范围为 $-1.1 \sim 1.0 V_{SCE}$;间浸条件阳极极化越小越好;海水全浸电流效率≥90%,间浸条件电流效率≥80%。

7.3 铝合金牺牲阳极材料设计

通过对现服役阳极进行腐蚀产物分析,分析腐蚀失效的原因。通过三轮试验筛选来确定最终的适合舰船目前服役环境的牺牲阳极材料。第一轮筛选对于通过长期研究经验和查阅国内外文献确定的 13 种铝阳极进行电化学性能测试,材料体系设计以铝锌铟为主,配方主要有铝锌铟镓、铝锌铟铋、铝锌铟硅、铝锌铟镁镓铈、铝锌锡铋镓铈、铝锌铟镓硅铈、铝锌铟镁钛铈等,在其中确定 3~5 种性能优异的阳极;第二轮筛选针对第一轮筛选出的阳极进行干湿交替电位测试试验,确定 2~4 种电位输出稳定、溶解均匀的阳极;第三轮筛选通过实海试验,确定最终性能优越的阳极 1~2 种。

7.3.1 试样的制备

设计的13种牺牲阳极配方,其化学成分见表7.12。

表7.12 设计的13种牺牲阳极配方化学成分　　　　单位:%

配方	Zn	In	Ga	Mg	Ce	Si	Bi	Sn	Ti
AZIG1	4.50	0.025	0.05	—	—	—	—	—	—
AZIG2	4.50	0.025	0.10	—	—	—	—	—	—
AZIG3	4.50	0.025	0.15	—	—	—	—	—	—
AZIB1	4.50	0.025	—	—	—	—	0.05	—	—
AZIB2	4.50	0.025	—	—	—	—	0.10	—	—
AZIB3	4.50	0.025	—	—	—	—	0.15	—	—
AZIS	4.50	0.028	—	—	—	0.12	—	—	—
AZIMGC1	4.00	0.022	0.012	0.5	0.05	—	—	—	—
AZIMGC2	5.00	0.025	0.012	1.0	0.1	—	—	—	—
AZIMGC3	5.00	0.025	0.012	1.0	0.50	—	—	—	—
AZSnBGC	7.0	—	0.015	—	0.30	—	0.10	0.10	—
AZIGSC	5.0	0.028	0.010	—	0.30	0.12	—	—	—
AZIMTC	5.0	0.02	—	1.0	0.30	—	—	—	0.05

7.3.2 冶炼工艺

1)原材料预处理

(1)使用锯床将铝锭、锌锭和铝硅合金切成小块称重,碎屑状铟、铋和粉末状铈使用分析天平进行称量。

(2)将切好的铝块、锌块和合金浸泡在丙酮中10min后用自来水洗净,以去除表面油污。

(3)将待添加原料放入烘箱,控制温度100℃±5℃,1h后取出,以避免熔炼时因材料含有水分发生爆锅。

(4)按设计比例将合金元素混合,用铝箔包覆编号待用。

2)"阳极芯"的选取

由于全铝快艇由铝合金材料制成而非钢铁制造,牺牲阳极与被保护的铝合金之间不便采用铁件连接,因此阳极"铁"芯不能用钢铁制成。铝船的艇体材质为牌号为5083的铝合金材料,因此选用5083铝合金作为牺牲阳极的"芯",具有与被保护体电位一致且焊接性能良好的优点,并且其强度也能满足支撑阳极重量的要求,它是一种能够满足铝船用牺牲阳极"芯"要求的材料。

3）试样冶炼工艺

（1）将预热至100℃左右的铝锭加入刚玉坩埚,调节电阻炉迅速升温至780℃。

（2）采用自动调温式电炉进行阳极冶炼。将称量好的铝锭(Al-00)置于石墨坩埚内,放入电炉内熔化,待铝完全熔化,取出按顺序加入铝箔包好的合金元素,用石墨搅拌棒沿顺、逆时针分别搅拌,使合金元素溶解均匀,除渣后进行浇铸。模具为铸铁模具,浇铸前需经高温预热处理。阳极浇铸时浇铸口应与"铁"芯错开,避免铝液直接浇到"铁"芯上。

（3）关闭电阻炉,静置脱气,至760℃左右,扒渣。

（4）将铝合金熔液迅速浇入预热至200℃的$\phi 20mm \times 150mm$铸铁模具中,待凝固后脱模,自然冷却至室温。

4）试样加工工艺

（1）用于恒流试验的试样。根据GB/T 17848—1999要求,选取铸棒的中间位置,用车床加工成$\phi 16mm \times 48mm$圆棒,粗糙度为▽7。圆棒一端攻$M3mm \times 5mm$螺纹,另一端砸对应编号。用丙酮除油后用去离子水超声清洗,放入烘箱调温至$105℃ \pm 3℃$烘干,称重记录。重复烘烤,再称重。同一试样两次称量结果偏差不大于0.4mg时,取平均值作为阳极重量。将带丝的铜导电棒旋入阳极孔内,将阳极两端用石蜡密封,预留$14cm^2$作为阳极工作面。采用绝缘胶带密封铜导电棒未旋入阳极部分,以免形成电偶,影响电位测试。

（2）用于极化曲线、电化学阻抗测试的试样。取铸棒的中间位置,车加工成$\phi 11.3mm \times 10mm$圆柱,将其销入车加工好的PVC防护罩内,连接铜导线端用环氧树脂密封,保留$1cm^2$的工作面备用。

将制作好的电极工作面分别用260#、400#、600#、800#、1200#砂纸进行打磨,单向打磨,不得来回往复。打磨一段时间后变换打磨方向,与上一次呈90°。打磨完毕用丙酮除油,蒸馏水洗净后放置于干燥器内备用。

7.3.3 试验项目及方法

1）恒流电化学性能测试

试验辅助阴极采用304不锈钢圆筒,筒壁内外均为工作面,总工作面积$840cm^2$;选用5000mL烧杯作为容器,不锈钢圆筒通过绝缘支架固定在烧杯内海水正中,距烧杯底部15mm。选用阻值不小于$11.11k\Omega$的十进制电阻箱作为可变电阻器,电流表选用精度高于0.5级的毫安表,电压表选用精度在0.0001V的电位差计,选用Ag/AgCl参比电极测量阳极电位。本书中测量的电位均使用Ag/AgCl参比电极,试验电量计采用铜电量计,阴极铜片的称量方法同铝阳极棒。试验所用海水取自青岛小麦岛天然海水,pH 值为 8.3,海水温度控制在 25℃,平均溶解氧浓度 8.4mg/L,盐度约 32‰。

试验过程:

(1) 连接电路。

(2) 浸泡铝阳极 3h 后,测量铝阳极的开路电位。

(3) 闭合电路,调节电阻箱,通以 14mA 的直流电。通电过程中,特别是前 12h,要注意观察毫安表所示电流值变化,不断调节电阻箱,使电流值稳定在 14mA。

(4) 每天测量并记录一次阳极工作电位值,测量时参比电极应尽量靠近但不接触阳极表面,不得扰动阳极表面腐蚀产物。

(5) 试验完毕,用蒸馏水清洗铜电量计的阴极铜片。用二甲苯清除铝阳极棒上的密封石蜡和绝缘胶带,用自来水冲洗后放入 68% 的浓 HNO_3 中浸泡 10min,清除腐蚀产物后,用去离子水超声清洗,烘干称重。

(6) 试验数据处理。列表记录开路电位做阳极工作电位曲线;拍摄阳极宏观表面溶解形貌;计算阳极实际电容量;计算阳极电流效率 η;使用 origin7.0 软件对工作电位数据进行绘图处理。

2) 极化曲线和电化学阻抗谱测试

试验采用三电极体系,测试仪器为 2273 电化学工作站。辅助电极为铂铌复合丝,参比电极为 Ag/AgCl 参比电极。试验前,试样在各种介质中需浸泡 3h,待开路电位稳定后开始进行交流阻抗的测量,测量完毕待开路电位再次稳定后开始测试极化曲线。

EIS 测试设置频率范围为 0.1Hz ~ 100kHz,交流正弦信号幅值为 5mV,选择开路电位作为初始电位。极化曲线测试在电化学阻抗测试之后进行,测试的范围为 $-200 \sim +600 mV_{OCP}$,设定扫描速度为 1mV/s。

3) 牺牲阳极的溶解宏观形貌观察和 SEM 分析

经恒电流试验后的阳极试样洗净烘干,用 NikonD50 相机拍摄 13 种牺牲阳极电化学性能试验后以及去除腐蚀产物后的宏观溶解形貌;采用 Hitachi S-4800 扫描电子显微镜观察 13 种阳极去除产物后的微观溶解形貌,真空度为 10^{-6} torr,加速电压 20kV,放大倍数 1000 倍。

4) 牺牲阳极室内模拟海水干湿交替试验

将筛选出的 4 种阳极试样(铝锌铟镁钛铈 AZIMTC、铝锌铟镓硅铈 AZIGSC、铝锌铟硅 AZIS、铝锌铟镁镓铈 AZIMGC)和对比试样铝锌铟镁钛 AZIMT 放在溶液中,浸泡一定的时间,然后拿出在常规大气中放置一段时间。其试验周期如表 7.13 所列。

表 7.13　干湿交替试验周期

周期	浸水率	放入大气时间/d	浸水时间/d	总试验时间/d
周期 1	66.7%	5	10	15
周期 2	66.7%	10	20	30
周期 3	66.7%	15	30	45

电位测试参照国标,确保通电电流密度为 $1mA/cm^2$,记录刚入水电位,之后每天测量并记录一次阳极工作电位值。阳极暴露在大气环境腐蚀青岛海洋大气腐蚀试验站。经恒电流试验后的阳极试样洗净烘干,用 NikonD50 相机拍摄宏观溶解形貌。

5) 牺牲阳极实海性能测试试验

采用铝焊的方式将阳极焊接在铝板上。试样投放在青岛海洋腐蚀研究所海水腐蚀试验站、舟山海洋腐蚀研究所试验站、宁德某船厂码头,挂样周期为干湿交替循环(海水中 2 个月,大气暴露 1 个月),试验方法符合国标 GB/T 5776—2005。在青岛进行 5083 铝板和 4 种电位的测试,在铝板上焊接导线,用环氧涂覆起到绝缘的作用。

7.3.4　电化学性能测试

13 种试验阳极的电化学性能测试综合结果如表 7.14 所列。

表 7.14　阳极电化学性能测试结果

编号	开路电位/V	工作电位/V	电流效率/%	实际电容量/(A·h/kg)	表面溶解状况
1	-1.101	-1.038 ~ -1.047	83.7	2415	良
2	-1.106	-1.055 ~ -1.075	91.2	2632	差
3	-1.118	-1.057 ~ -1.079	87.4	2526	差
4	-1.041	-0.962 ~ -0.946	62.2	1795	良
5	-1.030	-0.934 ~ -0.951	54.8	1583	良
6	-1.018	-0.915 ~ -0.925	52.8	1522	良
7	-1.117	-1.067 ~ -1.083	87.7	2520	优
8	-1.104	-1.057 ~ -1.076	88.8	2543	优
9	-1.094	-1.051 ~ -1.066	83.2	2387	良
10	-1.049	-0.952 ~ -0.964	73.5	2106	良
11	-1.022	-0.933 ~ -0.949	77.0	2168	良
12	-1.165	-1.077 ~ -1.084	91.3	2605	良
13	-1.116	-1.063 ~ -1.075	90.5	2577	优

铝锌铟镓的三种配方 AZIG1、AZIG2、AZIG3：三种配方的宏观和微观形貌如图 7.13、图 7.14 所示。根据三种配方的电化学测试结果，三种阳极的实际电容量的范围在 2415～2632A·h/kg，电流效率范围在 83.7%～91.2%。通过微观照片可以看出，阳极局部腐蚀严重，通过宏观照片可以看出，其表面溶解状况差，取样时表面腐蚀极不均匀，有约 30%～40% 的阳极表面未腐蚀。综上，虽然三种配方电位及电流效率均非常理想，但溶解状况不好，故不适合作为备选的试样。

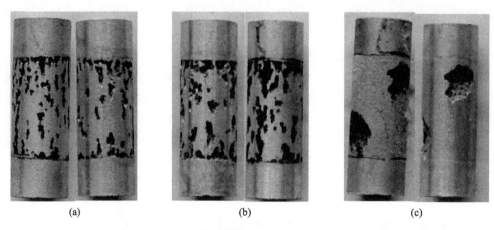

图 7.13　铝锌铟镓的三种配方试验清除产物前后照片（左为清理前，右为清理后）
(a)AZIG1；(b)AZIG2；(c)AZIG3。

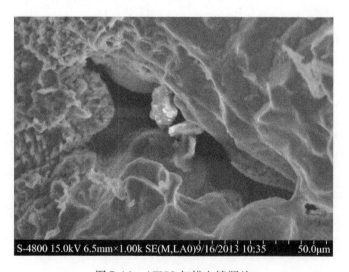

图 7.14　AZIG2 扫描电镜照片

第 7 章 铝合金牺牲阳极材料设计

铝锌铟铋的三种配方 AZIB1、AZIB2、AZIB3：三种配方的宏观和微观照片如图 7.15、图 7.16 所示。根据三种配方的电化学测试结果，三种阳极的实际电容量的范围为 1522~1795A·h/kg，电流效率范围为 52.8%~62.2%，不能满足实际需要。通过微观照片可以看出，阳极表面结构较为疏松，表明 Bi 元素能扩展铝合金的晶格，细化晶粒；而通过宏观图片可以看出，三种阳极发生腐蚀处有一层白色絮状覆盖物，去除覆盖物后，阳极表面呈现坑状，其经长时间使用后电流效率将会大大下降。综上，AZIB1、AZIB2、AZIB3 不适合作为备选阳极。

图 7.15　铝锌铟铋的三种配方试验清除产物前后照片
（a）AZIB1；（b）AZIB2；（c）AZIB3。

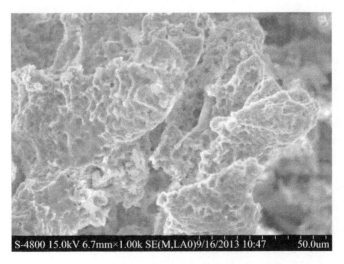

图 7.16　AZIB1 扫描电镜照片

铝锌铟硅的配方 AZIS：配方的宏观和微观照片如图 7.17、图 7.18 所示。根据配方的电化学测试结果，三种阳极的实际电容量 2520A·h/kg，电流效率范围在 87.7%，可以满足实际需要。通过微观照片可以看出，阳极表面溶解均匀，没有明显晶界腐蚀溶解现象，也未存在不溶解的晶粒脱落，这表明，随着 Si 含量的增加，晶粒尺寸变小，阳极中少量硅的引入可以细化颗粒，促进溶解均匀。从宏观照片来看，腐蚀产物易脱落，取样时表面无腐蚀产物附着，呈密集麻点状均匀分布的腐蚀坑。综上，AZIS 适合作为备选阳极。

图 7.17 AZIS 试验清除产物前后照片

图 7.18 AZIS 扫描电镜照片

铝锌铟镁镓铈的配方 AZIMGC1、AZIMGC2、AZIMGC3：三种配方的宏观和微观照片如图 7.19、图 7.20 所示。从电位数据来看，AZIMGC1 和 AZIMGC2 都符合要求，而 AZIMGC3 电位数据偏正。而从溶解来看，AZIMGC1 溶解很好，而 AZIMGC2 出现局部腐蚀现象。从 AZIMGC1 的微观图上来看，阳极表面溶解均匀，没有明显晶界腐蚀溶解现象，也未存在不溶解的晶粒脱落。综上，AZIMGC1 可以作为备选的阳极材料。

铝锌锡铋镓铈的配方 AZSnBGC：该配方的宏观和微观照片如图 7.21、图 7.22 所示。根据电化学测试结果，该阳极的实际电容量 2168A·h/kg，电流效率为 77.0%，从电位角度来看，数据偏正。通过微观照片可以看出，阳极表面存在晶间腐蚀现象，有不同程度的晶粒脱落，从宏观照片来看，取样时表面有黑色腐蚀产物附着，有密集麻点状的腐蚀坑。综上，AZSnBGC 不适合作为备选阳极。

第 7 章 铝合金牺牲阳极材料设计

图 7.19 铝锌铟镁镓铈的三种配方试验清除产物前后照片
(a) AZIB1；(b) AZIB2；(c) AZIB3。

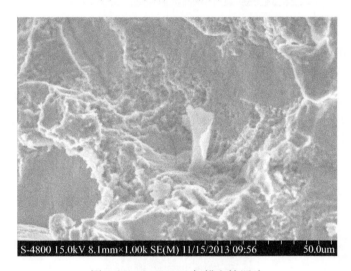

图 7.20 AZIMGC1 扫描电镜照片

图 7.21 AZSnBGC 试验清除产物前后照片

图 7.22　AZSnBGC 扫描电镜照片

铝锌铟镓硅铈的配方 AZIGSC:该配方的宏观和微观照片如图 7.23、图 7.24 所示。根据电化学测试结果,该阳极的实际电容量为 2605A·h/kg,电流效率为 91.3%,电位也在合理范围内。通过微观照片可以看出,阳极表面存在一定的晶间腐蚀现象,但整体较为均匀,从宏观照片来看,取样时腐蚀产物无附着,表面容易脱落。综上,AZIGSC 适合作为备选阳极。

图 7.23　AZIGSC 试验清除产物前后照片

铝锌铟镁钛铈的配方 AZIMTC:该配方的宏观和微观照片如图 7.25、图 7.26 所示。根据电化学测试结果,该阳极的实际电容量 2577A·h/kg,电流效率为 90.5%,电位为 -1.063 ~ -1.075V。通过微观照片可以看出,阳极表面整体较为均匀,从宏观照片来看,取样时腐蚀产物无附着,表面容易脱落。这表明,在铝锌铟镁钛加入铈元素后,电化学性能改善,溶解效果变好。综上,AZIMTC 适合作为备选阳极。

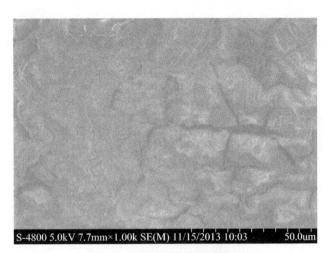

图 7.24 AZIGSC 扫描电镜照片

图 7.25 AZIMTC 试验清除产物前后照片

图 7.26 AZIMTC 扫描电镜照片

综上所述,试验有铝锌铟硅的配方 AZIS、铝锌铟镁镓铈的配方 AZIMGC1、铝锌铟镓硅铈的配方 AZIGSC、铝锌铟镁钛铈的配方 AZIMTC 工作电位稳定,电容量高,溶解较均匀,适合作为铝船阳极的备选。极化曲线和交流阻抗测试如图 7.27 和图 7.28 所示。

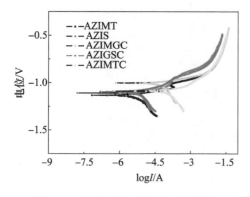

图 7.27　阳极的极化曲线(见彩插)

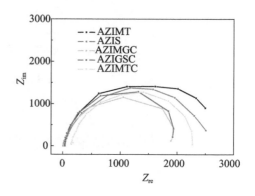

图 7.28　阳极交流阻抗谱

7.3.5　室内模拟海水干湿交替试验

1) 形貌分析

4 种试验铝阳极试验照片如图 7.29 所示。从照片中可以看出,随着干湿交替次数的增多,阳极试样表面逐渐形成白色的腐蚀产物层,而且越积越厚。对比 4 种阳极,AZIMGC 和 AZIGSC 的白色腐蚀产物层相对较薄,溶解也相对均匀,AZIS 溶解较为均匀但白色产物层较厚,而 AZIMTC 腐蚀产物层较厚且存在一定的局部腐蚀现象。

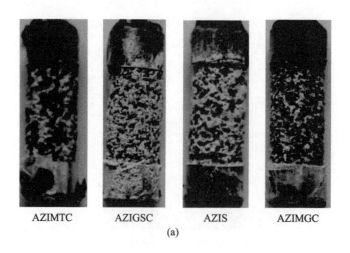

(a)

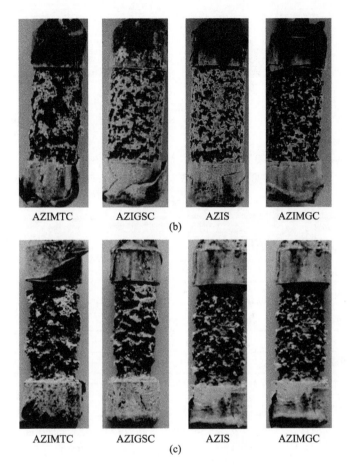

图 7.29　铝阳极三个周期试验后外观形貌
(a)第一周期；(b)第二周期；(c)第三周期。

2) 电位分析

5 种阳极三个循环周期的电位测试图以及入水电位和稳定电位如图 7.30 以及表 7.15～7.16 所列。

5 种阳极在三个周期循环过程中,刚入水时电位较正,而后逐渐变负,趋于稳定。5 种阳极随着试验周期的增长,电位逐渐变正。这主要因为阳极表面被一层均匀的腐蚀产物附着,且腐蚀产物较为致密,造成基体与溶液的接触困难,对牺牲阳极活化溶解有一定的阻碍作用,导致牺牲阳极在表层海水环境下长时间浸泡时开路电位值逐渐上升。5 种阳极从干湿交替试验电位变化来看,AZIMT 最正,AZIMGC最负,AZIMGC 对保护铝合金最为有利,也就是说在铝锌铟镁钛中,加入镓等元素对提高阳极活化性能是有利的。

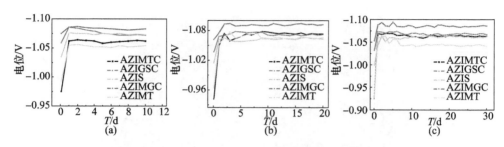

图7.30 三个周期干湿交替电位图(见彩插)
(a)第一周期;(b)第二周期;(c)第三周期。

表7.15 5种阳极刚入水电位   单位:V

试验周期	AZIMTC	AZIGSC	AZIS	AZIMGC	AZIMT
第一周期(5~10d)	-0.975	-1.059	-1.035	-1.075	-0.993
第二周期(10~20d)	-0.942	-1.037	-1.015	-1.062	-0.964
第三周期(15~30d)	-0.926	-1.032	-0.999	-1.053	-0.924

表7.16 5种阳极稳定电位   单位:V

试验周期	AZIMTC	AZIGSC	AZIS	AZIMGC	AZIMT
第一周期(5~10d)	-1.062	-1.073	-1.074	-1.082	-1.053
第二周期(10~20d)	-1.074	-1.073	-1.064	-1.091	-1.066
第三周期(15~30d)	-1.063	-1.068	-1.063	-1.086	-1.042

对于AZIMT阳极,入水电位第一周期为-0.993V,第二周期为-0.964V,第三周期为-0.924V;而对于在AZIMT阳极基础上改进的AZIMTC,入水电位第一周期为-0.975V,第二周期为-0.942V,第三周期为-0.926V,该数据表明AZIMTC较AZIMT在干湿交替环境下电位输出的改善不大,微量元素铈的加入对铝锌铟镁钛阳极性能提高有限。

对于AZIS阳极,入水电位第一周期为-1.035V,第二周期为-1.015V,第三周期为-0.999V;对于AZIGSC阳极,入水电位第一周期为-1.059V,第二周期为-1.037V,第三周期为-1.032V;对于AZIMGC阳极,入水电位第一周期为-1.075V,第二周期为-1.062V,第三周期为-1.053V;这三组数据表明AZIS、AZIGSC和AZIMGC的电位输出性能优于AZIMT和AZIMTC,而对比三者在电位输出上的数据,AZIMGC最好,AZIGSC次之,AZIS较差。对于AZIGSC,在经过干湿交替之后,入水电位负于-1.050V,而稳定电位保持在-1.091~-1.082V,输出电位较高。

在电位输出上,5种阳极的顺序为:AZIMGC > AZIGSC > AZIS > AZIMTC > AZIMT。

综合溶解形貌和电位输出,选择铝锌铟镁镓铈 AZIMGC、铝锌铟镓硅铈 AZIG-SC 和铝锌铟硅 AZIS 作为实海试验的备选阳极,并与现役铝锌铟镁钛 AZIMT 阳极进行比较。

7.3.6 实海性能测试

1) 青岛实海试验

由图 7.31 可以看出,4 种铝合金牺牲阳极在第一周期表现出不同的环境属性,AZIMT 和 AZIS 表面氧化物较多,而 AZIMGC 表面产物容易脱落且溶解均匀,AZIG-SC 虽然表面附着氧化物较少,但是点蚀较为严重,因此筛选出的三种阳极 AZIMGC 最好,AZIGSC 次之,而 AZIS 最差。

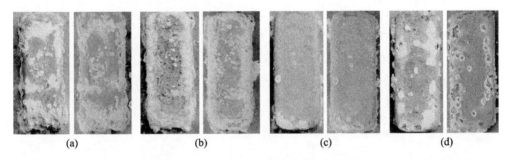

图 7.31　4 种铝合金牺牲阳极青岛实海试验(左:海水暴露两个月,右:大气暴露一个月)
(a)1#AZIMT;(b)2#AZIS;(c)3#AZIMGC;(d)4#AZIGSC。

青岛海水全浸区暴露两个月铝板保护电位数据如图 7.32 所示,之后在大气中暴露一个月后入水电位的数据如表 7.17 所列。由图 7.32 可以看出,4 组阳极电位 AZIMT 的电位在 -1.044 ~ -1.023V,AZIS 的电位在 -1.048 ~ -1.028V,AZIMGC 的电位在 -1.069 ~ -1.053V,AZIGSC 的电位在 -1.057 ~ -1.042V。而 5083 铝

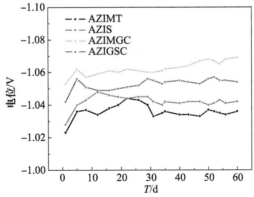

图 7.32　青岛海水暴露两个月铝板保护电位

板的电位在 -0.80V 左右,可以确定焊接牺牲阳极后,铝板极化电位负移,而在四种阳极中,AZIMGC 和 AZIGSC 的保护电位更负,保护效果才更好。而根据大气暴露一个月刚入水电位来看,由于在大气环境中暴露,表面氧化物增厚,阳极与海水的接触面积变小,导致电位普遍正移。而在四种阳极中,AZIMGC 和 AZIGSC 刚入水电位更负,保护效果更好,而 AZIS 和 AZIMT 刚入水电位分别为 -1.002V 和 -0.990V,表明保护效果逊于 AZIMGC 和 AZIGSC。

表 7.17 4 种阳极大气暴露一个月刚入水电位

阳极	AZIMT	AZIS	AZIMGC	AZIGSC
第一周期(30-60d)电位/V	-0.990	-1.002	-1.028	-1.019

2)舟山实海试验

由图 7.33 可以看出,在海水暴露 2 个月后,4 组阳极表面都附着一定的泥沙和氧化物,由于舟山试验站地理位置相关,而在大气暴露一个月后,由于雨水的冲刷,表面泥沙被冲掉,AZIMT 和 AZIS 阳极消耗量较大且阳极表面存在较多的孔隙,AZIMGC 表面产物容易脱落,阳极消耗量小,而 AZIGSC 虽然活化较好但存在一定的局部腐蚀,综合来看,筛选出的三种阳极 AZIMGC 最好,而 AZIS 最差。

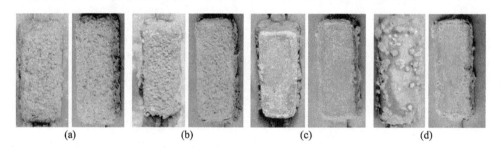

图 7.33 4 种铝合金牺牲阳极舟山实海试验(左:海水暴露两个月,右:大气暴露一个月)
(a)1#AZIMT;(b)2#AZIS;(c)3#AZIMGC;(d)4#AZIGSC。

3)宁德实海试验

图 7.34 可以看出,由于宁德属于亚热带海洋性气候,温度较高,海生物较为活跃,在海水中暴露两个月后,4 组阳极表面都有海草附着,而 AZIMT 表面还有少量藤壶存在,在大气暴露一个月后,由于雨水冲刷作用,表面生物脱落,AZIMT 消耗量大且表面腐蚀不均匀,AZIS 消耗量大且表面附着氧化物较多,AZIMGC 表面腐蚀均匀且腐蚀量小,AZIGSC 虽然腐蚀量小但存在腐蚀不均匀的现象。

综上,在三个海区第一周期的暴露试验中,由于海区气候和水文条件的不同,同一阳极表面状况有所差异,但在不同海区阳极表现的规律基本一致,即 AZIMGC 最好,AZIGSC 次之,而作为常规阳极的 AZIMT 和 AZIS 不适合在干湿交替环境中使用。

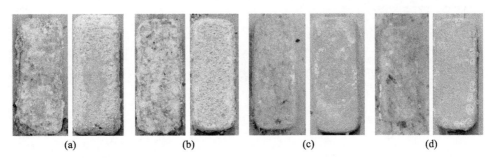

图7.34 4种铝合金牺牲阳极宁德实海试验(左:海水暴露两个月,右:大气暴露一个月)
(a)1#AZIMT;(b)2#AZIS;(c)3#AZIMGC;(d)4#AZIGSC。

7.3.7 试验结论

通过现场调研和阳极腐蚀产物分析,并通过国标测试、室内干湿交替试验和实海测试等,得到如下结论:

(1)现役铝船所用铝阳极存在表面溶解不均匀、明显结壳的现象。XRD 分析表明,铝锌铟镁钛阳极腐蚀产物中有一定程度的 Ca 和 Mg 氧化物附着,影响铝阳极正常保护作用的发挥。

(2)综合国标电化学测试和形貌分析结果,选择 AZIMTC、AZIGSC、AZIS 和 AZIMGC 4 种阳极作为干湿交替循环试验备选阳极。

(3)经过三个周期的室内干湿交替电化学测试,4 种阳极和对比阳极随着干湿交替次数的增多,阳极试样表面逐渐形成白色的腐蚀产物层,而且越积越厚。对比 4 种阳极,AZIMGC 和 AZIGSC 的白色腐蚀产物层相对较薄,溶解也相对均匀。

(4)4 种阳极和对比阳极在三个周期循环过程中,刚入水时电位较正,而后逐渐变负,趋于稳定。随着试验周期的增长,阳极电位逐渐变正,在电位输出上的顺序为 AZIMGC > AZIGSC > AZIS > AZIMTC > AZIMT。综合溶解形貌和电位输出,选择 AZIMGC、AZIGSC 和 AZIS 作为实海试验的备选阳极。

(5)在三个海区,4 组阳极(室内试验筛选出三组和 AZIMT 对比样)分别经受不同气候和水文条件的影响,青岛的影响因素较少,舟山存在泥沙的影响,宁德主要存在海生物污损的影响。

(6)在三个海区,4 组阳极表现的规律是一致的,AZIMT 和 AZIS 消耗量大,附着大量氧化物;AZIMGC 附着氧化物少且腐蚀均匀,AZIGSC 虽然活化较好但存在局部腐蚀,因此 AZIMGC 最适合在干湿交替环境中使用,AZIGSC 次之,而作为常规阳极的 AZIMT 和 AZIS 不适合在干湿交替环境中使用。

(7)青岛海区的阳极电位测试表明,AZIMGC 和 AZIGSC 保护效果更好,而

AZIMT 和 AZIS 较差。

综合对比目前铝船所用铝阳极在实际使用过程中存在的问题,并通过三轮室内和室外筛选试验,表明 AZIMGC 和 AZIGSC 两种阳极比较符合要求,其中 AZIMGC 效果尤其突出,推荐作为新型铝合金船体牺牲阳极。

第 8 章

铝合金微弧氧化及实船应用

铝合金表面处理措施有多种,能用于在海洋环境条件下耐腐蚀的工艺并不多,微弧氧化是能够进入到实际工程中最有前途的代表。微弧氧化膜层具有良好的耐磨、耐腐蚀性能,且在合适的膜层厚度范围内,对机体的力学性能没有影响。为了获得高致密化的海洋环境条件下船用微弧氧化膜,本章着重介绍响应曲面法在微弧氧化电解液优化过中的应用,探索强电流脉冲电子束对微弧氧化疏松层的进一步改性,最后介绍微弧氧化技术在实船上的应用。

8.1 概　　述

铝合金具有密度低、比强度高、加工性能好等诸多优点,因而广泛应用于我国民用和国防工业领域,是装备轻量化的首选结构材料,我国的导弹快艇、气垫登陆艇等船舶主体结构及附件均选用了铝合金材料。海洋环境是一种苛刻的腐蚀环境,尤其海水中高浓度的 Cl^- 是引起铝合金点蚀、缝隙腐蚀、剥落腐蚀等严重局部腐蚀的主要因素,对铝合金采取有效的防护措施是保证铝制船舶长期服役的关键。

微弧氧化(micro-arc oxidation,MAO)又称等离子体电解氧化(plasma electrolytic oxidation,PEO),其原理是将有色阀金属(以镁、铝、钛为代表)置于电解质水溶液中,利用高压下电解液中的气体电离,使得材料表面产生火花放电斑点,在电化学、热化学、等离子体化学等综合作用下,在金属表面原位生成氧化物陶瓷涂层的表面处理技术。原位生成的微弧氧化陶瓷膜具有结合力强、耐腐蚀、耐磨损等优异性能,是铝合金在海洋环境下服役的重要保证。人们发现,在高电场下浸在液体里的金属表面出现火花放电的现象,火花对氧化膜具有破坏作用。后来研究者们利用此现象也可制成氧化膜,并最初应用在镁合金的防腐上。大约从 20 世纪 70 年代开始,美国、德国、苏联开始研究此技术,美国的伊利诺伊大学和德国的卡尔马克思大学用直流或单相脉冲电源模式研究了 Al、Ti 等金属火花放电沉积膜。我国在微弧氧化方面研究起步较晚,但发展较快。进入20世纪90年代以后,北京师范大学、西安理工大学、哈尔滨工业大学、中国科学院金属研究所等单位也相继开展了这方面的研究,在汽车镁、铝等轻合金表面应用越来越广泛。

微弧氧化技术是一种直接在有色金属表面原位生长陶瓷膜的新技术,所谓微弧氧化就是将Al、Mg、Ti等有色金属或其合金置于电解质水溶液中,利用电化学方法在该材料的表面产生火花放电斑点,在热化学、等离子体化学和电化学的共同作用下,生成陶瓷膜层的方法。参见图8.1,将铝、镁、钛等合金样品放入电解液中,通电后表面立即生成很薄一层氧化物绝缘层,这属于普通阳极氧化阶段,当电极间电压超过某一临界值时,氧化膜某些薄弱部位被击穿,发生微区弧光放电现象,溶液里的样品表面能观察到无数游动的弧点。

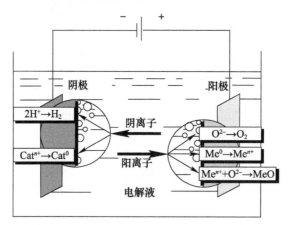

图8.1 微弧氧化原理图

由于击穿总是在氧化膜相对薄弱的部位发生,当氧化膜被击穿后,在膜内部形成放电通道。初始一段时间后,样品表面游动弧点较大,部分熔融物向外喷出,形成孔隙率高的疏松层。随着氧化时间延长,膜厚度增加,击穿变得越来越困难,试样表面较大的弧点逐渐消失,可看见大量细碎火花。膜内部微弧放电仍在进行,使氧化膜继续向内部生长,形成致密层。此时,一方面,疏松层阻挡致密层内部放电时熔融物进入溶液,使其尽量保留在致密层内;另一方面,疏松层外表面同溶液保持着溶解和沉积平衡,使疏松层厚度维持基本不变。电解质离子进入氧化膜后,形成杂质放电中心,产生等离子放电,使氧离子、电解质离子与基体金属强烈结合,同时放出大量的热,使形成的氧化膜在基体表面熔融、烧结,形成具有陶瓷结构的膜层。该技术的基本原理类似于阳极氧化技术,所不同的是利用等离子体弧光放电增强了在阳极上发生的化学反应,这也是该种膜层综合性能得到提高的原因。

微弧氧化膜的成膜特点是成膜过程中金属表面伴随着连续不断的放电火花，随着成膜时间的延长，放电火花的颜色、尺寸和分布状态均会发生变化，鉴于微弧火花向外喷发的特性，最终形成的微弧氧化膜通常包含内层致密层和外层疏松层。外层疏松层含有较多疏松的孔洞，严重影响涂层的硬度和耐腐蚀性能，内层致密层含有微孔数量较少，且微孔之间相互之间不连通，难以形成贯穿性的腐蚀通道。当前报道的铝合金微弧氧化陶瓷膜疏松层与致密层的比例主要分布在1:2至1:4之间，如何进一步抑制疏松层的生成比例，提高微弧氧化膜整体的致密性是防护性能提升的关键。

影响微弧氧化膜成膜质量的因素众多，主要可以归结为电源参数和电解液参数两个方面，电源参数包括电压、电流密度、频率、占空比等，电解液参数包括电解液的成分、pH、温度、纳米颗粒的加入、搅拌状态等。其中，电解液的成分无疑是影响微弧氧化膜放电过程、火花状态及最终膜层结构和成分的重要因素，为了确定电解液的最佳配比，可以通过正交试验的方法进行优化筛选，但该类方法涉及的试验工作量大，且不能准确表达电解液各成分之间的交互作用。为了获得高致密化的船用微弧氧化膜，响应曲面法(response surface methodology, RSM)在微弧氧化电解液优化中的优势得到初步显现，强电流脉冲电子束可以对微弧氧化疏松层进一步改性。

8.2 微弧氧化陶瓷膜的制备及性能研究

8.2.1 试验方法

试验所选用的材料为船用的5系铝合金，利用水砂纸逐级打磨至2000#并用酒精除油后吹干备用。微弧氧化电源采用中国科学院金属研究所自主研制的设备，具体的电源参数：电流密度为$5A/dm^2$，脉冲频率为800Hz，正负向脉冲的占空比分别为70%和20%，为了获得不同致密度的微弧氧化膜层，成膜时间分别选择了3h、4h和5h。成膜完成后，采用测厚仪(MiniTest600B-FN)对膜层厚度进行了测量，分别利用X射线衍射仪(Cu Kα, $\lambda=0.15406nm$, 30mA, 40kV)和扫描电子显微镜(XL-30FEG)对膜层的物相和微观形貌进行了表征，利用动电位极化曲线和中性盐雾试验对微弧氧化的耐腐蚀性能进行了表征。

8.2.2 响应曲面法的试验设计

响应曲面法是利用合理的试验设计并通过开展一系列实验，采用多元二次回归方程来表达试验响应值和试验变量之间的函数关系，从而对研究变量及其交互作用进行评价，确定最佳工艺参数的一种统计方法。多元二次回归方程模型为

$$Y = \beta_0 + \sum_{i=1}^{n}\beta_i X_i + \sum_{i=1}^{n}\beta_{ii} X_i^2 + \sum_{i<j}^{n}\beta_{ij} X_i X_j \tag{8.1}$$

式中:Y 为响应值;β_i 和 X_i 为一次项系数和一次项;β_{ii} 和 X_i^2 为二次项系数和二次项;β_{ij} 和 $X_i X_j$ 为交互作用项系数和交互作用项。

本研究中试验的响应值为微弧氧化陶瓷膜的膜层电阻(Y_1)、自腐蚀电流(Y_2)以及孔隙率(Y_3),试验变量为电解液中的 $A:Na_2SiO_3$、$B:Na_2C_2O_4$ 以及 $C:NaF$。固定电解液中 NaOH 的含量为 2g/L,Na_2SiO_3 的选择范围为 20~50g/L,$Na_2C_2O_4$ 的选择范围为 5~15g/L,NaF 的选择范围为 2~8g/L。采用 Design-Export 软件中的 Box-Behnken 模型对三个试验因素及水平进行了设计,如表 8.1 所列,试验方案设计及相应的试验结果如表 8.2 所列[18]。

表 8.1 试验因素及水平

因素	水平		
	-1	0	+1
Na_2SiO_3(g/L)	20	35	50
$Na_2C_2O_4$(g/L)	5	10	15
NaF(g/L)	2	5	8

表 8.2 试验方案设计及相应试验结果

序号	因素			结果		
	A	B	C	$Z/(\times 10^6 \Omega \cdot cm^2)$	$i_{corr}/(\mu A/cm^2)$	P/%
1	-1	1	0	5.82	0.483	38.7
2	-1	0	-1	1.82	0.759	33.8
3	0	-1	-1	2.24	0.613	29.1
4	+1	-1	0	94.7	0.011	7.7
5	0	0	0	240	0.003	2.4
6	0	+1	+1	18.4	0.628	29.3
7	-1	0	+1	223	0.004	3.2
8	+1	+1	0	326	0.003	3.9
9	+1	0	-1	4.2	0.349	27.4
10	0	0	0	1.83	0.625	31.4
11	0	-1	+1	2.83	0.443	27.7
12	+1	0	+1	5.12	0.316	22.3
13	0	+1	-1	9.59	0.030	11.7
14	-1	-1	0	31.8	0.067	8.8
15	0	0	0	0.9	0.835	42.2

8.2.3 试验结果分析

1. 回归方程模型的建立

依据表 8.2 的试验结果,根据多元二次回归方程模型(式(8.1)),可以分别建立响应值膜层电阻 Y_1、自腐蚀电流 Y_2、孔隙率 Y_3 与各实验变量之间的关系:

$$Y_1 = -1.26 \times 10^9 + 4.25 \times 10^7 A + 9.24 \times 10^7 B + 1.19 \times 10^8 C - 1.18 \times 10^5 AB + 1.05 \times 10^5 AC + 1.47 \times 10^6 BC - 6.02 \times 10^5 A^2 - 4.62 \times 10^6 B^2 - 1.34 \times 10^7 C^2;$$

$$Y_2 = 3.82 - 0.11A - 0.17B - 0.27C + 3.51 \times 10^{-3} AB - 2.26 \times 10^{-3} AC - 5.03 \times 10^{-3} BC + 1.14 \times 10^{-3} A^2 + 2.12 \times 10^{-3} B^2 + 0.037 C^2;$$

$$Y_3 = 175.69 - 4.95A - 8.86B - 12.44C + 0.15AB - 0.047AC - 0.49BC + 0.05A^2 + 0.27B^2 - 1.77C^2$$

对以上回归模型的预测值与试验真实值之间的相关性进行分析,分析结果如图 8.2~图 8.4 所示,膜层电阻、自腐蚀电流、孔隙率预测值与试验值之间的相关系数 R^2 分别为 0.95、0.98 和 0.93, R^2 越接近 1 表明预测值与试验值之间的相关性越好,从相关系数的数值结合图中试验点的分布可以看出,所建立的回归模型预测值与试验值相关性良好。

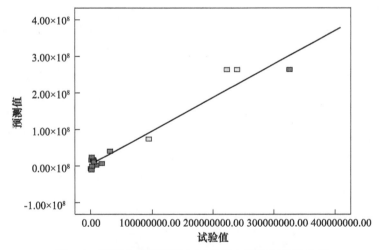

图 8.2 膜层电阻预测值与试验值之间的相关性分析

2. 响应曲面分析

对于微弧氧化膜来说,膜层的电阻值越大、自腐蚀电流越小、孔隙率越低,则膜层的耐腐蚀性能越好,综合表 8.2 的试验结果可知,当 Na_2SiO_3 的浓度为 35g/L, $Na_2C_2O_4$ 的浓度为 10g/L, NaF 的浓度为 5g/L 时(第 5 组试验),所得的微弧氧化膜有较高的膜层电阻、最小的自腐蚀电流和最低的孔隙率。响应曲面法除了能在较少试验次数条件下获得试验最佳工艺参数,还能够评估研究变量对响应值的影响程度

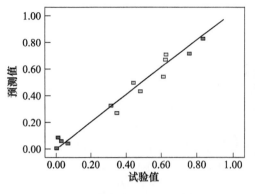
图8.3　自腐蚀电流预测值与
试验值之间的相关性分析

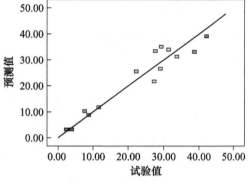
图8.4　孔隙率预测值与
试验值之间的相关性分析

及各个研究变量之间的交互作用。为了进一步分析电解液中各组分以及各组分之间的相互作用对响应值的影响，对每个响应值进行了方差分析及三维响应曲面分析。氧化膜电阻值的方差分析结果见表8.3，其中的 F 值为均方差与其误差的比值，其值越大，表示选择的模型越显著，P 值表示出现不可能事件的概率，其值越小，模型越能反映试验的真实性。以 P 值 = 0.05 为变量对响应值作用是否显著的临界值，从表8.3可以看出，影响因子 A^2、B^2、C^2 所对应的 F 值较大且 P 值较小，为氧化膜显著影响因子，其余项为非显著影响项。

从表8.3的分析结果可见，Na_2SiO_3、$Na_2C_2O_4$、NaF 三种电解液成分对氧化膜电阻的影响程度大小排序为 $Na_2C_2O_4 > Na_2SiO_3 > NaF$。为了更直观地看出三种电解液成分的影响规律，氧化膜电阻的响应曲面分析结果如图8.5所示，从图中可以看出，随着电解液中 Na_2SiO_3、$Na_2C_2O_4$ 和 NaF 浓度的升高，氧化膜电阻均表现出先增大后减小的趋势，在某一中间浓度表现出最高的电阻值。

表8.3　氧化膜电阻值的方差分析

影响因子	均方	F	P
模式	1.71×10^{16}	10.70	0.0089
A	1.29×10^{14}	0.081	0.7874
B	1.86×10^{15}	1.16	0.3301
C	7.08×10^{14}	0.44	0.5349
AB	3.12×10^{14}	0.20	0.6768
AC	8.96×10^{13}	0.056	0.8217
BC	1.95×10^{15}	1.22	0.3194
A^2	6.78×10^{16}	42.50	0.0013

续表

影响因子	均方	F	P
B^2	4.94×10^{16}	30.97	0.0026
C^2	5.40×10^{16}	33.86	0.0021

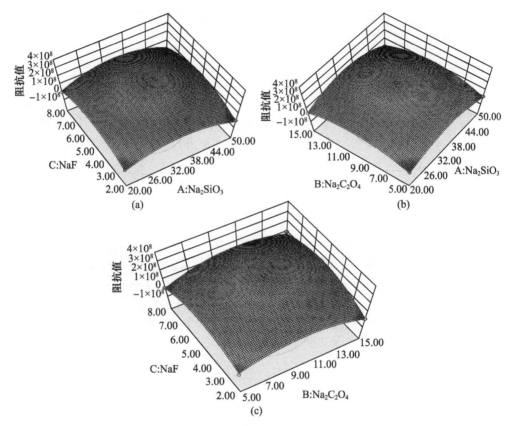

图 8.5 电解液成分对氧化膜电阻的响应曲面分析

(a) Na_2SiO_3 和 $Na_2C_2O_4$ 的影响；(b) Na_2SiO_3 和 NaF 的影响；(c) $Na_2C_2O_4$ 和 NaF 的影响。

氧化膜自腐蚀电流的方差分析结果见表 8.4，从表中可以看出，除了影响因子 AC、BC 和 B^2 以外，其他影响因子均是自腐蚀电流的显著影响相。Na_2SiO_3、$Na_2C_2O_4$、NaF 三种电解液成分对氧化膜自腐蚀电流的影响程度大小排序为 $Na_2SiO_3 > Na_2C_2O_4 > NaF$。

表 8.4 氧化膜自腐蚀电流的方差分析

影响因子	均方	F	P
模式	0.14	20.71	0.0019
A	0.12	17.16	0.0090

续表

影响因子	均方	F	P
B	0.14	19.87	0.0067
C	0.077	11.30	0.0201
AB	0.28	40.60	0.0014
AC	0.041	6.05	0.0573
BC	0.023	3.33	0.1278
A^2	0.24	35.27	0.0019
B^2	0.01	1.52	0.2729
C^2	0.41	59.22	0.0006

微弧氧化膜的自腐蚀电流越小,其耐腐蚀性能越好,Na_2SiO_3、$Na_2C_2O_4$ 和 NaF 三种电解液成分对氧化膜自腐蚀电流的响应曲面分析结果如图 8.6 所示,从图中可以看出,随着电解液中 Na_2SiO_3、$Na_2C_2O_4$ 和 NaF 浓度的升高,氧化膜自腐蚀电流均表现出先减小后增大的趋势,在某一中间浓度表现出最小的自腐蚀电流。

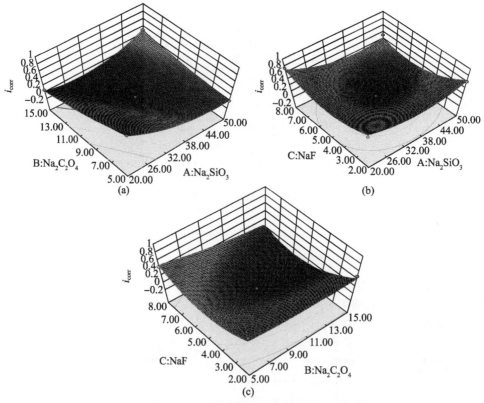

图 8.6 电解液成分对氧化膜自腐蚀电流的响应曲面分析
(a) Na_2SiO_3 和 $Na_2C_2O_4$ 的影响;(b) Na_2SiO_3 和 NaF 的影响;(c) $Na_2C_2O_4$ 和 NaF 的影响。

第 8 章　铝合金微弧氧化及实船应用

微弧氧化膜孔隙率的方差分析结果见表 8.5，从表中可以看出，除了影响因子 AB 和 A^2 以外，其他影响因子均是孔隙率的非显著影响相。Na_2SiO_3、$Na_2C_2O_4$、NaF 三种电解液成分对氧化膜自腐蚀电流的影响程度大小排序为 $Na_2C_2O_4 >$ NaF $> Na_2SiO_3$。

表 8.5　氧化膜孔隙率的方差分析

影响因子	均方	F	P(Prob > F)
模式	272.06	7.75	0.0182
A	56.71	1.62	0.2595
B	137.03	3.91	0.1051
C	128.56	3.66	0.1138
AB	484.44	13.81	0.0138
AC	18.15	0.52	0.5042
BC	219.78	6.26	0.0543
A^2	477.58	13.61	0.0142
B^2	166.02	4.37	0.0816
C^2	973.03	26.71	0.0036

微弧氧化膜的孔隙率越低，其致密性越好，Na_2SiO_3、$Na_2C_2O_4$ 和 NaF 三种电解液成分对氧化膜孔隙率的响应曲面分析结果如图 8.7 所示，从图中可以看出，随着电解液中 Na_2SiO_3、$Na_2C_2O_4$ 和 NaF 浓度的升高，微弧氧化膜的孔隙率均表现出先减小后增大的趋势，在某一中间浓度表现出最低的空隙率。

综上所述，以铝合金微弧氧化陶瓷膜的膜层电阻、自腐蚀电流和孔隙率为响应值，以电解液中的 Na_2SiO_3、$Na_2C_2O_4$ 和 NaF 为变量，利用响应曲面法对电解液的组成进行了优化，并探索了单一组分及其组分间的相互作用对响应值的影响规律和贡献大小。结果表明，当电解液中 Na_2SiO_3 的浓度为 35g/L，$Na_2C_2O_4$ 的浓度为 10g/L，NaF 的浓度为 5g/L 时，铝合金微弧氧化膜具有较高的膜层电阻、最小的电流密度和最低的孔隙率。

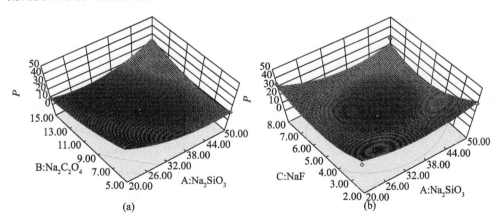

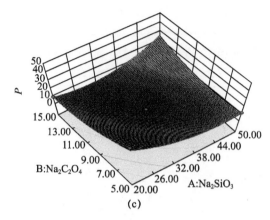

图 8.7 电解液成分对氧化膜孔隙率的响应曲面分析
(a) Na_2SiO_3 和 $Na_2C_2O_4$ 的影响；(b) Na_2SiO_3 和 NaF 的影响；(c) $Na_2C_2O_4$ 和 NaF 的影响。

8.2.4 高性能船用微弧氧化膜的结构及性能

在响应曲面法工艺优选的基础上，选择成膜时间为 3h、4h 和 5h，成膜完成后对膜层厚度进行了测量，分别约为 $30\mu m$、$60\mu m$ 和 $90\mu m$。利用扫描电子显微镜对成膜不同时间所得微弧氧化膜的表面及截面微观形貌进行了观察，如图 8.8 所示。从表面形貌上可以看出，铝合金微弧氧化后的表面粗糙不平，由熔融状的凸起和微孔组成，熔融的形态是由放电过程中高能量的烧结造成的，而微孔则是由表面火花不断向外喷射引起的，随着微弧氧化时间的延长，表面凸起的尺寸有变大的趋势。从截面形貌上判断，整个膜层由明显的外层疏松层和内层致密层组成，微弧氧化 3h 后，膜层总厚度约为 $30\mu m$，内层致密层的厚度达到了 $20\mu m$，进一步延长成膜时间，膜层总厚度及致密层的厚度进一步增加。所不同的是，在成膜 3h 和 4h 时，表面疏松层孔洞较多，而成膜 5h 后，整个膜层的致密度明显改善，致密层的厚度大幅度提高，外层疏松层的孔洞明显减少。

对成膜不同时间的铝合金表面进行了显微硬度测试，测试结果表明，随着微弧氧化的时间由 3h 增加至 5h，铝合金的表面硬度由 933HV 提高至 1472HV，原因是致密化的微弧氧化膜中含有更高比例的 $\alpha-Al_2O_3$。同时，利用动电位极化曲线和中性盐雾对成膜不同时间的微弧氧化膜进行了耐腐蚀性能评价，研究结果表明，成膜 5h 的微弧氧化膜由于致密的膜层结构，自腐蚀电流比成膜 3h 的膜层下降了 2 个多数量级，经近 3000h 的盐雾试验，表面无任何腐蚀点，表现出良好的耐腐蚀性能。综上所述，利用响应曲面法优化获得的电解液成功制备了综合性能优异的微弧氧化膜，膜层结构致密，具有高的硬度和优异的耐腐蚀性能。

第8章 铝合金微弧氧化及实船应用

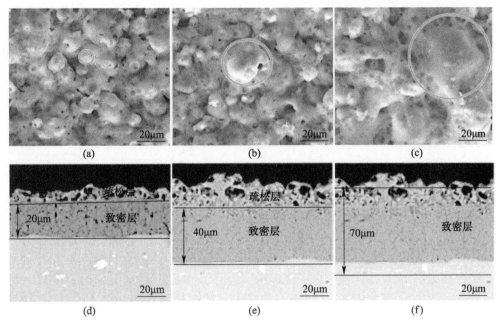

图 8.8　成膜不同时间微弧氧化膜的表面和截面形貌
(a)3h；(b)4h；(c)5h；(d)3h；(e)4h；(f)5h。

8.3　强电流脉冲电子束对微弧氧化性能的提升

8.3.1　试验方法

微弧氧化膜制备完成以后,利用强流脉冲电子束(high current plused electron beam,HCPEB)对微弧氧化膜进行表面处理,所用的试验仪器为俄罗斯进口的 RITM-2M 型脉冲电子束设备,设备的工作参数如表 8.6 所列。本次试验选择的加速电压为 25kV,脉冲次数为 120 次。

表 8.6　强电流脉冲电子束设备主要工作参数

工作温度/℃	加速电压/kV	能量密度/(J/cm²)	脉宽/μs	脉冲频率/Hz	束斑直径/mm
25	1~30	1~15	2~5	0.1~0.2	100

微弧氧化样品及强电流脉冲电子束改性后铝合金样品的表面及截面形貌采用捷克 Tescan 公司生产的 MAIA3 XMH 型场发射扫描电子显微镜(SEM)进行表征。涂层二维、三维形貌及表面粗糙度测试采用 KEYENCE 公司的 VK-X250 型激光共聚焦显微镜进行表征和测试。

维氏硬度测试采用德国徕卡公司生产的 LM-247AT 型全自动显微硬度计,所用载荷为 100g·N,保持载荷时间为 15s。通过测试膜层在 3.5% NaCl 溶液中的动电位极化曲线对脉冲电子束处理前后的阳极和阴极变化进行了对比,试验采用三电极体系,微弧氧化及强电流脉冲电子束改性试样为工作电极,饱和甘汞作为参比电极,铂片作为辅助电极,电位的扫描区间为 $-0.3 \sim 1.6 V_{OCP}$,扫描速度为 0.333mV/s。

8.3.2 强电流脉冲电子束对微弧氧化膜显微结构的影响

强电流脉冲电子束是一种高能量的热源,它以极快的速度作用到材料表面,可以引起材料表面瞬间的融化、气化和蒸发,是一种独特的表面处理技术。涂层的表面形貌可直观表现出强电流脉冲电子束对微弧氧化膜层的改性效果,利用扫描电子显微镜对微弧氧化原始样品和脉冲电子束处理后的涂层样品表面形貌进行了对比观察,如图 8.9 所示。图 8.9(a)和图 8.9(b)所示为微弧氧化的原始样品,表面形貌粗糙不平,表现出典型的火山状组织纹理特征,由烧结的熔融颗粒和少量的微孔组成。经强电流脉冲处理后,表面形貌发生了明显改变,如图 8.9(c)和图 8.9(d)所示。在高能量电子束的作用下,微弧氧化膜表现出明显的重熔特征,相邻的熔融颗粒在电子束的作用下发生合并呈现不规则的"长条状"或"岛状"凸起,由于表面冷却速度快,陶瓷层的韧性差,高的热应力同时导致了较多微观裂纹的出现。利用扫描电子显微镜自带的能谱仪对微弧氧化和脉冲电子束处理后的样品表面进行了元素检测,结果如表 8.7 所列。从表中可以看出,脉冲电子束处理前后,表面膜层的元素种类未发生变化,主要由 Al、O 两种元素,并且伴有少量的 Si、Na、Mg 元素。这是由于微弧氧化过程中铝合金表面原位生长了一层 Al_2O_3 陶瓷膜,Si、Na 元素来源于电解液,而 Mg 元素则来源于铝合金基体。从含量上对比上可看出,强电流脉冲处理后,Si 元素的含量明显降低,Al 元素的含量稍有提高,其他元素的含量变化不大。

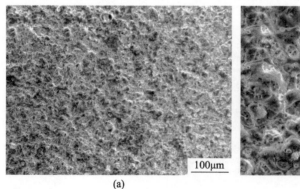

(a)

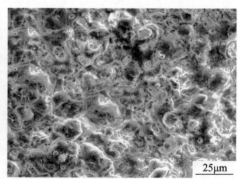

(b)

第 8 章 铝合金微弧氧化及实船应用

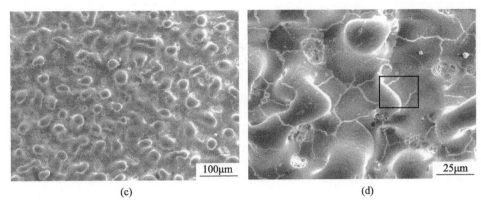

图 8.9 微弧氧化和脉冲电子束处理后不同放大倍数下的微观形貌
(a)、(b)微弧氧化;(c)、(d)脉冲电子束。

表 8.7 微弧氧化及脉冲处理后样品表面的元素含量 单位:%

位置	Na	Mg	Si	Al	O
1	0.27	0.61	5.40	42.19	51.53
2	0.05	1.27	0.48	46.59	51.61

强电流脉冲电子束处理理后微弧氧化膜的截面形貌如图 8.10 所示,从图 8.10(a)和图 8.10(b)中可以看出,铝合金经微弧氧化处理后,生成的膜层较为均匀,总厚度约为 60μm,分为外层的疏松层和内层的致密层,疏松层的厚度约为 20μm,致密层厚度约为 40μm。疏松层中包含了不同尺寸的孔隙,部分区域小孔交错,而致密层结构较为致密,无明显孔隙。利用强电流脉冲电子束对微弧氧化膜进行处理后,微弧氧化膜层外层疏松层发生了明显的重熔,相邻的陶瓷颗粒开始重熔堆叠在一起,导致表面的膜层出现了明显的高低起伏,但疏松层内孔隙缺陷明显减少,涂层的致密性得到极大改善,涂层接近全致密层的状态,如图 8.10(c)和图 8.10(d)所示。

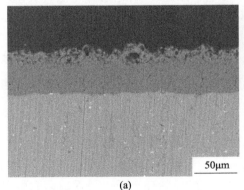

(a)

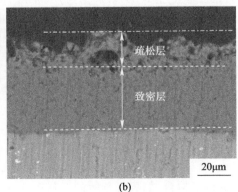

(b)

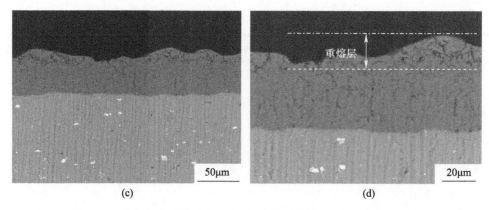

图 8.10 微弧氧化和脉冲电子束处理后不同放大倍数下的截面形貌
(a)、(b)微弧氧化；(c)、(d)脉冲电子束。

8.3.3 强电流脉冲电子束对微弧氧化膜性能的影响

1. 表面硬度和耐摩擦磨损性能

从以上表面和截面的形貌观察可以看出,强电流脉冲电子束处理后微弧氧化试样的表面粗糙度发生了明显变化,利用激光共聚焦显微镜对脉冲电子束处理前后的粗糙度进行了定量测量,结果如图 8.11 所示。表面粗糙度参数 Ra 代表着试样表面轮廓的平均高度,微弧氧化初始状态的 Ra 值较低,平均粗糙度为 $3.2\mu m$,经过脉冲电子束处理后微弧氧化膜层表面的粗糙度增加了一倍,平均值达到了 $6.4\mu m$,表面粗糙度的增加是由相邻颗粒之间发生重熔导致的。

对于涂层硬度的测量,随机从截面疏松层选取 5 个点进行测试,取硬度的平均值作为最终的测试结果,强电流脉冲电子束处理前后微弧氧化样品的显微硬度值如图 8.12 所示。未经强电流脉冲电子束处理的微弧氧化样品外层由于孔隙率较高,维氏硬度在 1000 以下,约为 902HV,脉冲电子束处理后,外层疏松层的孔隙率急剧降低,导致硬度大幅度提升,达到 1464HV。

以 SiN 为摩擦副,选择载荷为 10N,对强电流脉冲处理前后的微弧氧化试样进行了摩擦磨损测试,摩擦磨损曲线如图 8.13 所示。从图中可以看出,脉冲电子束处理后数微弧氧化的摩擦系数降低,平均摩擦系数由 0.71 降低至 0.65,耐磨性能提高。

2. 耐腐蚀性能

在 3.5% NaCl 溶液中测试了强电流脉冲电子束处理前后微弧氧化膜的动电位极化曲线,如图 8.14 所示,并根据动电位极化曲线的对两种实验样品的电化学参数进行了拟合,如表 8.8 所列。从图 8.14 可以看出,脉冲电子束处理前后微弧氧

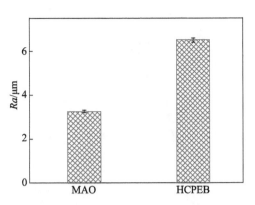

图 8.11　强电流脉冲电子束处理前后微弧氧化样品表面的粗糙度

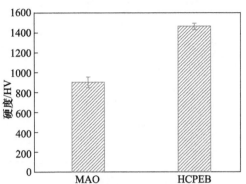

图 8.12　强电流脉冲电子束处理前后微弧氧化样品表面的硬度

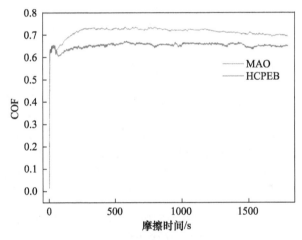

图 8.13　强电流脉冲电子束处理前后微弧氧化样品表面的摩擦磨损曲线(见彩插)

化样品的阴极未发生改变,均为析氢腐蚀反应,在整个电位扫描区间,阳极表现出明显的钝化特征,维钝电流密度为 $2.0\times10^{-9}\,\mathrm{A/cm^2}$。与原始的微弧氧化样品相比,强电流脉冲电子束处理后,阳极的极化行为未发生改变,在整个电位扫描区间仍表现出自钝化特征,维钝电流密度降低了 1 个数量级,达到 $1.3\times10^{-10}\,\mathrm{A/cm^2}$。同时,脉冲电子束处理后,微弧氧化样品的自腐蚀电位由 $-0.63\mathrm{V}$ 增加至 $-0.27\mathrm{V}$,自腐蚀电流降低 1 个数量级,由 $7.5\times10^{-11}\,\mathrm{A/cm^2}$ 降低至 $7.5\times10^{-12}\,\mathrm{A/cm^2}$。由以上电化学参数的分析可知,铝合金经微弧氧化处理后已表现出优异的耐腐蚀性能,经强电流脉冲电子束处理后,样品的耐腐蚀性能得到进一步的显著提升。

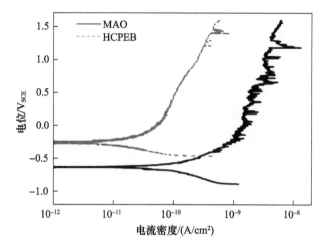

图 8.14 强电流脉冲电子束处理前后
微弧氧化样品的动电位极化曲线(见彩插)

表 8.8 两种试验样品的电化学参数

样品	自腐蚀电位/V	自腐蚀电流密度/(A/cm²)	维钝电流密度/(A/cm²)
MAO	-0.63	7.5×10^{-11}	2.0×10^{-9}
HCPEB	-0.27	7.5×10^{-12}	1.3×10^{-10}

综合以上分析可知,在高性能微弧氧化陶瓷膜制备的基础上,高能量的脉冲电子束能够对微弧氧化膜的外层疏松层实施再次的烧结和熔合,有效地将疏松层转化为致密层,膜层的硬度、耐磨性能和耐腐蚀性能得到显著提高。强电流脉冲电子束处理,可最大程度地消除传统微弧氧化膜疏松层对性能的不利影响,为实现微弧氧化膜的全致密化提供了一种行之有效的方法。

8.4 微弧氧化技术的实船应用

8.4.1 工业用微弧氧化设备

1. 大型铝合金微弧氧化装置

在实际的工程应用过程中,受电源功率和设备参数的影响,利用微弧氧化处理的工件面积多在 1m² 以下,但实际船用的铝合金工件往往面积都大于 1m²,甚至达到 5m² 以上。已有的微弧氧化处理工艺能耗大、处理面积小,是制约微弧氧化技术实船应用的难点。当前,人们对大型铝合金工件进行微弧氧化处理时,需要根据铝合金工件表面积的大小调整电源功率,处理的工件表面积越大,所需要的电源功率就越大,但实际的电源功率不可能无限增大,因此,目前一次性微弧氧化处理的最大铝合金工件表面积一般不超过 $2m^2$。很多铝船结构件表面积大于 $2m^2$,对于更大面积铝合金工件需要进行微弧氧化处理时,只能采取分段分区多次进行微弧氧化处理的办法,其结果容易导致膜层厚薄不均,在表面产生每一次微弧氧化层之间的印痕,还可能产生局部烧蚀等缺陷。需要发明和制造一种在不增大电源功率的条件下,能够进行大面积铝合金工件微弧氧化处理的装置,达到膜层厚度比较均匀、不会产生局部烧蚀、可连续进行微弧氧化处理的装置。

为实现上述目的,需对传统的微弧氧化装置实施改造设计,具体方法如下:在放置大面积铝合金工件的槽液箱里注入足够的电解液,在槽液箱的上方沿长度方向放置两根可纵向移动的导轨,每根导轨由一个伺服电机控制,再在每根导轨上放置一个可移动的滑轮,每个滑轮也由一台伺服电机控制,每个滑轮下面悬挂一个规格相同的阴极板。两根导轨由伺服电机控制可调节纵向间距,滑轮由伺服电机控制可在导轨上进行匀速往返运动,4 个伺服电机均由计算机控制。进行微弧氧化处理时,将铝合金工件置入导轨中间,调整导轨与铝合金工件的间距以保证阴极与工件之间产生的电场强度。为实现上述技术方案,装置分别用两个电源来控制,一个输入为三相交流电的微弧氧化电源,该电源经过整流调压、滤波和反向,输出直流脉冲电源,输出端的阳极接到轻合金工件,阴极接到悬挂的阴极上,轻合金工件和阴极均浸没在电解液中。在电场的作用下,轻合金工件表面产生等离子火花放电和局部高温,将接触界面的电解液电离,电离的氧离子与铝合金工件表面的金属原子发生化学反应,生成此类金属的氧化物,在局部高温高电压条件下烧结成坚硬的陶瓷相氧化膜。另一个电源专门为计算机和伺服电机供电,保证阴极在计算机的控制下,能够随时根据加工轻合金工件表面的形状和表面膜层要求来调整阴极的移动速度和与轻合金工件的间距。这种装置在不增大电源功率的条件下,能够实现对大型轻合金工件连续、不产生局部烧蚀、膜层厚薄均匀的微弧氧化处理,设备如图 8.15 所示。

2. 便携式微弧氧化装置

在实际工程中,铝合金工件或结构微弧氧化以后,服役过程中不可避免地会出现氧化膜损伤、需要修补而又无法返厂修复的情况,迫切需要发明一种便携式微弧氧化的装置及工艺,对大型工件进行局部修复处理。为实现上述目的,需要对电源、电解液的作用形式等进行设计,具体的技术方案为,将市用单相 220V 交流电,通过调压整流器、滤波器、IGBT 输出模块、过流保护器和主控板等模块组输出为直流方波脉冲小型微弧氧化电源,输出的阳极与工件相连,输出的阴极与一个组合喷淋头连接。喷淋头及工件下方放置着一个塑料的槽液箱,还有一个电动循环泵。电动循环泵出水口和吸水口均连接着可以使电解液进行循环流动的塑料管路,出

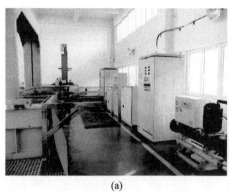 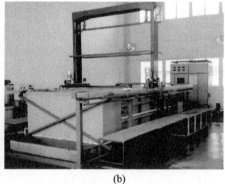

(a) （b）

图 8.15　大型铝合金微弧氧化装置

(a)电源；(b)电解槽和导轨。

水口与喷淋头相连接,吸水口放置在槽液箱内。工件氧化时喷淋的电解液通过回收装置进入槽液箱,形成电解液的闭合循环。工作时先开循环泵,使电解液从喷淋头中喷出,此时打开电源开关,调整电压、频率、占空比以及喷头与工件间距,观察工件表面弧光放电情况。典型便携式微弧氧化试验装置如图 8.16 所示。

(a) (b)

图 8.16　便携式微弧氧化装置

(a)电源；(b)电解槽。

8.4.2　微弧氧化大型构件

通过对电源参数(电流、频率、占空比等)和电解液参数(电导率、pH、氧化时间等)的优化,利用大型微弧氧化装置在气垫船上进行了实船应用,试验表明,利用该装置能一次处理空气螺旋桨整件,对进气滤清器的前、后惯性级等复杂形状和带有非铝复杂金属工件进行处理,一次氧化面积可达 3~4m²,对导管支架、齿轮箱机盖等高硅铸铝,一次氧化面积在 0.8m² 以上,可对带有深腔、孔洞等异形复杂工件进行氧化处理,通过改变阴极的位置及与部件的位移速度,可连续进行超大工件的微弧氧化处理,利用大型微弧氧化试验装置处理的典型实船实物图如图 8.17 所示。

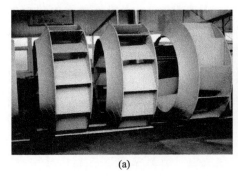 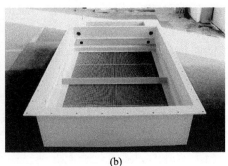

图 8.17　大型微弧氧化工件实物图
(a)风机叶轮;(b)惯性级壳体。

8.4.3　典型工件实船应用举例

在海边使用的气垫船长期服役于高温、高湿、高盐、强辐照的工作环境中,防腐蚀设计是研制过程中所要考虑的关键环节。气垫船的螺旋桨为铝合金材料,其结构与水上飞机的螺旋桨类似,在以往研制使用的水上飞机的空气螺旋桨常由于腐蚀问题造成寿命不到 500h,对铝合金螺旋桨开展综合防护对于提升其使用寿命显得尤为重要。

1. 空气螺旋桨表面防护层要求

根据使用环境和空气螺旋桨自身的工作特点,对桨叶的表面防腐有以下几点要求:

(1)耐冲蚀。空气螺旋桨是以超过 1000r/min 高速旋转的运动部件,离心力大,防护层在叶片高速旋转下,应能抵御海水和沙砾的冲刷。

(2)耐疲劳。要求防护层有韧性,在 1000h 使用寿命内,不产生裂纹而使表面防护层失去防腐作用。

(3)与有机涂层结合良好。桨叶表面不仅要耐腐蚀,还要有良好的粘接界面以保证涂层的粘接性能。

(4)耐环境介质。防护层要防弱酸、弱碱及盐雾腐蚀。

(5)耐老化。防护层具备一定的耐紫外线照射能力。

(6)防护层成型温度不超过 120℃,以免影响叶片质量。

空气螺旋桨是高速旋转的运动部件,对桨叶表面界面粘接性能和防护层的耐磨蚀性能的要求要比船体其他部件高得多,所以要着重解决好防护层的耐磨蚀性和界面粘接性能。

2. 空气螺旋桨表面防护层设计

铝合金空气螺旋桨以往一直采用的是铬酸阳极化或硬质阳极化+高分子材料涂层进行综合防护,但是这种防护措施的缺点是寿命短,大大降低了螺旋桨整体的服役寿命。根据空气螺旋桨的自身工作特点,可以先将阳极化改为微弧氧化,然后涂覆性能优异的高分子材料。微弧氧化是在工件表面生长阳极化膜的同时,通过等离子微弧的高温作用在处理工件表面原位生成陶瓷相,其特点是硬度高、耐磨损、抗腐蚀,经加工后表面粗糙度 Ra 可达 $0.2\mu m$。该陶瓷层的性能明显优于铬酸阳极化或硬质阳极化膜,是新一代铝合金空气螺旋桨防腐蚀较为理想的表面处理工艺。

(1) 桨叶的微弧氧化表面处理。在铝合金空气螺旋桨机加工制作完毕,严格按照有关规程进行尺寸、表面粗糙度等方面的检查后,密封运至微弧氧化处理车间,调整微弧氧化控制设备的工艺参数、调配好槽液,将打开密封后的螺旋桨工件用行车吊至处理槽的上方,慢慢浸至桨叶根部,开始微弧氧化,氧化处理完毕后进行厚度、致密度、均匀度等方面的检查,检查完毕后封装,等待涂装处理。

(2) 有机涂层的选择。高分子材料涂层方面,可选择弹性聚氨酯浇注体、聚氨酯弹性涂层、改性环氧丁腈橡胶体系、改性氟橡胶体系等高分子材料涂层。这些材料的韧性较好,比其他树脂型高分子材料具有更好的抗砂石或耐水滴冲击的能力。

3. 微弧氧化工艺

(1) 微弧氧化电源应满足:输出直流方波脉冲;脉冲频率可调范围 $30 \sim 2000Hz$;脉宽可调范围 $30 \sim 1000\mu s$;处理过程中输出电压 $0 \sim 750V$ 可调;输出峰值电流 $0 \sim 1500A$ 可调;电导率、pH 在线检测;操作模式为有手动恒压、旋钮式调节、自动恒流、触摸屏输入参数。

(2) 槽体系统的氧化槽、清洗槽、喷淋槽、封闭槽均采用 15mm 优质 PP 板制作。10 年内不渗漏、不变形。

(3) 配置相应的龙门车(或输送链)、制冷系统等其他辅助设备符合行业标准。

(4) 电解液应符合环保要求,其液体应为中性或弱碱性,且无重金属离子及环保限制的其他元素;使用寿命应大于或等于 2 年。

(5) 待微弧氧化的物件表面应无机械变形和机械损伤,无影响氧化质量的氧化皮、斑点、凹坑、凸瘤、毛刺、划伤等缺陷;补焊部位应无焊料剩余物和熔渣,焊缝应经喷砂或其他方法清理,且无气孔和未焊牢等缺陷;喷砂处理介质限于使用玻璃丸,喷砂后的表面不应有残余的氧化皮、锈蚀、油迹、存砂等;经磨光处理的物件表面不应有砂眼、局部较深的不均匀线纹及其他缺陷,如存在不可避免的气孔、砂眼时应用同种材料补焊,确定不能补焊的则用腻子等物质封堵;微弧氧化处理前的物件其粗糙度控制在 $Ra \leqslant 6.3\mu m$ 为宜。

(6)微弧氧化工艺流程如下:

清洗:将夹装好的物件置入清洗槽清洗 1~2min。

氧化:根据物件材质、表面积及用途合理设定氧化时间及电参数。

喷淋:采用高压万向喷头,清洗物件表面残液。

浸洗:将物件置入浸洗槽 1~2min,洗去死角残液。

封孔:将微弧氧化后的物件置入含有封闭剂的封孔槽中浸泡 1~2min,并按封闭剂的技术要求烘干或晾干。

电解液温度及起弧电压等:氧化处理过程中电解液温度不得超过 40℃;防腐蚀氧化膜一般控制在 15~20μm,耐磨性氧化膜一般控制在 25~35μm;对于膜厚检验达不到要求的物件允许进行二次氧化补足;起弧电压一般控制在 550~650V。

(7)微弧氧化限制。对于用铆接、焊接、螺栓、镶嵌等联结的同种或异种金属形成狭缝的结构件,具有疏松组织的砂型或表面粗糙度 $Ra \geqslant 12.5\mu m$ 的铸件,原则上不允许进行微弧氧化;内孔直径≤10mm 的管材或深腔物件,原则上不允许进行微弧氧化。

4. 微弧氧化膜要求

1)氧化膜厚度

(1)微弧氧化膜的厚度,可按氧化膜的最小平均厚度进行分级。厚度分级的标志为:在字母 MAO 后加厚度级别的数字。

(2)对于预定特殊表面性质的微弧氧化膜,如要求较高的耐磨性,可以选用较高的平均膜厚。但最小膜厚不得低于平均膜厚的 80%。

(3)氧化膜厚度的测量可采取涡流法、质量损失法、横截面显微法等。膜厚测量应在有效表面进行,距阳极接触点 5mm 内以及边角附近都不应选作测量膜厚的部位。

2)封孔

(1)微弧氧化处理的物件如后续进行涂装处理,无须封孔。若不进行后续涂装处理时,必须进行化学封孔处理。

(2)封孔质量的评定。

(3)对已进行封孔处理的物件,孔隙率为零。孔隙率采用 JB 2112《金属覆盖层孔隙率检验方法 润湿滤纸贴置法》规定进行检验。

3）外观和颜色

（1）微弧氧化膜的颜色视电解液配方及氧化时间的长短不同可分为白色、黑色、灰色、绿色等颜色，膜层应连续、均匀、完整。

（2）在光线充足的条件下，用目力直接观察，允许存在如下缺陷：在同一零件上有不同的颜色、轻微的水印；不同槽氧化的物件，其颜色深浅稍有不同；由于金属组织或加工处理方式显露而呈现出大理石状及原材料允许缺陷带来的膜层缺陷；物件与夹具接触处无膜层；分次氧化时允许有轻微印痕或色差。

（3）外观检验时，如发现不影响产品特性的局部烧蚀点或死角无膜层部位及擦伤或划伤，允许进行局部微弧氧化修补。

（4）不允许存在的缺陷：局部无氧化膜（工艺规定除外）；疏松和易擦掉的氧化膜；烧蚀、擦伤或划伤。

4）耐腐蚀性

封孔处理后的微弧氧化膜的耐腐蚀性盐雾试验应大于1000h。

5）耐磨性

对多种方案进行耐磨性对比试验，优选耐磨性能良好的配套。

5. 微弧氧化膜性能检测

1）耐腐蚀性

封孔处理后的微弧氧化膜的耐腐蚀性盐雾试验应大于1000h，其试验可采用GB/T 10125《人造气氛腐蚀试验　盐雾试验》规定的方法进行。腐蚀样品的评级按GB/T 6461《金属基体上金属和其他无机覆盖层经腐蚀试验后的试样和试件的评级》进行。

2）耐磨性

对微弧氧化膜耐磨性进行检测，可采用落砂法，按照GB/T 12967.2《铝及铝合金阳极氧化膜检测方法　第2部分　用轮式磨损试验仪测定阳极氧化膜的耐磨性和磨损系数》的轮式磨耗法和GB/T 12967.1《铝及铝合金阳极氧化膜检测方法　第1部分　用喷磨试验仪测定阳极氧化膜的平均耐磨性》的喷磨法进行。试验方法以及验收标准由微弧氧化生产厂家和用户商定。GB/T 12967.2的轮式磨耗法只适于平板样品，非平板样品应采用GB/T 12967.1的喷磨法。

3）绝缘性

厚度超过$10\mu m$的膜层，表面电阻应大于$10^{10}\Omega$，氧化膜的绝缘性能按GB/T 1410《固体绝缘材料体积电阻率和表面电阻率试验方法》规定检测。

4）硬度

铝合金微弧氧化膜厚度超过$30\mu m$时，其硬度不小于800HV。按GB/T 9790《金属材料金属覆盖层及其他无机覆盖层维氏和努氏显微硬度试验》规定进行检验。

5）孔隙率

对微弧氧化后封孔的物件进行孔隙率检验。批量小的大型物件应 100% 检验；批量大的小型物件，可按 10% 比例抽检。若有一件不合格，则加倍抽检，如仍有一件不合格，则判定整批不合格。

8.5　分析与讨论

微弧氧化是一种可在铝合金表面原位生成陶瓷膜的表面处理技术，本章从降低微弧氧化膜疏松层比例和改善微弧氧化膜结构致密性出发，介绍了船用高性能微弧氧化膜的制备、强电流脉冲电子束对膜层性能的提升作用以及微弧氧化膜技术的实船应用，主要得到以下结论：

（1）响应曲面法是一种有效的微弧氧化电解液优化方法，通过合理的实验设计，可以揭示电解液各组分及各组分之间交互作用对微弧氧化膜性能的影响规律，在船用铝合金上获得性能优异的微弧氧化膜层。

（2）强电流脉冲电子束作为一种高能量的热源，可有效地将微弧氧化膜的疏松层转化为致密层，进一步显著提高膜层的硬度、耐磨性和耐腐蚀性能，为实现微弧氧化膜的全致密化提供了一种行之有效的方法。

（3）通过大型微弧氧化电源设备的设计和氧化工艺的优化，可实现一次性微弧氧化大面积铝合金工件、处理异形复杂工件的工程化应用，为铝船在海洋环境下的长寿命服役提供有力保障。

第 9 章

船体腐蚀损伤修补材料及工艺

因长期在海水和海洋环境中航行、停泊,铝质船体不可避免地遭受腐蚀。即使对于吨位不大的船舶,在船舶停歇和其他类似台风来临情况时,使用者将船舶置于船台或者其他离开水面的方式,腐蚀环境会有很大改善,但是干湿交替有可能引起防腐涂层的加速破坏和牺牲阳极的结壳而效率下降。船体腐蚀不可避免,铝质船体从外往里的点蚀令使用者非常担心,在定期检查后进行船体修补是必要的。进行船体修补的作用主要包括两个方面,一是防止局部点蚀的进一步发生,二是局部结构损伤补偿防止船体结构力学破坏。对铝质船体进行局部腐蚀修补的方法主要有焊接法和胶接法。本章将对相关的修补材料和工艺进行介绍。

9.1 概 述

9.1.1 铝质船体腐蚀

铝质船的腐蚀形式主要有电化学腐蚀、泥敷剂腐蚀、缝隙腐蚀和应力腐蚀等几种。一般由于船用铝合金韧性比较好,所以很少产生应力腐蚀。在海水中铝质船主要产生点蚀、电偶腐蚀、缝隙腐蚀及杂散电流腐蚀等。

铝船行业在国内、外发展都很快,但暴露的腐蚀问题也不少,近十年我们通过对国内数十艘船只调研、检查和跟踪,发现铝船腐蚀表面上有如下现象和规律。

(1) 在维修时发现外板点状腐蚀时有发生(注:钢船腐蚀常为均匀的),涂层在铲除前不见漆膜异常(注:钢船则会起泡),但漆膜铲除后却发现有针孔状腐蚀,具有隐蔽性。

(2) 异种金属接触的铝体腐蚀比单一铝结构腐蚀严重,尤其艉部非铝质推进器与铝质船体交界区域比其他部位严重;一些铝质设备部件存在异种金属接触腐蚀。

（3）铝质船的缝隙、转角、死角处的腐蚀较平直部位严重，不易维护的隐蔽处比敞露处易受到腐蚀。

（4）铝质船未涂装的内舱普遍存在白色斑点，且不同地域船只其腐蚀状况不一致，无擦拭保养的比有保养的斑点多。

（5）个别船只在建造或维修驻泊码头时，发现过密集的麻点腐蚀。

（6）其他疏忽或意外也会造成一些腐蚀：如船上排或进坞坐墩时未及时清理外板墩位处硬质海生物，使其受到挤压造成油漆破损形成腐蚀；牺牲阳极表面有涂漆或持有保护膜；悬挂阳极的导线两端绝缘套未剥掉、端部接触处未刮新或未刮掉氧化物；涂层破损未完全按涂装工艺来修补；部分牺牲阳极消耗完了没有及时更换；存在意外的机械损伤等。

9.1.2　铝质船体腐蚀的修复

1）腐蚀损伤修复的必要性

铝合金密度低，比强度高，可塑性好，具有优良的导电性、导热性和抗蚀性，长期以来，铝合金在宇航、船舶、汽车制造及其他民用领域都得到了广泛的应用。随着各国航运事业的发展和效率的需要，高速客运船舶及各类战斗舰艇越来越多地使用了铝合金作为船体结构材料。

船舶是一个复杂的系统，各种材料种类繁多，且目前铝质艇腐蚀防护基础理论研究还不够完善，长期航行于海洋中的铝质船不可避免地受到各种腐蚀介质的侵蚀，从而发生腐蚀。腐蚀会降低船舶的强度，给船舶带来很大的破坏，然而铝合金在造船上还远不如钢铁应用广泛，对铝船的腐蚀后修复远没有钢质船成熟，相应的规范或标准更是没有形成。

铝质船发生的腐蚀损伤严重地影响了船的安全性和使用寿命，迫切需要开展铝质船腐蚀损伤修补技术的研究。显然从腐蚀预防角度出发，应尽量消除一些不利因素，加强防腐措施的落实和管理；从修理防腐的角度出发，应针对腐蚀的程度制订合理可行的点蚀修复对策，有序、高效地开展铝质舰艇的修理工作。在研究点蚀形貌对船体强度产生影响的基础上，开展相关的点蚀修复材料和修复工艺研究，制订切实可行、操作性强的修复技术方案，并协助编制腐蚀控制相关技术文件。

2）腐蚀损伤的修补对策

铝质船体在修理时，一般原则是对已出现腐蚀的船体构件或设备进行修补或更换，最终达到恢复其原有功能，防腐措施及材料与原建造状态保持一致。但若发生异常腐蚀时，应辩证分析恢复或优化原来的防腐措施，保证其防腐持续完整有效。特别是防腐蚀涂料、牺牲阳极及绝缘材料的品牌和规格不能随意更换，若因防腐蚀材料引起严重腐蚀则需要更换。

目前针对铝质船腐蚀形态不同,主要采用的修复方法有胶接修复和焊接修复两种。胶接修复工艺及焊接修复工艺都是针对铝质船体材料而开发的修复技术,它们都是通过充分调研、试验、评价和分析而得到的成熟工艺。两种修复工艺工程化的可操作性非常强,可以节省大量的时间和人力成本,因而具有较好的经济价值。其中胶接修复是采用铝合金胶黏剂对腐蚀部位进行修复,其施工工艺简单,固化速度适中,可对腐蚀较浅斑点状腐蚀、非主要受力构件腐蚀等进行修复,适用面广且具有钝化防腐蚀作用,但其力学性能相对较差不适合腐蚀严重强构件的修复。焊接修复是铝质船最常见的修复技术,工艺成熟,可对铝合金表面的许多缺陷部位、磨损部位、腐蚀部位进行修复,修复部分强度变化小;但铝合金化学性质活泼,不能进行多次的焊接修复。

鉴于上述两种修复工艺都具有明显的优缺点,而目前铝质船的修复指导性文件较少,迫切需要对施工工艺进行改进优化,以获得稳定可靠的施工工艺,对施工单位人员进行技术指导。

铝质船修理应注意:修理前开展全船的防腐蚀综合检查,对防腐系统的有效性和完整性进行状态检查是防腐系统维护以及修缮的基础;制订针对性强的防腐修理方案,原则上应按原全船的防腐技术要求进行全面恢复;精密组织开展防腐修理,并重点关注几个关键部位——船体推进器附近、艉轴架、海底门及艏艉边、转角处的涂装,舱内外积水低洼处、卫生死角及缝隙处的清理及防腐措施恢复,完工后注意检查——确保舱内没有异种金属螺钉、螺母存留,船体外牺牲阳极的保护膜应清除;最后,船下水应进行船体电位测量,确保船体电位正常。

9.2 腐蚀损伤胶接修补材料

通过分别对铝质船的点蚀部位采用焊接修复和胶接修复两种工艺进行试验,并结合修复后综合性能的评价,优化两种工艺技术,提出切实可行的铝质船体点蚀修复技术方案。

9.2.1 胶黏剂的研制

试验:制备了两种含聚苯胺的胶黏剂:第一种由化学氧化法聚合所得 PANI 与 E44 环氧树脂共混而得;另一种是将聚苯胺聚合在纳米氮化钛(nano-TiN)表面,得到以纳米氮化钛为核,聚苯胺为壳的聚苯胺-纳米氮化钛(PANI-nano-TiN)复合材料,将 PANI-nano-TiN 与 E44 环氧树脂共混制得。将这两种胶涂敷在铝合金电极表面,胶层厚度控制在 $(40\pm5)\mu m$。在3.5%的 NaCl 溶液中,用开路电位和交流阻抗谱研究两种胶层的防腐蚀性能。

浸泡56d后,开路电位的测量结果表明,两种胶层涂敷的铝合金电极的电位都经历一个先负移后正移最后趋于稳定的变化过程。交流阻抗谱的结果显示,胶层低频电阻(频率为0.01Hz时的阻抗模值)也都经历了一个先降低后升高最后趋于稳定的变化过程,在浸泡56d后,低频电阻还能维持在$10^7\Omega$以上,分别为$3.955\times10^7\Omega$、$6.862\times10^7\Omega$,说明两种胶层对铝合金都有较好的防腐蚀作用,且后者的防腐蚀性能更强。胶层电极的电位、电阻都先降低可能是因为胶层中针孔处裸露的金属发生腐蚀,但随着浸泡时间的延长,针孔处裸露的金属会被PANI钝化,导致电位、阻抗又再次升高。而PANI-nano-TiN/复合环氧树脂胶防腐蚀性能的提高可能来自于聚苯胺与纳米氮化钛的协同作用:一方面纳米氮化钛增强了胶层的致密性,改善了其对腐蚀介质,特别是O_2和Cl^-的阻碍作用;另一方面将聚苯胺聚合在纳米氮化钛表面,能增大聚苯胺的有效作用面积,降低其渗逾值,提高聚苯胺的电化学活性。此外,为了提高胶黏剂的渗透性,还研制了具有高流变性的改性复合环氧树脂胶黏剂。

9.2.2 胶接修复工艺

1) 腐蚀孔的模拟制备

出于实验室胶接修复技术研究的需要,研究了如何快速、尺寸可控生成腐蚀孔的电化学制备工艺。目前,已能实现对腐蚀孔的外径、深度和数量的可控制备。具体工艺:先将5083铝合金阳极氧化、封孔处理后,得到一层致密的氧化膜,然后人为制造所需要的缺陷,再在海水中控制一定的阳极电位进行阳极溶解,通过控制时间得到具有一定深度的腐蚀孔。图9.1所示是一种经过上述工艺处理后得到的含有腐蚀孔的5083铝合金试样。

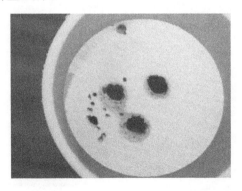

图9.1 含有模拟腐蚀孔的5083铝合金试样照片(孔径≤2mm,深度≤3mm)

2) 腐蚀孔的胶接修复工艺

制备好上述的模拟腐蚀孔后,经过打磨去除表面氧化膜,丙酮除油清洗,用制备好的胶黏剂填充腐蚀孔,对于小孔要采用高流变性的底胶,并尽可能驱除气泡,使胶能渗透到孔的底部,并且胶的填充量应过量,应覆盖所有孔的顶部。30min 初步固化,过夜后完全固化。固化后打磨清除过量的胶,具体示例如图9.2 所示。

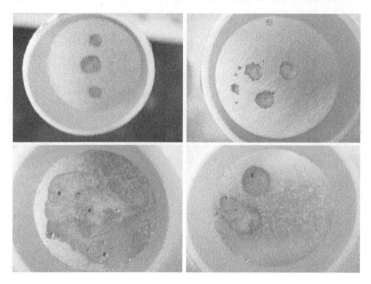

图9.2　模拟腐蚀孔的胶接修复照片

9.2.3　胶接修复后5083 铝合金的耐腐蚀性能

针对图9.2 中左上角的试样,分别在光滑的、有模拟腐蚀孔的和胶接修复后的试样上,在海水中进行了极化曲线和交流阻抗测试评价。图9.3 所示是极化曲线的测试结果。图9.4 所示是交流阻抗的测试结果。

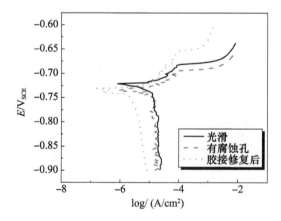

图9.3　光滑的、有腐蚀孔的和胶接修复后的试样在海水中的极化曲线(见彩插)

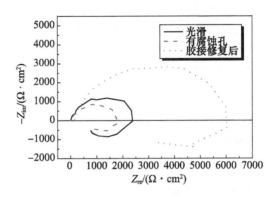

图 9.4 光滑的、有腐蚀孔的和胶接修复后的试样在海水中的交流阻抗谱(见彩插)

从图 9.3 和图 9.4 中可以看到,有模拟腐蚀孔的试样由于面积增大,腐蚀速度有所增大。然而,通过胶接修复后,一方面由于面积减小;另一方面由于胶黏剂的阳极保护作用,使得 5083 铝合金点蚀被抑制,点蚀击破电位正移近 50mV,电荷转移电阻值增大近 1 倍。结果表明采用的胶接修复技术是有效的。

9.2.4 胶黏剂的优化

经过优化,研制成功铝合金胶黏剂(两组分,体积比 A 组分∶B 组分 = 3∶1),见图 9.5。

图 9.5 铝合金胶黏剂

与一般环氧胶黏剂相比较具有的优势如表 9.1 所列。

表 9.1 与普通胶黏剂对比

	普通胶黏剂	研制胶黏剂
拉伸剪切强度	10MPa	15MPa
机械加工性能	不可以	可以,金刚石填料
钝化功能	无	有,类聚胺填料

续表

	普通胶黏剂	研制胶黏剂
初固化时间	2h	30min
完全固化时间	24h	12h
固化后收缩性	较大	小

9.2.5 胶接修复的防腐蚀效果评价

本实验先前采用了 5083 铝合金棒材(国产),制备了圆形试样。通过阳极氧化→人为缺陷→阳极溶解→腐蚀孔→水冲洗→干燥→补胶→打磨等工艺过程,最后得到胶接修复后的试样。将打磨好后的光滑试样和胶接修复试样放入青岛海水中自然浸泡 1 个月,其腐蚀形貌如图 9.6 所示。从图中可以看到,两个试样都出现了在环氧树脂与铝合金边缘处的缝隙腐蚀点,这说明在封样过程中环氧树脂与铝合金试样间存在微小缝隙,但其与胶接过程无关;而在试样中间,光滑试样存在多处点蚀孔,而胶接修复试样没有出现点蚀现象,表明胶接修复不仅可以修复缺陷部位,还可以明显抑制整个试样发生点蚀。

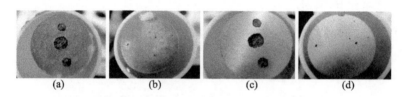

图 9.6 光滑试样和胶接修复试样在海水中浸泡 1 个月后轻微打磨前后的腐蚀照片

对此,进行了两种试样腐蚀 1 个月后的交流阻抗测试,如图 9.7 所示。从

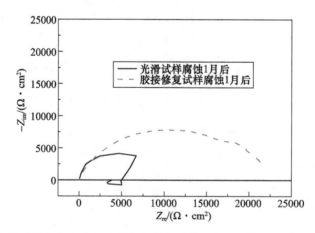

图 9.7 光滑试样和胶接修复试样在海水中浸泡 1 个月后的交流阻抗谱(见彩插)

图 9.7 中可见,光滑试样存在感抗,胶接修复试样没有,而且后者的电荷转移电阻远大于前者,验证了胶接修复部位通过钝化机制抑制了整个试样的点蚀发生。

9.2.6 胶接修复面积的影响

采用船用进口 5083 铝合金板材。通过极化曲线和交流阻抗,评价该材料与具有不同胶接修复面积试样的耐腐蚀性,试样尺寸为 2cm×2cm。具有不同胶接修复面积试样胶接前后的照片,如图 9.8 所示。

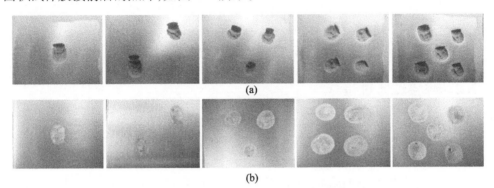

图 9.8 具有不同胶接修复面积试样胶接前后的照片
(a)腐蚀孔外观;(b)胶接打磨后外观。

9.3 焊接修补工艺

9.3.1 焊接用材料及设备

1) 试验材料

试板材料为 5083 铝合金,厚度为 10mm;焊丝材料为 ER5183 铝合金焊丝,焊丝直径为 ϕ3.2mm,合金成分见表 9.2;试验用 5083 板材力学性能见表 9.3。

表 9.2 5083 铝合金试板与 ER5183 铝合金焊丝合金成分

项目	Si/%	Fe/%	Cu/%	Mn/%	Mg/%	Cr/%	Zn/%	Ti/%	杂质/%	Al/%
试板	0.08	0.19	<0.10	0.77	4.69	0.082	<0.20	<0.10	<0.15	RE
焊丝	0.04	0.12	0.00	0.63	5.00	0.08	0.00	0.06	<0.15	RE

表 9.3 5083 铝合金试板力学性能

项目	试样状态	抗拉强度 R_m/MPa	屈服强度 $R_{p0.2}$/MPa	延伸率 A/%
数值	H116	315	164~168	24.4~25.6

2) 试验设备

试验用设备:FRONIUS MAGICWAVE 5000 TIG 焊机。

3) 坡口制备

制备焊接坡口,焊接试板尺寸为 δ10mm×100mm×200mm,沿长边加工单边 25°坡口,如图 9.9 所示。

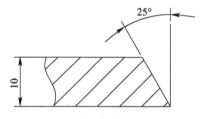

图 9.9　焊接试验坡口加工图

9.3.2　焊接试验过程

1) 预处理

焊前清理:去除铝材表面油污,然后进行化学清洗,50~60℃的磷酸溶液清洗,清洗时间为 2~3min,然后用清水冲净,清洗后的工件、焊丝必须干燥,干燥的工件及焊丝即可进行装配、焊接。施焊前,焊缝坡口及周围 25mm 范围内采用机械方法(铣刀、刮刀、电动不锈钢刷)清除表面氧化膜,直到暴露金属本色为止。多道焊时,下道焊缝焊接前,应检查前道焊缝质量及表面状况,如有缺陷应采取相应的措施予以去除。

2) 焊接参数确定

经过调试,焊接参数确定如表 9.4、表 9.5 所列。

表 9.4　10mm 厚 5083 合金 TIG 焊焊接参数

项目	电流/A	电压/V	氩气流量/(L/min)	焊接道数
TIG 打底	140~170	15~18	16	1
TIG 填充	160~190	17~19	15	1
TIG 盖面	160~190	17~19	15	1

表 9.5　10mm 厚 5083 合金 TIG+MIG 焊焊接参数

项目	电流/A	电压/V	氩气流量/(L/min)	焊接道数
TIG 打底	140~170	15~18	16	1
MIG 填充盖面	190~220	20~22	20	1

3) 焊接试验

(1) 首先进行焊前试验,即通过分析清理对焊接的影响,确定清理方法及要求。

简单清理:使用丙酮对腐蚀部位仔细擦拭,去除表面附着物后实施 TIG 补焊

(电流180A,电压110V),焊接操作出现飞溅,焊后表面成型质量差,有夹杂、气孔等缺陷。简单清理TIG补焊焊缝外观见图9.10。

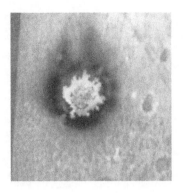

图9.10 简单清理TIG补焊焊缝外观

深度清理:使用硬质合金磨头对腐蚀部位进行机械清理,彻底去除氧化膜(修磨去除深度约1mm),分别实施TIG补焊及MIG补焊,焊接操作正常。TIG焊后表面颜色银白,成型质量好,见图9.11;MIG焊后质量稍差,出现飞溅、焊缝外观发黑现象,见图9.12。

图9.11 深度清理TIG补焊焊缝外观

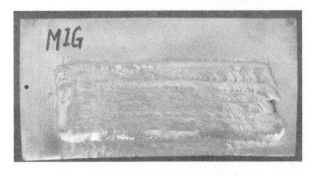

图9.12 深度清理MIG补焊焊缝外观

（2）焊接试验。分别进行 TIG 对接试验及 TIG 打底 + MIG 填充试验。焊接操作见图 9.13，焊缝外观见图 9.14。

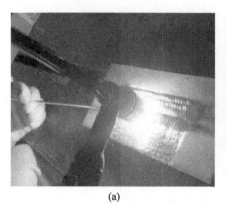 

图 9.13　TIG 及 MIG 操作图片
(a)TIG；(b)MIG。

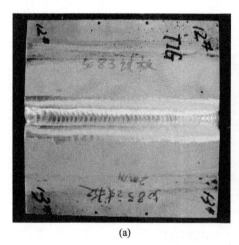 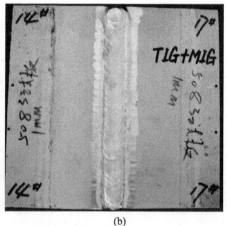

图 9.14　TIG 及 MIG 焊缝外观
(a)TIG；(b)MIG。

9.4　试验与验证

9.4.1　铝合金 5083 胶接修复综合性能表征

1. 胶黏剂的力学性能评价

试验方案：胶的拉伸剪切强度，胶接面积为 3.125 cm^2，夹持面 38.5mm（指机器上的夹持),夹持处到搭接端距离为50mm,以5mm/min的稳定速度加载,记录破坏时的最大负荷。

按照上述试验方案制备的试样如图9.15所示,试样的拉伸剪切力-时间曲线如图9.16所示,测试结果见表9.6。

图9.15 铝合金5083胶接修复剪切力拉伸试验测试样品照片

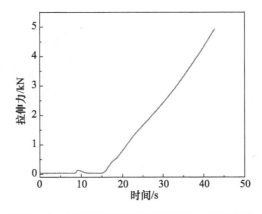

图9.16 中测试样品的拉伸剪切力-时间曲线

表9.6 铝合金5083胶接修复剪切力拉伸测试结果

破坏时最大载荷/kN	胶接面积/cm²	破坏时最大强度/MPa
4.93	3.125	15.77

从表9.6可以看出,试样断裂时的最大强度为15.77MPa,达到了胶黏剂拉伸剪切强度≥15MPa指标。

2. 胶接修复后力学性能评价

试验目标及方案:根据实际的腐蚀情况,我们在铝合金5083表面进行了人工模拟造孔,包括单孔、多孔点式分布、多孔连续分布等情况,之后样品经胶接工艺修复,再分别涂装IP公司的Intershield300环氧耐磨底漆和海悦公司的H900x环氧防锈底漆,评价胶接修复工艺对基体与底漆之间结合性能的影响,考察胶接修复面与底漆之间的兼容性。拉伸试验按照国家标准 GB/T 5210—2006《色漆和清漆 拉开法附着力试验》进行。

1）单孔修复

图 9.17 所示为铝合金 5083 模拟单孔蚀坑的样片经胶接修复后试片与底漆拉伸试验的断裂横截面照片,图 9.18 所示为铝合金 5083 模拟单孔蚀坑的样片经胶接后试样的拉伸力-时间曲线,试验的测试结果如表 9.7 所列。

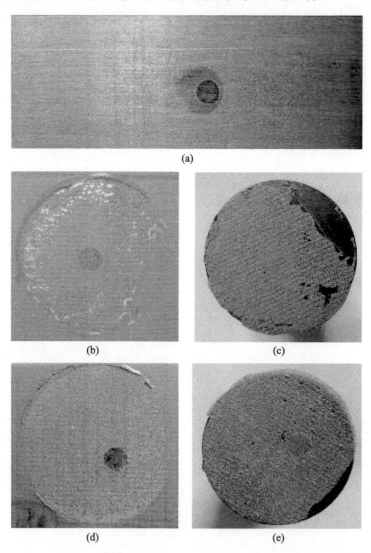

图 9.17 铝合金 5083 试样经胶接修复后试片与底漆拉伸试验的断裂横截面照片
（a）单孔蚀坑试样经胶接修复后的样片；(b)、(c) IP 底漆；(d)、(e) 海悦底漆。

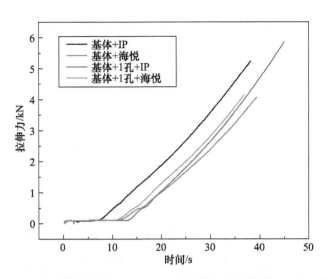

图 9.18　铝合金 5083 模拟单孔蚀坑的试样经胶接修复后的拉伸力 – 时间曲线(见彩插)

表 9.7　铝合金 5083 模拟单孔蚀坑试样经胶接修复后的拉伸测试结果

	基体 + IP	基体 + 1 孔 + IP	基体 + 海悦	基体 + 1 孔 + 海悦
断裂强度/MPa	16.69	18.63	12.99	13.24

从图 9.17(b) 和图 9.17(d) 可以看出,在 IP 底漆和海悦底漆断裂面处,胶接修复孔中的胶黏剂并没有被拉出,胶接修复孔周围完好,胶接修复表面与底漆之间结合良好。从表 9.7 中可以看出,完好的铝合金基体和 IP 底漆之间的结合强度为 16.69MPa,单孔胶接修复后基体与 IP 底漆之间的结合强度为 18.63MPa,两者之间数值相差不大,表明单孔胶接修复工艺对铝合金基体和 IP 底漆之间结合影响不大。从表 9.7 中还可以看出,完好的铝合金基体和海悦底漆之间的结合强度为 12.99MPa,单孔胶接修复后基体与海悦底漆之间的结合强度为 13.24MPa,两者之间数值相差不大,表明单孔胶接修复工艺对铝合金基体和海悦底漆之间结合影响不大。

总之,铝合金 5083 基体经单孔胶接修复后,胶接部位上的底漆(IP 和海悦)结合力基本和在 5083 铝合金基体上的结合力相当,表明胶接修复工艺对底漆和基体之间的结合性能影响不大,胶接修复面与底漆之间的兼容性较好。

2) 3 孔点式分布修复

图 9.19 所示为铝合金 5083 模拟多孔(3 孔)点式分布的蚀坑样片经胶接修复后试片与底漆拉伸试验的断裂横截面照片。

图 9.20 所示为铝合金 5083 模拟多孔(3 孔)点式分布的蚀坑样片经胶接后试样的拉伸力 – 时间曲线,试验的测试结果如表 9.8 所列。

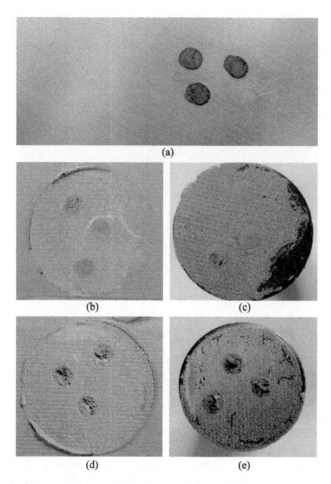

图 9.19 铝合金 5083 试样经胶接修复后试片与底漆拉伸试验的断裂横截面照片
(a) 多孔(3 孔)点式分布的蚀坑试样经胶接修复后样片;(b)、(c) IP 底漆;(d)、(e) 海悦底漆。

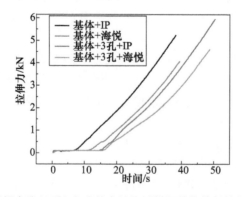

图 9.20 铝合金 5083 模拟多孔(3 孔)点式分布蚀坑试样经胶接修复拉伸力 – 时间曲线(见彩插)

表 9.8　铝合金 5083 模拟多孔(3 孔)点式分布
蚀坑试样经胶接修复后的拉伸测试结果

	基体 + IP	基体 + 3 孔 + IP	基体 + 海悦	基体 + 3 孔 + 海悦
断裂强度/MPa	16.69	18.94	12.99	14.64

从图 9.19(b)和图 9.19(d)可以看出,在 IP 底漆和海悦底漆断裂面处,胶接修复孔中的胶黏剂并没有被拉出,胶接修复孔周围完好,胶接修复表面与底漆之间结合良好。从表 9.8 中可以看出,完好的铝合金基体和 IP 底漆之间的结合强度为 16.69MPa,多孔点式分布(3 孔)胶接修复后基体与 IP 底漆之间的结合强度为 18.94MPa,两者之间数值相差不大,表明多孔点式分布(3 孔)胶接修复工艺对铝合金基体和 IP 底漆之间结合影响不大;完好的铝合金基体和海悦底漆之间的结合强度为 12.99MPa,多孔点式分布(3 孔)胶接修复后基体与海悦底漆之间的结合强度为 14.64MPa,两者之间数值相差不大,表明多孔点式分布(3 孔)胶接修复工艺对铝合金基体和海悦底漆之间结合影响不大。

总之,铝合金 5083 基体经多孔(3 孔)点式分布胶接修复后,胶接部位上的底漆(IP 和海悦)结合力基本和在 5083 铝合金基体上的结合力相当,表明胶接修复工艺对底漆和基体之间的结合性能影响不大,胶接修复面与底漆之间的兼容性较好。

3) 4 孔点式分布修复

图 9.21 所示为铝合金 5083 模拟多孔(4 孔)点式分布的蚀坑样片经胶接修复后试片与底漆拉伸试验的断裂横截面照片。图 9.22 所示为铝合金 5083 模拟多孔(4 孔)点式分布的蚀坑样片经胶接后试样的拉伸力-时间曲线,试验的测试结果如表 9.9 所列。从图中可以看出,在 IP 底漆和海悦底漆断裂面处,胶接修复孔中的胶黏剂并没有被拉出,胶接修复孔周围完好,胶接修复表面与底漆之间结合良好。从表 9.9 中可以看出,完好的铝合金基体和 IP 底漆之间的结合强度为 16.69MPa,多孔点式分布(4 孔)胶接修复后基体与 IP 底漆之间的结合强度为 17.29MPa,两者之间数值相差不大,表明多孔点式分布(4 孔)胶接修复工艺对铝合金基体和 IP 底漆之间结合影响不大;完好的铝合金基体和海悦底漆之间的结合强

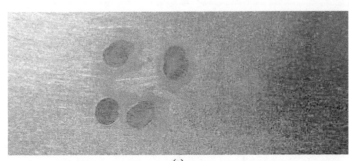

(a)

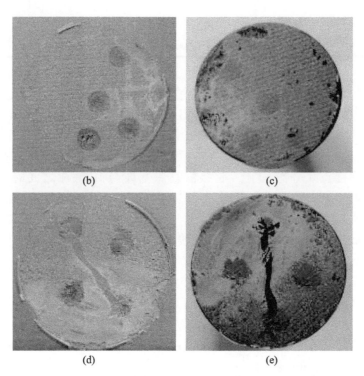

图9.21 铝合金5083试样经胶接修复后试片与底漆拉伸试验的断裂横截面照片
(a)多孔(4孔)点式分布的蚀坑试样经胶接修复后样片;(b)、(c)IP底漆;(d)、(e)海悦底漆。

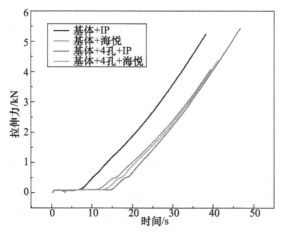

图9.22 铝合金5083模拟多孔(4孔)点式分布蚀坑试样经胶接修复拉伸力-时间曲线(见彩插)

度为12.99MPa,多孔点式分布(4孔)胶接修复后基体与海悦底漆之间的结合强度为13.92MPa,两者之间数值相差不大,表明多孔点式分布(4孔)胶接修复工艺对铝合金基体和海悦底漆之间结合影响不大。

表9.9 铝合金5083模拟多孔(4孔)点式分布蚀坑试样经胶接修复后的拉伸测试结果

	基体+IP	基体+4孔+IP	基体+海悦	基体+4孔+海悦
断裂强度/MPa	16.69	17.29	12.99	13.92

总之,铝合金5083基体经多孔(4孔)点式分布胶接修复后,胶接部位上底漆(IP和海悦)结合力基本和在5083铝合金基体上结合力相当,表明胶接修复工艺对底漆和基体之间的结合性能影响不大,胶接修复面与底漆之间的兼容性较好。

4) 5孔点式分布修复

图9.23所示为铝合金5083模拟多孔(5孔)点式分布的蚀坑样片经胶接修复

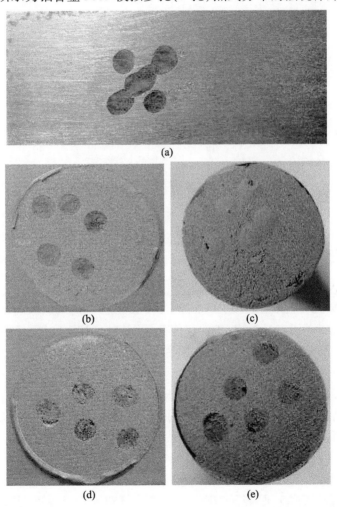

图9.23 铝合金5083试样经胶接修复后试片与底漆拉伸试验的断裂横截面照片
(a)多孔(5孔)点式分布的蚀坑试样经胶接修复后样片;(b)、(c)IP底漆;(d)、(e)海悦底漆。

后试片与底漆拉伸试验的断裂横截面照片。图9.24所示为铝合金5083模拟多孔(5孔)点式分布的蚀坑样片经胶接后试样的拉伸力-时间曲线,试验的测试结果如表9.10所列。

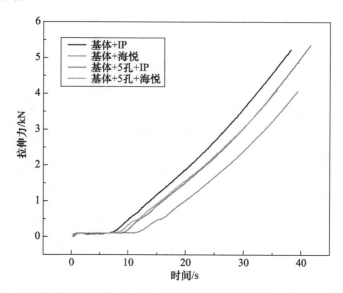

图 9.24　铝合金 5083 模拟多孔(5孔)点式分布蚀坑试样经胶接修复拉伸力-时间曲线(见彩插)

表 9.10　铝合金 5083 模拟多孔(5孔)点式分布蚀坑试样经胶接修复后的拉伸测试结果

	基体+IP	基体+5孔+IP	基体+海悦	基体+5孔+海悦
断裂强度/MPa	16.69	17.07	12.99	13.12

从图9.24(b)和图9.24(d)可以看出,在IP底漆和海悦底漆断裂面处,胶接修复孔中的胶黏剂并没有被拉出,胶接修复孔周围完好,胶接修复表面与底漆之间结合良好。从表9.10中可以看出,完好的铝合金基体和IP底漆之间的结合强度为16.69MPa,多孔点式分布(5孔)胶接修复后基体与IP底漆之间的结合强度为17.07MPa,两者之间数值相差不大,表明多孔点式分布(5孔)胶接修复工艺对铝合金基体和IP底漆之间结合影响不大;完好的铝合金基体和海悦底漆之间的结合强度为12.99MPa,多孔点式分布(5孔)胶接修复后基体与海悦底漆之间的结合强度为13.12MPa,两者之间数值相差不大,表明多孔点式分布(5孔)胶接修复工艺对铝合金基体和海悦底漆之间结合影响不大。

总之,铝合金5083基体经多孔(5孔)点式分布胶接修复后,胶接部位上的底漆(IP和海悦)结合力基本和在5083铝合金基体上的结合力相当,表明胶接修复工艺对底漆和基体之间的结合性能影响不大,胶接修复面与底漆之间的兼容性较好。

5) 多孔连续分布修复

图 9.25 所示为铝合金 5083 模拟多孔连续分布的蚀坑样片经胶接修复后试片与底漆拉伸试验的断裂横截面照片。

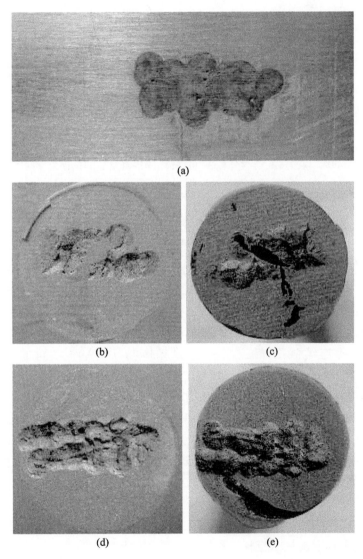

图 9.25　铝合金 5083 试样经胶接修复后试片与底漆拉伸试验的断裂横截面照片
(a) 多孔连续分布的蚀坑试样经胶接修复后的样片；(b)、(c) IP 底漆；(d)、(e) 海悦底漆。

图 9.26 所示为铝合金 5083 模拟多孔连续分布的蚀坑样片经胶接后试样的拉伸力-时间曲线，试验的测试结果如表 9.11 所列。

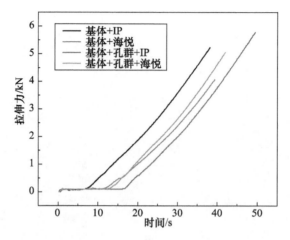

图 9.26　铝合金 5083 模拟多孔连续分布蚀坑试样经胶接修复后的拉伸力-时间曲线(见彩插)

表 9.11　铝合金 5083 模拟多孔连续分布的
蚀坑试样经胶接修复后的拉伸测试结果

	基体+IP	基体+孔群+IP	基体+海悦	基体+孔群+海悦
结合强度/MPa	16.69	18.43	12.99	16.11

从图 9.25(b)和图 9.25(d)可以看出,在 IP 底漆和海悦底漆断裂面处,胶接修复孔中的胶黏剂并没有被拉出,胶接修复孔周围完好,胶接修复表面与底漆之间结合良好。从表 9.11 中可以看出,完好的铝合金基体和 IP 底漆之间的结合强度为 16.69MPa,多孔连续式分布胶接修复后基体与 IP 底漆之间的结合强度为 18.43MPa,说明修复处胶接强度达到超过了 IP 底漆强度,不会对 IP 底漆的结合造成影响;完好的铝合金基体和海悦底漆之间的结合强度为 12.99MPa,单孔胶接修复后基体与海悦底漆之间的结合强度为 16.11MPa,说明修复处胶接强度达到超过了海悦底漆强度,不会对海悦底漆的结合造成影响。

总之,铝合金 5083 基体经多孔连续式分布胶接修复后,胶接修复面不会影响底漆的结合性能,与底漆之间的兼容性较好。

综合上面的试验结果可以看出,对于单孔、多孔点式分布和多孔连续式分布的蚀坑试样,采用胶接修复工艺修复后,胶接修复面与底漆之间表现出较好匹配性和兼容性,达到了预期的技术指标。

3. 中性盐雾试验

试验目的:在以上力学性能的基础上,进一步对单孔蚀坑及多孔点式分布蚀坑的胶接修复试样进行了耐腐蚀性评价,考察胶接修复后的试样表面胶黏剂与基体的结合情况。

试验方案:采用中性盐雾试验,具体试验方案参照国家标准 GB/T 10122—2021《人造气氛腐蚀试验-盐雾试验》的规定进行操作。

图 9.27 所示为铝合金 5083 基体不同时间的盐雾试验照片。从图中可以看出,铝合金 5083 基体表面在 0h 时,能够呈现出银白色的金属光泽。当盐雾时间为 120h,基体表面出现开始出现点状分布的白锈。随着盐雾时间的进一步延长,白锈的覆盖面积进一步增大,并逐渐呈片状分布。当盐雾时间为 480h 后,铝合金表面已经基体被白锈所覆盖。此后,随着盐雾试验时间的进一步延长,铝合金基体表面形貌基本没有变化。

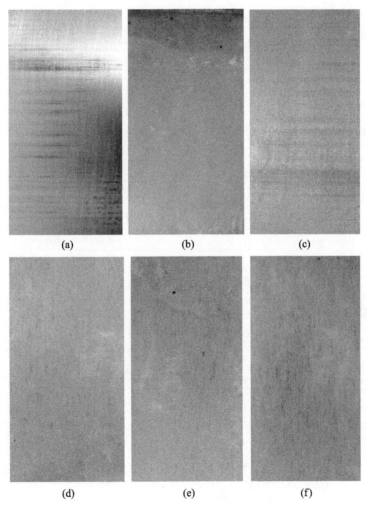

图 9.27　铝合金 5083 基体不同时间的盐雾试验照片
(a)0h;(b)120h;(c)240h;(d)480h;(e)720h;(f)1000h。

图 9.28 所示为铝合金 5083 基体+单孔修复试片在不同时间的盐雾试验照片。从图 9.28 中可以看出,铝合金 5083 基体+单孔胶接修复试片表面在 0h 时,呈现出银白色的金属光泽,胶接修复孔边缘与基体结合紧密,胶接修复面没有缺陷。当盐雾时间为 240h,基体表面出现开始出现片状分布的白锈,此时胶接修复孔边缘及胶接修复面没有出现明显加速腐蚀的现象。随着盐雾时间进一步延长,铝合金表面已经基体被白锈所覆盖,但胶接修复孔表面形貌基本没有变化,修复孔边缘与基体依然结合紧密,表明单孔胶接修复试样经过 1000h 盐雾试验后,修复部位没有出现明显加速腐蚀现象,达到了修复的预期目的。

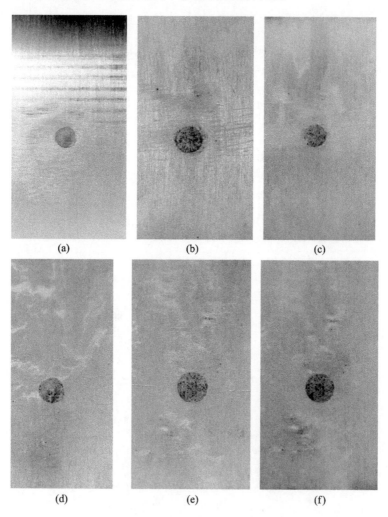

图 9.28 铝合金 5083 基体+单孔胶接修复试片在不同时间的盐雾试验照片
(a)0h;(b)120h;(c)240h;(d)480h;(e)720h;(f)1000h。

图 9.29 所示为铝合金 5083 基体 +2 孔胶接修复试片在不同时间的盐雾试验照片。从图 9.29 中可以看出，铝合金 5083 基体 +2 孔胶接修复试片表面在 0h 时，呈现出银白色的金属光泽，胶接修复孔边缘与基体结合紧密，胶接修复面没有缺陷。当盐雾时间为 120h，基体表面出现开始出现点分布的白锈，此时胶接修复孔边缘及胶接修复面没有出现明显加速腐蚀的现象。随着盐雾时间进一步延长，铝合金基体表面和胶接修复孔表面形貌变化不大，修复孔边缘与基体依然结合紧密，表明 2 孔胶接修复试样经过 1000h 盐雾试验后，修复部位没有出现明显加速腐蚀现象，达到了修复的预期目的。

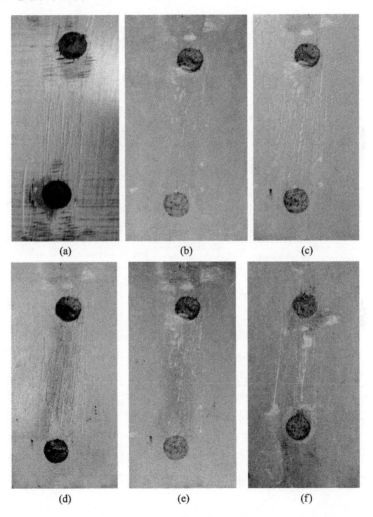

图 9.29 铝合金 5083 基体 +2 孔胶接修复试片在不同时间的盐雾试验照片
(a)0h；(b)120h；(c)240h；(d)480h；(e)720h；(f)1000h。

图9.30所示为铝合金5083基体+3孔胶接修复试片在不同时间的盐雾试验照片。从中可以看出,铝合金5083基体+3孔胶接修复试片表面在0h时,呈现出银白色的金属光泽,胶接修复孔边缘与基体结合紧密,胶接修复面没有缺陷。当盐雾时间为240h,基体表面出现开始出现点分布的白锈,此时胶接修复孔边缘及胶接修复面没有出现明显加速腐蚀的现象。随着盐雾时间进一步延长,铝合金基体表面和胶接修复孔表面形貌变化不大,修复孔边缘与基体依然结合紧密,表明3孔胶接修复试样经过1000h盐雾试验后,修复部位没有出现明显加速腐蚀现象,达到了修复的预期目的。

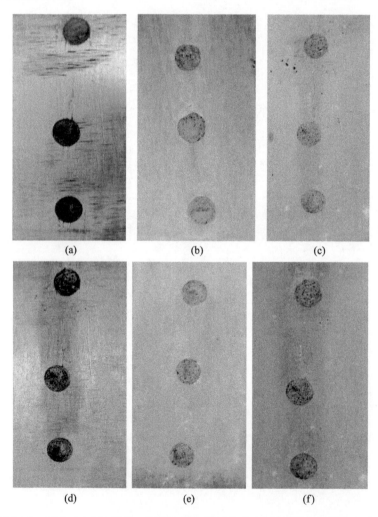

图9.30 铝合金5083基体+3孔胶接修复试片在不同时间的盐雾试验照片
(a)0h;(b)120h;(c)240h;(d)480h;(e)720h;(f)1000h。

图 9.31 所示为铝合金 5083 基体 +4 孔胶接修复试片在不同时间的盐雾试验照片。从中可以看出,铝合金 5083 基体 +4 孔胶接修复试片表面在 0h 时,呈现出银白色的金属光泽,胶接修复孔边缘与基体结合紧密,胶接修复面没有缺陷。当盐雾时间为 120h,基体表面出现开始出现片状分布的白锈,此时胶接修复孔边缘及胶接修复面没有出现明显加速腐蚀的现象。随着盐雾时间进一步延长,铝合金基体表面和胶接修复孔表面形貌变化不大,修复孔边缘与基体依然结合紧密,表明 4 孔胶接修复试样经过 1000h 盐雾试验后,修复部位没有出现明显加速腐蚀现象,达到了修复的预期目的。

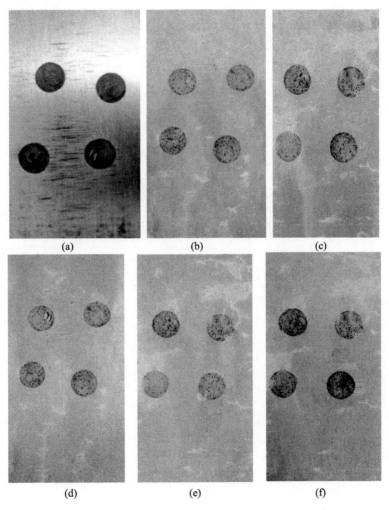

图 9.31　铝合金 5083 基体 +4 孔胶接修复试片在不同时间的盐雾试验照片
(a)0h;(b)120h;(c)240h;(d)480h;(e)720h;(f)1000h。

图 9.32 所示为铝合金 5083 基体 +5 孔胶接修复试片在不同时间的盐雾试验照片。从图中可以看出,铝合金 5083 基体 +5 孔胶接修复试片表面在 0h 时,呈现出银白色的金属光泽,胶接修复孔边缘与基体结合紧密,胶接修复面没有缺陷。当盐雾时间为 120h,基体表面出现开始出现点分布的白锈,此时胶接修复孔边缘及胶接修复面没有出现明显加速腐蚀的现象。随着盐雾时间进一步延长,铝合金基体表面和胶接修复孔表面形貌变化不大,修复孔边缘与基体依然结合紧密,表明 5 孔胶接修复试样经过 1000h 盐雾试验后,修复部位没有出现明显加速腐蚀现象,达到了修复的预期目的。

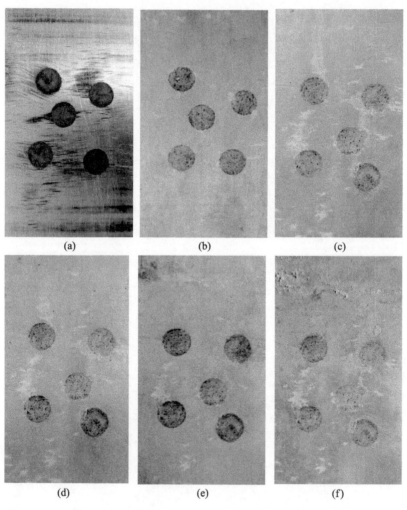

图 9.32 铝合金 5083 基体 +5 孔胶接修复试片在不同时间的盐雾试验照片
(a) 0h;(b) 120h;(c) 240h;(d) 480h;(e) 720h;(f) 1000h。

综上所述,铝合金单孔及多孔点式分布胶接修复试样经过 1000h 盐雾试验后,修复部位没有出现明显加速腐蚀现象,达到了预期的技术指标。

4. 电化学测试

试验目的及方案:采用电化学阻抗的测试方法,考察单孔蚀坑及多孔点式分布蚀坑试样在胶接修复前后阻抗谱图的特征,评价试样修复前后耐腐蚀性的变化。

图 9.33 所示是具有不同胶接修复面积试样胶接前后的交流阻抗谱。从图 9.33(a)中可以看到,铝合金试样在胶接修复前,在低频区出现了明显的感抗,这是由试样表面的人造点蚀坑造成的。从图 9.33(b)中可以看到,低频区代表点腐蚀特征感抗弧消失,转而表现为钝化膜阻碍的扩散特征,表明试样经胶接修复后可以显著抑制 5083 铝合金的点蚀,基体的抗点腐蚀能力明显提高,达到了预期的试验目的。

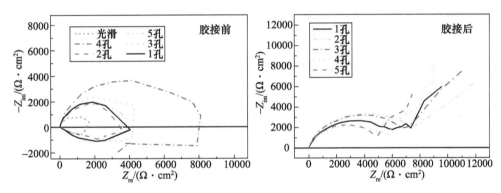

图 9.33　具有不同胶接修复面积试样胶接前后的交流阻抗谱图(见彩插)

9.4.2　铝合金焊接修复综合性能表征

1. X 射线探伤

试验目的及方案:检测铝合金焊接修复试样在焊接处接头处的焊接性能,试验操作按照行业标准 NB/T 47013.2—2015《承压设备无损检测 第 2 部分:射线检测》进行。修复部位的性能要求达到Ⅱ级,即焊接接头内不允许存在裂纹、未熔合、双面焊及加垫板单面焊中的未焊透、夹铜。

测试结果为合格,达到了预期的而技术指标。

2. 着色探伤

试验目的及方案:检测铝合金焊接修复试样在修复过程中是否在焊接接头表面产生开口缺陷,试验操作按照行业标准 NB/T 47013.5—2015《承压设备无损检测 第 5 部分:渗透检测》进行。修复部位的性能要求达到Ⅰ级,即焊接接头表面不允许出现线性缺陷,圆形缺陷直径 $d \leqslant 1.5$,且在评定框内少于或等于 1 个。

测试结果为合格,达到了预期的技术指标。

3. 力学性能测试

试验方案:铝合金焊缝拉伸力学性能不小于铝合金基材强度的90%。测试结果见表9.12。

表9.12 采用不同焊接方式的铝合金5083试样的拉伸试验的测试结果

	铝合金基材	铝合金TIG焊	铝合金TIG+MIG焊
断裂强度/MPa	285	280	290

从表9.12中可以看出,铝合金基材断裂强度的90%是256.5MPa,采用TIG和MIG+TIG焊接工艺的铝合金试样的断裂强度都已经超过这个数值,达到了预期的技术指标规定。

9.5 应用与小结

9.5.1 两种修补技术的实际应用

两种铝合金表面修补技术在铝质船上的实际应用方案如下:

1)艇体铝板腐蚀测量

(1)用深度表或深度尺测量腐蚀斑点、坑点深度时,作为测量基准面的两侧表面应平整。

(2)用超声波测厚仪测厚时,测厚仪应经计量检定,且合格;测点部位应磨平、打光。

(3)估算铝板的腐蚀累计宽度比,在一块铝板上应选择腐蚀最严重的一个肋距,估算腐蚀区域的累计宽度(b)与板宽(B)之比,以$b/B \times 100\%$表示,见图9.34、图9.35。

(4)当一块铝板的腐蚀累计宽度比$b/B \geqslant 50\%$时,应在相连腐蚀区域内,沿板宽方向测两点:一点为腐蚀最深处,另一点为腐蚀最浅处(如一点能代表该肋距腐蚀区域截面平均厚度可测一点,必要时也可多测几点),其平均值作为该肋距内铝板腐蚀区域截面平均厚度。

2)修复要求

(1)分散的点腐蚀。腐蚀深度不超过铝板原始厚度的50%时,应胶补并磨平;若腐蚀深度超过铝板原始厚度50%,应进行焊补、挖补或割换。

(2)密集的点腐蚀。在一个肋距范围内,有三个以上的腐蚀点,其深度超过铝板原始厚度的40%,应挖补或割换;小于或等于三个点时,若腐蚀深度不超过铝板原始厚度的50%时,应胶补,腐蚀深度超过铝板原始厚度50%,则应挖补。

第 9 章 船体腐蚀损伤修补材料及工艺

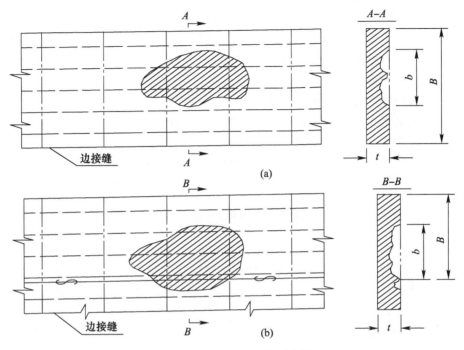

图 9.34 一个腐蚀区的示意图
(a) $b/B > 50\%$; (b) $b/B > 75\%$。

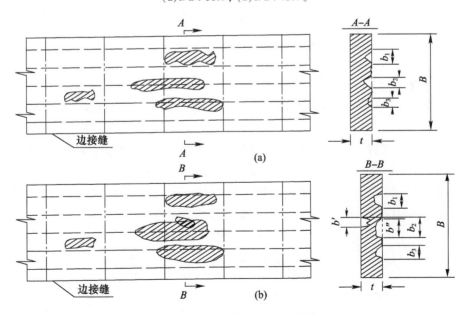

图 9.35 多个腐蚀区的示意图
(a) $b/B > 50\%$, $b = b_1 + b_2 + b_3$; (b) $b/B > 75\%$, $b = b_1 + b_2 + b_3$。

（3）局部腐蚀。在一个肋距范围内，当腐蚀累计宽度比 $b/B<50\%$ 时，若腐蚀深度超过铝板原始厚度的 40%，应进行挖补或割换，割换长度一般不小于板长的 1/3；腐蚀深度不超过铝板原始厚度的 40%，应进行胶补。

当腐蚀累计宽度比 $b/B<50\%$，且腐蚀区域沿板长方向大于板长的 1/2，深度超过铝板原始厚度的 40% 时，一般应进行割换，割换部分应不小于板宽的 1/2。

（4）内部舱室及上层建筑腐蚀的修复要求。在维修和日常使用过程中，如发现内部舱室及上层建筑有点蚀和局部腐蚀现象，可以随时进行胶补并磨平。胶补前，应尽可能清除腐蚀部位的腐蚀产物和油污，并按照胶黏剂使用说明书进行胶补。

9.5.2 船用 5083 铝合金胶黏剂使用工艺

船用 5083 铝合金胶黏剂，主要由环氧树脂和多种功能填料经过科学配制而成。胶层黏结强度高，固化后可进行打磨等机械加工，耐油、耐水、耐温、耐老化等综合性能，特别是具有钝化 5083 铝合金的防腐蚀功能，固化后外观颜色为铝色。主要用于船用 5083 铝合金缺陷部位的胶接修复。

1）主要技术性能指标

（1）室温 30min 初固化，12h 后可完全固化；

（2）使用温度：$-60\sim180$℃；

（3）力学性能：拉伸剪切强度 $\geqslant15$MPa；

（4）储藏：密封储存于阴凉处；

（5）保质期：1 年。

2）主要用途

该胶黏剂主要应用于船用 5083 铝合金缺陷部位的胶接修复及其堵漏与密封。

3）使用工艺

（1）将 A 组分（银灰色）与 B 组分（黄色）按体积比 3∶1 混合均匀直至颜色一致，并于调好后 20min 内施胶，否则胶初固化会丧失流动性。

（2）修复部位应机械打磨，并用高压水冲洗不易打磨到的缺陷部位深处，如果有明显的油污应用丙酮清洗，再彻底将修复部位用水清洗干净，用热风机吹干，然后涂胶。

（3）当气温较低时，可用热风机将胶加温填补；当填充微孔时，可在胶中加入微量丙酮，提高胶的流动性进行填补，填补时可用类似牙签尖状物实施。

（4）冬季温度低于 15℃时，应适当延长固化时间，或加温固化。

（5）填补时要采用过赢方式，固化后可将多余部分手工或机械打磨掉，如存在缺陷可二次补胶。

9.5.3 铝合金焊接修复工艺

1）材料及设备

（1）结构焊接材料应采用 5183 铝合金焊丝，其材料的化学成分应符合 GB/T 3190—2020 的规定值；

（2）使用的氩气应符合 GB/T 4842—2017 的规定；

（3）焊接设备选用具有高频起弧功能的交流氩弧焊机。

2）施焊环境

温度 >5℃、湿度 <60%、风速 ≤1m/s 时，方可进行补焊。

3）焊前清理

施焊前，将腐蚀区域采用机械方法（铣刀、刮刀、电动不锈钢刷）清除表面氧化膜，直到暴露金属本色为止，然后用压缩空气吹净表面尘屑。多道焊时，下道焊缝焊接前，应检查前道焊缝质量及表面状况，如有缺陷应采取相应的措施予以去除。

4）焊接参数

采用氩弧焊进行堆焊焊补，堆焊后高出周边区域 1~2mm。焊后对补焊区域进行打磨，要求与周边圆滑过渡。具体焊接参数如表 9.13 所列。

表 9.13　5083 合金 TIG 焊焊接参数

项目	电流/A	电压/V	氩气流量/(L/min)
TIG 打底	140~170	15~18	15~20
TIG 填充、盖面	160~190	17~19	15~20

5）检验

对焊补后的区域应进行外观检查和渗透探伤检验，要求补焊区域不得有裂纹、气孔、未熔合等缺陷。对不合格的焊区要求重新补焊，并对焊补情况作出详细记录。

9.5.4 分析与讨论

针对于铝质船的腐蚀情况，对两种铝合金表面修补技术工艺进行了综合评价，得到了如下结论：

（1）铝合金点腐蚀试样经胶接修复后，胶接修复面与底漆之间表现出较好匹配性和兼容性；经过 1000h 盐雾试验后，修复部位没有出现明显加速腐蚀现象；可以显著抑制点蚀的发生，基体的抗点腐蚀能力明显提高。

（2）铝合金经焊接修复后，焊缝无损探伤达到了行业标准的 Ⅱ 级水平，焊缝的着色检测达到了行业标准的 Ⅰ 级水平，焊缝的力学性能高于铝基材强度的 90%。目前针对铝质船的腐蚀情况分别开发了胶接修复技术和焊接修复技术。通过前期工艺开发及对修复后综合性能的评价,两种修复工艺可操作性及性能稳定性显示良好。此外,评价结果显示两种修复工艺针对特定的腐蚀情况有较好的修复效果,彼此之间优势互补。

(3)获得了一种适合铝合金5083腐蚀孔或坑部位胶接修复用的双组分环氧树脂类铝合金胶黏剂及其施工工艺。其含有的功能填充物不仅可修复腐蚀部位,还具有钝化防腐蚀作用,以及较高的力学性能,与底漆更强的结合力;其施工工艺简单,固化速度适中,对不同面积、不同深度的腐蚀孔都能进行修复,适用面广。

(4)胶接修复工艺及焊接修复工艺都是针对铝质船体材料而开发的修复技术,它们都是通过充分调研、试验、评价和分析而得到的成熟工艺。将来结合实艇应用对施工工艺进行改进优化,即可获得稳定可靠的施工工艺,可实现对施工单位人员技术培训和技术后续支持。可见,两种修复工艺工程化的可操作性非常强,可以节省大量的时间和人力成本,因而具有显著的经济价值。

参 考 文 献

[1] ROGOV A B,SHAYAPOV V R. The role of cathodic current in PEO of aluminum:Influence of cationic electrolyte composition on the transient current – voltage curves and the discharges optical emission spectra[J]. Applied Surface Science,2017,394:323 – 332.

[2] YEROKHIN A L,SNIZHKO L O,GUREVINA N L,et al. Discharge characterization in plasma electrolytic oxidation of aluminum[J]. Journal of Physics D – Applied Physics,2003,36:2110 – 2120.

[3] YEROKHIN A L,SHATROV A,SAMSONOV V,et al. Oxide ceramic coatings on aluminum alloys produced by a pulsed bipolar plasma electrolytic oxidation process[J]. Surface & Coatings Technology,2005,199(2 – 3):150 – 157.

[4] ALMEIDA E,DIAMANTINO T C,DE SOUSA O. Marine paints:the particular case of antifouling paints[J]. Progress in Organic Coatings,2007,59(1):2 – 20.

[5] POLAT A,MAKARACI M,USTA M. Influence of sodium silicate concentration on structural and tribological properties of microarc oxidation coatings on 2017A aluminum alloy substrate[J]. Journal of Alloys and Compounds,2010,504:519 – 526.

[6] BAIER R E. Surface behaviour of biomaterials:the theta surface for biocompatibility[J]. Journal of Materials Science:Materials in Medicine,2006,17:1057 – 1062.

[7] BAKOS I,SZABÓ S. Corrosion behaviour of aluminum in copper containing environment[J]. Corrosion Science,2008,50(1):200 – 205.

[8] 鲍戈拉德 И. Я.,等. 海船的腐蚀与防护[M]. 王日义,杜桂枝,译. 北京:国防工业出版社,1983.

[9] 边蕴静. 船舶防污涂料最新进展[J]. 中国涂料,2015,30(08):9 – 12.

[10] BRESSY C,HUGUES C,MARGAILLAN A. Characterization of chemically active antifouling paints using electrochemical impedance spectrometry and erosion tests[J]. Progress in Organic Coatings,2009,64(1):89 – 97.

[11] BING W,TIAN L M,WANG Y J. Bio – inspired non – bactericidal coating used for antibiofouling[J]. Advanced materials technologies,2019,4:1800480.

[12] BIRBILIS N,ZHU Y M,KAIRY S K,et al. A closer look at constituent induced localized corrosion in Al – Cu – Mg alloys[J]. Corrosion Science,2016,113:160 – 171.

[13] BRITO C,VIDA T,FREITAS E,et al. Cellular/dendritic arrays and intermetallic phases affecting corrosion and mechanical resistances of an Al – Mg – Si alloy[J]. Journal of Alloys and Compounds,2016,673:220 – 230.

[14] BUCHHEIT R G,MARTINEZ M A,MONTES LP. Evidence for Cu ion formation by dissolution and dealloying the Al_2CuMg intermetallic compound in rotating ring – disk collection experiments[J]. Journal of the Electrochemical Society,2000,147(1):119 – 124.

[15] CARROLL W M,BRESLIN C B. Stability of passive films formed on aluminum in aqueous halide solutions[J]. British Corrosion Journal,1991,26(4):255 – 259.

[16] CAO J Y,ZHANG H L,CHENG W H,et al. An evaluation on effect of antifouling paint on corrosion resistance of aluminum alloy by electrochemistry test[J]. Development and Application of Materials,2008,23(3):1 – 5.

[17] 曹楚南. 腐蚀电化学原理:第3版[M]. 北京:化学工业出版社,2008.
[18] 曹浩宜,方志刚,陈晋辉,等. 5083铝合金表面单致密微弧氧化膜的制备及其性能研究[J]. 中国腐蚀与防护学报,2020,40(3):251-258.
[19] DONG C,WU A,HAO S,et al. Surface treatment by high current pulsed electron beam[J]. Surface & Coatings Technology,2003,163-164:620-624.
[20] CIRIMINNA R,BRIGHT F V,PAGLIARO M. Ecofriendly antifouling marine coatings[J]. ACS Sustainable Chemistry & Engineering,2015,3(4):559-565.
[21] DUNLEAVY C S,GOLOSNOY I O,CURRAN J A,et al. Characterisation of discharge events during plasma electrolytic oxidation[J]. Surface & Coatings Technology,2009,203:3410-3419.
[22] HUGUES C,BRESSY C,BARTOLOMEO P,et al. Complexation of an acrylic resin by tertiary amines:synthesis and characterisation of new binders for antifouling paints[J]. European Polymer Journal,2003,39(2):319-326.
[23] 陈鸿海. 金属腐蚀学[M]. 北京:北京理工大学,1995.
[24] MOSHIER W C,LONG G G,BLACK D R,et al. Passive film structure of supersaturated Al-Mo alloys[J]. Journal of the Electrochemical Society,1991,138(11):3194-3199.
[25] 德克斯特 S C. 海洋工程材料手册[M]. 陈舜年,译. 北京:海洋出版社,1982.
[26] DOMÍNGUEZ-CRESPO M A,TORRES-HUERTA A M,RODIL S E,et al. XPS and EIS studies of sputtered Al-Ce films formed on AA6061 aluminum alloy in 3.5% NaCl solution[J]. Journal of Applied Electrochemistry,2010,40(3):639-651.
[27] 杜克勤,寇瑾,严川伟. 黑色微弧氧化陶瓷膜的制备及其性能研究[J]. 材料保护,2003,36(6):27-29.
[28] MATYKINA E,ARRABAL R,PARDO A,et al. Energy-efficient PEO process of aluminum alloys[J]. Materials Letters,2014,127:13-16.
[29] MATYKINA E,ARRABAL R,SKELDON P,et al. AC PEO of aluminum with porous alumina precursor films[J]. Surface & Coatings Technology,2010,205(6):1668-1678.
[30] MATYKINA E,ARRABAL R,SKELDON P,et al. Investigation of the growth processes of coatings formed by AC plasma electrolytic oxidation of aluminum[J]. Electrochimica Acta,2009,54:6767-6778.
[31] EZUBER H,EL-HOUD A,EL-SHAWESH F. A study on the corrosion behavior of aluminum alloys in seawater[J]. Materials and Design,2008,29(4):801-805.
[32] 方志刚. 铝合金防腐蚀技术问答[M]. 北京:化学工业出版社,2012.
[33] FRATILA-APACHITEI L E,TICHELAAR F D,THOMPSON G E,et al. A transmission electron microscopy study of hard anodic oxide layers on AlSi(Cu) alloys[J]. Electrochimica Acta,2004,49(19):3169-3177.
[34] FOLEY R T,NGUYEN T H. The chemical nature of aluminum corrosion:V. energy transfer in aluminum dissolution[J]. Journal of the Electrochemical Society,1982,129(3):464-467.
[35] 高洪涛,吴国华,丁文江. 镁合金疲劳性能的研究现状[J]. 铸造技术,2003,24(4):266-268.
[36] GB/T 16474—2011. 变形铝及铝合金牌号表示方法[S].
[37] GB/T 3190—2020. 变形铝及铝合金化学成分[S].
[38] GB/T 16475—2008. 变形铝及铝合金状态代号[S].
[39] GB/T 6824—2008. 船底防污漆铜离子渗出率测定法[S].
[40] GHODSELAHI T,VESAGHI M A,SHAFIEKHANI A,et al. XPS study of the Cu@Cu_2O core-shell nanoparticles[J]. Applied Surface Science,2008,255(5 Part 2):2730-2734.
[41] GUBICZA J,CHINH N Q,HORITA Z,et al. Effect of Mg addition on microstructure and mechanical properties

of aluminum[J]. Materials Science and Engineering A,2004,387-389(1-2):55-59.

[42] 郭瑞光,杨杰,康娟. 铝合金表面钛酸盐化学转化膜研究[J]. 电镀与涂饰,2006,25(1):46-48.

[43] HORST R L. Corrosion evaluation of aluminum easy-open ends on tinplate cans[J]. Materials Performance,1977,16(3):23-28.

[44] 侯保荣,等. 海洋腐蚀环境理论及其应用[M]. 北京:科学出版社,1999.

[45] 胡津,罗仁胜,姚忠凯,等. 铝基复合材料的腐蚀行为[J]. 腐蚀科学与防护技术,2000,12(4):234-236.

[46] 黄桂桥. 金属在海水中的腐蚀电位研究[J]. 腐蚀与防护,2000,21(1):8-11.

[47] 黄桂桥. 铝合金在海洋环境中的腐蚀研究(Ⅰ)-海水潮汐区16年暴露试验总结[J]. 腐蚀与防护,2002,23(1):18-23.

[48] 黄桂桥. 铝合金在海洋环境中的腐蚀研究(Ⅱ)-海水全浸区16年暴露试验总结[J]. 腐蚀与防护,2002,23(2):47-50.

[49] 黄桂桥. 铝合金在海洋环境中的腐蚀研究(Ⅲ)-海水飞溅区16年暴露试验总结[J]. 腐蚀与防护,2003,24(2):47-57.

[50] 黄建中,左禹. 材料的耐腐蚀性和腐蚀数据[M]. 北京:化学工业出版社,2003.

[51] HUANG L,PENG F,OHUCHI F S. "In situ" XPS study of band structures at Cu_2O/TiO_2 heterojunctions interface[J]. Surface Science,2009,603(17):2825-2834.

[52] 迪安 J A. 兰氏化学手册[M]. 北京:科学出版社,2003:90-130.

[53] JIANG H C,YE L Y,ZHANG X M,et al. Intermetallic phase evolution of 5059 aluminum alloy during homogenization[J]. Transactions of Nonferrous Metals Society of China (English Edition),2013,23(12):3553-3560.

[54] 机械工业理化检验人员技术培训和资格鉴定委员会. 力学性能试验[M]. 上海:上海科学普及出版社,2003.

[55] MARTIN J,MELHEM A,SHCHEDRINA I,et al. Effects of electrical parameters on plasma electrolytic oxidation of aluminum[J]. Surface & Coatings Technology,2013,221:70-76.

[56] TIAN J,LUO Z Z,QI S K,et al. Structure and antiwear behavior of micro-arc oxidized coatings on aluminum alloy[J]. Surface and Coatings Technology,2002,154:1-7.

[57] KHEDR M G A,LASHIEN A M S. The role of metal cations in the corrosion and corrosion inhibition of aluminum in aqueous solutions[J]. Corrosion Science,1992,33(1):137-151.

[58] KIIL S,WEINELL C E,PEDERSEN M S,et al. Analysis of self-polishing antifouling paints using rotary experiments and mathematical modeling[J]. Industrial and Engineering Chemistry Research,2001,40(18):3906-3920.

[59] LEJARS M,MARGAILLAN A,BRESSY C. Fouling release coatings:a nontoxic alternative to biocidal antifouling coatings[J]. Chemical Reviews,2012,112(8):4347-4390.

[60] LIAO C M,OLIVE J M,GAO M,et al. In-situ monitoring of pitting corrosion in aluminum alloy 2024[J]. Corrosion,1998,54(6):451-458.

[61] LIAO C M,WEI R P. Galvanic coupling of model alloys to aluminum-a foundation for understanding particle-induced pitting in aluminum alloys[J]. Electrochimica Acta,1999,45(6):881-888.

[62] 林乐耘,赫崇富,赵月红,等. 铝及铝合金在海洋不同区带暴露16年的耐腐蚀性规律研究:第四届全国腐蚀大会论文集[C/OL]. 北京:中国腐蚀与防护学会,2003:137-139.

[63] 林乐耘,赵月红,崔大为. 我国海域表层海水对铝镁合金腐蚀性的研究:腐蚀与控制:第三届海峡两岸

材料腐蚀与防护研讨会论文集[C/OL]. 北京:化学工业出版社,2002:103-107.

[64] 林乐耘,赵月红. 厦门海域海水对铝镁合金腐蚀的苛刻性及其电化学机理[J]. 电化学,2003,9(3):299-307.

[65] 李国莱,张慰胜,管从胜. 重防腐涂料[M]. 北京:化学工业出版社,1999.

[66] LINARDIA E, HADDADA R, LANZANIA L. Stability analysis of the Mg_2Si phase in AA 6061 aluminum alloy [J]. Procedia Materials Science,2012,1:550-557.

[67] 林玉珍,杨德钧. 腐蚀与腐蚀控制原理[M]. 北京:中国石化出版社,2007.

[68] LI S M, LI Y D, ZHANG Y, et al. Effect of intermetallic phases on the anodic oxidation and corrosion of 5A06 aluminum alloy[J]. International Journal of Minerals, Metallurgy and Materials,2015,22(2):167-174.

[69] 刘晓东,崔向红,苏桂明,等. 低表面能防污涂料研究进展[J]. 化学工程师,2017,31(12):54-57.

[70] LIU M, ZANNA S, ARDELEAN H, et al. A first quantitative XPS study of the surface films formed, by exposure to water, on Mg and on the Mg-Al intermetallics: Al_3Mg_2 and $Mg_{17}Al_{12}$[J]. Corrosion Science,2009,51(5):1115-1127.

[71] 刘永辉,张佩芬. 金属腐蚀学原理[M]. 北京:航空工业出版社,1993.

[72] 吕新宇. 5083铝合金轧制板研究[J]. 轻合金加工技术,2002,30(3):15-19.

[73] 梁成浩. 现代腐蚀科学与防护技术[M]. 上海:华东理工大学出版社,2007.

[74] LOPEZ-GARRITY O, FRANKEL G S. Corrosion inhibition of aluminum alloy 2024-T3 by sodium molybdate[J]. Journal of the Electrochemical Society,2013,161(3):C95-C106.

[75] LU X, ZUO Y, ZHAO X, et al. The influence of aluminum tri-polyphosphate on the protective behavior of Mg-rich epoxy coating on AZ91D magnesium alloy[J]. Electrochimica Acta,2013,93:53-64.

[76] LYNDON J A, GUPTA R K, GIBSON M A, et al. Electrochemical behaviour of the β-phase intermetallic(Mg_2Al_3) as a function of pH as relevant to corrosion of aluminum-magnesium alloys[J]. Corrosion Science,2013,70:290-293.

[77] 马泗春. 材料科学基础[M]. 西安:陕西科学技术出版社,1998.

[78] MA C F, YANG H J, ZHOU X, et al. Polymeric material for antibiofouling[J]. Colloids and Surfaces B: Biointerfaces,2012,100:31-35.

[79] MENG C, ZHANG D, CUI H, et al. Mechanical properties, intergranular corrosion behavior and microstructure of Zn modified Al-Mg alloys[J]. Journal of Alloys and Compounds,2014,617:925-932.

[80] MOTA R O, LIU Y, MATTOS O R, et al. Influences of ion migration and electric field on the layered anodic films on Al-Mg alloys[J]. Corrosion Science,2008,50(5):1391-1396.

[81] MOUTARLIER V, GIGANDET M P, PAGETTI J. Characterisation of pitting corrosion in sealed anodic films formed in sulphuric, sulphuric/molybdate and chromic media[J]. Applied Surface Science,2003,206(1-4):237-249.

[82] MUELLER W J, NOWACKI L J. Ship's hull coated with antifouling silicone rubber: US3702778DA[P]. 1972.

[83] NISANCIOGLU K. Electrochemical behavior of aluminum-base intermetallics containing iron[J]. Journal of the Electrochemical Society,1990,137(1):69-77.

[84] PATAKHAM U, LIMMANEEVICHITR C. Effects of iron on intermetallic compound formation in scandium modified Al-Si-Mg alloys[J]. Journal of Alloys and Compounds,2014,616:198-207.

[85] PERES R S, ZMOZINSKI A V, BRUST F R, et al. Multifunctional coatings based on silicone matrix and propolis extract[J]. Progress in Organic Coatings,2018,123:223-231.

[86] ANANDA K S, SASIKUMAR A. Studies on novel silicone/phosphorus/sulphur containing nano-hybrid epoxy

anticorrosive and antifouling coatings[J]. Progress in Organic Coatings,2010,68(3):189-200.

[87] SCULLY J R,HENSLEY S T. Lifetime prediction for organic coatings on steel and a magnesium alloy using electrochemical impedance methods[J]. Corrosion,1994,50(9):705-716.

[88] SELIM M S,YANG H,EL-SAFTY S A,et al. Superhydrophobic coating of silicone/β-MnO_2 nanorod composite for marine antifouling[J]. Colloids and Surfaces A:Physicochemical and Engineering Aspects,2019,570:518-530.

[89] MOSHIER W C,DAVIS G D,FRITZ T L,et al. The Influence of Tungsten Alloying Additions on the Passivity of Aluminum[J]. Journal of the Electrochemical Society,1991,138(11):3288-3295.

[90] SIMPSON J,SKILLINGBERG M. Aluminum boats prove their mettle[N]. Marine Time(on line),2004-02-10.

[91] SZKLARSKA-SMIALOWSKA Z. Pitting corrosion of aluminum[J]. Corrosion Science,1999,41(9):1743-1767.

[92] 孙秋霞. 材料腐蚀与防护[M]. 北京:冶金工业出版社,2001.

[93] 田小梅. ZK60镁合金强流脉冲电子束表面改性及复合表面处理研究[D]. 沈阳:东北大学,2008.

[94] VALKIRS A O,SELIGMAN P F,HASLBECK E,et al. Measurement of copper release rates from antifouling paint under laboratory and in situ conditions:implications for loading estimation to marine water bodies[J]. Marine Pollution Bulletin,2003,46(6):763-779.

[95] DEHNAVI V,LUAN B L,LIU X Y,et al. Correlation between plasma electrolytic oxidation treatment stages and coating microstructure on aluminum under unipolar pulsed DC mode[J]. Surface & Coatings Technology,2015,269:91-99.

[96] DEHNAVI V,LUAN B L,SHOESMITH D W,et al. Effect of duty cycle and applied current frequency on plasma electrolytic oxidation(PEO) coating growth behavior[J]. Surface & Coatings Technology,2013,226:100-107.

[97] VIJH A K. The pitting potentials of metals:the case of titanium[J]. Corrosion Science,1973,13:805-806.

[98] VOULVOULIS N,SCRIMSHAW M D,LESTER J N. Alternative antifouling biocides[J]. Applied Organometallic Chemistry,1999,13(3):135-143.

[99] 王亚明,蒋百灵,雷廷权,等. 电参数对Ti6Al4V合金微弧氧化陶瓷膜结构特性的影响[J]. 无机材料学报,2003,18(6):1325-1330.

[100] 王光雍,王海江,李兴濂,等. 自然环境的腐蚀与防护[M]. 北京:化学工业出版社,1997:91-100.

[101] 王凤平,康万利,敬和民,等. 腐蚀电化学原理、方法及应用[M]. 北京:化学工业出版社,2008.

[102] 王虹斌,方志刚,蒋百灵. 微弧氧化技术及其在海洋环境中的应用[M]. 北京:国防工业出版社,2010.

[103] 王曰义,刘玉梅. 海洋工程材料在海水中的腐蚀行为比较:1998年全国腐蚀电化学及测试方法学术讨论会论文集[C/OL]. 北京:中国腐蚀与防护学会,1998:136-142.

[104] 王珏. 船舶用铝合金材料(船用铝合金介绍系列文章之二)[J]. 轻金属,1994(06):58-64.

[105] 汪国平. 船舶涂料与涂装技术:第2版[M]. 北京:化学工业出版社,2006.

[106] 魏铭,叶桐,代校军,等. 一种有机硅改性丙烯酸锌吡啶/硫铜锌防污涂料及制备方法与应用:CN110452596A[P]. 2019.

[107] YANG W J,NEOH K G,KANG E T,et al. Polymer brush coatings for combating marine biofouling[J]. Progress in Polymer Science,2014,39(5):1017-1042.

[108] 翁端,火时中. 铝在海水中蚀孔生长的特点[J]. 中国腐蚀与防护学报,1987(04):286-291.

[109] WONG T S,KANG S H,TANG S K Y,et al. Bioinspired self-repairing slippery surfaces with pressure-sta-

ble omniphobicity[J]. Nature,2011,477(7365):443 – 447.
[110] WANG X H,LI J,ZHANG J Y,et al. Polyaniline as marine antifouling and corrosion – prevention agent [J]. Synthetic Metals,1999,102(1 – 3):1377 – 1380.
[111] 夏兰廷,黄桂桥,张三平. 金属材料的海洋腐蚀与防护[M]. 北京:冶金工业出版社,2003.
[112] 肖纪美,曹楚南. 材料腐蚀学原理[M]. 北京:化学工业出版社,2002.
[113] XIE Q Y,ZENG H H,PENG Q M,et al. Self – stratifying silicone coating with nonleaching antifoulant for marine anti – biofouling. Advance Materials Interfaces[J],2019,6(13):1900535.
[114] XIN S,SONG L,ZHAO R,et al. Influence of cathodic current on composition,structure and properties of Al_2O_3 coatings on aluminum alloy prepared by micro – arc oxidation process[J]. Thin Solid Films,2006,515(1):326 – 332.
[115] 徐祖耀,李麟. 材料热力学[M]. 北京:科学出版社,1999:75 – 77.
[116] 徐增华. 金属耐腐蚀材料[J]. 腐蚀与防护,2001,22(1):46 – 48.
[117] 颜肖慈,罗明道. 界面化学[M]. 北京:化学工业出版社,2005:111 – 148.
[118] YASAKAU K A,ZHELUDKEVICH M L,LAMAKA S V,et al. Role of intermetallic phases in localized corrosion of AA5083[J]. Electrochimica Acta,2007,52(27):7651 – 7659.
[119] YANG X F,VANG C,TALLMAN D E,et al. Weathering degradation of a polyurethane coating[J]. Polymer Degradation and Stability,2001,74(2):341 – 351.
[120] 杨武. 金属的局部腐蚀[M]. 北京:化学工业出版社,1995.
[121] 杨月波. 超声活化前处理对 AZ91D 镁合金化学镀 Ni – W – P 镀层耐腐蚀性能的影响[D]. 哈尔滨:哈尔滨工程大学,2015.
[122] 杨金花,赵晖,杜春燕,等. 工艺参数对 LY12 铝合金复合涂层的影响[J]. 沈阳理工大学学报,2013,32(6):66 – 70.
[123] CHENG Y L,CAO J H,MAO M,et al. Key factors determining the development of two morphologies of plasma electrolytic coatings on an Al – Cu – Li alloy in aluminate electrolytes[J]. Surface & Coatings Technology,2016,291:239 – 249.
[124] CHENG Y L,WANG T,LI S X,et al. The effects of anion deposition and negative pulse on the behaviours of plasma electrolytic oxidation(PEO) – A systematic study of the PEO of a Zirlo alloy in aluminate electrolytes[J]. Electrochimica Acta,2017,225:47 – 68.
[125] 于福洲,金属材料的耐腐蚀性[M]. 北京:科学出版社,1982.
[126] 虞兆年. 防腐蚀涂料和涂装[M]. 北京:化学工业出版社,2002.
[127] 曾荣昌,韩恩厚. 材料的腐蚀与防护[M]. 北京:化学工业出版社,2006.
[128] 张文毓. 钛白粉的开发与应用[J]. 船舶物资与市场,2007(01):15 – 17.
[129] 张平,李奇,赵军军,等. 7A52 铝合金中第二相分析及微区电位测试[J]. 中国有色金属学报,2011,21(06):1252 – 1257.
[130] ZENG F L,WEI Z L,Li J F,et al. Corrosion mechanism associated with Mg_2Si and Si particles in Al – Mg – Si alloys[J]. Transactions of Nonferrous Metals Society of China(English Edition),2011,21(12):2559 – 2567.
[131] 张菊梅. 能量参数对钛合金微弧氧化膜层表面形貌及膜层/环氧树脂结合强度的影响[D]. 西安:西安理工大学,2004.
[132] 张金彬. 铝合金表面微等离子体氧化黑色陶瓷膜制备工艺及其成膜机理研究[D]. 重庆:重庆大学,2005.
[133] 赵麦群,雷阿丽. 金属的腐蚀与防护[M]. 北京:国防工业出版社,2002.

[134] 赵文珍. 材料表面工程导论[M]. 西安:西安交通大学出版社,1998:235-236.
[135] 赵玉峰,杨世彦,韩明武. 等离子体微弧氧化技术及其发展[J]. 材料导报. 2006,20(6):102-104.
[136] 钟涛生. 能量参数对铝合金微弧氧化陶瓷层形成的影响[D]. 陕西:西安理工大学,2005.
[137] ZHOU X,XIE Q Y,MA C F,et al. Inhibition of marine biofouling by use of degradable and hydrolyzable silyl zcrylate copolymer[J]. Journal:Industrial & Engineering Chemistry Research,2015,54(39):9559-9565.
[138] 周凯,谢发勤,吴向清,等. 铝、镁、钛基材料微弧氧化涂层摩擦学性能研究进展[J]. 稀有金属材料与工程,2019,48(11):3753-3763.
[139] 朱静. 铝合金微弧氧化陶瓷层生长过程及耐磨性能的研究[D]. 西安:西安理工大学,2004.
[140] 朱日彰. 金属腐蚀学[M]. 北京:冶金工业出版社,1989.
[141] 朱祖芳,等. 有色金属的耐腐蚀性及其应用[M]. 北京:化学工业出版社,1995.
[142] 朱祖芳. 铝合金阳极氧化与表面处理技术[M]. 北京:化学工业出版社,2004.

内 容 简 介

本书系统论述铝船腐蚀防护材料和工艺的基本原理及设计方法,较为全面地阐述了海水环境中铝合金材料的腐蚀特性、有机涂层下铝合金材料腐蚀规律。提出了铝合金专用高耐腐蚀性涂层、耐冲刷防污涂层、牺牲阳极等先进防护材料设计方法,概述了船体微弧氧化、腐蚀修补材料及工艺在海洋工程领域的最新研究进展。

本书的读者对象为从事船舶腐蚀控制设计、材料研制、使用保障的理论研究人员和工程技术人员,也可供从事其他领域腐蚀控制的研究人员以及大专院校的师生参考。

This book takes the aluminum alloy ship as the research object. In this book, the basic principles and design methods of corrosion protection materials and technologies have been discussed systematically. The corrosion performance of aluminum alloy in seawater environment and the corrosion law of aluminum alloy under the protection of organic coatings have been more comprehensively expounded. The design methods of advanced protective materials have been proposed including high corrosion resistance coatings, erosion – corrosion resistant and antifouling coatings, sacrificial anodes, and corrosion resistance isolation seals special for aluminum alloy. The latest research progress in the field of marine engineering has been summarized including materials and technologies of micro – arc oxidation and corrosion repair.

The readers of this book are theoretical researchers and engineering technicians engaged in corrosion control design of ships, material development, and operational support. This book can also be used as a reference for researchers engaged in corrosion control of other fields and teachers and students in colleges and universities.

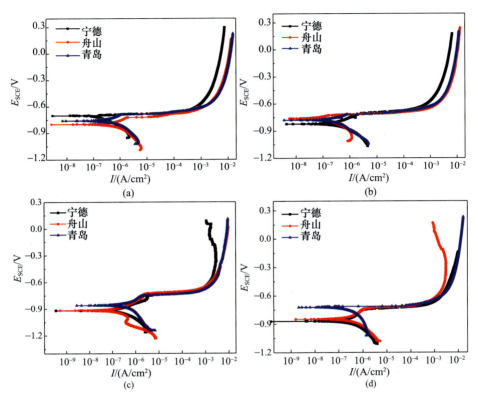

图 3.15 5083 铝合金在不同季度海水中的动电位极化曲线
(a)春季;(b)夏季;(c)秋季;(d)冬季。

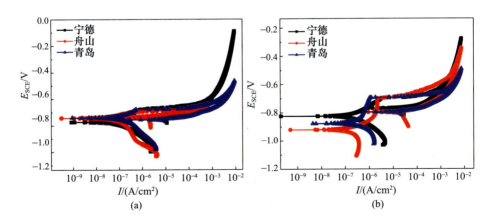

彩 1

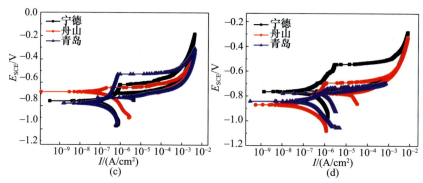

图 3.17　5083 铝合金在不同季度海水中的循环极化曲线

(a)春季；(b)夏季；(c)秋季；(d)冬季。

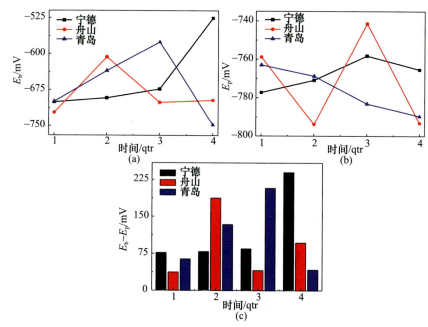

图 3.18　循环极化曲线拟合结果

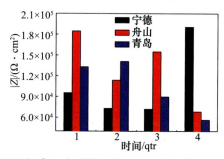

图 3.20　5083 铝合金在不同季度海水中的电荷转移电阻对比图

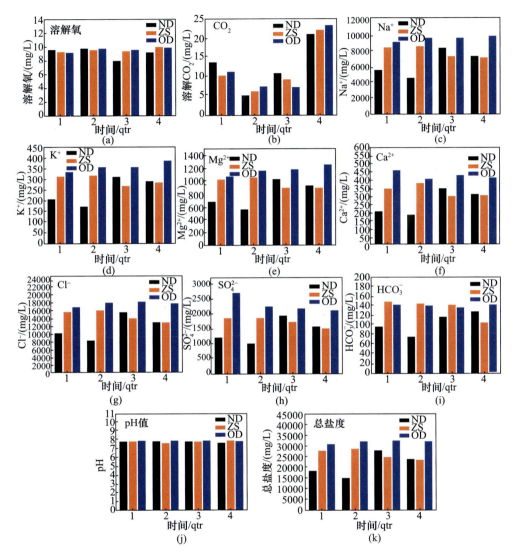

图 3.27 各海域海水环境因素变化趋势图

(a)溶解氧；(b)CO_2；(c)Na^+；(d)K^+；(e)Mg^{2+}；(f)Ca^{2+}；
(g)Cl^-；(h)SO_4^{2-}；(i)HCO_3^-；(j)pH 值；(k)总盐度。

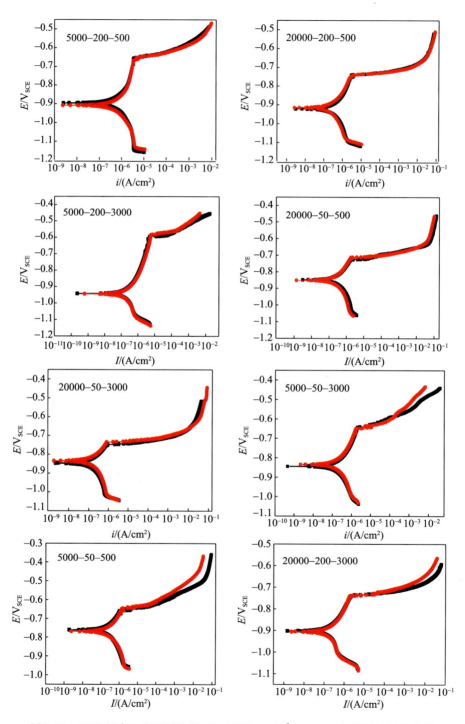

图 3.29　5083 铝合金在不同浓度 Cl^-、HCO_3^-－SO_4^{2-}（mg/L）条件下的极化曲线

彩 4

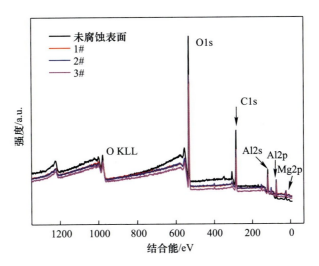

图 3.40　5083 铝合金在 1#、2#、3#电解液中浸泡 48h 以及未腐蚀的 XPS

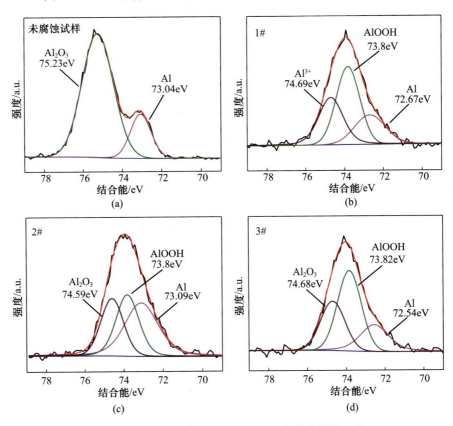

图 3.42　5083 铝合金在 1#、2#、3#电解液中浸泡 48h
以及未腐蚀的 Al 高分辨能谱图

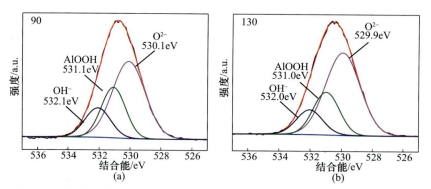

图 3.43　5083 铝合金在 90mg/L HCO_3^- 以及 130mg/L HCO_3^-（5000mg/L Cl^-）溶液中浸泡 48h 的 O 高分辨能谱图

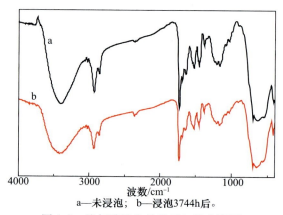

a—未浸泡；b—浸泡 3744h 后。

图 4.8　聚氨酯漆失效前后红外光谱图

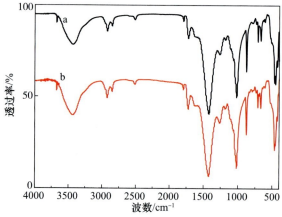

图 4.15　氯化橡胶涂层浸泡前后红外光谱图

a—未浸泡的空白样；b—浸泡 3408h 后。

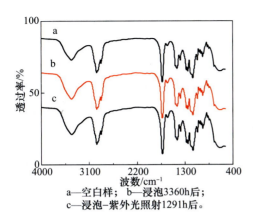

图 4.20 丙烯酸涂层的红外光谱图

a—空白样; b—浸泡3360h后;
c—浸泡-紫外光照射1291h后。

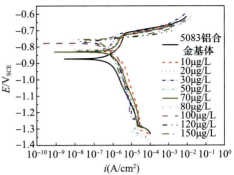

图 4.22 5083 铝合金在含不同 Cu^{2+} 浓度的 3.5% NaCl 溶液中的极化曲线

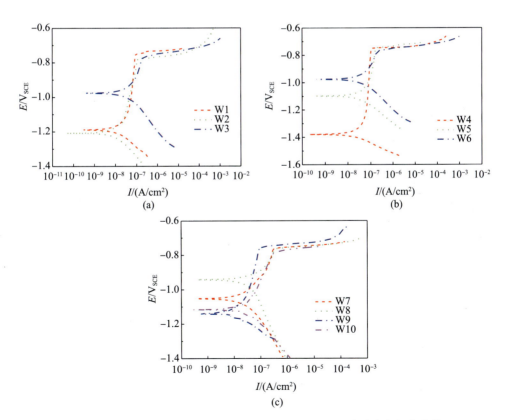

图 4.28 十字破损的防腐防污配套体系在 3.5% NaCl 溶液中的极化曲线

(a) W1、W2 和 W3; (b) W4、W5 和 W6; (c) W7、W8、W9 和 W10。

彩 7

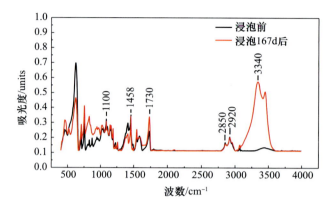

图 4.56 浸泡前/浸泡 167d 防污涂层的 FT-IR 分析

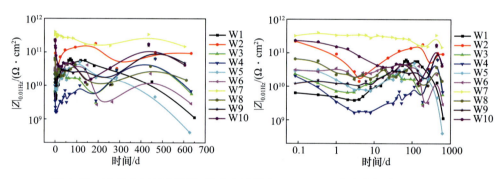

图 4.59 10 种完好复合涂层/铝合金试样在 3.5% NaCl 溶液中 $|Z|_{0.01Hz}$ 的比较

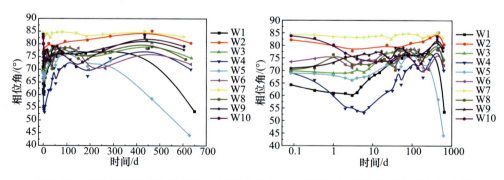

图 4.60 10 种完好复合涂层/铝合金试样在 3.5% NaCl 溶液中 10Hz 下的相位角的比较

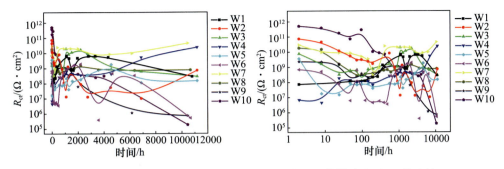

图 4.61 10 种完好复合涂层/铝合金试样表面电荷转移电阻 R_{ct} 的比较

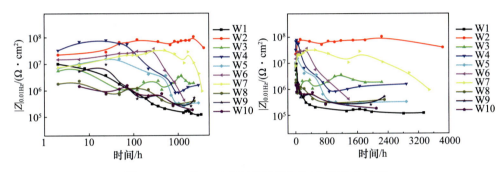

图 4.64 10 种人工十字破损复合涂层/铝合金试样
在 3.5% NaCl 溶液中 $|Z|_{0.01Hz}$ 的比较

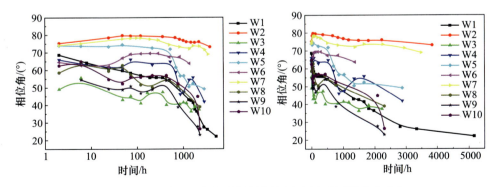

图 4.65 10 种人工十字破损复合涂层/铝合金试样在 3.5%
NaCl 溶液中 10Hz 下的相位角的比较

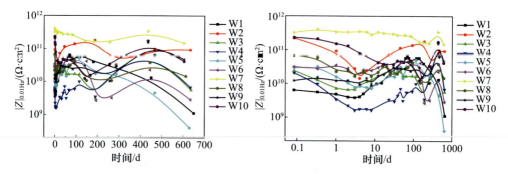

图 4.66　含铜与不含铜完好复合涂层/铝合金试样在 3.5% NaCl 溶液中 $|Z|_{0.01Hz}$ 的比较

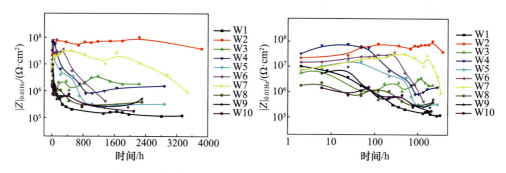

图 4.67　含铜与不含铜的十字破损复合涂层/铝合金试样
在 3.5% NaCl 溶液中 $|Z|_{0.01Hz}$ 的比较

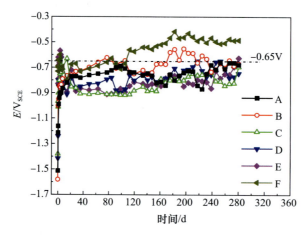

图 5.5　涂覆不同镁铝含量的复合涂层的铝合金体系在 3% NaCl 溶液中的开路电位
A—50Mg；B—40Mg10Al；C—30Mg20Al；D—20Mg30Al；E—10Mg40Al；F—50Al。

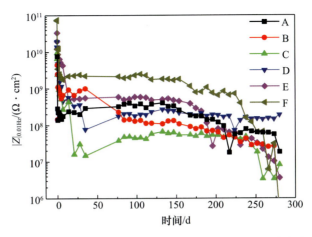

图 5.6 涂覆不同镁铝含量的复合涂层的铝合金体系在3% NaCl 溶液中 $|Z|_{0.01Hz}$ 变化
A—50Mg；B—40Mg10Al；C—30Mg20Al；D—20Mg30Al；E—10Mg40Al；F—50Al。

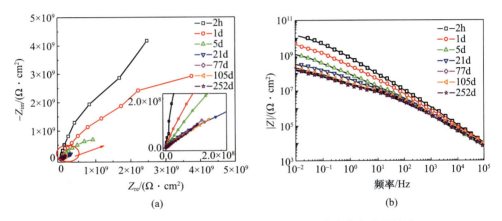

图 5.7 20Mg30Al 镁铝涂层试样在3% NaCl 溶液中交流阻抗谱
(a) Nyquist 图；(b) Bode 图。

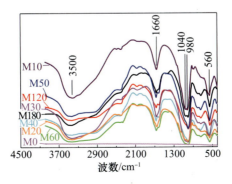

图 5.19 不同反应时间的镁粉的红外光谱

彩 11

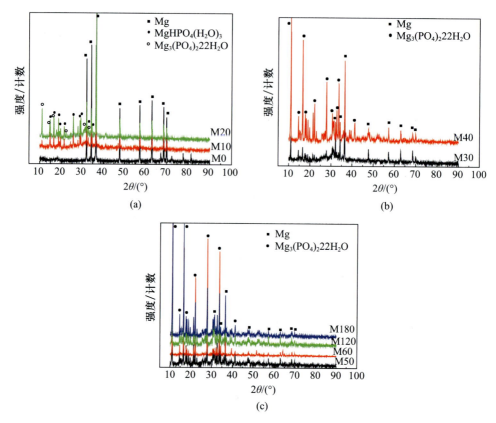

图 5.20 不同时间磷酸化处理后镁粉的 XRD 测试结果

(a) 0~20min；(b) 30~40min；(c) 50~180min。

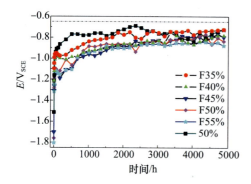

图 5.24 含不同量的磷酸化处理镁粉的涂层试样在 3% NaCl 溶液中的开路电位

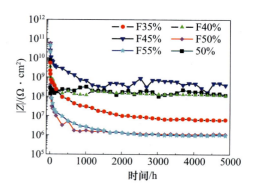

图 5.25 不同镁粉含量的涂层在 3% NaCl 溶液中 0.01Hz 频率下的阻抗值变化

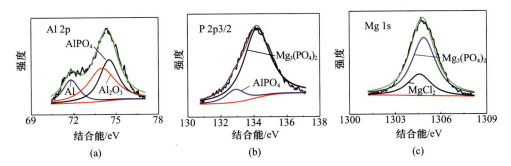

图 5.32 磷酸化粉煤的富镁涂层在浸泡后铝合金基材表面的 XPS 谱
(a) Al 2p; (b) P 2p3/2; (c) Mg 1s。

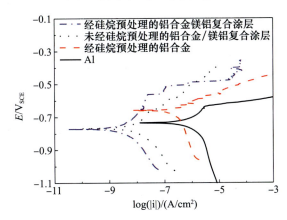

图 5.37 未经硅烷预处理的铝合金、经硅烷处理的铝合金、未经硅烷预处理的
铝合金/镁铝复合涂层、经硅烷预处理的铝合金/镁铝复合涂层等 4 种试样在
3.5%(质量分数)NaCl 溶液中的极化曲线

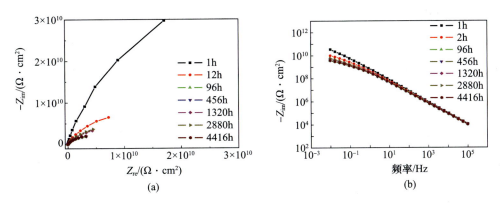

图 5.39 经硅烷预处理的铝合金/镁铝复合涂层试样在 3.5%
(质量分数)NaCl 溶液中的交流阻抗图谱
(a) Nyquist; (b) Bode。

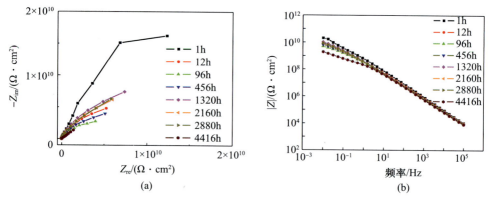

图 5.41　铝合金表面未经过硅烷处理的镁铝复合涂层试样在 3.5%
（质量分数）NaCl 溶液中的交流阻抗图谱
(a) Nyquist；(b) Bode。

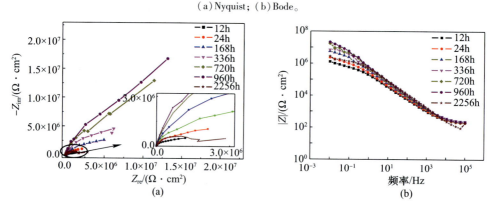

图 5.47　添加 2.5% KH-560 的镁铝复合涂层的破损试样在 3.5% NaCl 溶液中的交流阻抗谱图
(a) Nyquist；(b) Bode。

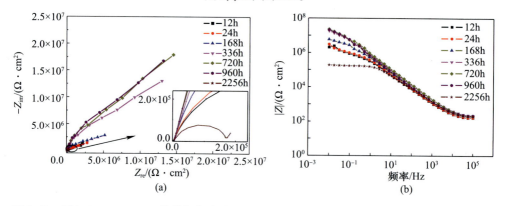

图 5.48　添加 2% NDZ-101 的镁铝复合涂层的破损试样在 3.5% NaCl 溶液中的交流阻抗谱图
(a) Nyquist；(b) Bode。

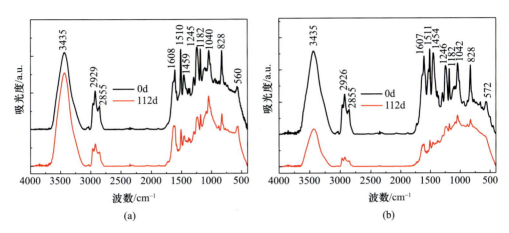

图 5.49 添加不同偶联剂涂层浸泡前后的红外光谱图
(a)添加 2.5% KH-560 镁铝复合涂层;(b)添加 2% NDZ-101 镁铝复合涂层。

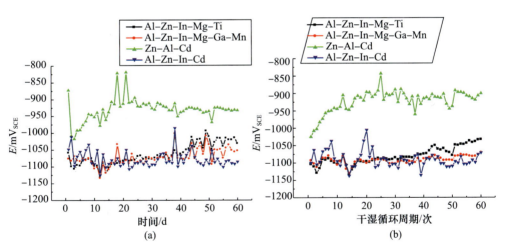

图 7.4 阳极干湿交替恒电流试验工作点位每周期浸泡变化规律
(a)初期电位(0.25h);(b)末期电位(3.0h)。

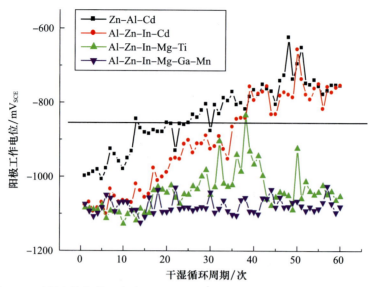

图 7.6 干湿交替条件下自放电试验入水后期(3.0h)阳极工作电位变化规律

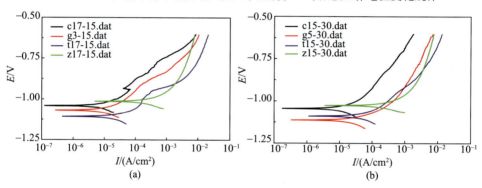

图 7.9 盐雾试验后阳极极化曲线对比
(a)15d;(b)30d。

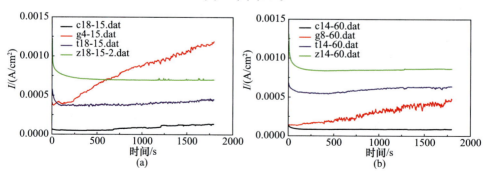

图 7.10 盐雾腐蚀条件下阳极再活化性能(恒电位极化曲线)
(a)15d;(b)60d。

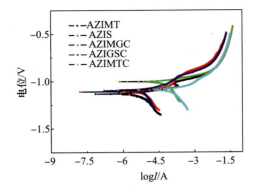

图 7.27 阳极的极化曲线

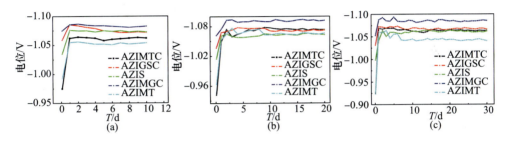

图 7.30 三个周期干湿交替电位图
(a)第一周期;(b)第二周期;(c)第三周期。

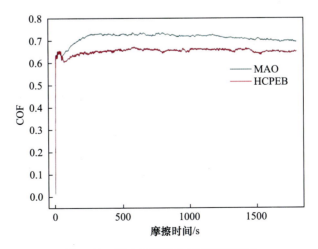

图 8.13 强电流脉冲电子束处理前后
微弧氧化样品表面的摩擦磨损曲线

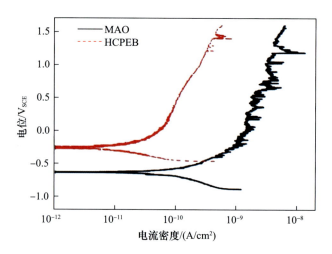

图 8.14 强电流脉冲电子束处理前后微弧氧化样品的动电位极化曲线

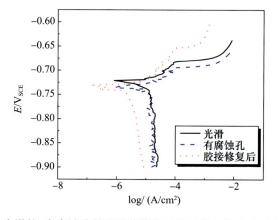

图 9.3 光滑的、有腐蚀孔的和胶接修复后的试样在海水中的极化曲线

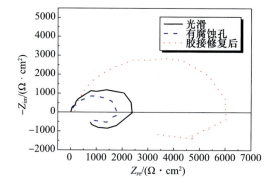

图 9.4 光滑的、有腐蚀孔的和胶接修复后的试样在海水中的交流阻抗谱

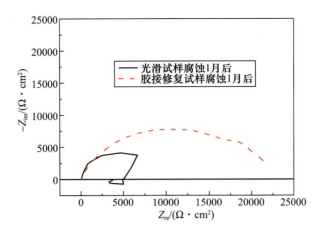

图 9.7 光滑试样和胶接修复试样在海水中浸泡 1 个月后的交流阻抗谱

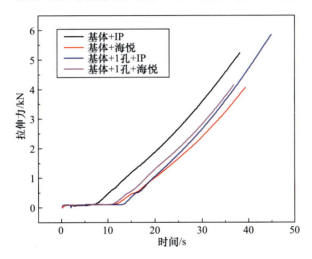

图 9.18 铝合金 5083 模拟单孔蚀坑的试样经胶接修复后的拉伸力 - 时间曲线

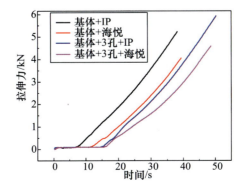

图 9.20 铝合金 5083 模拟多孔(3 孔)点式分布蚀坑试样经胶接修复拉伸力 - 时间曲线

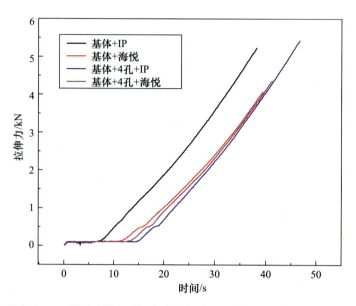

图 9.22 铝合金 5083 模拟多孔(4 孔)点式分布蚀坑试样经胶接修复拉伸力－时间曲线

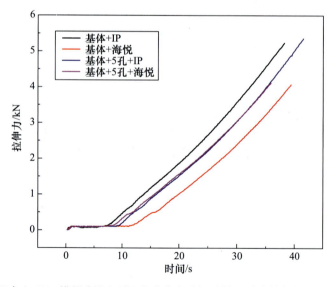

图 9.24 铝合金 5083 模拟多孔(5 孔)点式分布蚀坑试样经胶接修复拉伸力－时间曲线

彩 20

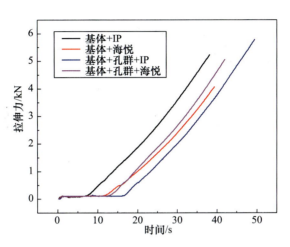

图 9.26 铝合金 5083 模拟多孔连续分布蚀坑试样经胶接修复后的拉伸力 – 时间曲线

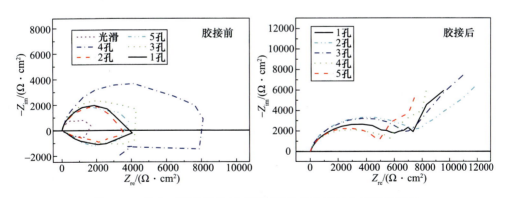

图 9.33 具有不同胶接修复面积试样胶接前后的交流阻抗谱图